U0257134

新时代云南民族地区发展研究丛书

美丽云南建设

BUILDING A MORE
BEAUTIFUL YUNNAN

段昌群　吴学灿　李　唯　刘嫦娥 等　编著

段昌群

男，博士，教授，博导，云南大学国家一流学科建设带头人。长期从事污染与恢复生态学研究，先后主持完成国家重大科技水专项、国家基金重点项目等科技项目40多项，发表论著200多篇（部），获得国家和省部级以上奖项20多项。现任国务院学位委员会生态学科评议组成员，云南生态文明智库首席专家。

吴学灿

男，教授级高级工程师，云南省生态环境科学研究院副院长。发表论文21篇，出版专著4部，获部级科技进步二等奖1项，获省科技进步三等奖1项、省中青年突出贡献专家三等奖1项。

李　唯

女，教授级高级工程师，云南省环境科学学会理事长，主要从事环境监测、环境预测与规划、环境影响评价、排污许可证研究、循环经济与可持续发展研究、生态建设规划等工作。起草地方排放标准及相关法规。

刘嫦娥

女，博士，硕导，云南大学副教授。主持或参加国家及省部级以上科研项目15项；副主编国家规划教材1部，参编一般教材2部；发表论著30余篇（部），参与申请专利10项，其中获授权8项。

“新时代云南民族地区发展研究丛书”

编委会

总 序

党的十九大把习近平新时代中国特色社会主义思想确立为党的指导思想，实现了党的指导思想的与时俱进。作为马克思主义中国化的最新成果，习近平新时代中国特色社会主义思想内涵丰富，涵盖了新时代坚持和发展中国特色社会主义的总目标、总任务、总体布局、战略布局和发展方向等重大问题，是当代中国的马克思主义，是21世纪的马克思主义，开辟了马克思主义发展的新境界。

2017年9月，云南大学成为云南省唯一入选一流大学建设高校，这充分体现了党和国家对云南民族地区高等教育的关心、对云南大学的关爱与期望，同时也体现了近百年来云南大学办学的深厚积淀和云大人的不懈努力。云南拥有面向“两亚”、肩挑“两洋”的独特区位优势，是中国—东盟自由贸易区、大湄公河次区域、孟中印缅经济走廊合作交汇点和“一带一路”建设的重要支点。2015年1月，习近平总书记考察云南时提出，云南要“主动服务和融入国家发展战略，闯出一条跨越式发展的路子来，努力成为我国民族团结进步示范区、生态文明建设排头兵、面向南亚东南亚辐射中心”的发展定位。为进一步深入学习贯彻落实习近平新时代中国特色社会主义思想，更好地服务国家战略需求和云南高质量跨越式发展，云南大学时任校长、现任校党委书记林文勋教授提出组织编写“新时代云南民族地区发展研究丛书”。这主要是基于以下三个方面的考虑。

一是推动新思想学习宣传研究阐释。新时代孕育新思想，新思想指导新实践。党的十八大以来，党和国家事业之所以取得全方位、开创性的历史成就，发生深层次、根本性的历史变革，根本在于以习近平同志为核心的党中央的坚强领导，在于习近平新时代中国特色社会主义思想的科学指导。这套丛书以习近平新时代中国特色社会主义思想在云南民族地区的理论与实践为主线，研究新情况、阐释新观点、总结新经验，着力在讲透、讲清、做实上下功夫，不断推动学习宣传研究阐释习近平新时代中国特色社会主义思想热潮。丛书联系云南实际，既注重整体学习宣传，又注重研究阐释，对于推动新时代中国特色社会主义思想的学习宣传研究阐释，增强边疆民族地区广大党员干部和群众对这一重要思想的政治认同、思想认同、情感认同，用党的创新理论武装头脑、指导实践、推动工作，具有十分重要的作用。

二是支撑学校相关学科建设。在“双一流”建设中，学科建设是重中之重。云南大学以一流学科建设为牵引，通过实施新时代新文科发展计划、新工科发展计划和基础学科振兴计划，统筹推进人才培养、科学研究、队伍建设、社会服务和国际交流，全面提升综合实力、核心竞争力和社会服务能力。丛书以开展习近平新时代中国特色社会主义思想在云南边疆民族地区的理论与实践研究为契机，对云南经济、政治、社会、文化、生态文明和党的建设等方面内容进行深入调查和系统研究，形成理论联系实际、高质量的创新性成果。项目的实施，凝练了学术方向、汇聚了研究队伍、增强了发展活力，对于促进云南大学“双一流”建设，带动马克思主义理论、民族学、政治学、经济学、生态学等具有竞争优势和独具特色的学科建设，起到了重要的推动和支撑作用。

三是持续服务经济社会发展。当今世界面临百年未有之大变局，全球治理体系和国际秩序变革加速推进，实现“两个一百年”奋斗目标和中华民族的伟大复兴，国家和社会对高校提出越来越高的要求。入选“双一流”建设行列客观上进一步明确了云南大学的办学方向与发展目标，赋予了学校新的历史使命。始终植根云岭大地，主动融入和服务国家战略和云南经济社会发展，这是学校的使命和担当。丛书以习近平新时代中国特色社会主义思想为指导，紧密结合云南民族地区经济社会发展的实际，结合新时代云南在推动经济社会发展进程中所进行的一系列实践探索，系统回顾总结了云南民族地区的中国特色社会主义建设进程，特别是对云南如何主动融入和服务国家战略，闯出一条跨越式发展路子，建设民族团结进步示范区、生态文明建设排头兵、面向南亚东南亚辐射中心等进行了理论与实践的总结。这是云南大学服务云南经济社会发展的集中体现，对于努力书写新时代高质量跨越式发展的云南答卷，不断在新时代征程中谱写新的辉煌，无疑大有益处。

丛书的领衔作者，都是云南大学哲学社会科学领域的知名学者，丛书是他们各自研究成果的缩影和精华。当然，由于习近平新时代中国特色社会主义思想博大精深、内容丰富，丛书作者学习和思考尚缺一定的深度、高度和广度，因此，难免有一些不足和缺憾，敬请读者批评指正。

“新时代云南民族地区发展研究丛书”编委会

2020 年 6 月

前　言

2012 年中共十八大首次把“美丽中国”作为生态文明建设的宏伟目标，习近平总书记庄严地指出：“走向生态文明新时代，建设美丽中国，是实现中华民族伟大复兴的中国梦的重要内容。”① 2015 年初，习近平总书记在云南考察工作时强调，要把生态环境保护放在更加突出位置，像保护眼睛一样保护生态环境，像对待生命一样对待生态环境，在生态环境保护上一定要算大账、算长远账、算整体账、算综合账，不能因小失大、顾此失彼、寅吃卯粮、急功近利。生态环境保护是一个长期任务，要久久为功。他指出，生态环境是云南的宝贵财富，也是全国的宝贵财富，要求云南要努力成为全国生态文明建设排头兵②。

近年来，围绕美丽云南建设、努力成为生态文明建设排头兵，云南学术理论界进行过多次讨论，云南省委、省政府也出台了一系列文件贯彻落实美丽云南建设、生态文明排头兵建设的号召。随着形势的发展，人们的认识更加深入。如果说建设生态文明的政策纲领，是针对中国经济社会发展面临资源约束趋紧、环境污染严重、生态系统退化的严峻形势，必须要

① 《为了中华民族永续发展——习近平总书记关心生态文明建设纪实》，2015 年 3 月 9 日，新华网，http：//www. xinhuanet. com//politics/2015 - 03/09/c_1114578189. htm。

② 《习近平在云南考察工作时强调：坚决打好扶贫开发攻坚战》，2015 年 1 月 21 日，新华社，http：//www. gov. cn/xinwen/2015 - 01/21/content_2807769. htm。

树立尊重自然、顺应自然、保护自然的生态文明理念，那么把“建设美丽中国”“实现中国梦”作为生态文明的更高目标，则是从单纯对自然环境的关注，提升到对我们居住的这个星球、对全人类共同命运的高度关注。习近平总书记2017年1月在联合国日内瓦总部发表了《共同构建人类命运共同体》的主旨演讲，就事关人类前途命运的重大问题提供中国方案，为人类社会发展进步描绘蓝图。人类命运共同体的思想，为世界贡献了人与自然共生共存的生态观，更进一步昭示了建设生态文明关乎人类未来。为了人类共同的未来，我们应该共同呵护好不可替代的地球家园，我们要解决好工业文明带来的矛盾，以人与自然和谐相处为目标，实现世界的可持续发展和人的全面发展。

云南由于地处祖国西南边陲，没有受到工业化的全面洗礼，基本保存了自然生态环境的本底。不可替代的生态区位优势、全球丰度的生物多样性水平、优良的生态环境质量，使云南成为我国西南生态安全屏障，也成为中国最重要的生态产品和生态服务供给地。但与此同时，云南也面临发展不足、发展失衡、贫困突出等问题，如何在欠发达地区处理好保护与发展之间的矛盾，如何跨越传统工业化走出绿色发展的新路子，就成为破解云南经济社会发展问题的关键。云南大学在实施国家“双一流”战略建设时，敏锐地抓住这一问题，把它作为“习近平新时代中国特色社会主义思想在云南边疆民族地区的理论与实践研究”研究计划的内容，由云南省生态文明建设智库、云南省高原山地生态与退化环境修复重点实验室组织校内外专家学者，从生态学、资源科学、环境科学、经济学、社会学等多学科进行融合研究，旨在用习近平生态文明思想武装头脑、指导实践、推动工作的思路，以生态建设为主线打造云南经济社会发展升级版，有效破解保护与发展“两张皮”的难题，把绿水青山变成金山银山，为云南生态强省、绿色发展闯出一条跨越式发展的路子，谱写好中国梦的云南篇章，努力成为中国生态文明建设的排头兵，提供强有力的思想保障和理论支持。

基于生态文明视野下再认识云南、再发现云南的初衷，从把云南建设成为中国最美丽省份的角度出发，编写组经过一年多的调研、分析、归纳和提炼，形成这本《美丽云南建设》。在编写的过程中，得到了云南省各相关部门的大力支持。提供资料和参加讨论的相关部门有：省政府研究室、省发展改革委员会、省教育厅、省科技厅、省生态环境厅、省农业厅、省扶贫办、省旅发委等。云南大学党委书记林文勋教授对本书的编写给予工作指导，科技处、社会科学处大力支持。本书的编研工作纳入“云南大学服务云南行动计划”、云南高原山地生态与退化环境修复重点实验室、云南生态文明建设智库、云南省生态建设与可持续发展研究基地的建设工作中，还得到云南省科技人才、研发项目和平台工作（2018BC001、C6183014、2019BC001）的支持。

本书由云南大学段昌群任主编，主持全书的内容设计与编写工作，并承担第一、第五章的编写组织工作，吴学灿、李唯、刘嫦娥担任副主编，分别承担第二和第七章、第三和第六章、第四章的编写组织工作。担任本书编委人员，除主编和副主编外，还有杨雪清、张星梓、朱海春、冯逆光、付登高、徐芳。参加本书写作的主要人员，除编委外还有高杨、李俊梅、周琼、肖迎、陈丽晖、徐晓勇、高伟、雷冬梅、侯永平、何锋、曾熙雯、晏司、梁建辉、钟敏、董志芬、李颖、汤旎、黄羽、李赟等。在编写过程中，刘嫦娥、杨雪清、李俊梅等承担了大量的编务工作。

参加本书编写咨询和审读工作的有：郑维川、张瑞才、贺圣达、向翔、郭家骥、陈利君、苏文华、杨烨、盛世兰等。整个编写过程中，得到了云南省社会科学院院长何祖坤、所长马勇等同志，云南省政府研究室边明社研究员的大力帮助。

由于编写组理论水平有限，对美丽云南的宏大命题理解也还在不断加深，这本小册子仅仅只是抛砖引玉，写出来供大家讨论。

编　者

2020年4月

目 录

第一章

谱写美丽中国的云南篇章：生态文明排头兵建设

习近平总书记在党的十九大报告中指出："经过长期努力，中国特色社会主义进入了新时代，这是我国发展新的历史方位。"并强调指出："我国社会主要矛盾已经转化为人民日益增长的美好生活需要和不平衡不充分的发展之间的矛盾。"[①] 党的十九大作出了中国特色社会主义进入了新时代的重大判断，提出了习近平新时代中国特色社会主义思想，确定了新时代的新目标新任务，进一步指明了党和国家事业的前进方向。认真学习贯彻党的十九大精神，正确认识我国社会所处的历史方位，准确把握我国社会主要矛盾，坚持新时代的基本方略，齐心协力完成新时代的新任务，决胜全面建成小康社会并开启全面建设社会主义现代化国家的新征程。云南是我国生态环境本底质量最好的省份之一，但同时又是发展水平低下、保护能力严重不足的省份，如何在发展中保护、在保护中发展，在与全国人民共同迈进小康社会的同时保护和发展好生态环境，建设好西南生态安全屏障，为全社会制造出更多更好的生态产品，提供充分和高质量的生态服务，努力成为生态文明建设的排头兵，为中华民族的伟大复兴作出云南的贡献，是时代赋予云南的光荣使命。

第一节　新时代新征程：建设美丽中国

我国经济社会发展进入新时代，对生态环境质量、生态文明建设提出

---

① 习近平：《决胜全面建成小康社会　夺取新时代中国特色社会主义伟大胜利——在中国共产党第十九次全国代表大会上的报告》，人民出版社，2017，第11页。

了新的、更高的要求。一是从历史、现在、未来的联系上看，人类社会发展时刻都面临如何解决所发展阶段的资源环境问题，针对全球共性问题我们如何破解发展中的资源环境问题，解决好世界人口最多的国家发展资源环境问题是对全人类的贡献。二是从我们承担的历史使命看，中国发展到今天面临严峻的资源环境瓶颈，解决好这个重大问题将是决胜全面建成小康社会、全面建设社会主义现代化强国的基础性命题。三是放到中国人民对美好生活的追求上看，全国各族人民对优良生态环境的向往、享受全面的生态服务是努力奋斗、不断创造美好生活、逐步实现全体人民全面富裕的重要内容。四是放到民族复兴的角度看，过去数千年中国资源环境问题都没有得到很好的解决，攻坚克难解决好资源环境问题是全体中华儿女勠力同心、奋力实现中华民族伟大复兴中国梦的主要难点问题。五是放在世界大局中看，全球日益兴起的生态环境保护运动要求中国在走进世界舞台中央时提出中国方案，不断为人类可持续发展作出更大贡献的时代。

美丽云南建设，是云南在生态文明新时代打造西南边疆的重大课题，必须在国际视野范围内审视中国及云南的生态环境问题，把美丽中国作为云南生态文明建设及美丽云南建设的新方位。

一　中国快速发展的资源效应

（一）资源环境问题及其特点

人类与自然界的任何生物一样，都需要从自然界中获取生存的基本资料，满足种群持续不断发展的需要。在人口数量少、需求生存资料相对少的情况下，自然供给比较充裕，满足人类生存的基本资料因此较少受到限制和制约，但随着人口数量的不断增加，生活质量不断提升，对物质资料的需求不断上升，而在一定时间和空间中自然能够有效提供的生活资料有限的情况下，就出现了资源短缺。在人类社会发展的历史长河中，资源短缺问题时时困扰着不同区域的族群和人群，但这种短缺是相对的，主要是手段和工具的落后，很多潜在的生活资料一时难以获取。随着人类社会的不断发展，特别是科学技术水平的不断提高，人们获得生活资料的能力不断加强，而且这种能力几乎影响和延伸到我们这个星球所有空间地带时，这时的资源短缺就成为整个人类社会普遍面临的生存压力，解决这个问题也就成为整个人类所共同关注的话题，也称为资源问题。

不难看出，所谓资源问题（Resource issues），主要是指由于人口增长和经济社会的发展，人类对资源的过量开发和不合理利用而产生的、导致资源数量的持续减少和质量不断降低，进而出现难以满足人类生存和发展需要的一系列问题。

资源问题由来已久，甚至一直伴随着人类社会的始终。所不同的是，起初的资源问题可能是局部的，短期的，部分人群所面临的问题，但进入20世纪后期，人类社会面临的资源问题不断扩展成为全局性、长期性、整个人类社会都将面临的全球性问题。人类社会发展到今天，普遍面临人口问题、粮食问题、资源问题、环境问题和生态问题等一系列问题。这些问题的本质是，以人口激增为中心，以资源短缺及不合理利用为焦点，从而酿成了环境问题和生态问题，可以说资源问题是人类面临所有问题中的核心问题。现在，人类社会面临的资源问题，不仅直接影响当代人生存质量和福祉，而且将影响到我们子孙后代的生存和发展。如果人类不能及时破解持续上升的资源问题，整个地球将沦为万劫不复的境况，包括人类在内的所有生命都将蒙受巨大的灾难。资源问题及其与之相伴生的人口问题、环境问题、生态问题，作为半个世纪以来常讲常新的话题，已经成为世界各国普遍关注的重大问题，解决这些问题已经成为全球人类共同的行动。

资源问题是人类社会发展过程中的基本问题，因此说到底也是个发展问题。发展中的问题要在发展中解决。人类社会要通过改变自己的生存模式和发展方式，建立一种与地球生态环境相协调、与自然供给水平相适应的合理规模、合理结构、合理布局、合理速度，才能在根本上解决资源问题。

环境问题往往与资源问题耦合出现。资源的过度利用，影响生态系统的要素构成和不同成分之间的数量关系，就会形成生态破坏（ecological destruction），也称为第一环境问题。它是农耕文明时期经常出现的环境问题，也是当今世界发展中国家最常见的环境问题。曾经辉煌的南美洲玛雅文明、中东苏美尔文明、印度河哈拉帕文明等都最终走向衰落和消亡，究其原因，都直接或间接地与人过度消耗自然资源，导致生态退化有关。与自然过度利用相应地还有另外一个方面的环境问题，就是资源使用不完全，或人类把自己不需要的东西排放到大自然，超过自然可接受的能力，最后导致环境质量下降，生物和人类生存环境遭到损害，这就是环境污染（Environmental pollution），也称为第二环境问题。它是工业革命以来出现的环境问题，也是现在正在进行工业化国家经常出现的环境问题。200 多年的工业革命，人类社会的发展超过了以往几千年的农业历史时期。但工业社会的发展曾严重依赖于资源的大规模消耗，建立在依靠消耗以化石资源为主的不可再生资源基础上的工业化，以对大自然进行野蛮的开发掠夺、牺牲生态环境换来的经济增长，使世界环境迅速恶化。

人类长期过度利用地球资源，导致地球环境恶化的发展之路，是难以持续下去的。人类应该尽快掌握资源和环境问题形成、发生、发展的规律，寻找将人的发展与自然发展相协调的步履，调整自己的需求并与自然可以接受的供给水平相适应，寻找人与自然的和谐发展与协同进化。

（二） 资源环境问题是全球性问题

人类生存和发展最基本的活动就是获取所需的生活资料，这些生活资料就是最基本的资源。当资源能够满足当时的需要时，人类社会就能够顺利向前迈进，而当资源无法在一定空间范围内适时地供给满足这些需求时，人类社会就面临生存危机和发展困难，这就是资源问题的基本状态。

随着全球一体化推进和不断深化发展，各个国家和地区的经济都是全球经济体系的有机组成部分，有机体中的每个单元（国家和地区）的资源获取、加工、消费都是世界资源进行采集、利用和分配的一个方面。当全球资源供给水平高时，全球所有国家和地区都能得到一定的分配并维持其发展；当资源供给不足，或资源匮乏时，全球范围内绝大多数国家和地区将面临相同的挑战。人类社会整体上正处在共同的境遇，生存和发展所依托的重要资源在全球范围内逐渐变得短缺，而且随着资源需求水平的快速飙升，资源短缺发生的速度和规模以前所未有的态势呈现在全社会面前。发达国家，以及资源比较丰富的国家，通过自己的技术进步和资源储备能够换来一些时间调整应对这种局面，而欠发达国家以及资源短缺的国家，面临这种形势缺乏应变的能力和手段，很可能就会演变为直接的生存危机，进而发生严重社会动荡。

整个 20 世纪，人类消耗了 1420 亿吨石油、2650 亿吨煤、380 亿吨铁、7.6 亿吨铝、4.8 亿吨铜。其中，占世界人口 15% 的工业发达国家，消费了世界 56% 的石油、60% 以上的天然气和 50% 以上的重要矿产资源。世界上很多资源目前已经进入衰竭期，变得更加稀缺。21 世纪以来，世界原材料价格持续飙升，已经从侧面反映了资源的短缺情况。国际铁矿石价格 2010 年比上一年涨价 10% ~15%，2009 ~2010 年全球谷物总产量比上年度减少 4400 万吨，约为 17.48 亿吨，价格上升 12% 左右。这里所说的还只是资源供给的数量问题，如果从质量的角度看情况更不容乐观。目前，除了为数不多的国家有较高品质的铁矿石供应以外，其他大多数国家高品质的铁矿石已经消耗殆尽，包括中国在内的很多国家钢铁工业发展主要依靠原料进口，产业成本显著升高，不仅严重打击民族产业的发展，而且助推了国家原材料价格和制成品价格的上涨。

世界自然基金会（World Wildlife Fund，简称 WWF）报告显示，过去 30 年，世界人口几乎翻了 2 番。如果人口继续以这样的速度增加，到 2030 年，人类将需要两个地球才能维持需求。这个数字还是保守的，因为它还没有包括突发的风险及连锁反应，例如气候变化加速。随着生产力潜在的永久丧失，过度承载时间越长，生态服务的压力就越大，生态系统崩溃的风险就会增加。而在 20 世纪 60 年代，大多数国家能够依赖于自然资源生存，但到近期世界上 3/4 的本国人口消费超过了其当地能够提供的资源。

（三）中国发展的资源效应特点

中国是一个历史悠久、人口众多、资源禀赋整体较好的国家，中国的资源问题是世界资源问题的重要组成部分，但也具有自己的特点。

1. 中国的资源问题是一个历史性的问题

在农耕文明时期，不同族群之间、统治者和被统治者之间以获取和占有土地资源为焦点，通过战争和朝代的更替，重新进行资源的分配，周期性地排解资源矛盾形成了一幅波澜壮阔的历史画卷。

中国具有 5000 多年的农耕文明史。在这数千年的历史长河中，中国的文明中心区域一直都存在人地矛盾。人地矛盾又是通过战争来解决的。纵观中国的历史，皇室王朝的变更总是伴随着巨大的社会动荡和战争，从而导致社会组织机构的解体、人口的剧烈下降和自然生产力的巨大破坏。一个王朝建立之初，人口稀少、社会物质财富贫乏。为了巩固新的王朝统治，新政府都实行鼓励生育的人口政策，鼓励耕种土地并扩大耕种面积。轻徭薄赋既促进了生产的恢复和经济的发展，也使人口大量增长。但土地对人口的环境容量总是有限的，以至于最后产生了对土地的超强度耕种以及长期在土地上强取豪夺，使土地不能得到休养生息，土地生产力日益下降；同时，大量人口的薪柴消耗、耕地扩大以及住所修建等活动，使森林及其他植被受到严重破坏，社会发展需要的资源日渐贫乏，生态环境严重恶化，导致自然灾害频仍。同时，越到王朝的后期，官僚政府机构膨胀、腐败现象日趋严重，社会财富分配不均，阶级矛盾日益激化，使普通民众的生存受到严重的威胁。一旦朝廷内部矛盾激化，很容易相伴走上反对朝廷的道路，推动着社会动荡的发生。因此，在一定程度上，是资源危机导致了生存危机，而生存危机诱发和强化了社会危机，并且相互之间彼此强化反馈。随着战争的进行，人口大幅度地减少，土地大面积荒芜，生态环境和土地资源从而又得以休养生息。战争结束后，胜利者将建立一个新的王朝，从而开始了又一轮的生态破坏与复苏的周期。

2. **近代中国的资源问题，因人口问题和经济社会发展方式与管理体制等问题，又呈现一些新的特点**

（1）中国自然资源丰富，各类资源总量大，但人均占有量小。迄今为止，满足现代经济社会各方面发展的自然资源中国都拥有，幅员辽阔，各种生物资源应有尽有，但是，中国人口数量巨大，特别是新中国成立后的30年中没有适时执行合理的人口政策，使人口增速和人口基数巨大，也使得中国很大的自然资源总量，变成了一个很小的人均占有量。居于世界各国的后列。中国的资源总量居世界第三，但是人均资源占有量是世界第53位，仅为世界人均占有量的一半。中国的淡水资源占有量是世界平均水平的1/4，随着中国人口的增长，人均淡水资源量将会越来越少，我们估计到2030年中国将成为严重缺水国家。

（2）中国资源利用效率明显偏低，经济增长方式粗放。中国的经济发展长期以来是一种粗放型经济模式，导致了能耗高、资源消费量大、产出少。2005年，从工业能源效应来看，八个主要耗能工业，单位能耗平均比世界先进水平高了40%以上，而这八个主要工业部门占工业总量的73%；单位水资源消耗生产的粮食仅是发达国家的一半，工业用水重复利用率要比发达国家低15~25个百分点，矿产资源的总回收率大概是30%，比国外先进水平低了20个百分点。比如建筑节能、建筑高能耗问题十分突出。单位面积采暖能耗相当于气候相近发达国家的2~3倍。同时，中国资源开发利用集成度低，大量的小矿山进行小作坊式的开采和利用，取富弃贫，单一开采，伴生矿产废弃，造成了资源的大量浪费，使很多宝贵的资源浪费不可挽回，严重破坏了矿脉，并使一些有能力进行全面开采的大企业也无法进行有效的开采。我国的资源利用率显著低于世界上的发达国家，资源浪费程度远高于世界平均水平。近年来的资源需求增长加快，资源约束矛盾不断加大。从2002年到现在能源消费的增长速度大于GDP增长的速度。未来需要通过科技进步，提高生产力，提升资源利用率产出水平；改变和调整产业格局，发展新兴产业，减少对资源的消耗和依赖。

（3）中国资源的保护程度低、储备水平低、重复利用水平低。中国的稀有金属的矿产资源占世界的一半以上，但利用水平低，主要低价出口原矿，反过来却要高价进口工业制成品，在世界的贸易之中处于相当的弱势地位。而美国石油资源丰富，但开采比例并不高，主要从国外进口。日本的森林面积占国土面积的50%以上，但从包括中国在内的其他国家进口所有的木材制品。近年来，中国进口的原生资源越来越多，包括铁矿石、原油等对外依赖程度越来越高，在铁矿石、原油价格不断上涨的趋势下，因缺乏基本的资源储备，相关企业和产业缺乏回旋的余地，直接蒙受价格上涨带来的巨大损失。我国铁矿石储备少，石油储备也不够半年的消耗。而日本、美国等国家的资源储备达到了3年，稀有资源更是达到了十几年的储备。中国对于自然资源的回收率低，2008年为30%的水平，发达国家早在20世纪末已达到50%之多。对于我国这样一个资源紧缺的国家，需要尽快采取积极有力的措施，保护资源，增强储备，提高资源的循环利用率。促进经济又好又快地发展。

（4）资源短缺问题越来越突出，资源对经济社会发展的瓶颈制约越来越突出。我国耕地资源开发程度已处于世界较高水平，土地复种指数较高，进一步提高耕地资源开发程度的空间十分有限；优质耕地仅占我国耕地资源的1/3；我国部分耕地污染、土地盐碱化、沙化和退化严重，后备资源严重不足。耕地资源减少和短缺直接影响我国粮食安全和现代化进程；目前我国正常年份缺水量近400亿立方米，其中灌区缺水约300亿立方米，自20世纪90年代以来，我国平均每年农作物旱灾面积4.12亿亩，约占全国农作物播种面积的1/5，年均损失粮食200亿~300亿公斤；旱情严重时，全国农村有上千万人和数千万头牲畜临时性饮水困难。全国城市缺水日益严重，2000年我国663座城市中，有400多座缺水，其中108座严重缺水；北方和沿海城市的水资源供需矛盾尤为突出，正常年份缺水量近70亿立方米，影响工业产值2300多亿元；同时地下水资源严重超量开采、水位下降、漏斗面积扩大，直接影响到地下水资源持续利用和城市化发展进程。2003年，全国缺电350亿~450亿千瓦时，给人民生活、生产带来严重影响。到2020年，随着人口增加、工业化和城镇化进程的加快，能源需求将大幅度上升，这对能源的可供量、承载能力，以及国家能源安全提出了严峻挑战。仅从满足国内煤炭需求来看，就面临着煤炭储量不足、生产能力不足、运输能力不足和环境容量不足等四大压力。重要矿产资源后备储量不足。根据《中国矿产资源报告2019》，截至2018年年底，中国已发现矿产173种，主要矿产中37种查明资源储量增长，11种减少，一些关系国民经济命脉的、用量大的大宗矿产资源中，贫矿和难选矿多，富矿少、质量差，后备储量严重不足，供需矛盾相当突出。

二　中国高速发展的环境效应

（一）全球环境问题概貌

1. 生态危机还在延伸

在今天的地球上，森林正以平均每年4000平方公里的速度消失。森林的减少使其涵养水源的功能受到破坏，造成了物种的减少和水土流失，对二氧化碳的吸收减少进而又加剧了温室效应。全球陆地面积占60%，其中沙漠和沙漠化面积占29%。土地的不合理利用导致每年有600万公顷的土地变成沙漠，经济损失每年达423亿美元。全球共有干旱、半干旱土地50

亿公顷，其中33亿遭到荒漠化威胁，致使每年有600万公顷的农田、900万公顷的牧区失去生产力。

一项国际研究表明，人类过度利用自然资源所导致的生态危机远比经济危机更加严重。世界自然基金会（WWF）发布的《活力星球》报告警告，人类每年消耗掉的自然资源要多于地球本身再生资源的30%，由此造成毁林、土壤退化、空气和水污染、生物多样性降低减少。有关学者估计，世界上每年至少有5万种生物物种灭绝，平均每天灭绝的物种达140个，估计到21世纪初，全世界野生生物的损失可达其总数的15%～30%。其结果是每年的生态债务高达4万亿～4.5万亿美元，估计生态危机造成的损失是全球金融危机损失的2倍。这个数字是根据联合国提供的数据（如作物降水减少或洪灾增加等）计算得出的。

2. 污染问题仍在加剧

酸雨沉降、臭氧层变薄、水体污染、大气污染已经成为世界很多国家曾经或正在经受的环境劫难。有关资料表明，全球每年有30万～70万人因烟尘污染提前死亡，2500万的儿童患慢性喉炎，400万～700万的农村妇女儿童受害。人类制造和合成了近千万种化学药品，其中市场上广泛流通使用的约有7万～8万种化学品，对人体健康和生态环境有危害的约有3.5万种，其中有致癌、致畸、致突变作用的500余种；随着工农业生产的发展，如今每年又有1000～2000种新的化学品投入市场。由于化学品的广泛使用，全球的大气、水体、土壤乃至生物都受到了不同程度的污染、毒害，连南极的企鹅也未能幸免。

（二）中国环境问题还在深化

进入21世纪，中国经济社会已经持续快速发展30多年，长期积累的生态环境问题日渐凸显出来。

一是大气环境形势严峻。2011年中国二氧化硫年排放量高达1857万吨，烟尘1159万吨，工业粉尘1175万吨，大气污染十分严重。中国大多数城市的大气环境质量超过国家规定的标准。中国47个重点城市中，约70%以上的城市大气环境质量达不到国家规定的二级标准；参加环境统计的338个城市中，137个城市空气环境质量超过国家三级标准，占统计城市的40%，属于严重污染型城市。酸雨的影响面积占到国土面积的1/3，由煤炭燃烧形成的酸雨造成的经济损失每年超过1100亿元人民币。世界上污染最严重的20个城市中我国占了16个。华北地区、华南地区、西北地区主要城市空气污染尤其突出，1/5的城市人口居住在污染严重的空气中，台风、洪涝、沙尘暴、热浪等自然灾害变得越来越频繁。

二是水资源水环境问题十分突出。中国先天就是一个水资源短缺的国家，淡水资源总量为28000亿立方米，占全球水资源的6%，虽然仅次于巴西、俄罗斯和加拿大，居世界第四位，但人均只有2200立方米，仅为世界平均水平的1/4，在世界上名列121位，是全球13个人均水资源最贫乏的国家之一。然而，一方面水资源浪费普遍，另一方面水环境污染严重。在21世纪初中国七大水系的污染程度依次是：辽河、海河、淮河、黄河、松花江、珠江、长江，其中42%的水质超过Ⅲ类标准（不能做饮用水源），中国有36%的城市河段为劣Ⅴ类水质，丧失使用功能。大型淡水湖泊（水库）和城市湖泊水质普遍较差，黄河多次出现断流现象。2006年全国流经城市的河流中，70%的江河水系受到污染，3亿农民无法喝到安全的饮用水，75%的湖泊出现了富营养化问题。

三是土壤污染加剧，固体废弃物污染蔓延。全国受有机污染物污染的农田已达3600万公顷，污染物类型包括石油类、多环芳烃、农药、有机氯等。全国受重金属污染土地达2000万公顷，其中严重污染土地超过70万公顷，其中13万公顷土地因镉含量超标而被迫弃耕。根据2014年《全国土壤污染状况调查公报》，全国土壤环境状况总体不容乐观，耕地土壤环境质量堪忧，工矿业废弃地土壤环境问题突出。全国土壤总的超标率为16.1%。在调查的690家重污染企业用地及周边的5846个土壤点位中，超标点位占36.3%；在调查的81块工业废弃地的775个土壤点位中，超标点位占34.9%；在调查的146家工业园区的2523个土壤点位中，超标点位占29.4%。此外，《2018中国统计年鉴》数据显示，2017年我国一般工业固体废物产生量为33.2亿吨，综合利用量仅为18.1亿吨，综合利用率为54.5%；全国202个大、中城市生活垃圾产生量为2.02亿吨，其他城镇约2.48亿吨，合计4.5亿吨，无害化处理量2.1亿吨，无害化处理率仅为46.7%。塑料包装物和农村地膜导致的白色污染已呈全面扩展之势。

四是土地沙化严重。中国国土上的荒漠化土地已占国土陆地总面积的27.3%，而且，荒漠化面积还以每年2460平方公里的速度增长。中国每年遭受的强沙尘暴天气由50年代的5次增加到了90年代的23次。20世纪90年代在生态环境相对脆弱的西北地区大规模滥挖发菜、干草和麻黄等野生中药材的事件时有发生，大面积草场遭到严重破坏，其中约0.6亿亩的草场面积被完全破坏且已沙化，1.9亿亩草地遭到严重破坏而不能放牧。土地不断沙化、水土不断流失，部分区域已经一方水土养活不了一方人，成为生态扶贫、生态移民的重点区域。

五是生物多样性丧失。中国是生物多样性丧失严重的国家，高等植物中濒危或接近濒危的物种达4000~5000种，约占中国拥有的物种总数的15%~20%，高于世界10%~15%的平均水平。在联合国《国际濒危物种贸易公约》中列出的640种世界濒危物种中，中国有156种，约占总数的1/4。在很多地方，中国滥捕乱杀野生动物和大量捕食野生动物的现象仍然十分严重。

根据世界银行估计，至2010年的前20年当中，每年中国环境污染和生态破坏造成的损失约占GDP的比例高达10%；自20世纪90年代中期以来，中国经济增长中有2/3是在环境污染和生态破坏的基础上实现的。

三 创建生态文明，破解资源环境短板

从传统农耕到工业化和现代化进程，中国经历了从不知道环境问题、忽视污染危害，到意识到自然环境的重要性，到从上至下重视生态环境问题的不同阶段，进而到近年来，“环保觉醒”成为热门词，并开启了全社会全方位解决生态环境问题的新阶段，这就是中国走向生态文明建设的新时代。

1972年，联合国在瑞典斯德哥尔摩召开人类环境会议。虽然中国当时仍然在十年动荡时期，时任国务院总理周恩来决定派代表参会，这也是中国恢复了联合国席位后参加的第一个大型国际会议。当时，中国对环境科学的基本问题都不清楚，“大家都把环境问题当作资本主义制度的产物”。然而，从瑞典大会归来后，与会代表对照中国现实，发现当时中国已经面临各种环境问题，其中最主要的就是工业化初期带来的环境污染，以及对

环保认知不足而忽视这些污染事件。1973 年，中国召开第一次环境保护会议，全国 300 名代表参会，共同完成了新中国的“环保启蒙”。实行改革开放后，中国经济开始高速发展，对环境保护也有了进一步认识。1979 年，新中国第一部环境保护法律获全国人大常委会审议通过并开始试行。自 80 年代开始，与海洋、草原、大气、水资源等相关的环境保护法律相继出台，中国政府开始把环境保护确立为基本国策之一。1992 年，中国首次提出可持续发展战略。曲格平认为，在这一阶段，中国的环保立法其实比发达国家晚不了几年，但差别在于“有法不依”。1993 年开始，中国由计划经济转向市场经济，与大规模经济建设伴生的是环境的急转直下。1993 ~2001 年，“许多江河湖泊污水横流，蓝藻大暴发，甚至舟楫难行，沿江沿湖居民饮水发生困难；许多城市雾霾蔽日，空气混浊，城市居民呼吸道疾病急剧上升”，于是环保部门启动了规模污染治理的行动①。2002 ~2012 年的 10 年间，中国经济进入高速发展通道，也给环境保护带来巨大压力。2006 年，中国的主要污染物排放数值为二氧化硫 2588 万吨、氮氧化物 1523 万吨、化学需氧量 1428 万吨、氨氮 141 万吨，“达到历史最高点”。在此之后，虽然中国大力促进节能减排，但环境问题依然突出，与环保相关的事件也屡屡发生，促使全民经历了一场“环保觉醒”。

2010 年，我国知名的人民论坛“千人问卷”调查显示，51.6% 的受访者认为“环境危机”是未来十年的严峻挑战。虽然进入 21 世纪以来，中国经历了很多挑战，比如 2009 年以来的金融危机，表面上看我们当前的最大危机是金融危机，但是从更本质上看，我们当前及未来十年面临的最大危机是资源和环境问题，以及气候变化的影响。金融危机对中国的冲击是相当有限的，经济增长率减少 1 到 2 个百分点，但环境问题及其引起的自然灾害的损失则非常大。仅 2010 年，气候的异常变化如冰、冻、雨、雪灾害的损失超过了 1500 亿元人民币，汶川地震的损失有 10000 亿元人民币。世界自然基金会（WWF）总干事詹姆斯·莱珀（James Leape）在分析 2008 年全球经济危机时说，经济危机只是一个警告，提醒我们现在的生活

① 曲格平:《中国环境保护四十年回顾及思考——在香港中文大学“中国环境保护四十年”学术论坛上的演讲》,《中国环境管理干部学院学报》2013 年第 3 期。

方式可能造成的后果，但全球金融危机是无法与可能到来的生态危机相比的①。

当今时代，不仅中国，全球大多数国家都面临资源约束趋紧、环境污染严重、生态系统退化的共同挑战，只是中国面临的这些问题更加突出、更加严峻，特别是面临人口众多、未富先老、国际不公平的政治经济环境对我们解决问题的路径和方式留下的余地十分有限，我们主要依靠自己的资源和环境解决面临的资源环境问题。为此，必须要把生态环境问题的破解与经济社会发展紧密联系起来综合解决，必须把人的需求和发展建立在自然界可以承受的范围内，谋求人与自然的协同发展，这就是要树立尊重自然、顺应自然、保护自然的生态文明理念，把生态文明建设放在突出地位，融入经济建设、政治建设、文化建设、社会建设各方面和全过程，努力建设美丽中国，实现中华民族永续发展；坚持节约资源和保护环境的基本国策，坚持节约优先、保护优先、自然恢复为主的方针，着力推进绿色发展、循环发展、低碳发展，形成节约资源和保护环境的空间格局、产业结构、生产方式及生活方式，从源头上扭转生态环境恶化趋势，为人民创造良好生产生活环境，为全球生态安全作出贡献。

党的十八大以来，以习近平同志为核心的党中央站在战略和全局的高度，对生态文明建设和生态环境保护提出一系列新思想新论断新要求。习近平同志指出，建设生态文明，关系人民福祉，关乎民族未来。他强调，生态环境保护是功在当代、利在千秋的事业。要清醒认识保护生态环境、治理环境污染的紧迫性和艰巨性，清醒认识加强生态文明建设的重要性和必要性，以对人民群众、对子孙后代高度负责的态度和责任，真正下决心把环境污染治理好、把生态环境建设好。习近平总书记“保护生态环境就是保护生产力、改善生态环境就是发展生产力”这一极其重要的科学论断，深刻揭示了自然生态作为生产力内在属性的重要地位，饱含尊重自然、谋求人与自然和谐发展的生态文明唯物辩证观范畴的基本价值理念，解放生产力，一定是解放生态生产力；发展生产力，一定是发展绿色生产

① 参见高发全《世界自然资源危机比金融危机更严重》，《世界林业动态》2009 年第 10 期。

力。只有解放生态生产力和发展绿色生产力，作为人类更高发展阶段的生态文明建设，才能够体现到底在何种程度上为建设人与自然和谐的现代化、实现富强民主文明和谐美丽的社会主义现代化强国作出历史性贡献。习近平总书记“绿水青山就是金山银山”的科学论断十分准确，他形象而生动地指出：“我们既要绿水青山，也要金山银山。宁要绿水青山，不要金山银山，而且绿水青山就是金山银山。”① 这揭示了人与自然、社会与自然的辩证关系，又指出了人与自然协同发展、走向天人合一的生态文明方向。

党的十八大以来，中国树立了“努力建设美丽中国，实现中华民族永续发展”的经济社会发展方向，建立健全了从源头上扭转生态环境恶化趋势，为人民创造良好生产生活环境的制度安排，形成了全社会更加自觉地珍爱自然、更加积极地保护生态的内在动力，表明中国已经进入走向社会主义生态文明新时代。

四　建设美丽中国，贡献生态智慧

2013 年 7 月，习近平总书记在致“生态文明贵阳国际论坛年会”的贺信中指出：“走向生态文明新时代，建设美丽中国，是实现中华民族伟大复兴的中国梦的重要内容。”2017 年 10 月，习近平总书记在党的十九大报告中指出：“建设生态文明是中华民族永续发展的千年大计。”② 2018 年，习近平总书记在全国生态环境保护大会上指出，新时代推进生态文明建设，必须始终坚持和恪守人与自然和谐共生、绿水青山就是金山银山、良好生态环境是最普惠的民生福祉、山水林田湖草是生命共同体、用最严格制度最严密法治保护生态环境、共谋全球生态文明建设等基本原则。正如中国社会科学院生态文明研究智库团队潘家华、黄承梁等学者所提出的：“生态文明与中国梦”范畴论，凸显了生态文明建设的战略使命，为什么建设生态文明的问题，即建设富强民主文明和谐美丽的社会主义现代化强

---

① 《习近平在哈萨克斯坦纳扎尔巴耶夫大学发表重要演讲》，2013 年 9 月 7 日，新华社，http://www.gov.cn/ldhd/2013-09/07/content_2483425.htm。

② 习近平：《决胜全面建成小康社会　夺取新时代中国特色社会主义伟大胜利——在中国共产党第十九次全国代表大会上的报告》，人民出版社，2017。

国；“生态文明与五位一体”总体布局论，凸显了生态文明建设的战略地位，如何认识什么是社会主义，全面发展作为社会主义内在属性的问题；“生态文明与四个全面”战略布局论，凸显了怎样建设生态文明、生态文明建设的战略举措、方法论、实践论、领导力量和领导核心的问题；从千年大计到根本大计，凸显和昭示出生态文明对中华文明悠久灿烂历史文明的传承和发展、实现中华民族伟大复兴的历史和时代重任。保护生态环境虽然已成为全球共识，但把生态环境保护提升和融入生态文明建设这样高的历史地位和战略地位，并把它确立为一个执政党的行动纲领，是中国共产党执政方式的鲜明特色。生态环境保护、生态文明建设在社会主义建设事业中的地位发生了根本性和历史性的变化，中国共产党的执政理念和执政方式已经进入新的理论和实践境界。

习近平生态文明思想是建设美丽中国的理论体系。比如：关于生态文明的历史规律，即“生态兴，则文明兴。生态衰，则文明衰”；关于生态文明的发展实质，即“保护生态环境就是保护生产力，改善生态环境就是发展生产力”；关于生态文明建设的发展道路，即“绿色发展、低碳发展、循环发展”，“把生态文明建设融入经济建设、政治建设、文化建设、社会建设各方面和全过程”，“要自觉把经济社会发展同生态文明建设统筹起来”；关于生态文明的发展阶段，即“生态文明是工业文明发展到一定阶段的产物”，“是实现人与自然和谐发展的新要求”；关于生态文明建设的根本任务和建设宗旨，即“为人民群众创造良好生产生活环境”，“不断满足人民群众日益增长的优美生态环境需要”；关于生态文明建设的根本动力与发展目标，即“建设生态文明是实现中华民族伟大复兴的中国梦的重要内容”，“建设富强民主文明和谐美丽的社会主义现代化强国”；关于生态文明建设的全球治理，即“必须从全球视野加快推进生态文明建设”，“做全球生态文明建设的参与者、贡献者和引领者”，“共谋全球生态文明建设”，等等。

中国在生态文明建设中，向世界贡献了一系列的生态思想，其中有两个方面的生态智慧，当为这个世界提供了中国方案。

一是坚持山水林田湖草是一个生命共同体，为包括水在内的各类生态环境的保护和治理提供了系统综合、符合自然规律的生态文明实践。2014

年3月14日，习近平总书记在中央财经领导小组第五次会议上，提出了“节水优先、空间均衡、系统治理、两手发力”的新时代治水方针，坚持山水林田湖草是一个生命共同体，强调要用系统思维统筹山水林田湖草治理。“系统治理”工作方针的提出，不仅为新时代水利工作指明了方向，而且为整个生态环境问题的破解提供了思考问题的基本遵循。总书记强调，山水林田湖草是一个生命共同体，阐释了水资源与其他自然生态要素之间唇齿相依的共生关系。山是流域水资源与降雨径流的策源地，治水就应做好山区水源涵养；森林素有“绿色水库”之称，不仅能涵养水源，调节河川径流，而且能防止水土流失，保护土地资源；草是地面最重要的地被物，素有“地球皮肤”的美称，不仅能固沙保土，而且可为林木的生长创造条件；农田是天然透水性土地，是粮食生产的主要场所，也是保护水资源的重要区域；湖泊是水资源的重要载体，是调蓄洪水的主要水域空间，保护河湖也就是保护水资源之“本”。事实上，不仅水问题的破解需要将山水林田湖草作为一个整体来整治，而且这五个要素的任何一个方面的保护和治理，都需要建立在其他各个要素的系统整合中进行，才能达到既治标又治本的效果。因此，开展生态环境的保护与治理，应遵循生态系统的整体性，深入研究山水林田湖草的协同关系，进行系统化治理和保护。

二是人类命运共同体的思想，为解决全人类面临的共性问题提供了解决问题的视野和抓手。全球变化及其影响，没有哪一个国家和民族可以置身事外，每个国家都是这个问题的受害者，也是问题的产生者，更是问题的解决者。习近平总书记指出：“要实施积极应对气候变化国家战略，推动和引导建立公平合理、合作共赢的全球气候治理体系，彰显我国负责任大国形象，推动构建人类命运共同体。”党的十八以来，“命运共同体”思想已经成为习近平总书记以全球视野、全球眼光、人类胸怀积极推动治国理政更高视野、更广时空的全球性理念，生态文明也不例外。在党的十九大报告中，习近平总书记发出了中国作“全球生态文明建设的重要参与者、贡献者、引领者”的号召。一方面，作为占世界总人口1/5、GDP占世界经济比重稳居世界第二的发展中大国，中国搞好生态文明建设，本身就是对全球生态文明建设的引领和示范。另一方面，习近平生态文明思想所要揭示的是工业文明社会发展到一定阶段后人类社会走向“生态文明”社会的特殊运行规律，世界上所有国家无论先进后进，都需要建设生态文明，而生态文明建设需要有全球的视野和胸怀，把自己的建设和发展与全人类的生态利益、世界的环境发展、全球的生态健康结合起来，共同促进全世界人类福祉的提升，形成人类命运共同体，我们这个世界才能建设得更加宜居、更加可持续发展。

第二节 “生态环境是云南的宝贵财富”

习近平总书记视察云南时敏锐地指出“生态环境是云南的宝贵财富”，这是中国进入生态文明新时代重新审视云南省情的科学结论。从国家乃至世界经济社会发展的角度，把握好云南生态环境特征，把握好云南生态环境的重要功能，珍惜和保护好这些得天独厚的生态环境资源，努力实现绿水青山的金山银山价值，是云南未来发展的基本遵循。

一 云南是我国生态环境保护关键区域

云南处于中国生态环境空间走廊的西南区域，长江、珠江、澜沧江等大江大河均发源或流经这里，云南良好的生态环境将为下游我国长江、珠江流域黄金经济带的发展提供重要的生态庇护。作为亚洲的水塔，这里关乎着澜沧江、红河、怒江等大江大河下游 10 多个国家、10 多亿人口的水资源、水环境及其生态安全。云南位于西南季风的上风口和策应地，对我国其他地区的生态环境有着极大的跨区域影响，是维持我国整体生态环境功能的关键地区。从国家战略上来看，这里的良好生态环境不仅是我国其他地区不可替代的、宝贵的生态资源，还是重要的发展资源和社会稳定的基础资源，更是面向南亚东南亚进行生态辐射、开展环境外交的关键资源。

二 云南储备着事关人类未来的战略基因资源

云南生物区系地位独特，处于南亚、东南亚和青藏高原三大地理区域的交会处，在4%的国土面积上栖息着全国50%以上的动植物种类和70%以上的微生物种类。云南享有“生物资源王国”和“生物基因宝库”的声誉，是全球著名的生物多样性热点地区，在我国乃至世界的生物多样性保护中有着不可替代的重要地位。当今国际社会已经把生物种质基因资源的拥有量视为衡量一个国家竞争力和可持续发展能力的重要标志。云南保存的生物多样性及其生物资源，将是我国战略核心资源。保护好生物多样性，即是我国生态文明建设的重要内容，还是中国参与国际新一轮生物经济和产业竞争的基本资源，更是维护和保障我国长远发展、做好战略储备的需要。合理利用好这些独特的生物资源，变生物资源优势为生物经济优势，将是云南在新兴一轮产业发展中后来居上的战略机缘。

三　云南是解决我国资源问题的重要基地

云南是我国包括水电、风能、太阳能、地热等清洁能源的重点基地，而生态环境优劣直接关乎水资源和其他资源的数量质量和可开发利用性，影响国家能源安全。例如，云南水电资源理论蕴藏量为10300万千瓦，经济可开发水电站装机容量9795万千瓦，居全国第二，目前云南省水电资源开发率不足10%，开发潜力巨大。已经开发的溪洛渡、向家坝等系列水电站，其发电总量就已经超过三峡。云南省具有得天独厚的成矿地质条件，矿产资源十分丰富，单位国土面积和人均拥有资源丰度值为全国平均值的2倍及2.4倍，尤以有色金属及稀有分散元素矿产在国内外享有盛名，被誉为“有色金属王国”。矿产资源历来是国家建设和发展的基础资源，保护和利用好这些资源是国家资源安全的重要组成部分，在开发利用中保护和修复好生态环境是资源安全管理中的关键内容。

四　云南是我国不可多得的生态产品供给区

随着中国经济社会发展进入一个新的历史阶段，人们生活水平快速提高，生活和消费价值取向出现了重大变化，优质的生态产品越来越成为我国需求最旺盛、供给最紧缺、消费最强劲的资源。对优质生态产品及优良生态环境的需求正在成为中国和全球经济社会发展的重要驱动力，也为中国把生态环境保护和建设作为民生工程、经济社会发展基础工程提供了良好的社会条件。云南作为工业发展程度较低的省份，较好地保护了自然生态环境的本底，保留和维护了生态优势，将成为生态消费时代的新宠区域。云南不仅可以提供所有的生态产品，而且由于特殊的生态条件使很多区域单位面积提供的产品种类多、产量大、质量优，属于全球生态产品重要生产基地和输出基地。全球生态产品大体可以归结为4大功能、17种服务、39类，云南在这些方面大多都有上乘表现，生态系统服务和产品供给能力强大。2019年，云南森林覆盖率达60.3%，高于全国平均水平1倍以上，森林和湿地生态系统的"水塔""碳库""绿色银行"等功能十分明显，仅自然保护区提供的森林生态服务价值就达2009.02亿元人民币，全省森林生态系统服务功能价值达1.48万亿元/年，居全国首位。

五 国家的生态战略需求为云南发展提供了重大机遇

2009年7月，胡锦涛总书记在云南视察时指出，"让良好生态环境成为云南发展的宝贵资源和最大优势"。2008年11月，习近平同志在云南视察时强调"推动形成经济发展是政绩、保住青山绿水是更大政绩的科学导向"。2015年1月，习近平同志视察云南时更是提出："生态环境是云南的宝贵财富，也是全国的宝贵财富，一定要世世代代保护好！"

生态产品是一类公共性、公益性物品，提供生态产品是国家的职责，也将是公共财政保障的重点，是中央财政转移支付、资金补助的重要考量因素。相应地，能够提供生态产品，制造和生产生态产品能力强的区域，也将在经济社会发展中获得优先和重点支持，这也是争取和获得生态补偿、财政转移支付实现国家购买生态产品的重要依据。云南面向全社会提供生态产品将使之生态后发优势历史性地变为重大发展优势，通过科学保护和生态开发，让生态生物资源变为经济社会资源的新时代已为期不远。

在中国不少中心城市地区面临雾霾困扰、食品安全影响、对优良环境有更高期待时，云南保护住的生态环境就具有不可替代的经济价值，后发优势正在得到体现。云南省大部分地区植被良好、污染较少、空气清新、水源清洁，生物产品生产条件十分优越，是我国无公害、有机、优质、生态特色农产品的重要生产基地；"云系""滇牌"等农产品日益受到国内外市场的广泛认可，绿色、环保、营养、安全已经成为云南农产品的形象标签。云南在全国极具影响力的旅游业就是生态消费拉动经济发展的重要体现。

第三节　美丽云南建设存在的问题

云南生态环境优势突出，区位重要，但是美丽云南建设存在的问题也需要给予清醒的认识，更需要认真梳理，盘清家底，未雨绸缪。需要高度重视的是，云南作为一个经济社会发育程度较低的省份，对生态环境的保护和建设的重要性认识需要提高，对自身存在的保护能力低下、发展空间和保护空间冲突问题需要具有高度的认识，同时还要考虑如何建立有效的生态补偿机制使保护纳入市场经济的体系中，还有很长的路要走。

一　边疆民族地区对生态文明建设认识有待提高

（一）对生态环境问题的演变规律认识不清，缺乏规律思维

第一，对生态环境问题具有的积累效应重视不够。无论是环境污染，还是生态破坏，除了个别情况下是突如其来的环境灾难外，更多的环境变化是逐步发展的，一开始并不被人们所察觉或重视，通过初步积累，最后产生不可逆转的后果，这就是积累效应。积累效应存在一个量的积累到质的变化这样一个过程，而这个过程往往在发生中很难确定其中的转折点。为了更有效地管理生态环境，防治不可逆转的生态后果，越来越多的人认为，需要分析这个转折点。这就是生态系统在保持其基本结构和功能、维持良性运转条件下能够接受污染物的最大量，即环境容量，生态承载力问题。也就是说，任何环境污染和生态破坏，最后的积累都应控制在这个限度以内，否则生态系统最后走向崩溃，人类将丧失生存和发展的基本环境条件和资源支持能力。

目前，对于突如其来的环境污染和生态破坏已经得到了广泛的关注，而对于经常发生的、范围较大的、普遍存在的、短期内难以觉察到的生态

破坏行为，往往视而不见，研究工作往往也很少涉及。正是这些眼前看来不值得一提的环境受损，经过积累后很容易发展成为不可逆转的生态衰退。例如，城镇水污染、山地生态破坏就是这种情况，这类属性的环境问题目前成为最终伤害当地人群生存和发展、酿成环境危机的最大杀手。积累效应往往使人们在环境问题上“因恶小而为之，善小而不为”。

第二，对生态环境问题具有的滞后效应重视不够。人类对生态环境的破坏和环境的污染引起的后果并不是伴随着成因的出现立刻表现出来的，而是要经过一定的时间后才充分展示出来，这就是滞后效应。环境污染和生态破坏的后果往往具有很强的滞后效应，而且这种效应普遍存在。例如，美国在19世纪中期开始为了开发中西部，将大面积的森林开辟为种植园，到20世纪30~40年代，这些生态破坏酿造了大范围的生态危机，在这场危机中美国中西部数百万公顷良田的表土被飓风卷入大西洋。在我国，云南西双版纳是热带雨林比较集中的地区，在20世纪50年代后期为了种植橡胶，毁灭了大量的热带雨林，至70年代雨林气候特征发生了明显的变化：每年雾日减少了32天，降雨量减少了100毫米左右，年空气平均湿度降低。我国富营养化程度最高的湖泊之一滇池，在20世纪60年代这里是山清水秀、湖水碧波荡漾、岸边水草肥美的鱼米之乡，进入70年代在湖泊流域内发生了“围海造田”，湖泊面积丧失了20多平方公里，进入80年代伴随工业发展和城市规模的不断扩大，大量的工业废水和城市污水进入滇池，湖泊水质从90年代初的Ⅳ类直线下降到90年代后期的Ⅴ类，湖泊内大量水生生物消亡，水体功能丧失。这类状况在国内外环境变迁史上不胜枚举。

正是滞后效应的形成受这些因素的影响，所以，越是小范围、小强度的人类干扰形成的生态后果，滞后效应越突出；生态系统越复杂，滞后效应越显著；产生后果对人类经济社会发展的直接影响越小，滞后效应越突出。

由于有滞后效应，当前的生态破坏和环境污染往往不会马上呈现出明显的恶果，从而使人们在发展中对破坏和污染问题置诸脑后；同样也因为有滞后效应，当前的生态建设和环境保护未必马上产生效果，从而难以调动治理和保护的积极性。有必要对这种现象给予高度关注，以避免某些人在口头上高举环境保护的大旗，却将真正的生态环境问题置之脑后，回过头来又不得不付出沉重的代价，最终使每个社会成员都成为环境受害者和牺牲品。

第三，对生态环境问题具有显著的放大效应认识不到位。在人类的干扰和影响下，环境变化并不是线性增加的，而是逐步以加速度发展，呈现放大效应。对于环境污染而言，这种放大效应主要表现在：①污染物随着食物链的延伸而不断积累，呈现放大效应，如南极大气中没有检测到的DDT在当地的企鹅体内则有检出；②污染物对生物的影响在个体水平上的毒害效应可能不大，但在种群、群落乃至生态系统层次上产生了很大的影响，如温室气体的排放对个体性的生物而言影响很小，但对全球气候和生物圈的影响则十分巨大。

对生态破坏而言，这种放大效应主要表现在：①局部的生态破坏产生的后果在全局上表现出来，从而产生更大的危害，如上游地区的毁林开荒引起的水土流失，对中下游地区会产生洪涝之害，且在下游进行防治的代价远高于源发地区的上游；②关键地区的生态破坏将对很大范围的生态环境产生重大影响。如在生物多样性极为丰富的地区过度利用资源、破坏环境，使这里的生物多样性丧失，带来的是整个区域生物多样性显著降低。

正是对生态环境问题变化中存在的累积效应、滞后效应、放大效应等规律认识不清，会经常在生态环境问题上出现“温水煮青蛙”的现象，在小范围、局部的破坏和扰动不加重视，日积月累，等到出现问题时，已经无法弥补了，这种情况在云南很多地区程度不同地出现过。

（二）对全球生态环境问题大势和国家生态战略认识不到位，缺乏战略眼光

地处边疆的云南，在过去通信不发达、交流不充分的社会环境中，很少考虑外边的世界，基本按照传统的惯性思维延续自己的生活方式。事实上，近30年来，全球生态环境的变化十分巨大，包括中国在内的所有国家，都认识到人类面临的生存危机，每一个人、每一个民族都难以独善其身。

世界自然基金会（WWF）在2010年《地球生命力报告》中指出，人类对热带区域自然资源的需求已经超出了地球生态承载力的50%，热带物种的种群数量正在急剧下降。由于人类过度利用和破坏，已经导致地球上

可更新资源的数量比20世纪初降低了40%以上，质量降低了15%以上。20世纪90年代以来，中国经济年增长率一直超过9%。2000年以来，中国对全球国内生产总值增长的贡献几乎是巴西、印度和俄罗斯三国贡献总量的两倍。快速发展及其巨大需求加大了对资源环境问题的消耗和扰动。自20世纪90年代中期以来，中国经济增长有2/3是在透支生态环境的基础上实现的。全国1/5的城市空气污染严重，70%江河水系受到污染，40%受到严重污染，流经城市的河段普遍受到污染，1/3的国土面积受到酸雨影响，近1/5的土地面积有不同程度的沙化现象，近1/3的土地面临水土流失，90%以上的天然草原退化。二氧化硫和二氧化碳的排放量分别列居世界第一和第二。中国这种资源消耗、环境恶化的发展方式难以维持下去了。环境问题、生态问题、资源问题全面凸显，突发性、全局性的资源环境问题犹如一把利剑悬在头顶威胁中国的发展。中国必须把资源和环境问题纳入经济社会发展中进行通盘考虑，形成生态文明发展理念，形成节约能源资源和保护生态环境的产业结构、增长方式、消费模式。

外面的世界出现如此巨大的变化，而云南很多地方的人们并没有意识到这种变化。大部分的少数民族地区偏僻，道路难行，有些地方的人甚至一辈子也没有走出过大山，没有走出过生活的村寨、峡谷，他们绝大多数是善良、纯朴的，但见识不多、意识滞后，即使有不少人走出山寨、外出求学，进而进入党政机关、企事业单位工作，有的成为部门领导，但部分人的骨子里还是缺乏现代意识，没有全球视野，缺乏国家战略思维，从而在工作中缺乏主动性和创造性，尤其在生态环境保护方面，有的干部和群众还持有无所谓的态度，脑子还是考虑如何把生态变现，缺乏危机意识、大局意识。习近平总书记2015年初考察云南时提出："云南要主动服务和融入国家发展战略，走出一条跨越式发展路子。"可谓击中要害，发人深省。

（三）对生态与经济关系认识不深入，缺乏长远可持续发展视野

对于质朴的云南基层民众而言，祖祖辈辈靠山吃山、靠水吃水，长期依靠从自然中获取维持较低的生存需求，这对生态环境的影响不大。但随着经济社会的发展，一方面，外来力量进入开发资源队伍，往往能短时快

速提高他们的生活水平，这使他们开发利用的冲动被大规模激发起来。另一方面，现代社会开发利用的技术手段和工程能力大大提高，开发速度大大加快，对资源环境的影响也非同一般。在这种情况下，所谓的保护往往不堪一击；而且，这样的保护往往不能有效地解决自己的生存和发展问题，从而使保护的内在驱动力显著降低。如果不能找到保护带来的直接收益或可预期的经济收益，人们很难再回到从前，积极地保护自然生态环境。也正因为如此，一旦从蒙昧中醒来，以前看似质朴的民众将会被欲望鼓动，进而超乎寻常地、更加野蛮地贱视自然，毫无忌惮地开发资源、破坏环境，这样往往可能在很短时间内造成不可逆转的破坏。

需要指出的是，云南是国家生态安全屏障的前沿区域，为国家保护资源、分担生态义务责无旁贷，但长期以来没有获得应有的回报。事实上，在部分区域，生态环境越是优良、生物资源越是丰富，人们的生活越是贫困。如何使云南的生态环境和生物多样性转变为经济资源，是云南经济社会发展的重要资源依托，也是让广大云南民众重建现代可持续发展观的重要支撑条件。

目前，退耕还林、天然林保护等措施虽然重点支持了云南并产生了重要的作用，但国家的投入力度远不能弥补给生态保护地区带来的经济损失和发展机会的丧失，甚至出现了生态环境越好的地方越穷，生态建设搞得越好的地方越因资源不能动用而显得更缺乏发展力量。如何尽快实施、加强中央财政转移生态补偿，是缓解生态环境敏感区域经济社会发展与生态保护的关键，也是促进云南边疆民族地区保护生态环境意识提高的重要驱动力。

二　现有能力和条件与承担生态责任的不匹配性

（一）云南省仍处于工业化初级阶段

云南省走了一条以资源开发、重化工业优先发展、国家直接投资推动下的工业化道路，建立了依托资源优势，以能源、原材料为主的重型工业结构的资源型产业体系。从产业结构演变来看，云南省产业结构虽逐渐向高级化演进，但演进速度缓慢。从工业发展来看，由于云南省优先发展重化工业的政府推动型工业发展战略，形成了以资源依赖型为特征的重型工业结构，工业结构超前转换，内部矛盾突出。从所有制结构看，所有制结构单一，产业链条短，带动作用微弱。

在此基础上分析，从经济总量指标和经济结构指标两个方面对云南工业化所处的阶段和水平进行测度，云南省的工业化水平从总体上看具有较为明显的初期特征，也显现出由工业化初期向中期推进的迹象。

（二）云南生态环境保护能力较低

根据环境库兹涅茨理论，环境污染在初期随着国民收入的增加而恶化，随着该国经济的不断发展，环境不断恶化并保持在一定的水平，其后随着国民收入的不断增加，环境污染出现好转。云南目前正处在上述的第二个阶段。

从废水总量的统计分析来看，云南省废水排放总量的势头还没得到遏制，依然呈上升趋势，废水排放还没有达到拐点。上海市在废水的排放上面已经过了拐点，上海市的废水重复用水量由38.5亿吨上升到了90亿吨，循环经济的理念很好地得到了体现。云南省二氧化硫排放量随着人均GDP的增长而不断增加。近几年来，云南省加大了废气污染治理投入力度，遏制了空气质量恶化趋势，二氧化硫排放量增长的势头得到了有效控制，其排放水平没有明显上升趋势；而上海市二氧化硫的排放已经过了拐点。总体上看，云南省环境污染正处于环境库兹涅茨曲线［Kuznetse Curve，又称倒“U”曲线（Inverted U Curve）］的上升阶段，尚未到污染转折点。说明云南30年来的经济发展在一定程度上是建立在环境污染的基础之上的。同时，环境污染呈现缓慢攀升而不是呈陡峭攀升，说明云南在环境治理方面也取得了一定成效。目前，云南的首要任务是在加速工业化进程的同时，也应采取相应的对策来保护环境，改变环境污染加剧的态势，促使环境与经济协调发展。

环境保护投入水平决定了一个地区环境保护能力的发展水平，国际社会普遍认为当生态环境保护及污染防治的投入占GDP的比例达1%～2%时，可基本控制生态环境污染恶化的趋势，当生态环境保护及污染防治的投入占GDP的比例达到2%～3%时，生态环境质量可有所改善。云南省的环保投入是严重不足的，近几年，云南省的环保投入才刚刚占全省GDP

的1%左右。东部发达地区明显高于云南省的环保投入，如广东省的环保投入占全省GDP的比重超过2.5%，北京市的环保投入比重已经超过全市GDP的4.7%。

（三）云南省生态文明建设在国家发展战略中的定位

云南省生态环境的独特性在国家生态文明建设中具有特殊地位。云南省有高山峡谷、干热河谷、岩溶山地、泥石流多发区等几大生态脆弱带同时存在的特点。云南省河流湖泊众多，土壤、植被类型丰富，自然条件复杂多样，其动植物资源居于全国前列，素有“动植物王国”之称。野生动物种类繁多、分布广，加上不少古老物种，使云南成为“野生动物物种基因库”。同时，根据《全国主体功能区规划》，从区域的功能定位看，云南省有众多的全国生态保护区。在国家战略发展定位上，云南是“我国西南生态安全屏障和生物多样性宝库”。因此，云南省保护生态环境和自然资源的责任十分重大。在国家“两屏三带”十大生态安全屏障中，云南肩负着西部高原、长江流域、珠江流域三大生态安全屏障的建设任务。习近平总书记最近视察云南时也强调，良好的生态环境是云南的宝贵财富，也是全国的宝贵财富，并再次明确要求云南加强生态文明建设，争当全国生态文明建设排头兵。这既是对云南的肯定，更是对云南的鞭策。

（四）云南省生态文明建设能力与需求的差距

云南省正承受着前所未有的压力，既要承担起保护国家和全球生态环境责任，又要加快区域的经济发展，改变贫困落后的现状。这是云南生态建设所面临的巨大挑战。

1. 能力与自身需求方面的差距

环境保护基础设施建设滞后于工业化的发展，云南省长期以来对资源进行的是粗放式、掠夺式开采，重开发利用，轻保护治理。环境保护管理总是“慢半拍”，管制能力不能及时适应经济多元化及快速发展的要求。环境管理的重点仍停留在“以治为主”阶段，还没有转到整体“以防为主”上。很多环境管理政策的实施达不到污染防治的预期效果，一些政策作用的效果甚至异化为“变相鼓励”排污。自然生态环境持续恶化，需要巨额资金投入，对污染治理和环境修复费用的需求将大幅度增加。

2. 国家发展需求方面的差距

我国现阶段的生态文明建设目标是："改善生态环境质量，建成资源节约型、环境友好型社会，走上生产发展、生活富裕、生态良好的文明发展道路。"而云南省的生态环境保护与国家发展需求之间存在较大的差距。主要表现在：①资源浪费严重，综合利用率低，造成污染得不到有效的控制。云南省矿产资源虽然丰富，但资源开采损失和浪费比较严重。矿产资源平均综合利用率低，资源自给率降低，供需矛盾日益突出。②资源利用过度，超过生态系统的承载力。云南省土地广阔，人均占有土地面积大，但不可利用面积大，生态环境容量有限。而云南地区资源在开发利用中普遍存在过度利用的现象。③生物资源多样性保护力度不够。云南省的生物资源十分丰富，且自然保护区数量已列全国第一位，但自然保护区规模不大，总面积太小。自然保护区基础设施陈旧，缺乏管理维护。

三 保护与发展的压力巨大，部分区域环境问题依然突出

（一）环境保护与经济发展之间的压力巨大

在保护良好生态环境呼声日益高涨和经济发展进程不断加快的形势下，云南承受着前所未有的双重压力。一方面，矿产资源、生物资源等自然资源的开发与利用仍是今后相当长时间内云南谋求发展的重要条件，这些资源在开发利用的过程中容易导致生态破坏、水土流失、土壤及空气污染等，要加大生态环境保护力度势必会在一定程度上制约地区经济的发展。如何实现云南的生态文明建设和良好生态环境在国内外高度重视和关注下得到有效保护，同时又在国家"西部大开发"战略决策和云南建设"绿色经济强省"的战略目标中发挥重要支撑作用，是云南今后生态、经济和社会可持续发展所面临的重大任务和可持续发展战略研究中最重要的课题。另一方面，云南脆弱的生态环境导致其环境承载力十分有限，在发展经济过程中产生的环境污染等如果不能得到及时削减和控制，我们将没有足够的环境容量来支撑经济的持续发展和良性循环。因此，在一边要发展经济、一边又要考虑保护环境的情况下，短期可能出现"发展经济需要

投入大量的资金，保护环境也需要投入大量的资金，导致发展经济的同时要考虑保护环境就会造成资金分散，从而使企业会因为资金的不足而忽视环境保护”的情况，导致保护与发展之间的矛盾难以调和。

（二）部分区域环境问题依然突出

近年来，云南一直坚持生态绿色、环境优先，深入开展了“七彩云南”保护行动、森林云南建设、生物多样性的保护、高原湖泊污染的治理，以及节能减排等工作，全省生态环境质量总体上保持良好，生态产业化、产业生态化不断提升，生态文明的保障能力也进一步增强，为云南深入推进生态文明建设打下了扎实的基础，但是，环境保护与经济发展中所面临的压力仍然巨大，部分区域环境问题依然突出。

1. 九大高原湖泊水环境保护压力仍然巨大

2015 年 6 ~ 7 月，在云南省重点关注的九大高原湖泊中，滇池草海及外海、星云湖、杞麓湖、异龙湖 4 个水体水质均为劣Ⅴ类，属重度污染；阳宗海及程海水质为Ⅳ类，属轻度污染。洱海水质由 6 月份的Ⅱ类退化为 7 月份的Ⅲ类；抚仙湖及泸沽湖水质保持Ⅰ类及贫营养状态。九大高原湖泊中 50% 以上面临富营养化问题，主要污染物包括有机污染物、总磷、氨氮等，不能满足相应的水环境功能。污染较重的湖泊其径流区环境状况非常相似，一般都具有土地开发程度高、植被覆盖率低、农业生产先进、国有及乡镇企业发达、人口稠密的特点；污染轻微的湖泊受人类活动影响较小，湖区生态环境较好。

2. 部分城市环境质量不容乐观

全省 18 个主要城市中，昆明、曲靖及玉溪 3 个城市空气质量优良率达到 97% 以上，年均值达到空气质量二级标准要求；其余 15 个城市中，开远、芒市、景洪、保山空气质量较 2013 年有所下降，其中开远超过空气质量三级标准，主要污染物为二氧化硫。全省降水 pH 年平均值范围为 4. 68 ~ 7. 43，有 6 个城市监测到酸雨，其中昭通、楚雄、个旧降水 pH 年平均值低于 5. 6，为酸雨区，昭通及楚雄酸雨频率为 20% ~ 40%，个旧酸雨频率高达 68. 8%。一般工业固体废弃物产生量有所减少，但危险废弃物的产生量与上一年相比显著增加，产生量增长 23. 72%，储存量增长 15.55%。

3. **矿区土壤重金属污染问题仍然居高不下**

位于怒江、澜沧江、金沙江“三江并流”世界自然遗产核心区、素有“三江之门”之称的兰坪县，因铅锌矿储量丰富而被称为“中国锌都”。矿产资源开采及冶炼造成了不同程度的重金属污染，冶炼厂附近土壤重金属超标现象严重，铅锌矿周边种植蔬菜中铅、锌、镉的含量大部分超过国家食品卫生标准，超标率分别为 66.23%、25.97%、31.17%。2013 年，由临近的剑川县环境监测站作出的《兰坪铅锌矿区周边农田土壤—玉米体系 Pb（铅）含量及其污染特征研究》显示，铅锌矿区周边农田土壤铅含量是《土壤环境质量标准》（GB 15618－1995）的 7.5～25.8 倍。13 个玉米籽实铅含量为《粮食（含谷物、豆类、薯类）及制品中铅、铬、镉、汞、硒、砷、铜、锌等八种元素限量》（NY 861－2004）的 19.1～588.9 倍。另一项调查结果表明，金顶镇的环境中存在严重的镉和铅污染，广泛耕地土壤质量已超出《土壤环境质量标准》（GB 15618－1995）Ⅲ类限值；超标最高的样本镉含量是《土壤环境质量标准》（GB 15618－1995）Ⅲ类限值的 142 倍，铅含量是《土壤环境质量标准》（GB 15618－1995）Ⅲ类限值的 8 倍。

4. **部分少数民族边缘地区村镇环境污染问题尚未引起足够重视**

云南少数民族地区村镇环境问题主要表现在乡镇企业污染依然严重，农村存在生活垃圾污染、生活污水污染、农作物秸秆污染、畜禽业废弃物污染等。以坐落于无量山国家级自然保护区周边的大理州南涧彝族自治县公朗镇凤岭村委会为例，该村委会共有 22 个自然村 1300 余户 4500 人，除白石岩大村及大乌木龙村因已纳入新农村建设示范村而正在建设垃圾收集及处理设施外，其余村落均无垃圾收集及处理设施，全镇无一座污水收集处理站。其中小乌木龙自然村有 60 多户共 250 余人，每天产生生活垃圾约 100 公斤，但全村没有一处垃圾收集点及集中处理场所，生活垃圾、农作物秸秆、核桃青皮等废弃物混杂并随意丢弃。每天产生生活污水约 15 吨，全村没有污水收集及处理设施，生活污水和畜禽养殖污水混杂在一起，在房前屋后及村落道路上随意流淌。由于该村所处地势较高，该村范围内的泉眼溪流成为下游村落及学校等 2000 多人的饮用水源，但目前随意丢弃的垃圾和排放的污水严重影响了村容村貌及溪流下游的人畜用水安全，且频繁引发邻里纠纷，严重影响了该地区的团结和繁荣发展。

四　发展选择空间余地有限，建设开发易于引起生态问题

（一） 部分地区发展选择空间小

云南是一个高原山区省份，全省土地按地形看，山地占84%，高原、丘陵约占10%，坝子（盆地、河谷）仅占6%。1996～2010年，云南各类建设占用耕地271万亩，其中78%为坝区的优质耕地；2011～2014年，全省新增105万亩城区建设用地，其中近50%占用的是耕地；全省10平方公里以上的坝区耕地建设占用已达30%。坝区优质耕地迅速减少，耕地保护形势十分严峻。作为全省人民的“米袋子”“菜篮子”和民族文化“摇篮”的坝区可能被占尽，衣食之源的“口粮田”将不复存在。根据建设用地的置换方法，许多坝区的优质耕地被置换到山区贫瘠的坡耕地，这对云南粮食安全、农产品有效供给带来了很大的潜在危机。

近30年来城市化迅速发展，不仅对云南粮食安全产生了严重的影响，而且城市化所引起的环境问题，如水、空气、噪声污染，土地资源短缺等也成为云南实现可持续生态型城市化所面临的主要挑战。分布在昆明市、大理州、玉溪市、丽江市、红河这些大中型城市周围的高原湖泊（湖泊面积在30平方公里以上），如滇池、洱海、抚仙湖、程海、泸沽湖、杞麓湖、星云湖、阳宗海和异龙湖等所产生的环境压力和污染问题，已经直接影响城市及周边居民的生产生活，乃至发展。

总体而言，一方面，云南山地多，地貌类型复杂，气候差异显著，形成了多样的自然环境和丰富的植物种类群；另一方面，云南平地少、耕地少，传统的粗放型生产方式，以及近年来的人口增长、城市化迅猛发展、大面积种植经济作物等，引起了一系列的生态环境问题，如森林生态系统退化、生物多样性丧失、外来物种入侵、土地退化、优质耕地减少、湿地生态系统退化、石漠化等。

（二） 生态环境问题依然比较突出

1. 自然生态系统局部还在退化

根据《全国生态环境十年变化（2000－2010年）调查评估报告》，这

10年间，云南省生态系统格局变化主要发生在南部与缅甸、老挝的交界处，以及城镇周边地区。主要表现为城镇建设用地面积迅速增加，增幅为31.50%；森林和农田面积分别减少789.7平方公里和485.8平方公里，减幅分别为0.41%和0.54%。生态系统格局变化以森林、农田转出和城镇建设用地转入为主。云南省森林、灌丛生态系统质量总体向好，草地生态系统质量无明显变化。其中，森林有32.00%变好，8.32%变差；灌丛生态系统有24.58%变好，7.18%变差；草地生态系统有23.93%变差，22.53%变好。根据遥感影像解译的结果来看，1970~2000年，云南省森林植被总面积由56.49%减少到49.56%，减少了6.93%。其中阔叶林面积从69750.04平方公里减少到59400.06平方公里，面积减少10349.98平方公里，比1970年的面积减少了14.83%；针叶林面积从146750.52平方公里减少到130527.34平方公里，面积减少16223.18平方公里，比1970年的面积减少了11.05%。灌丛和灌草丛的面积由125472.38平方公里增加到134911.30平方公里，面积增加9438.92平方公里，比1970年的面积增加了7.52%。而人工植被（含耕地和人工林）面积从36570.65平方公里增加到51050.92平方公里，面积增加14480.27平方公里，比1970年的面积增加了39.60%。森林植被退化为灌丛和灌草丛、人工林（经济林）和耕地的趋势明显。

2. 外来物种入侵问题突出

云南是我国生物多样性最为丰富的省份，也是遭受外来物种入侵最为严重的省份。目前，在云南已经形成逃逸种群的外来植物有300多种，超过中国归化植物的50%，几种具较大危害性的恶性杂草在云南都有分布。生物入侵农林生产造成了重大经济损失，也对生态环境和生物多样性造成了严重威胁。外来物种入侵是威胁全球生物多样性的重要因素之一，仅次于生境丧失。

3. 土地退化严重，土地质量下降

根据《全国生态环境十年变化（2000-2010年）调查评估报告》，云南省的土壤流失面积相对比较大，并且部分地区是极重度侵蚀。从不同强度级侵蚀的构成来看，极重度侵蚀面积较大的区域是西南土石山区，其极重度侵蚀面积达7.98万平方公里，占该地区侵蚀面积的15.54%；其次是西北黄土高原区，约占其侵蚀面积的13.56%。过去30年来，全省城市建设用地中近50%占用的是耕地；全省10平方公里以上的坝区耕地建设占用已达30%。坝区优质耕地迅速减少，耕地保护形势十分严峻。

4. 农村生态环境不容乐观，生态环境恶化严重

农村生态环境污染主要来自农民生活中产生的垃圾，农药使用和管理不当，以及乡镇企业排放的废物等。据不完全统计，云南化肥施用量为120多万吨，其中氮肥70万吨，磷肥20万吨，钾肥9.7万吨，复合肥20万吨；农用薄膜使用面积30多万公顷，使用量4万吨。坝区农业氮磷肥过量施用导致生态环境恶化、水体污染严重，云南近50%的淡水湖泊富营养化。全省农田中化肥氮通过不同的损失途径进入环境的量约为43.3万吨/年，成为地表水富营养化、地下水硝酸盐富集以及大气 N_2O 浓度上升的主要原因之一。

五　生态补偿机制尚未有效建立，保护内在驱动机制还不成熟

生态补偿机制的建立是国际社会公认的经济发展和生态保护协调发展最有效的途径之一，是实现社会公平、构建和谐社会的一个重要手段，有助于推动资源节约型、环境友好型社会建设。建立和完善云南生态补偿机制，对云南环境保护内在机制的完善有着重要的意义，为不断推进生态文明建设提供重要保障，也为云南省的经济发展打下坚实基础。在2015年中央政府出台的《生态文明体制改革总体方案》中，特别强调了“健全资源有偿使用和生态补偿制度，探索建立多元化补偿机制，逐步增加对重点生态功能区转移支付，完善生态保护成效与资金分配挂钩的激励约束机制”。云南省生态补偿机制尚未有效建立，生态环境保护的内在驱动机制还不成熟，存在如下主要问题。

一是生态补偿范围狭窄，补偿开展不到位。由于缺乏一个完整规范的生态价值评估制度，部分承担重要生态功能的地区并未被囊括到生态补偿的范围，存在遗漏的现象，这部分地区的生态保护与经济发展长期处于矛盾之中，影响区域整体发展。如西双版纳作为对中国乃至全球气候、生态系统有重大意义的地区，目前还未被列入专门的生态补偿区域内，也没有设立专项基金用于对其生态系统维护的补偿。对于发展受到极大限制并且

有时蒙受财产损失的居民来说，未得到相应的生态补偿，这不符合公平性的原则，因此他们会为了追求经济利益而走上破坏当地生态环境的道路，目前西双版纳居民为种橡胶林而破坏当地生态环境的问题并未得到根本解决。此外，补偿开展不到位，当地政府尝试建立的生态补偿途径过于依赖财政支出，融资渠道比较单一，容易出现经费不足的问题，产生资金上的巨大缺口，影响生态补偿的可实践性。

二是补偿额度不够，不能达到推动保护的进行。如大围山自然保护区周边村民退耕还林后，政府每年会给予一定的补贴（240 元/亩），但相对于每年可产玉米 400 公斤/亩，即每年每亩可收益 800～1000 元人民币来说，此补偿额度远远不足，使居民蒙受经济损失；此外政府规范管理，加大对砍伐树木的惩治力度，使得居民不再以木材为燃料或进行其他利用，生产生活的成本相应增加。调查得知，近 80% 的居民对现行的补偿措施并不满意，无论是补偿形式，还是利益补偿情况，都没有达到他们预期的标准，希望当地政府尽快出台新的补偿方案或替代方案，以便推动保护。

三是融资渠道单一，生态补偿市场化机制欠缺。现行的生态补偿多依赖政府支出，而今后对于更多重要生态功能区生态补偿的确定和生态补偿标准的确定将导致更多的补偿性支出，政府显然不能完全负担。生态补偿的市场化试点比较零散，也未对建立生态系统服务价值市场化体系进行深入研究，使生态补偿市场化进展缓慢，难以解决融资渠道单一的问题。以云南省公益林的生态补偿为例，其补偿几乎全靠财政支出，资金来源较为单一。全靠政府长期支撑生态补偿是不现实的，政府将面临很大的财政资金压力，虽然目前有一些市场化机制的尝试探索，但是对建立公益林生态效益市场交易整体并没有深入的研究，使生态补偿陷入困境。

四是“资源无价，产品高价”的扭曲价格体系长期盛行。由于长期以来的高能耗低产出的粗放型经济发展模式，居民对资源价值的认识不足，肆意开发和利用，难以形成自觉保护生态环境的行为。现阶段虽然在进行集约化的经济发展模式转型，但是长期遗留下来的观念还在深刻地影响着人们的行为，此条件下的生态补偿并不能体现其真正内涵，等于变相的“扶贫”，不利于长期的生态环境保护工作开展。

五是生态系统服务价值核算方法不统一，补偿标准难以确定。生态系统服务价值的评估是生态补偿的基础，由于生态系统和生态过程的复杂性，生态系统服务价值评估研究还存在一些争议，没有形成公认的指标体系和方法。而中国现行的生态补偿未形成规范的体系，导致生态系统服务价值的核算标准也没有形成统一的说法，特别是云南省生态系统复杂多样，更需要有当地的价值核算参数和核算体系。我们在借鉴国外的定价体系时，有部分脱离云南的实际情况和经济发展水平，并不具有可靠性和说服力，导致人民群众和专家都难以接受，影响生态补偿的开展实施。同样对于珠江流域的生态补偿案例来说，牵扯到省际的利益博弈，而目前我国学术界对于生态补偿的核算方法和补偿标准尚未统一，因此生态补偿就更加难以落实。

六是补偿方式多为“输血式”，缺乏鼓励性与长效性。长期以来“输血式”的直接生态补偿（资金补偿）盛行，导致受偿主体群众易产生依赖心理。虽然“输血式”补偿见效快、灵活且广受群众欢迎，但不能从根本上解决地区的经济发展和生态保护之间的矛盾和受偿群众的长远生存发展问题，容易产生“后顾之忧”。长远来看，“输血式”的直接补偿方式并不能够提高受偿群众的生产能力和水平，很难从根本上解决其生计问题，今后的发展将受到一定的限制。以大围山自然保护区的生态补偿为例，其现行的补偿方式太依赖资金支持，居民在保护区建立后直接从保护区中分得的利益较小，当地特色的林农产品缺乏销售渠道，利润较低，这样长期来看会影响居民保护生态环境的主动性，并会对政府财政造成巨大压力，难以从根本上提高当地居民较独立的生产生活能力，不利于区域长远发展。

第四节　跨越传统发展方式，迈向现代生态文明

一个区域在不同的时期采取的发展道路是不同的。在中国社会进入生态文明新时代的历史新阶段中，云南既不能回到传统农业的发展方式，也不能简单重复工业化发展方式，而是应该走出一条跨越式发展的路子，充分维护和利用好云南的生态资源，通过后发优势培育发展动力，厚植发展

潜力，实现生态优势向发展优势的新跨越，以生态文明引领社会进步和经济创新发展。

一 跨越式发展是云南经济社会发展的主线

云南地处中国西南边疆，既是中国政治、经济、文化实体的西南末端，也是中国与东南亚、南亚次大陆连接的桥梁。在多种文明的影响下，云南社会经济发展常常出现跨越式发展的特征。近代以来，云南省大体出现了四次跨越式发展。

（一）第一次跨越：近代沿边开放

云南地处中国西南边疆，地理上与越南、老挝、缅甸等国家接壤，是中国面向东南亚、南亚开放的天然门户。早在2000多年前，云南就形成了以马帮为主要运输工具的茶马古道。所以云南地区的对外开放，源远流长。但要说云南真正意义上开启对外贸易跨越的时代，还要追溯到滇越铁路的建成。滇越铁路是当时法国殖民者为了在东南亚及中国云南地区实行资本扩张，争夺原料资源，追求高额经济利润，以维护其殖民统治而修建的一条铁路。滇越铁路全长854公里，于1910年4月建成通车，从云南的河口入境，经蒙自、开远、碧色寨、宜良、呈贡等地直达昆明①。滇越铁路建成后，推动了云南地区对外开放的步伐，云南的对外贸易总值由1909年的1271万余海关两，上升为1910年的1366万余海关两，增长了7.5%②，主要表现为大量廉价商品的涌入和本地农产品和矿产资源的不断输出。

这是一段屈辱的历史，但正如研究云南近代发展史的学者陈征平所说："滇越铁路还开启了民众的现代交通意识，为建设独立自主的交通积累了必要的技术和管理知识。"③ 同时，铁路的通车也改变了人们的生活习

① 谢勇军：《滇越铁路与近代云南经济若干问题研究》，昆明理工大学博士学位论文，2008，第25页。

② 龚自如：《法帝国主义利用云南滇越铁路侵略云南三十年》，载《云南文史资料选辑》第十六辑，1982。

③ 陈征平：《云南早期工业化进程研究（1840－1949年）》，民族出版社，2002，第102页。

惯，滇南与滇中的普通老百姓用上了棉布、镜子、牙膏、罐头等许多人们从来没有见过、更没有用过的物品。滇越铁路促进了云南的自然经济向商品经济的转化及城镇建设和思想观念的变化，从此，工业化建设在云南兴起，云南也开始步入当时中国现代化的前列。

（二） 第二次跨越：抗战期间工业基地、军事基地、文化教育机构的内迁

1937 年全面抗战爆发后，内地和沿海的军事和民族工业企业内迁云南，云南迎来了经济发展的第二次飞跃。

工业方面，云南进入了黄金时期，在昆明形成了海口、马街、茨坝、安宁四大工业区。云南人民艰苦奋斗，支援前线、巩固后方，在中国工业历史上创下了多项第一，填补了云南工业发展的空白，如垒允飞机制造厂开创云南飞机制造的先河，中国电力制钢厂结束了云南不生产钢的历史①。

军事方面，由于云南既位于中国西南大后方，又属于边疆地区，故云南既是抗日战场的大后方，又是东南亚战场的前线，这两个特点赋予了云南抗战时期军工发展的独特面貌。抗战时期，云南是当时中国的工业基地，内迁云南的军工企业通过改革，形成了一套基本独立的生产体系，为军队提供军备，满足了国防急需，为抗日战争胜利作出了重要贡献②。但这种繁荣只是昙花一现，随着抗战结束，大量工业与军事企业回迁内地，云南的工业化速度和水平从战时的高峰转入停滞和低落状态③。

文化教育方面，“中国人口四万万，不识字的竟占百分之八十以上，而我们云南因地居边远，交通梗塞，一切文化，比较内地各省，更为落后，识字的人，恐尚不及百分之十”④。因此，云南省政府认识到，除了重视学校教育，社会教育也是必不可少的，在政府的推动下，1921 年，云南省教育厅成立，随后推行了一系列生动、形象的社会教育活动。这些活动

---

① 肖漫：《抗战时期云南工业书写的历史纪录》，载《全民族抗战·云南记忆》，2015，第 1~2 页。

② 李平生：《烽火映方舟——抗战时期大后方经济》，广西师范大学出版社，1995，第 81 页。

③ 非荼娟：《抗战时期军事工业内迁云南的社会研究》，昆明理工大学硕士学位论文，2010，第 38~44 页。

④ 王汉声：《对于云南推行民众教育的管见》，《云南民众教育》（创刊号），1935。

贴近民众，极大地调动了民众的积极性和兴趣，深受民众的喜爱，例如教育巡回车、电影教育、播音教育、戏剧教育等①。这些社会教育活动，实事求是，因地制宜，不仅扫除了大量的文盲，还极大鼓舞了当地的抗战热情，更启发了民智，对云南经济社会发展产生了深远的影响。

（三）第三次跨越：社会经济制度从原始、落后向现代的飞跃

云南是中国多民族聚集的省区之一，高原山地所形成的众多相互隔离的地理单元成为不同民族保持其民族文化和社会发展相对独立的自然地理基础。正是由于这样特殊的地理阻隔，云南不同民族之间的社会发展程度存在较大差异。20 世纪 50 年代中国进行的社会主义改造，使云南独龙、德昂、基诺、怒、布朗、景颇、傈僳、拉祜、佤等民族跨越了奴隶社会、封建社会、资本主义社会的发展阶段，一跃进入先进的社会主义阶段（因此，这些民族被称为“直过民族”）。进行农业与手工业的合作化改革，引入现代农业生产方式和技术，大大提高了“直过民族”地区的社会生产力。

改革开放以来，这种社会经济的跨越式发展依然在云南大地上持续。1978 年是党的一次历史转折点，十一届三中全会过后，云南省的工作重点也转移到了社会主义现代化建设中来。在农业上，实行了家庭联产承包责任制，很好地解决了人多地少的矛盾，农业产量随之大幅上升；在工业上，通过经济体制改革，形成了多种经济成分并存的格局。之后随着国有企业改革的深化，云南的经济建设更是进入了高涨时期，形成了以公有制为主体，多种所有制共同发展的格局。在中国加入世界贸易组织（World Trade Organization，简称 WTO）后，云南开始了大开放、促发展的新征程。人民的生活水平也实现了从温饱走向总体小康的历史跨越。可以说，这是云南发展最迅速、人民生活水平提高最快的时期。

改革开放以来，云南社会经济的突飞猛进也积累了许多宝贵的经验：要想发展经济，必须做到五个坚持，即坚持经济建设为中心，坚持走具有时代特征、中国特色、云南特点的发展道路，坚持市场化改革，坚持扩大

---

① 张研：《浅议抗战时期云南社会教育》，《中国地方志》2007 年第 3 期。

开放，坚持以人为本的发展道路①。

（四）第四次跨越："三个定位"引领云南进入发展快车道

进入新时代后，云南的发展迎来了新的契机。2015 年 1 月，习近平总书记到云南调研，殷切希望云南"用全面建成小康社会、全面深化改革、全面依法治国、全面从严治党引领各项工作，主动服务和融入国家发展战略，闯出一条跨越式发展的路子来，努力成为我国民族团结进步示范区、生态文明建设排头兵、面向南亚东南亚辐射中心，谱写好中国梦的云南篇章"。可以说，习近平总书记对云南的三个定位是云南发展的新方向，是云南省迈向更加繁荣明天的必经之路。

云南省与其他省区相比有其特点，这个特点就是民族众多，每个民族都有其各自的文化和信仰。所以在建设民族团结进步示范区时，我们首先要做到的就是使各民族和谐相处、相互包容、相互促进。但作为民族团结进步示范区，我们要向全国乃至全世界示范的，最重要的还是文化，正如杨福泉教授所说："特别是体现在各民族的个人、家庭和社区精神风貌、社会公德上的那种文化。要展示云南的这种魅力，让外面的人能感觉到民风的淳厚、古朴，社区的和谐、安宁，民族的热情、友善。"②

在生态文明方面，云南省资源丰富、环境质量好、生态异质性强、区位优势独特，具有成为生态文明建设排头兵的独特优势。2019 年，云南森林覆盖率达 60. 3%，森林面积由 2005 年的 1501. 5 万公顷提高到 2019 年的 2392. 65 万公顷，居全国第二位；活力木蓄积量由 2005 年的 15. 48 亿立方米提高到 2019 年的 20. 2 亿立方米。水环境进一步改善，主要河流国控、省控监测断面水质优良率达到 84. 5%；主要出境、跨界河流断面水质达标率为 100%；九大高原湖泊水质稳中向好，异龙湖水质由劣于 V 类标准转为符合 V 类标准。各州市政府所在地空气质量平均优良天数比率为

① 马勇：《新中国建立 60 年来云南经济建设的历程与经验》，《云南民族大学学报》（哲学社会科学版）2011 年第 5 期。

② 龙成鹏：《示范区建设：经济、社会、文化、生态的良性互动——对话云南省社科院杨福泉教授》，《今日民族》2018 年第 7 期。

98.2%，是全国环境空气质量较好的省份之一，生态文明建设的成效有目共睹[①]。可以说建设生态文明不仅是满足人民对生态文明的内在需求，也是构建西南生态屏障、实现全国生态安全的重要举措。

云南地处中国西南边陲，在中国对外开放向纵深和内陆发展的背景下，一跃成为中国向南亚、东南亚开放的前沿，并依托地理区位、民族文化、历史传统的独特优势以及国际交通基础设施的建设，有望成为中国面向南亚、东南亚开放的辐射中心。近年来，随着“一带一路”倡议的提出以及“长江经济带”和“孟中印缅经济走廊”、“中国—中南半岛经济走廊”的深入实施，云南的战略地位也更加凸显出来，云南已经实现从开放末端向开放前沿地区的转变[②]。在“辐射中心”的构建中，云南加强了基础设施的建设，尤其是在路网、航空网、能源网、水网、互联网“五网”建设中，投入巨大[③]。这使云南社会经济发展的基础设施、发展能力得到了空前的提高，云南经济发展进入了一个新的阶段。

二 发挥后发优势，加速创建生态文明

（一）跳过经济发展的某些阶段，加速生态文明进程

习总书记说：“我们即要金山银山，也要绿水青山。”生态文明建设不仅关乎当代中国人的切身利益，而且关乎中国发展的长远利益。可以说，改革开放以来，云南在生态文明建设上取得了巨大成就，使云南成了中国西南重要的生态屏障和生态功能区。

中国跨越式发展所带来的环境问题，呈现复合型、压缩性、累积性特点，这使我们不得不重视，不能按部就班，而是要走出一条受国际理念影响、政府主导、运用市场化的激励与约束手段解决环境污染问题的中国特色之路[④]。目前我国经济正在进行转型，其中很重要的一点正是要摆脱粗放型经济对环境所造成的污染，形成质量型、集约型经济发展模式，

① 陈国兰：《构建生态文明体系　作好美丽云南文章》，《社会主义论坛》2018 年第 9 期。
② 任佳、李丽：《云南面向周边国家开放的路径创新》，《南亚东南亚研究》2018 年第 3 期。
③ 陈利君：《云南建设辐射中心的内涵与对策建议》，《云南社会科学》2015 年第 6 期。
④ 周宏春：《乡村振兴背景下的农业农村绿色发展》，《环境保护》2018 年第 7 期。

从经济源头上解决环境污染所造成的问题，建设与自然和谐共生的新时代。这一经济转变在西方国家经过了近百年的时间，而我国仅用了30年，这不仅体现了中国强大的后发优势，而且体现了我们党和政府高瞻远瞩，敢于改革、敢于进取、敢于实干的精神以及我国人民勤劳奋斗的品质。环境保护将贯穿中国的现代化全过程，是一场“持久战”。在以习近平同志为核心的党中央领导下，绿色发展之路会越走越宽广，也一定能给子孙后代留下天蓝、地绿、水净的家园，迈向生态文明新时代。

（二）从传统、低效农业生产模式向高原特色现代农业的飞跃

如何在经济转型过程中继续加强农业基础，提升农民福祉？发展农业规模效益是目前农业发展的根本任务。虽然家庭联产承包责任制在早期很好地解决了云南农业地区人多地少的矛盾，但随着经济社会的发展，其不能实现农业规模效益的弊端也逐渐显现出来，特别是云南的农业农村发展环境还比较复杂，在不断走向市场化的过程中也面临着越来越严峻的形势，所以传统的农业发展模式已经不能满足当下人民群众对农业发展的需求，云南省需要发展一套全新的高原特色农业，解决农业重大发展问题、整合优势资源、培养高端研究团队。云南高原特色农业，被农业部确定为继东北的大农业、江浙的集约农业和京沪的都市农业后的一种现代农业发展模式。云南省委、省政府将高原特色现代农业产业列为全省八大产业之一，突出高原粮仓、特色经作、山地牧业、淡水渔业、高效林业和开放农业六大建设重点①。

云南农业现代化的探索道路对云南跨越式经济发展意义重大。但与全国平均经济水平相比，云南高原特色农业的发展层次仍然较低，主要由于三个因素：第一是生态因素，云南地处高原山地，生态环境较恶劣，基础设施耗费大、建设难，发展生产难度大，很多地方还没有通路、通电等；第二是劳动力因素，虽然现代农业生产技术突飞猛进，但主体农民素质较

---

① 龚力波、刘佳佳、李学坤等：《高原特色现代农业智库发展研究》，《农村经济与科技》2018年第1期。

低，对新技术的学习和掌握还存在困难；第三是投资因素，由于高原农产品生产周期长，投资风险大，故云南高原农业投资存在较高的风险，且高原农业分散，很难形成规模效应，这就意味着投资回报短期很难实现。因此，投资难成为发展高原特色农业最大的障碍①。

要使云南整体农业保持粮食供给稳定，继续为我国经济发展作出新贡献，就有必要建立农业智库，使农业智库成为云南省高原特色现代农业产业发展科学决策的重要支撑。没有大量的研究就不能发现规律，就不能分析趋势。云南农业智库已经投入了大量的人力财力对现有农业数据进行分析和提炼，总结出了高原特色农业的发展规律，将云南农业划分为都市农业、高山农业、热区农业和跨境农业，并在全省率先提出云南高原特色农业 3.0 计划，受到了省委省政府的充分肯定。

高原特色农业是云南经济的重要支撑，云南的农业收入分别占国民收入和财政收入的 70% 以上，且大多数制造业原料和海外创收都来自农业。云南高原特色农业必须以市场为导向，打造滇系特色品牌，创新发展，促进农业产业整合与发展，增强农资投入，完善公共服务②。

（三）从工业化早期阶段直接进入新型工业化时代

2013 年，京津冀强雾霾事件说明了我国传统的工业化、城市化发展出现了问题，传统的发展道路难以维系。因此，21 世纪中国经济的发展既要摆脱传统工业化发展的黑色区域，打造绿色经济形态，又要建设生态文明形态及与其相适应的绿色经济形态。这是 21 世纪中叶中国基本实现现代化的必由之路。党的十七大、十八大提出“要坚持走中国特色新型工业化道路”，以信息化带动工业化，以工业化促进信息化，两化同步发展、相互融合，从而推进工业文明向生态文明转型创新发展③。

云南所处的中西部地区虽然一度在经济增速上“弯道超车”，但明显不具备可持续性，亟须进行工业化转型，走新型工业化道路实现产业升

① 陈彬、沈梅：《云南高原特色农业的发展》，《北京农业》2013 年第 9 期。
② 王文权、宁德煌：《国内云南高原特色农业研究综述》，《安徽农业科学》2018 年第 8 期。
③ 刘思华：《论新型工业化、城镇化道路的生态化转型发展》，《毛泽东邓小平理论研究》2013 年第 7 期。

级。新型工业化更多地强调了生态建设和环境保护，更多的是要实现经济发展与人口、资源及环境之间的协调发展，逐渐降低资源消耗，不断减少环境污染，最终实现经济与社会的可持续发展。云南需要升级传统的产业以改变传统的粗放型发展模式，发展绿色经济，使环境、经济、社会形成良性互动从而真正实现经济的可持续发展①。为此，云南需要推进区域间产业协调错位发展，依照各区域所具有的自然条件、资源与环境的承载能力、产业发展基础，不断实现区域间的产业协调错位发展；将集中于产业链低端的原材料采掘等环节转变为产品附加值高的深加工、技术密集型产品以实现产业价值链的延伸，着力打造精深加工产品；适应轨道交通时代，培养新形势下的商业人才，云南要成为面向南亚、东南亚的辐射中心，就要充分利用将来建好的泛亚铁路，发挥铁路运输的优势，同时，适应铁路发展派生出的零售连锁、服务业人才的需求将远高于现有人数，因此培养适应发展需要的商业经营人才也就十分紧迫。

（四）以智慧城市引领绿色城镇化

智慧城市建设是实现人口集聚、财富集聚、智力集聚、消费集聚的新型城镇化的要求，承载着绿色发展、环境治理、生态文明进而实现可持续发展的历史使命。总括起来，智慧城市是信息时代的载体，是知识经济的结晶，是可持续发展的支撑，它将在新一轮社会财富增长中，寻求并实现新型城镇“动力、质量、公平”三大元素的交集最大化②。云南省在实现绿色城镇化的过程中，需要利用智慧城市互联网、物联网、云计算等智能技术，促进城镇发展动力由资源、劳动力的投入转向创新要素和智力资本的投入，提高城市设施效率和空间发展质量，从而实现绿色、低碳、协调、人本的城镇化发展。

智慧城市建设不仅将推动智慧服务业的发展，还将推动整个制造业的发展，包括3D打印、终端制造、软件开发等，更将推动传统产业的转型升级。在智能技术的支撑下，培育智慧产业优势和特色，构建绿色高效的

---

① 樊慧玲：《新型工业化背景下中国传统产业转型升级的路径选择》，《吉林工商学院学报》2016年第2期。

② 牛文元：《智慧城市是新型城镇化的动力标志》，《中国科学院院刊》2014年第1期。

现代产业体系，将成为新型城镇化发展的经济动力[①]。云南传统城镇化发展模式带来土地利用效率低、城乡二元结构、城市管理服务水平低等问题，严重制约城镇可持续发展能力的提升。智慧城市的技术革新，将会促进城市交通、环境、医疗、公共安全、电子政务、社交网络等各个领域的应用发展，在一定程度上可以通过技术创新来提升能源资源利用效率、优化城市管理服务、促进城市经济发展转型，从而推动新型城镇化和可持续发展能力提高，实现绿色城镇化。

以智慧城市引领绿色城镇化是一个长期的过程，云南省应该以产业为导向，通过政府补贴等方式培养一批高端产业，从而带动城市整体产业链的大规模发展，为城镇化建设持续提供动力，助力新型绿色城镇化的发展[②]。

三 跨越式发展中的云南绿色路径

（一）以差异化、多样性为特征获得绿色发展动力

自“一带一路”倡议提出以来，六大经济走廊的定位和建设就被提上了日程。云南作为“中国—中南半岛经济走廊”的辐射中心，应把握机遇，依托自身的技术、品牌等优势，积极开展国际产能合作，推动劳动力密集型行业和资本密集型行业渐次转移到东南亚经济走廊沿线国家，带动沿线国家产业升级和工业化水平提升的同时，实现自身的绿色发展。“中国—中南经济半岛经济走廊”沿线国家已形成海运、水路、公路等组成的综合交通网络，沿线国家的劳动力素质、工业基础、营商环境相对较好，且和我国已经签署自贸区协议，开展经贸产业合作的空间较大[③]。其中，纺织、服装、鞋帽、机械、电子、电力等行业以及港口、公路等基础设施建设将是我国与这一走廊沿线相关的重点行业，也是云南可以重点培养和

---

① 席广亮、甄峰：《智慧城市建设推动新型城镇化发展策略思考》，《上海城市规划》2014年第5期。

② 李海涛、李浩：《新型城镇化背景下的智慧城市建设思考》，《科技创新与应用》2013年第20期。

③ 卢伟、李大伟：《“一带一路”背景下大国崛起的差异化发展策略》，《中国软科学》2016年第10期。

发展的产业。

云南所处的云贵高原水网密集、河流众多，许多县域成为大河过境地区，区域自然景观的垂直差异显著，农牧业生产的立体性强。因此要发展绿色经济首先要有利于推进大江大河与重要水源地的生态保护和建设，用先进技术科学合理地开发利用水能、煤炭、铁矿和有色金属资源，完善综合配套的现代交通体系，构建现代化的市场、信息、物流网络，进一步突出云南丰富的绿色资源开发利用的竞争优势。加强云南地区水能资源的保护性开发利用，推动生态环境的有效治理与优化，发展高原特色农业，开展亚热带生物多样性资源保护，加强能源资源开发利用，以及节水和水资源合理利用等①。

（二）保护和利用生态资源优势，获得"绿色溢价"

云南省拥有丰富的自然资源，与东部省区相比，人均和总量都占有相对优势，但在资源开发上却呈现利用率低、生态恶化等问题。因此加大生态环境的保护和利用是云南发展的比较优势。

现有的市场往往不能反映生态资源的稀缺性，把它当作自由物品来使用，因而出现了生态破坏的市场失灵现象。但在现实中这些资源早已不能自由获取，所以，解决生态问题，关键在于制度设计，只有利用政府的权威清晰地界定并保障产权，如通过环境资源的产权登记制度、严格的损害赔偿责任制度和对产权纠纷的解决，才能使市场有效地发挥资源配置的功能。

云南是中国的资源输出区域，从生态公平和经济公平的角度来看，输出资源是需要付出成本的。所以，要建立生态补偿机制，一方面向资源的开发者收取环境保护税或资源补偿税以弥补环境破坏的损耗；另一方面要向受益地区收取生态资源维护费等，这意味着环境保护不仅是一个地区的事情，还涉及所有的受益地区，受益地区应分担部分成本，使生态公共产品的经济外部性内部化。

替代、持续与发展是云南保护、利用生态环境的三个入手点。资源分为可再生资源与不可再生资源，对于可再生资源，关键在于开采的速度不

---

① 叶敏弦：《县域绿色经济差异化发展研究》，福建师范大学博士学位论文，2014。

得超过其再生的速度，运用科技手段，提高资源的再生速度和再生率；对于不可再生资源，关键在于从资源替代和提高资源利用率两方面着手，从资源的替代可以引申出产业替代，即利用新兴产业来保护自然资源，如以信息产业作为西部经济发展的支撑点，达到既保护自然资源，又实现云南经济跨越式发展的目的，发挥落后地区的后发优势。作为资源大省的云南，资源浪费很严重，应推动企业走循环经济发展之路，逐步建设一批环境友好型企业和循环型企业。

同时，云南应大力发展生态旅游业。当今方兴未艾的生态旅游，给不发达地区在旅游资源开发上提供了利用后发优势的可能性。云南不少地区自然地理条件奇特、旅游资源丰富，因为没有很好地规划和开发，民众货币收入低下。如能利用与发达地区的收入落差、环境质量落差，积极开发旅游资源，就能形成后发优势而带动相关产业发展，不断增强当地民众自我积累、自我发展的能力，从此走上一条对生态资源破坏较少的产业开发道路①，在着力保护生态环境并做好科学规划的前提下，获得“绿色溢价”。

（三）以民族文化和生态多样性助推民族地区文旅产业，共享发展成果

云南是中国少数民族种类最多的省份，依托多民族文化资源的优势着力发展旅游业是云南区别于其他省区发展经济、共享成果最大的亮点。云南旅游的吸引力和竞争力更多来自其绚丽多姿的少数民族风情和民族习俗，来自云南多样的民族文化。这种发展方式具有明显的经济效益，也对民族地区社会经济发展与居民增收具有重大作用。在云南旅游产业升级转型中，通过社区共享发展成果获得产业持续发展的动能是一个重要的内容。云南要想实现旅游业的跨越式发展和转型升级，就需要盘活区域内各种优质资源，用品质较高、引领旅游消费时尚潮流的业态与产品魅力，把更多游客留在旅游目的地，实现传统旅游业向现代旅游业转化②。“没有文化的旅游没有魅力，没有旅游的文化没有活力。”文化的差异性是吸引国

---

① 叶文辉、姚永秀：《论云南生态资源保护的机制设计与创新》，《云南民族大学学报》（哲学社会科学版）2010 年第 2 期。

② 吴韬：《大数据国家战略助推云南民族文化强省建设》，《才智》2018 年第 8 期。

内外游客产生旅游行为的前提和条件，云南旅游走“文旅融合”之路是必然选择。所以，在共享发展成果的过程中，云南省政府要充分利用好“看不见的手”即市场规律的特点以及充分发挥“看得见的手”即政府宏观调控的作用，这就要求云南各级领导干部拥有熟练掌握市场经济特点的能力，加快努力形成政府和市场作用的有机统一、相互协调、相互补充、相互促进经济快速健康发展的新格局和新态势①。

第五节　努力成为生态文明建设排头兵

生态文明是人类社会未来的发展方向，生态环境优良地区所拥有的生态资源将是生态文明新时代的战略核心资源，在未来社会历史进程中具有得天独厚的资源优势。毫无疑问，云南具有优良的生态资源和特殊的区位优势，将在我国新一轮发展中先声夺人，但是资源优势并不直接就是发展优势。要实现这种转化，需要以保护和巩固良好生态为基础，积极主动融入国家发展战略中，以高效的生态服务和优质的生态产品体现云南在国家建设发展中的不可替代性，提升云南在经济社会中的核心竞争力。

一　以关键生态环境问题为抓手全面推进生态文明建设

生态文明建设的重点就是着力推进生态环境保护，维护好西南生态安全屏障，而云南的生态环境保护涉及的领域多、范围广，要抓住关键问题、基础问题去突破，围绕重点问题和难点问题去使劲，有序推进生态建设和环境保护工作。

（一）以九大高原湖泊水环境的保护为重点，维护好大江大河的水生态健康是云南生态文明建设的关键环节

云南高原湖泊星罗棋布，现存面积较大、作用显著的有37个，目前影

① 云南省红河州社会主义学院课题组：《全面建成小康社会与各民族共享发展成果的云南实践》，《云南社会主义学院学报》2017年第2期。

响最大、功能突出的主要为九大高原湖泊。九大高原湖泊的流域面积共有8172.7平方公里，虽然只占全省面积39.4万平方公里的2%，但沿湖区域每年创造的国内生产总值却占全省的1/3以上。九大高原湖泊流域不仅是云南粮食的主产区，还汇集着全省70%以上的大中型企业，云南的经济中心、重要城市大多位于九大高原湖泊流域内。不仅如此，高原湖泊是位于大江大河上游的汇水区，高原湖泊的水质、流域生态环境直接影响下游长江、珠江流域黄金经济带的发展，也关乎澜沧江、红河、怒江下游十多个国家和地区、十多亿人口的生态安全。2017年，云南在全省6大水系（长江、珠江、澜沧江、红河、怒江和伊洛瓦底江）的145条河流（河段）设置了253个国控、省控监测断面，82.6%的断面水质优良，其中26个出境、跨界河流监测断面中，有25个符合Ⅱ类标准，水质优；1个符合Ⅲ类标准，水质良好。可见，云南是西南诸河名副其实的"生态安全守护者"。

高原湖泊及其所在区域是云南自然禀赋最好、人口最密集、开发强度最大、发展速度最快的关键地区，也是全省水资源和土地资源最紧张、水环境矛盾最突出的敏感地区，目前还是面临城镇化快速推进、产业密集布局、发展压力最大的重点地带。随着湖泊流域城镇化、工业化、农业产业化及旅游业的快速发展，湖泊水环境保护与资源开发、经济发展之间的矛盾日益突出。经过多年的艰苦努力，高原湖泊治理取得了显著的成绩，在支持所在城市和流域经济社会快速发展的同时，水环境整体表现比较平稳，部分湖泊水质趋稳并向好的方向发展，但有些湖泊依然面临流域污染物增长速度超过污染物削减速度的严峻形势，以富营养化及蓝藻大面积聚集和爆发为代表的高原湖泊水环境问题旷日持久、久治未愈。当前高原湖泊治理正处在临近登顶的关键时刻，需要付出艰苦的努力推进湖泊治理进入新阶段。

六大水系的生态安全关系云南全局，关系长江、珠江沿线和长三角及珠三角的环境资源安全，关乎南亚和东南亚诸多国家的发展基础和支撑条件。目前六大水系程度不同地面临水资源紧张、水环境保护压力加大的双重问题。长江、珠江流域生态健康形势严峻：流域森林覆盖率下降，泥沙含量增加，枯水期不断提前；部分河段水质恶化，危及城市饮用水；固体废物严重污染，威胁水坝与电厂安全；湿地面积缩减，河流天然自我清洁功能降低。

（二）保护好生物多样性是云南生态环境建设的基础性工作

生物多样性是维护自然生产能力和生态平衡的基础，也是维持生态安全的核心要素，生物多样性保护水平因此成为衡量生态环境质量的关键内容。云南是生物多样性的大省，但生态十分脆弱，96.4%的国土面积是山区，约40%的土地坡度在25度以上，岩溶面积占全省国土面积的28.1%，遍及全省16个州（市）129个县（市、区）。云南生物资源先天特点是“什么都有，什么都少，一用就少，再用就光”，历史上过度砍伐森林、过度采收和捕猎野生生物，导致大量生物资源枯竭、生物多样性丧失。近30年来，云南像全国其他地区一样，在推进农业产业化、新型工业化和城镇化的进程中，生物多样性又面临新的压力。过度垦荒、垦殖、超载放牧造成许多野生动植物种群减小、栖息地萎缩。兴修水利和建闸筑坝造成湖泊、江河的生境变迁，鱼类洄游通道与种群交流被割断。铁路和公路建设等基础设施建设使野生动植物栖息环境破碎化，种群繁衍面临直接威胁。工业废物和生活垃圾的大量排放，农药和化肥的大量施用，生物入侵和有害生物危害严重，影响了本土生物物种及其栖息环境，导致许多种类绝迹或种群数量减少。

森林是生物多样性的主要集聚地，云南是全国森林资源大省，林地面积居全国第二，但长期采伐导致原始森林面积锐减，中低产林比例居高不下，降低了生物多样性的更新和维持能力，也影响了生态服务功能。加强中低产林改造，恢复生物多样性水平，提高生态价值势在必行。湿地是地球上生物多样性最丰富的区域，也是生态服务价值最大的生态系统类型，但历史上对湿地的重要性认识不到位，围垦、占用、破坏湿地的行为时有发生，导致云南主要湿地功能退化和丧失。全省70%的重要湿地受到外来物种威胁，滇中高原湿地功能衰退，滇东北超过50%的沼泽化草甸湿地已经被改变用途，或者退化严重。加上近年来云南干旱等极端天气频发，湿地生态系统退化，全省湿地保护的任务十分艰巨和繁重。

（三）把做好资源性产业发展中的环境保护作为生态文明建设的重点工作抓实抓好

云南是水电、矿产、生物资源高度密集分布区，国家快速发展对这些资源的开发具有强烈需求，如何化解资源开发中带来的生态环境问题，是国家和区域经济社会发展和生态安全维护的重要内容。以矿产资源开发为例，矿石采掘将大量固体废弃物带至地表、矿坑排水过程中对地形地貌的强烈扰动，不可避免地会给矿区及其周围地区的地质环境带来一定程度的负面影响，甚至诱发严重的地质灾害；全省矿山企业废水排放量、固体废物产生量约占全省工业废水和废弃物排放量的一半左右；矿业活动中对土地资源、森林资源、地貌景观的影响和破坏突出，导致生态环境质量下降，灾害隐患增加。云南自然灾害及其诱发的严重破坏和影响很多与资源型产业发展中没有解决好的生态环境问题相关联。

（四）把农村生态环境保护工作作为环境保护工作的重点和生态文明建设的难点常抓不懈

习近平总书记在视察云南时强调，生态环境保护不能丢了农村这一块。云南是一个以农业和农村为主体的省份，城市（镇）是漂浮在农村汪洋大海中的岛屿，而影响云南生态环境的基本力量是农业，影响自然生态环境的主体是农民，解决生态与环境问题的关键在农村。农村和农业污染类型多、范围广、面积大、环节繁杂、分布离散，主要以面源污染形式存在，防治难度大，周期长，投入渠道少，是困扰云南农村环境质量的主要问题。高度重视农村生态环境问题，把它作为未来环境保护工作的重点，切实解决影响农村生态环境改善的体制和机制因素，在当前显得十分重要。

二 积极主动融入长江经济带国家生态保护与发展战略

云南生态资源丰富，生态地位重要，承担着建设西南生态安全屏障、维护国家生态安全的使命。云南最大的优势是生态，但是在把生态资源转化为发展资源、成为国家资源发展方面长期处于被动局面。如何扭转这种被动局面、把生态优势转化为发展优势，是云南实现后发跨越、建设国家生态文明排头兵的关键。目前，在国家共抓大保护、不搞大开发的长江经济带保护发展战略中，特殊的生态站位成为云南的重大机遇。

推动长江经济带发展，是党中央、国务院主动适应把握引领经济发展新常态，科学谋划中国经济新布局作出的既利当前又惠长远的重大决策部署，对于实现“两个一百年”奋斗目标和中华民族伟大复兴的中国梦，具有重大现实意义和深远历史意义。长江经济带覆盖 11 个省市，面积约 205 万平方公里，占全国总面积的 21%，人口和经济总量均超过全国的 40%，而且发展潜力巨大。但是，长江流域经济发展与生态发展长期不平衡，“生态账户”透支严重，需要较长时间才能有效恢复。在长江生态需求与生态供给重新实现平衡之前，长江生态“赤字”仍面临持续恶化的风险。“大开发”带来的后果必须通过“大保护”来弥补，且刻不容缓。习近平总书记指出：“当前和今后相当长一个时期，要把修复长江生态环境摆在压倒性位置，共抓大保护，不搞大开发。”以习近平同志为核心的党中央高瞻远瞩，关键处落子，为长江经济带奠定了绿色发展的总基调。在长江经济带共抓大保护的格局下，国家正在酝酿建立健全生态补偿与保护长效机制。2018 年年底，中央财政已预拨了 30 亿元奖励资金。到 2020 年，中央财政拟安排 180 亿元促进形成共抓大保护格局。保护好一江清水，是长江经济带绿色发展的重中之重，长江水好不好，上游是基础，提升和保护云南从金沙江输送出去的优质生态服务和产品，是长江经济带的重大战略任务。

目前，长江经济带的生态环境保护已上升为国家行动，如何解决上游生态环境问题，为下游黄金经济带的发展提供良好的生态支撑，是云南成为生态文明建设排头兵的重要内容，也是云南主动融入国家发展战略的重大机遇。云南位于长江上游的金沙江流域，金沙江干流在云南境内长达 1560 公里，金沙江流域覆盖迪庆、丽江、大理、楚雄、昆明、曲靖、昭通 7 个州（市）40 个县（区），面积 118997 平方公里、人口 1990 万。一方面，云南在长江全流域的生态地位和作用是基础性的、战略性的；另一方面，云南在金沙江流域也是贫困面最集中、贫困深度最大的区域。如何在保护长江上游生态的同时，解决云南脱贫发展问题，亟待整合起来通盘考虑。这个区域既有以滇东北为代表的生态恶化引起的贫困地区，也有以滇西北为代表的生态优势突出但因保护而发展受限的贫困地区。在国家生态文明建设进入“关键期、攻坚期、窗口期”的特殊时期，通过体制和机制创新一并解决国家高度关注的脱贫攻坚和生态保护问题，无疑是党和国家鼓励和支持的行动。为此云南应该从以下几个方面积极行动、主动作为。

一是创新思路，积极谋划，尽快启动长江经济带云南“生态（扶贫）特区”建设。统筹安排，形成合力，向党中央、国务院上报工作方案，结合国家和云南生态功能区划，以生态扶贫重点县区或地州为单位，尽快启动长江经济带“生态（扶贫）特区”建设。把“生态匮乏的贫困区”和“生态富饶的贫困区”两类区域进行整体性、大面积、连片化集成整装，打造成为“国家生态扶贫特区”或“生态特区”。

二是尽快介入，参与规则制定。建议安排专门机构、形成专业力量，研判形势，主动介入、积极参与规则制定，争取在长江经济带中凸显云南生态区位优势，在争取国家制度性、市场调节性的生态补偿方面赢得主动。需要指出的是，云南在长江经济带参与的力度和深度远远不够，特别是在启动之初如何争取生态补偿机制的创始权、机制形成的话语权，应全力以赴。江河源头区、重点生态服务区、重要饮用水源地、水土保持重点区域、跨流域调水、控制性水利水电工程等，都将是生态补偿的关键问题，都与地处上游的云南百万贫困人口密切相关、与近两千万沿江人群的福祉相连。时不待我，亟待行动。

三是启动编制《云南服务和支持长江流域生态安全综合规划》。把金沙江流域的生态建设、环境保护、脱贫致富、基础设施建设、产业推进、民族社会发展问题集成整合，以国家需求为目标引领，以云南实现跨越式发展为问题导向，尽快推出综合规划，并全力争取融入国家区域发展规划，通过争取国家政策和资源，综合全面地解决云南保护要求高而保护能力低、发展水平差的压力，实现国家战略需求与地方综合发展的深度结合和全面融合，使云南在谋求跨越式发展、再获新生动力方面取得突破。

三　把打造国家公园当作生态文明排头兵建设的重要工作来抓

党的十九大报告指出，构建国土空间开发保护制度，完善主体功能区配套政策，建立以国家公园为主体的自然保护体系。建设国家公园体系，借鉴发达国家有效的自然保护模式，是立足中国特色生态保护的战略选择。目前来看，国家公园的定位主要包括：代表国家保护并维持自然生态系统的完整性与原真性并致力于世代传承，同时强调在保护自然生态系统的前提下，满足公众对环境教育、游憩体验的需求，并且与公园内的原住民扶贫结合起来，使周边社区群众从中受益。显然，国家公园是致力于把保护与区域发展有机融合的一种国家新型制度设计，具有国家名片特质，具有全球和国家意义。谁抓住国家公园建设这个机会，尽可能先期入选国家公园，谁就拥有国家的生态地位；哪个省区拥有数量多、质量优的系列国家公园，这个省区无疑将在中国乃至世界生态环境保护事业中处于先导地位。

云南是我国生物多样性最丰富、生态环境功能最重要、保护与扶贫任务最重、发展压力最大的省区之一，如何借助国家公园体制建设及自然保护新机制建立的大好形势，既满足国家战略需要，又满足云南发展诉求，集中解决好保护与发展“两张皮”的突出矛盾，努力成为国家生态文明建设排头兵，值得云南上下认真研判，顺势而谋。

（一）高度重视，抢抓机遇，推动云南良好的生态环境成为国家公园、打造为国家名片，努力争取国家力量保护云南生态环境，推动生态优势转化为产业和发展优势

2019 年，云南省已建立国家公园试点 13 个，国家森林公园 32 个、国际重要湿地 4 处、国家湿地公园 18 处，湿地总面积 61. 4 万公顷；水产种质资源保护区 21 个，总面积 29685. 79 公顷。90% 的典型生态系统和 85% 的重要物种得到了有效保护。国家公园是最重要的自然保护地类型之一，属于全国主体功能区规划中的禁止开发区域，纳入全国生态保护红线区域管控范围，未来很多保护地都将纳入国家公园体系中进行保护。国家公园保护体系属于国家行为，人财物主要由国家财政承担，这对承担巨大保护任务的西部地区而言，是一种利好。不仅如此，国家公园实行最严格的保护，但也允许开展游憩、教育、科普等人为活动，实现严格保护与合理利用的辩证统一，体现保护的目的是利用，合理的利用可以促进保护，这还将给具备优良生态环境的区域带来巨大的发展红利。

美国、加拿大以及欧洲多个发达国家，它们不仅经济发达、现代化程度高，而且经过工业革命的洗礼和环境磨难，更重视保护自然生态环境，建立了一系列的国家公园，维护优良生态环境，提供游憩场所，让人们亲近自然、休养身心，带动了科普、旅游、文化、休闲、娱乐及其他产业的全面发展，成为全社会重要的公共福利，为提高全社会生活质量、增强获得感、加深自豪感、凝集民族情感发挥了巨大的作用。国家公园已经成为这些国家重要的社会财富，显著提升了这些国家的综合国力和软实力。中国正处在高质量发展的转型时期，大力发展国家公园，为全社会提供优良生态服务和优质生态产品，正成为中国提升发展层次最急需的国家行动。

云南是我国最早的国家公园试点省份，普达措国家公园试点和建设，既争取到了国家资源对重要保护地的有效保护，也通过合理的旅游开发和生态化利用带动了藏族社区的发展，进一步提高了迪庆区域经济社会的发展水平。西双版纳、迪庆普达措地区等是具有优质生态资源的区域，成为云南旅游文化产业的新亮点，取得了良好的生态经济社会效益。目前，国家公园建设将从以地方投入为主转向以国家投入为主，这将显著降低云南的保护压力。赋予国家公园以游憩、文化保护、教育等功能，在生态产品供给短缺、生态服务质量低下的情况下，具有很高生态禀赋的地区及其国家公园将成为云南旅游转型发展、高端化推进的重要抓手，也可能成为带动云南经济社会发展的新引擎，因此机会难得。国家公园建设正处于国家统筹规划阶段，云南应尽快介入，抢抓发展机遇。

在中国，生态环境比云南好的省份不少，生态质量比云南优良的区域也有，为什么习近平总书记要求云南成为全国生态文明建设排头兵呢？显然，云南的国家生态战略地位和功能是其他省份替代不了的，而其中最重要的是云南拥有其他省份难以比拟的生物多样性及生态功能，这正是建设国家公园的要义。努力在国家公园建设上取得领先地位，将是云南努力打造国家生态文明建设排头兵中的重要利器。云南省委省政府应安排专门机构、形成专业力量，研判形势，主动介入、积极参与规则制订，争取在国家公园建设中凸显云南生态区位优势，在争取国家制度性的发展安排、市场调节性的经济政策、保护地方生态补偿和转移支付等方面赢得主动。

（二）做好顶层设计，高端引领，优化好国土资源空间

建立国家公园的目的是保护自然生态系统的原真性、完整性，把最应该保护的地方保护起来，允许开展游憩、教育、科普等利用行为也是服务

于严格保护，并通过合理的功能分区来实现。一方面，纳入国家公园的范围，可划分为多个不同的功能分区，实施差别化管理，发挥各功能区的主导功能。保护区要严格保护，传统利用区开展限制性利用。另一方面，云南很多区域属于“生态富饶的贫困区”，不纳入国家保护范围，自身能力有限，保护困难大；纳入国家保护范围，往往可能因资源开发、产业发展而失去灵活利用的条件。为此，需要深入研究云南的国土空间特点和未来发展的资源及空间需求，按照“保护为发展留下空间、发展守住保护的底线”的原则，优化空间格局。云南现有自然保护区 164 处（其中林业部门管理 132 处，其他部门管理 32 处；按级别分，国家级自然保护区 21 处、省级自然保护区 38 处、州［市］级 56 处、县［市、区］级 45 处），总面积达 286. 71 万公顷，占全省国土总面积的 7. 3%。这些保护地和保护区是云南生物资源、旅游资源富集区，部分区域也是矿产资源、农林土地资源与保护目标高度叠加的空间地带，站在国家高度需要全面统筹，长远利益与眼前利益结合，生态保护与经济发展协调，综合权衡，科学取舍。

（三）扬长避短，创造条件，争取将应该保护的区域早日纳入国家公园体系中

云南很多保护区具有很强的不可替代性，大多数保护区位于民族地区，而云南的民族人口分布具有的“大群居、小分散”格局，使各类自然保护区都有不小数量的人群分布，这些保护区破碎化程度严重，要纳入国家公园体系满足不了完整性的要求。例如，计划建设的西双版纳大象国家公园是在西双版纳国家级自然保护区基础上扩大而来，由地域相近而互不相连的勐海、悠诺、勐养、勐仑、勐腊、尚勇 6 个片区组成，空间高度分散可能成为西双版纳国家级自然保护区入选国家公园的障碍。西双版纳自然保护区如此，云南其他自然保护区都不同程度地面临空间分散、破碎、面积狭小的问题。为此，云南要对纳入国家公园体系管理的区域尽快作出规划，包括土地利用方式调整、发展方式转变、必要的生态移民等，开展保护区的原真性、完整性恢复和重建，适时扩大空间范围，提高保护区的规模化，以满足国家在这些区域设置国家公园的基本要求。

（四）尽早做好国家公园的科学利用设计，制订好特许经营方案，促进云南生态优势转化为发展优势

通过特许经营方式，在游憩展示区适当建立游憩设施，使公众充分享受自然保护的成果，是国家公园不同于过去自然保护区的特点，也是世界各个国家公园的普遍做法。对于当下的中国，自然生态产品供给有限，原生态文化资源稀缺，生态服务需求强劲，云南良好的生态资源集聚地在成为国家公园后，很可能成为旅游业转型发展、健康产业快速发展的高地，也将成为云南跨越式发展的重要抓手。当前，需要尽快在满足国家公园保护要求的基础上，做好不同类型国家公园游憩、文化、科普发展的定位，安排好空间布局，编制长远的特许经营方式，有序开展基础设施建设，为打造中国主要游憩业目的地、提升云南旅游文化教育科考产业发展做好准备，以迎接新兴产业的到来。

四 积极争取国家支持和帮助，提升服务国家生态战略的能力

多年来，云南在保护生物多样性方面付出了诸多努力，承担了经济发达的长江、珠江等中下游地区生态环境保护压力，还在跨境国际河流上游地区开展了大量的生态保护和环境建设工作，作出了国际贡献，但由于缺乏应有的回报和补偿，在客观上影响和制约了云南经济社会的和谐发展，也影响了边疆少数民族贫困地区脱贫致富的步伐，削弱了云南部分区域主动保护生态环境的积极性。建立和完善生态补偿机制，加大财政转移支付力度，对为生态保护事业作出贡献的地区和群众给予合理的补偿十分必要。

一是国家要尽快帮助云南建立自然资源资产产权与用途管制制度，建立资源有偿使用、跨流域跨地区的生态补偿机制，探索流域生态补偿和水电、矿产、旅游资源开发生态补偿方法。

二是加大对云南特色生物资源产业发展、主动保护生物多样性的支持力度，做大做强生态农林产业，使生活在生态脆弱地区、生态保护区内的农民通过参与生态保护增加收入，减少对自然资源的依赖。

三是对应该保护的区域和不应进行经济开发的区域，根据国家对生态

产品的需求，转化为生态产品开发区，提供特殊的支持政策予以扶持；把自然保护区、国家公园等纳入国家向全社会提供生态产品的层面，国家提供专项资金支持保护这些优质生态环境资源，或通过财政转移支付、生态补偿等手段实现国家向示范区域购买生态产品，实现生态保护产业化的国家推动。

四是以云南示范区为试点，建立生态受益区向生态产品提供区的横向转移支付机制，积极探索建立资源参股、碳汇生态补偿机制等；支持云南加快低碳经济试点省建设，加快研究碳汇交易制度和科技支撑体系，探索中国特色的碳汇交易试点机制，把云南打造成全国的碳汇交易中心；通过碳汇制造与生产，大力推进碳汇跨国交易，形成生态建设产业化的国际推动力量，促进中国生态产品的国际市场及其声誉的营造。

五　在生态文明建设中形成云南特色和国家示范

确保生态环境得到有效保护，经济社会实现跨越式发展，与全国同步迈进小康社会，这不仅是云南的问题，还是我国西部尤其是西南地区生态环境相对较好、经济社会发展相对滞后的区域面临的共性问题。响应习近平总书记的号召，努力成为国家生态文明建设的排头兵，云南为此应创新工作思路，破解生态建设与经济建设不协调、不同步、不平衡的发展难题，为我国西部其他地区的发展提供示范和借鉴。

（一）以“生态立省、环境优先”的发展理念引领创新云南的生态化转型发展

一是深入理解云南成为生态文明建设排头兵就是主动服务和融入国家发展战略的关键内容之一，在思想上和行动上当好国家生态安全屏障的西南守护者和建设者。要清醒认识保护生态环境、治理环境污染的重要性和紧迫性，在思想上充分认识生态保护、污染治理的长期性和艰巨性，牢固树立保护生态环境就是保护生产力，改善生态环境就是发展生产力的理念，按照生态文明建设“五位一体”的整体布局，把生态环境保护落实、贯穿到经济发展、脱贫致富、边疆治理、民族进步、社会发展等具体工作中，把良好的生态系统保护起来，把受损退化的关键地区的环境恢复

起来。

二是按照“发展要守住生态底线、保护为发展留下空间”的基本思路划定并严守生态红线，构建科学合理的城镇化推进格局、农业发展格局、生态安全格局，把生态环境目标作为区域经济发展顶层设计的刚性指标，倒逼其他各种规划和发展计划对生态环境保护的适应性，在高位上实现区域发展方式和产业布局的优化。

三是加快争当生态文明排头兵的制度建设。把生态环境放在经济社会发展评价体系的突出位置，建立责任追究制度，大幅度提高生态环境指标权重，建立体现争当生态文明排头兵要求的目标体系、考核办法、奖惩机制。

四是层层分解目标，件件责任落实。根据资源承载力、生态环境容量，制订科学技术水平高、长远和现实结合程度好、法律法规约束性强的发展规划和空间布局，做到换届换人不换规划；把保护好生态环境融合和贯通到每一个区域、每一个产业、每一个部门，把具体的责任分解和任务落实到每一个规划地块、每一个建设项目、每一届责任领导。

（二）以生态为主线，打造云南产业与经济社会协同发展的升级版

一要做好传统产业的生态化提升。对农业、林业、畜牧业、水利水电、矿产等资源直接相关产业，严格按照维护生态健康的基本要求，以恢复产业依托资源的再生能力与环境可修复能力为底线，提高传统产业发展的生态化水平。

二要把工业、生产型服务业及相关产业进行集群化融合，以循环经济、生态经济为主线进行优选和集结，以绿色、生态、环保重构和创建云南工业发展新面貌。

三要把城镇化发展与区域生态建设、环境治理、旅游、文化产业、休闲养老产业等新兴服务业有机捆绑在一起，通过生态建设提升城镇化的科学水平和新兴服务业发展的条件与层次，同时通过新兴产业发展为生态建设提供内在动力。

四要尽快推进云南生态产品新兴制造业的创建。在云南建立生态产品生产基地，对生态产品的生产方式、发展业态、产品交易、产品消费进行试点，筹建生态产品国家交易中心和国际交易中心。

五要加快打造云南的生态品牌，抢占生态发展的制高点。把云南产业发展、社会面貌按照生态化模式进行整体性、综合性的形象打造，树立云南的生态性发展基础、生态型发展优势、生态化发展先机，在全国乃至世界上形成凡是云南的，就是生态的，就是环保的，就是绿色的，为云南产品和社会形象全面打上生态标识，为云南各民族产品走多样化、小批量、高端化、高价位打下基础。

（三）挖掘云南少数民族善待自然、智慧利用资源的优秀知识和实践经验，丰富生态文明建设的文化内涵

顺应自然、善待环境、遵循人与自然和谐共处的理念是中华文明的精髓，云南民族文化中有很多活的标本，并且融合在普通人群的价值理念、日常活动中，传承和演绎着大量具有现代生态科学思想的本土知识、凝聚人类生态智慧，体现着历久弥新的生态文化。挖掘和彰显云南人民资源节约、环境友好的民族生态文化，培育和构建适应生态文明要求、充满时代气息的人地和谐的新兴文化，使云南成为国家生态文明建设的示范窗口。

云南很多少数民族在长期适应自然的过程中，对生物资源的分类，对生物多样性的识别、利用和管理，对水资源、土地资源、森林资源的系统化管理、整体优化配置等形成了一整套知识体系和思想理论，不仅突破了现代科学技术的学科壁垒，而且形成了看似简单、实则富集智慧的一揽子生存和发展技能，确保人与自然和谐相处和人类社会的可持续发展。生态文化建设是长期而富有战略意义的大事，发掘、提炼、融合多民族传统文化中有关保护与利用的思想、实践经验和方法，将民族习惯上升为生态文化的云南思想，进而打造成生态文明的国家智慧、生态文明的世界话语，竖起云南在国家和世界生态文明建设中的文化和思想旗帜。

（四）建设适合云南生态化发展的科技教育支撑体系

云南在走向生态立省、环境优先的发展过程中，必然推动整个经济社会的生态化转型发展，构建适应云南生态化发展的科技教育支撑体系时不我待。在科技支撑方面，要尽快建立一批跨学科、跨领域的生态环境保护、生物生态资源利用开发的复合型科技支撑平台和国际交流平台，培养

和引进一批理论水平高、技术手段好、服务社会能力强的领军人才、战略科学家、市场开拓人才、国际活动专家，启动一批服务生物生态保护和产业发展的重大科技攻关项目。当前，要尽快研究以不同类型的生态产品及生态产业作为新业态在培育、壮大、积聚、产业链发展、产业群积聚的发展规律，研发不同类型的生态产品和产业发展的关键技术和集成技术，为生态产业发展提供科技支撑；探寻生态产业的产品生产、价值评估、价值实现的国际和国内途径与方式，掌握不同区域向社会提供生态产品的数量、质量和价值，为国家和国际社会购买生态产品、进行生态补偿和中央财政转移支付提供充分的数据支持，探讨引入环境保护和生态建设的市场化及竞争机制，实现生态建设的公益性向产业性转变。

在生态教育方面，尽快扩大云南省高校生态学、生物多样性、环境保护等直接涉及生态文明科技支撑领域的专业人才培养规模，培养一批高层次的专业人才，尽快让生态学、环境保护的理论和知识系统地进入中小学课堂，并把生态学、生物多样性保护等课程或主要内容列入高校公共必修课程，显著提升大学生的生态学能力和水平。

第二章

美丽中国建设的云南模式：绿色制度护航绿色发展

云南具有得天独厚的自然条件、沿边开放的优越区位、发展绿色经济的竞争优势，是我国生态文明建设的“窗口”。探寻美丽中国建设的云南模式，是时代的选择，也是云南可持续发展的客观要求。生态环境问题归根结底是发展方式问题，在破解保护与发展难题上，云南已出台“三张牌”“两型三化”“污染防治攻坚战”“最美丽省份建设”等重大举措，现代生态环境治理体系建设已取得重大进展，现代空间规划体系已迈出坚实步伐，绿色发展理念已根植在云岭大地。

第一节　破解保护与发展难题

保护与发展属于对立统一的矛盾体，在人类历史发展中，在不同的阶段呈现不同的形式，正确把握矛盾发展的客观规律，采用正确的理论方法，掌握主动性，化害为利，始终沿着正确的方向前进。新的时代，我们要运用好习近平生态文明思想的理论武器，践行“绿水青山就是金山银山”理念，创新发展方式，赢得发展的主动权。

一　保护与发展的理论基础

（一）保护与发展认识的阶段性

在人类社会的历史长河中，人类绝大部分时间只是大自然整体中平等的一员。由于生产力水平极其低下，人类的认识水平非常有限，只能依靠自然维持生命的延续，如采集果实、狩猎等。人类把自然视为无穷力量的主宰，视为某种神秘力量的化身，通过采取宗教仪式对其表示顺从。在这一时期里，人类是非常被动的，人类的生存完全依赖于自然环境，消费水平非常低。“逐水草而居”“择丘陵而处”“刳木为舟”是当时人与自然原始和谐的生动写照。在使用火以后，人类的能力发生了很大改变。火可以用于照明、取暖、烧熟食物、驱除野兽。人们最初从自然因素引起的森林大火中得到启示，火协助人类利用自然，改善生存条件，大脑得到飞速进化，智力得到飞跃性发展。但是，森林大火往往难以扑灭，这就使野生禽兽乃至野生果实变得稀少而难以寻觅，人类与自然的矛盾开始出现。

大约 1 万年以前，人类开始有意识地从事谷物种植，阿·托夫勒称其为第一次浪潮，即农耕文明。人类在长期采集野生植物等过程中发现，遗弃的种子能长出植物来，于是开始模仿自然进行有目的的种植。同样人们把捕获的动物圈养起来，让其不断地进行再生产，从此逐渐定居，缓慢地出现部落、村庄、城市和国家，人类与自然的关系发生了新的复杂变化。先秦时期民间流传的《击壤歌》有云：“日出而作，日入而息，凿井而饮，耕田而食”，描述了乡村闾里人们击打土壤，歌颂太平盛世的情景。“锄禾日当午，汗滴禾下土。谁知盘中餐，粒粒皆辛苦。”这反映了广大农民的艰辛不易。北周庾信亦有诗为证：“兴文盛礼乐，偃武息民黎”，体现了文化在衣食温饱解决之后的重要意义。“朝为田舍郎，暮登天子堂”，刻画了读书人对积极人生的理想与追求①。随着人类的进一步发展，生产工具和农业技术不断进步，为人类的迅速繁衍创造了条件，而人口的增加又迫使人们加大对自然资源开发的广度和深度。大量砍伐森林和过度开荒造成了水土流失、洪涝灾害，人类对自然的影响逐渐加大，但人与自然保持着基本的平衡关系，人对自然也保持着朴素的敬畏心理。

从 18 世纪 80 年代开始，一场史无前例的、意义深远的革命在英格兰展开。从那时起，世界不再是以前的世界了。“英国工业革命标志着人类社会发展史上一个全新时代的开始，拉开了整个世界向工业化社会转变

---

① 唐海生：《农耕如歌》，庐江县粮食局，2018。

的”现代化帷幕。工业革命所建立起来的工业文明，成为延续了几千年的传统农业文明的终结者，它不仅从根本上提升了社会的生产力，创造出巨量的社会财富，而且从根本上变革了农业文明的所有方面，完成了社会的重大转型。经济、政治、文化、精神，以及社会结构和人的生存方式等，无不发生了翻天覆地的变化。如此一来，经过逐步发展，整个国家和社会高度组织化，就像一台巨大的机器，日夜不停地产生令人生畏的能量，人类利用自然、改造自然的能力得到空前提高。法国的工业革命，使森林覆盖率从原始的60% ~70%下降到19世纪中叶的13%左右。英国毛纺业等工业的发展，使大量森林消失，到20世纪初森林覆盖率已下降到5%左右。以蒸汽机的广泛运用为标志的第一次工业革命和以电力的广泛利用为标志的第二次工业革命增强了人类征服自然、改造自然的能力，在短短的二三百年里，人类所创造的物质财富比以往任何时候都要多得多。人类第一次感到自己是自然的主人，人站在了自然的对立面。

马克思在《1844年经济学哲学手稿》中即已指出：“人直接地是自然存在物。”人作为自然存在物，而且作为有生命的自然存在物，一方面具有自然力、生命力，是能动的自然存在物；另一方面，人作为自然的、肉体的、感性的存在物，和动植物一样，是受制约的和受限制的存在物[①]。“不要过分陶醉于我们对自然界的胜利，对于每一次这样的胜利，自然界都报复了我们。”[②] 20世纪中后期，环境污染事件促使一些专家和学者开始关注环境问题，反思工业文明，全球范围内出现了由政府官员、民间组织、科研人员等社会各界广泛参与的环境与发展研究浪潮。1962年，美国海洋生物学家蕾切儿·卡森发表了《寂静的春天》，拉开了民间环境保护的序幕。1972年，罗马俱乐部出版了研究报告《增长的极限》，使人们逐渐认识到现代工业文明发展过程中对生态和环境系统的破坏及其严重后果，人们开始对人口增长、粮食短缺、资源消耗、环境污染等问题产生了忧虑。1987年，世界环境与发展委员会发表了《我们共同的未来》，提出可持续发展思想。1992年，在巴西里约热内卢召开的联合国“环境与发展

① 刘景泉：《人为万事之本——广州南华西街思想政治工作的思考》，《广东社会科学》1993年第1期。

② 刘魁：《自然报复、天人合德与中国特色的生态文明建设》，《中国周刊》2016年第2期。

大会”将可持续发展从理论概念推向具体实践。以此为标志，人类对保护与发展的认识走向新的阶段。

中国走了一条与西方发达国家完全不同的道路。中国现代化晚于西方国家将近200年，是在西方国家已经完成现代化的世界历史背景下展开的，这就决定了中国现代化、工业化无论时间上还是空间上都是“压缩型”的。新中国成立以来，我们用几十年就走完了西方国家几百年才走完的道路，但生态环境问题也在这几十年凸显出来，呈现“复合型、压缩型”的特征。

自1972年中国参加瑞典斯德哥尔摩首届联合国人类环境大会以来，环境保护问题逐渐进入中国政治议程，成为中国共产党在领导中国经济和社会发展过程中的一个重要问题。1979年9月，随着中国第一部环保法的颁布，中国的环境保护工作也逐渐走上了法制化的轨道，并越来越受到党和国家的重视。1983年12月，第二次全国环境保护会议明确提出环境保护是我国的一项基本国策。此后，在一系列党和国家的重要会议、文献和领导人的讲话中，环境保护都被看作关系经济社会发展全局的重要问题之一。党的十六大报告提出了“全面建设小康社会，开创中国特色社会主义事业新局面”的奋斗目标，并将“可持续发展能力不断增强，生态环境得到改善，资源利用效率显著提高，促进人与自然的和谐，推动整个社会走上生产发展、生活富裕、生态良好的文明发展道路”作为全面建设小康社会的目标之一，强调“必须把可持续发展放在十分突出的地位，坚持计划生育、保护环境和保护资源的基本国策”的战略方针。党的十七大报告首次将建设生态文明作为“实现全面建设小康社会奋斗目标的新要求”，提出“建设生态文明，基本形成节约能源资源和保护生态环境的产业结构、增长方式、消费模式。循环经济形成较大规模，可再生能源比重显著上升。主要污染物排放得到有效控制，生态环境质量明显改善。生态文明观念在全社会牢固树立”。初步形成了以经济、政治、文化、社会和生态文明建设为主要内容的全面建设小康社会的目标任务。党的十七大提出建设生态文明的发展目标，体现了党对生态环境问题和可持续发展问题的认识升华和理论创新，也标志着建设生态文明的理念开始全方位地进入中国政治生活和国家战略。这一时期生态文明及其建设已作为一个相对独立的建设领域或文明形式被纳入社会主义建设整体布局中，这就为党的十八大提出“五位一体”的总体布局和发展战略奠定了基础。党的十八大进一步对生态文明建设进行了科学定位，首次提出了“五位一体”总体布局，科学阐述了生态文明建设与经济建设、政治建设、文化建设、社会建设的关系，提升了人们对生态文明建设及其在全面建成小康社会过程中重要意义的认识，开创了中国社会主义生态文明建设的新时代。

十八大以来，党和国家将对资源环境的保护与发展的认识，提升到前所未有的高度，将生态文明建设上升为重大的政治任务，充分展现了中国共产党对解决生态环境问题复杂性、艰巨性和长期性的认识，说明了生态文明建设战略目标的实现不仅有赖于对资源环境本身的规划、保护和治理，而且需要来自经济、政治、文化和社会各方面的支撑，否则“建设美丽中国，实现中华民族永续发展”的愿望就难以实现。

（二）传统自然观和生态伦理观

人与自然的关系是我国传统文化的重要内容。在研究和处理人与自然的关系的过程中，我国古人提出了内涵丰富的生态伦理思想，形成了独特的生态伦理观，对我们今天认识保护与发展的关系，具有重要的借鉴作用。

1. 儒家生态伦理观

儒家认为，世间万物皆自然所生，人作为自然所生之物应从属于自然、参与自然的演化与发育。所谓“天人合一”，儒家认为天作为宇宙的最高本体，是一切自然现象运行和变化的根源，它既是一种“自然之天”，又是一种“天之德性”，即天道和天德。天作为化生万物、包孕万有的最高的本体，人之性与天之性同属一类和同其道理，自然的秩序与人类社会的等级秩序具有类似性。董仲舒认为：“天以终岁之数，成人之身。”[①]“天尊地卑，乾坤定矣。卑高以陈，贵贱位矣。”[②] 孔子说：“天何言哉？四时行焉，百物生焉，天何言哉？”[③] 既然世间万物皆天所生，在地位上就应彼

---

① 董仲舒：《春秋繁露·人副天数》。
② 《周易·系辞上》。
③ 《论语·阳货》。

此平等。作为万物的一员，人并没有什么特殊，不能高居万物之上，主宰万物。人有人之性，物有物之性。人尽人之性，物尽物之性，则人与物“可以赞天地之化育”①。也就是说，人只有“参赞化育”，才能促进人与物、物与物“并育而不相害，道并行而不相悖”。

儒家认为，如果人类无节制地向自然索取，最终必会遭到自然的惩罚。“取物不尽物”，儒家主张保护生物的持续发展，反对因人类对动植物生态资源的掠夺而造成的物种灭绝。在万物复苏的春天，“天子不合围，诸侯不掩群”②。孔子指出：“刳胎杀夭，则麒麟不至其郊；竭泽而渔，则蛟龙不处其渊；覆巢破卵，则凤凰不翔其邑。”“取物以顺时”，儒家认为，要想做到“物”，人就必须“与四时合其序”，逆时、违时、失时、夺时，都无法达到无饥和胜用的目的。孔子对于谷物瓜果之类，坚持“不时不食”③。孟子根据动植物成长的规律，主张“不违农时，谷不可胜食也”，“斧斤以时入山林，林木不可胜用也”，“鸡豚狗彘之畜，无失其时，七十者可以食肉矣”④。《尚书》《周礼》《礼记》等儒家经典中均存在重视季节与动植物生长的密切关系的思想，为维持人类的基本需要而确立相关的礼制、法规、禁令，以保护生态资源。古代社会中民间经常有封山的活动，具有传统所认可的效力。可以说，“圣王之制”的传统在政治实践层面保证了对自然资源的爱护，在民间的实践中，派生出勤俭节约的道德要求，并与佛教相结合派生出素食、不杀生、放生等爱护动物的生活实践。

2. 道家生态伦理观

“道法自然”是典型的道家生态伦理观。道家认为，“道”是宇宙的本源与规律，先于天地而存在，由道而生万物。老子说：“道生一，一生二，二生三，三生万物。”⑤ 既然万物为道所生，那么，“以道观之，物无贵贱”⑥，宇宙万物都有独立而不可代替的价值。作为万物的一员，人与天地万物是共生共存、合而为一的关系，即所谓“天地与我并生，而万物与我

---

① 《中庸》。
② 《礼记·月令》。
③ 《论语·乡党》。
④ 《孟子·梁惠王上》。
⑤ 《道德经》。
⑥ 《庄子·秋水》。

为一"[1]；人类的活动应该遵循和效法天地、自然的运行之道，即所谓"人法地，地法天，天法道，道法自然"[2]。

"寡欲节用"，道家认为，人只有以虚静、恬淡无为的境界控制欲望，才能够减少对物质资源的滥用，防止环境的恶化和生态危机的发生。老子告知人们利用生态环境造福人类也要适可而止，要兼顾平衡。"贵生戒杀"，道教继承了道家以生命为天地万物的自然本性的价值观，以生为人生第一要事，以长生成仙为最高目标。"生道合一，则长生不死，羽化神仙"[3]，甚至把"生"与道、天、地并列为"域中四大"[4]。"贵生"思想将道德关怀对象的范围从人和社会的领域扩展到生命和自然界，形成了以一切生命存在为保护对象的伦理原则，并把慈爱和同、不伤生灵、保护动植物作为自己宗教修持的重要内容。《太平经》《正一法文天师教戒科经》《三天内解经》等均强调"好生恶杀"，把"好生恶杀"与个人的"得道成仙"结合起来，并有严禁杀生、保护动植物的若干具体规定。"夫天道恶杀而好生，蠕动之属皆有知，无轻杀伤用之也。"[5] 全真道认为"斫伐树木，断地脉之津液；化道货财，取人家之血脉"[6] 是伤害大地的行为。

3. 佛教生态伦理观

佛教认为，万法即所有现象界的一切存在都是由因缘即条件结合而形成的，分散而灭。所谓"因缘"，"因"是内在的引生结果的直接原因，"缘"是外在的起辅助作用的间接原因。在佛教看来，世界万物之间是一种互相含摄渗透的关系，一切对象世界互为存在和发展的条件，整个宇宙就是一个因缘和合的聚合体，生命体也是如此。"众生平等"，佛家认为"一切众生，贵贱不足"[7]，强调世界上万物和人均为平等关系。坚持"众生平等"，是自然界和人类社会和谐稳定运行的前提与保障，即所谓"天平等故常覆，地平等故常载，日月平等故四时常明，涅槃平等故圣凡不

① 《庄子·齐物论》。
② 《老子》。
③ 《太上老君内观经》。
④ 《老子想尔注》。
⑤ 《太平经》。
⑥ 《重阳立教十五论》。
⑦ 《摩登女经》。

二，人心平等故高低无争”。从“众生平等”的基本立场出发，佛家劝导人们爱物厚生、慈悲为怀，提倡尊重生命、敬畏生命，提倡天人和谐、人际和谐[①]。佛教并没有“唯人独尊”，认为众生的生命本质是平等的，万物包括花草树木、山川河流等都有佛性，是“无情有性”的，不可以随意处置。佛教强调应该珍惜和合理利用自然财富，因为自然界的天灾与人世间的人祸有着密切的关系。“圆融无碍”，佛教注重人与自然间的亲和融通关系，即事事无碍下的万物之圆融，希望人能够清除内心欲望及功利性追求，亲证自身与自然的圆融。佛教一直将现象界视为四大元素和谐共存的处所，“如来观地水火风本性圆融，周遍法界，湛然常住”[②]。

自 20 世纪中期以来，人类中心论与自然中心论之争成为贯穿西方生态伦理学研究的一条主线。人类中心论者认为，人类是世界的中心，自然界其他物种的生存发展应服从服务于人类的生存发展；自然中心论者则认为，人类只是世界的一部分，自然界其他物种与人享有平等的生存发展权，人类的生存发展应服从服务于自然界和生态环境的存在和发展。这两种生态伦理观都有其合理性，但也存在片面性。狭隘的人类中心论势必造成人类的唯我独尊和生态环境保护的无力；极端的自然中心论则意味着放弃对自然的开发和利用，最终会导致人类发展的停滞。超越人类中心论与自然中心论之争，恰恰可以从我国传统生态伦理观中找到灵感、获得支撑。无论儒家的“参赞化育”、道家的“道法自然”，还是佛家的“众生平等”，都既强调人类是自然界的一分子，与其他物种之间是彼此平等、共存共生的关系；又突出人类的主体地位，强调发挥人类在发现和遵循自然规律、促进人与自然和谐发展中的主观能动性。

二 云南保护与发展面临的挑战

云南地处我国与南亚、东南亚的接合部，具有“东连黔桂通沿海，北经川渝进中原，南下越老达泰柬，西接缅甸连印巴”的独特区位优势，是我国面向南亚、东南亚开放的前沿，是唯一能够通过公路、铁路和水路进

---

① 《五灯会元》。
② 《楞严经·卷四》。

入环太平洋和环印度洋地区的省份，是“一带一路”和“长江经济带”的重要交会点。在国家的发展战略中，被赋予“面向南亚东南亚辐射中心”“民族团结进步示范区”的建设重任。

从生态区位上看，云南是珠江、红河的发源地，属于长江、澜沧江、怒江、伊洛瓦底江的中上游。云南水资源量约占长江流域的15.56%（含上游来水），水能资源约占长江流域的20%。森林总面积、人均森林面积、森林蓄积、生物物种数等生态资产排在首位，自然保护区面积排在全国第二位，是长江经济带的生态高地，是重要的生物多样性宝库和生态安全屏障。在国家的生态环保战略中，被赋予“生态文明排头兵”的保护重任。

从环境质量上看，云南是全国环境质量最好的省份之一。2017年，云南省环境空气质量总体优良，全省空气质量优良天数比率为98.2%，在全国排名第一。优良以上水环境监测断面比例为82.6%，劣V类水环境监测断面比例为5.5%，超过全国平均水平。6大水系干流出境及跨界水环境监测断面质量保持在优良水平。总之，全省生态环境质量在长江经济带省份中具有突出的优势，在融入长江经济带发展中，有条件打造成全国最优质生态资产供给地、健康生活目的地、绿色食品生产地。

当然，在生态环境保护中，云南还有很多短板，有些是先天性的，比如生态环境比较脆弱，地势起伏较大，高山峡谷相间，水、土、温不匹配，一经破坏难以恢复。一些生态类型和物种，地理分布狭窄，适应能力较弱，保护压力较大。有些短板是发展不当和发展不足造成的，这就需要我们在今后的发展中，要以习近平生态文明思想为指导，坚持“绿水青山就是金山银山”的理念，在保护中发展，在发展中保护，打造长江经济带云南样板，作出“上游”成绩。

（一）主要生态问题

1. 生态空间被挤占，部分区域生态服务功能有待提高

多年来，云南积极实施退耕还林、天然林保护等重大生态工程建设，一些地区的生态环境得到改善，但因建设占用、蚕食、农牧民生计、耕地开垦等因素，森林、草地、湿地等自然生态系统被挤占的现象仍不同程度存在。根据已有资料，自然生态系统仍呈下降趋势。其中森林生态系统转

变为经济园地最为突出，橡胶林、咖啡地、茶树林等面积增长。一些湖泊湿地自然土地空间萎缩，由于城市化进程，城乡区域格局发生巨大变化，湖泊沦为城市“内湖”的情景正在发生，生态系统自我调节能力下降。

2. 山水林田湖草统筹保护不足

山水林田湖草是一个生命共同体，在保护治理上人为分割严重，各种生态交错带被人为过度开发建设，生态联系割裂。中度以上生态脆弱区域占云南国土面积的59.00%，灾害极危险区及危险区约占云南国土面积的3.00%，石漠化土地面积占岩溶地区土地面积的35.70%，森林系统低质化、森林结构纯林化、生态功能低效化、自然景观人工化趋势加剧，森林单位面积蓄积量较低。仍然还有大量退化草地亟待治理，已恢复的生态系统较为脆弱。首次发布的云南省生物物种红色名录表明，全省极危物种381种、濒危847种、易危1397种，合计占被评估物种的10.32%。资源过度开发利用导致生态破坏问题突出，一些区域生态资源破坏严重，系统保护难度加大。

3. 污染物排放量较大，部分区域和水体污染较重

云南处于城镇化、工业化快速发展时期，二氧化硫等主要污染物排放量、化学需氧量仍然处于高位，一些区域环境承载能力超过或接近上限。饮用水水源安全保障水平亟须提升，排污布局与水环境承载能力不匹配，城市建成区黑臭水体大量存在，九大高原湖泊富营养化问题依然突出，部分流域水体污染较重。土壤污染造成农产品质量安全的风险很突出，城乡环境公共服务差距大，治理和改善任务艰巨。

4. 产业结构和布局不合理，生态环境风险高

受地形地貌影响，云南土地资源的空间配置极不均衡，山地占绝大多数，盆地占有比例极小，分布相对集中，开发利用率较高。面积100平方公里以上的坝子有49个，有18个县的土地全是山地，水土资源不匹配。经济高度集中于城市建成区及滇中地区。随着生活水平的提高以及工业发展，有毒有害污染物种类不断增加，区域性、结构性、布局性环境风险日益凸显。环境风险企业数量较多、近水靠城，突发环境事件引起的环境风险加大。

（二） 原因分析

1. 生态环境较为脆弱敏感

云南属典型的高原山地省份，地势起伏很大，高山峡谷相间，江河深邃。由此，造成了全省乃至一县一乡范围内海拔高差都很悬殊的特殊地貌。如此大面积、大坡度被切割成千百万个地理单元的山地，长期以来一直是传统农业低层次的垦殖平面；另外，在不同条件下各类盆地常形成某一区域的社会和经济中心，辐射并影响周边山地，不可避免地樵采垦殖干扰容易造成生态退化。失去植被庇护后，裸露的高原受大气降水特别是“单点暴雨”冲刷造成水土流失，要比一般坝区大数十倍乃至上百倍。而山区生态既经破坏后再行修复，由于土薄、缺水、小区域气候劣变和山地地形的特殊限制，其难度又比平坝区高数十倍甚至上百倍。这是云南山区生态环境比坝区难以治理的根本原因，一些表土冲刷岩石裸露的山地，就再也无法恢复原来的植被。因此，云南以高原山地为主、山高谷深的地貌特点，使得云南的生态环境稳定性差。

复杂的地质构造为山地灾害的形成提供了条件。全省有较大规模的活动断裂38条，其中深大断裂有红河、小江和澜沧江等断裂带。深大断裂强烈活动形成宽大的岩石破碎带，很容易形成滑坡泥石流。云南地层齐全，岩性多样，具有形成滑坡泥石流的多种岩层存在。云南是我国地震最多的省份之一，按其频度在我国大陆居第三位，按单位面积的密度则为第一。地震的发生常在Ⅵ度及以上烈度引发大量滑坡等山地灾害。

云南整体上处于东亚、青藏高原、南亚和东南亚三大差异显著自然地理区域的接合部，过渡性特征明显。从小区域上看，不同垂直地带生态类型不同，各种成分相互渗透，相对一致的生态环境范围都不大，抗干扰能力较弱。云南生物物种数量多，但大部分物种的种群规模小、个体数量少，特化程度高，适应性差，一旦被破坏就很难恢复。云南分布有国家重点保护的野生植物151种、野生动物242种，分别占全国的41.0%和57.1%；列入《中国植物红皮书》的珍稀濒危植物154种，列入《濒危野生动植物种国际贸易公约》附录的珍稀濒危动物192种；云南已有112种动植物被列入极小种群物种。以《云南省生物物种名录（2016版）》收录的物种为评估对象，按照世界自然保护联盟《IUCN 物种红色名录濒危等级和标准（3.1 版）》等国际公认的方法和标准，云南对 11 个类群的 25451 个物种进行了评估，在全国省级层面率先发布了《云南省生物物种红色名录（2017 版）》。评估结果显示：云南生物物种绝灭 8 种、野外绝灭 2 种、地区绝灭 8 种、极危 381 种、濒危 847 种、易危 1397 种、近危 2441 种、无危 16356 种、数据缺乏 2991 种、不宜评估 1013 种、不予评估 7 种。

2. 人为活动胁迫因素较大，整体保护力度不够

根据国家生态十年调查，云南省绝大部分区域人为活动呈明显增加趋势，人类活动强度指数持续增加，2000 年、2005 年和 2010 年分别为 1.07、1.16 和 1.38。十年间，新增城镇用地 926.90 平方公里，新增经济种植园（橡胶、咖啡、茶树等）约 1102.60 平方公里，以薪柴为主的能源消耗仍占农村能源消耗的 50% 以上，整体胁迫因素较多，压力较大。

实现全面建成小康社会的目标，云南的跨越式发展压力很大，一些地区发展不协调、不平衡，与发达地区的差距进一步拉大，工业化、城镇化、农业现代化尚处于较低的层次，生态环境保护仍面临巨大压力。随着经济下行压力加大，发展与保护的矛盾更加突出，一些地方环保投入减弱，进一步推进环境治理和质量改善任务艰巨。区域生态环境分化趋势显现，污染点状分布转向面上扩张，部分地区生态系统稳定性和服务功能下降，统筹协调保护难度大。目前总体上处于“看守式”保护，内生动力不足，体制机制问题仍很突出。

3. 经济发展、资源利用与生态保护的矛盾突出

人口、经济与资源的空间分布不够均衡、部分区域资源供需矛盾突出。滇中地区以不到全省 1/6 的水资源、不到全省 1/4 的国土资源，养活了全省超过 1/3 的人口，创造了全省超过 1/2 的经济总量。全省超过 1/3 的建设用地布局在不足 1/15 的有限坝区空间内。人口、经济与资源环境的空间分布不均衡。云南山地多平地少、除了平坝就是高山的地貌条件是导致人口、经济与资源空间分布不均衡的主要原因。由于滇中地势平缓，适宜居住，人口相对集中，其土地和资源过度开发导致资源供给与需求矛盾突出。

矿产资源开发利用与生态保护间的矛盾突出且长期存在。矿产资源既是经济社会的物质基础又是生态环境的重要组成部分，矿产资源开发会对局部生态环境产生或大或小的扰动，这种扰动涉及大气、土壤、地下水及地形等。矿产资源开发对生态环境的影响主要为以下几类：矿山地质灾害、矿区含水层破坏、矿区地形地貌景观破坏和矿区水土环境污染等。而人类生产活动的过程，就是资源开发利用的过程，加之矿业在云南省经济社会发展过程中占有比较重要的位置，根据《云南省矿产资源总体规划（2016－2020年）》，2015年矿业企业完成总产值3453.51亿元，占云南2015年生产总值的24.36%。由此看来，矿产资源开发利用与生态环境保护间的矛盾仍然存在，且在很长一段时间内无法改变。

资源利用效率不高。全省经济发展还处于比较粗放的水平，许多产业处于产业分工低端，投入高，产出低，单位用地效率低下。从历年的人口增长及用地数据来看，虽然人均城镇工矿用地规模呈逐年下降趋势，但是相较于中部、东部发达地区，城镇用地节约利用水平还有待提高。农村居民点用地增加与农村人口逐年减少呈反向变化趋势，农村集约节约用地水平有待提高。广大山区、半山区人口过度分散，粗放耕作现象严重。农村居民点用地布局分散，部分地区农村居民点人均用地规模远远超过国家规定的高限标准，集约节约用地水平低下。2009～2015年，云南农村居民点用地规模由51.41万公顷增加至52.91万公顷，农村人口从3016.90万人减少至2687.2万人，人均农村居民点用地规模由170.41平方米/人增加至196.90平方米/人，均高于全国平均水平（150平方米/人）。云南是以资源输出为主的省份，除了滇中地区外，其他地区产业比较单一，产业“趋同化”状况还未根本改变，效益总体不高，发展稳定性较差，产业竞争力较弱，产业结构转型的力度偏小和速度偏慢。

三　打好绿色牌，破解保护与发展难题

党的十九大提出了建设美丽中国的绿色发展目标。习近平总书记多次强调要坚持绿色发展，着力推进人与自然和谐共生。“生态环境没有替代品，用之不觉，失之难存。要树立大局观、长远观、整体观，坚持节约资源和保护环境的基本国策，像保护眼睛一样保护生态环境，像对待生命一样对待生态环境，推动形成绿色发展方式和生活方式，协同推进人民富

裕、国家强盛、中国美丽。”① 这充分表明，在全面建成小康社会决胜阶段和经济发展速度换挡、结构调整和动力转换的关键节点上，绿色发展已经成为发展方式转变的重大战略导向。坚持绿色发展，实质上就是一个发展与保护的关系问题。历史地看，它是现代化进程中都会遇到的一个老大难问题。殷鉴不远，西方发达国家几乎没有例外都走过“先污染后治理”的老路。那些已经实现了工业化的国家，在解决环境问题方面有两个共同特点：其一是经历的时间过程比较长，其二是向不发达地区转移高污染高能耗的落后生产力。当前我国经济发展进入新常态，我们面临的除了共性问题之外，还有时空过程高度压缩、环境问题集中爆发的特殊复杂性问题。中国要最终实现现代化，既不应该也绝不可能重复西方现代化“先污染后治理”的老路。生态环境没有替代品，现代化内在要求“绿色化”，别无他途。事实上，新常态之所以“新”，一个最重要的背景就是支撑经济发展的资源环境承载能力已经达到或接近了上限，过去那种高能耗、高污染、高排放的粗放型发展方式已经难以为继。在经济新常态下破解发展难题，实现经济发展转型升级，本质上就是要准确把握发展与保护的关系，推动形成绿色发展方式和生活方式，实现发展与保护的共赢，人与自然的和谐共生，经济发展与资源环境的有机协调。坚持绿色发展，重要的途径在于大力提高经济社会发展的绿色水平，包括重塑绿色能源结构，加快工业化的绿色改造，推动建立绿色低碳循环发展的产业体系，推动经济杠杆绿色化。另外，绿色发展的重中之重还在于制度建设。反思既往，虽然早在 20 世纪 80 年代我们就提出可持续发展战略并不断加大环境保护力度，但是生态环境恶化的总体趋势没有得到根本扭转，资源利用效率不高，生产在低端水平徘徊的局面一直没有根本改变，在发展与保护之间没有找到一个恰当的平衡点并将之制度化，是一个关键因素。

通过改革环境治理制度，推动和实现价值观念、生产方式和生活方式的变革，是实现发展与保护之间动态平衡的治本之策。十八大以来，中国在绿色发展制度设计和制度探索方面，已经形成了一个相对完整的制度体系。比如：发挥主体功能区作为国土空间开发保护基础制度的作用；建立

---

① 《不忘初心——坚守中国共产党人的精神家园》，人民出版社，2016，第 75 页。

健全用能权、用水权、排污权、碳排放权的初始分配制度，用市场化机制激励节能减排减碳；强化约束性指标管理，实行能源和水资源消耗、建设用地等总量和强度双控行动，建立双控的市场化机制、预算管理制度、有偿使用和交易制度，并将双控指标纳入经济社会发展综合考评体系；倡导合理消费模式，实施全民节能行动计划，等等。

未来的发展，“绿色”的程度和成色如何，在某种意义上将决定现代化的得失成败。习近平总书记在巴黎气候大会上引用法国作家雨果的话说：“最大的决心会产生最高的智慧。”在坚持绿色发展上，我们就是要“咬定青山不放松”，下定最大的决心，保持坚如磐石的定力，才能最终探索出一条现代化的成功新路。

云南是生态资源大省，是动植物王国。生态优势如何转化为发展优势，是云南多年来努力探索解答的命题。最近，云南省委省政府又提出打好绿色食品、绿色能源和健康生活目的地这“三张牌”，努力把生态资源优势转化为绿色发展优势，推动云南经济的高质量发展。“三张牌”，成为云南在新时代争当生态文明排头兵的生动实践，是让“绿色”成为云南产业转型升级、经济高质量发展的鲜明底色。

云南打绿色“三张牌”的基础来自丰富的生态资源。云南是国家重要的生态安全屏障，2017 年，林地面积达 2607 万公顷，居全国第二；森林蓄积 18.95 亿立方米，居全国第二；森林覆盖率 59.3%，居全国第七。云南水电资源可开发量居全国第三，全省电力装机在全国排第六。云南具有高原特色农业产业基础，发展绿色食品有竞争优势，打绿色“三张牌”能实现云南弯道超车，与人们对高质量美好生活的需求相吻合，与时代的要求相吻合。

（一）打造“绿色能源牌”

做优做强绿色能源产业，紧扣把绿色能源产业打造成云南重要支柱产业的目标，加快建设干流水电基地，加强省内电网、西电东送通道、境外输电项目建设，拓展省内外和境外电力市场。下大气力解决“弃水”“弃电”问题，在保护环境的前提下，推进水电铝材、水电硅材一体化发展，培育和引进行业领军企业，着力发展新材料、改性材料和材料深加工，延长产业链；建设铝工业工程研究中心、硅工业工程研究中心，占领行业制高点。加快发展新能源汽车产业，大力引进新能源汽车整车和电池、电机、电控等零配件企业，尽快形成完整的产业链，把云南绿色清洁能源优势转化为经济优势、发展优势。

（二）打造“绿色食品牌”

把产业兴旺作为乡村振兴的重点方向，把高起点发展高原特色现代农业作为今后一个时期传统产业优化升级的战略重点，用工业化理念推动高质量发展，突出绿色化、优质化、特色化、品牌化，走质量兴农、绿色兴农之路，在确保粮食生产能力稳中提质的基础上，力争到2020年形成若干个过千亿元的产业。一是大力推进“大产业+新主体+新平台”发展模式和“科研+种养+加工+流通”全产业链发展，瞄准高端市场、国际市场，迅速占领行业制高点。二是大力发展县域经济，把实施产业兴村强县行动作为夯实县域经济“基石”、优化县级财政收入结构的战略性举措，着力打造“一村一品、一县一业”发展新格局。三是大力培育新主体，引进国内外大企业，扶持本土农业“小巨人”等龙头企业，积极培育专业合作社、家庭农场、种养大户等新型经营主体，力争年销售收入超过1亿元的龙头企业新增100户以上，超过10亿元的新增10户以上。四是大力打造名优产品，围绕茶叶、花卉、水果、蔬菜、核桃、咖啡、中药材、肉牛等产业，集中力量培育，做好“特色”文章，打造具有云南特色、高品质、有口碑的农业“金字招牌”，加快形成品牌集群效应。五是大力塑造“绿色牌”，推动农业生产方式“绿色革命”，力争新认证“三品一标”600个以上，有机和绿色认证农产品生产面积分别增长10%和15%以上。

（三）打造“健康生活目的地牌”

大力发展从“现代中药、疫苗、干细胞应用”到“医学科研、诊疗”，再到“康养、休闲”全产业链的“大健康产业”。支持中国昆明大健康产业示范区加快发展。按照“世界一流”的标准打造国际医疗健康城，引进国际一流高端资源和管理模式，建设集医疗、研发、教育、康养为一体的医疗产业综合体，力争经过几年的努力，成为国际先进的医学中心、诊疗中心、康复中心和医疗旅游目的地、医疗产业集聚地，引领云南生物医药和大健康产业跨越式发展。加快旅游产业转型升级，围绕“国际化、高端化、特色化、智慧化”目标，以“云南只有一个景区，这个景区叫云南”的理念打造“全域旅游”，以“一部手机游云南”为平台打造“智慧旅游”，以“游客旅游自由自在”“政府管理服务无处不在”为目标建设“一流旅游”，开发精品自驾旅游线路，加快汽车营地、厕所等基础设施建设，大力发展新业态，制定实施新标准，推动旅游产业全面转型升级。加快推进特色小镇建设，紧扣“特色、产业、生态、易达、宜居、智慧、成网”七大要素，坚持高质量、高标准建设，使云南的蓝天白云、青山绿水、特色文化转化为发展优势，成为世人健康生活的向往之地。

第二节　创新发展思路

“思路决定出路”，习近平总书记多次指出，要坚持以经济建设为中心，坚持以新发展理念引领经济发展新常态。创新、协调、绿色、开放、共享的新发展理念，是有内在联系的集合体，相互贯通、相互促进，不能顾此失彼。创新云南发展思路，最重要的是在资源环境承载力下，谋划产业布局、发展强度，完善现代生态环境治理体系。

一　准确把握新发展理念的内涵和要义

在党的十八届五中全会上，习近平总书记提出牢固树立创新、协调、绿色、开放、共享的新发展理念。在纪念建党 95 周年大会上他进一步强调，我们要坚持以经济建设为中心，坚持以新发展理念引领经济发展新常态。这标志着中国共产党对人类社会发展规律、社会主义建设规律及我国经济社会发展规律的认识上升到了一个新的高度。

（一）深刻把握五大发展理念的内在逻辑关系

理念是行动的先导，一定的发展实践都是由一定的发展理念来引领的。发展理念是否对头，从根本上决定着发展好坏乃至成败。面对全面建成小康社会决胜阶段复杂的国内外形势，面对当前经济社会发展新趋势新机遇和新矛盾新挑战，党的十八届五中全会坚持以人民为中心的发展思想，鲜明提出了创新、协调、绿色、开放、共享的发展理念。正确理解新发展理念，要把握好五者之间的关系。

第一，创新是引领发展的第一动力。发展动力决定发展速度、效能、可持续性。对中国这么大体量的经济体来讲，如果动力问题解决不好，要实现经济持续健康发展是难以做到的。坚持创新发展，是分析近代以来世界发展历程特别是总结中国改革开放成功实践得出的结论，是应对发展环境变化、增强发展动力、把握发展主动权，更好引领新常态的根本之策。习近平总书记指出，抓住了创新，就抓住了牵动经济社会发展全局的“牛鼻子”。树立创新发展理念，就必须把创新摆在国家发展全局的核心位置，不断推进理论创新、制度创新、科技创新、文化创新等各方面创新，让创新贯穿党和国家一切工作，让创新在全社会蔚然成风。

第二，协调是持续健康发展的内在要求。新形势下，协调发展具有一些新特点。比如，协调既是发展手段又是发展目标，同时还是评价发展的标准和尺度；协调是发展两点论和重点论的统一，既要着力破解难题、补齐短板，又要考虑巩固和厚植原有优势，两方面相辅相成、相得益彰，才能实现高水平发展；协调是发展平衡和不平衡的统一，协调发展不是搞平均主义，而是更注重发展机会公平、更注重资源配置均衡；协调是发展短板和潜力的统一，协调发展就是找出短板，在补齐短板上多用力，通过补齐短板挖掘发展潜力、增强发展后劲。树立协调发展理念，就必须牢牢把握中国特色社会主义事业总体布局，正确处理发展中的重大关系，重点促进城乡区域协调发展，促进经济社会协调发展，促进新型工业化、信息化、城镇化、农业现代化同步发展，在增强国家硬实力的同时注重提升国家软实力，不断增强发展整体性。

第三，绿色是永续发展的必要条件和人民对美好生活追求的重要体现。绿色发展，就是要解决好人与自然和谐共生问题。人类发展活动必须尊重自然、顺应自然、保护自然，否则就会遭到大自然的报复，这个规律谁也无法抗拒。人因自然而生，人与自然是一种共生关系，对自然的伤害最终会伤及人类自身。只有尊重自然规律，才能有效避免在开发利用自然上走弯路。树立绿色发展理念，就必须坚持节约资源和保护环境的基本国策，坚持可持续发展，坚定走生产发展、生活富裕、生态良好的文明发展道路，加快建设资源节约型、环境友好型社会，形成人与自然和谐发展现代化建设新格局，推进美丽中国建设，为全球生态安全作出新贡献。

第四，开放是国家繁荣发展的必由之路。实践告诉我们，要发展壮大，必须主动顺应经济全球化潮流，坚持对外开放，充分运用人类社会创造的先进科学技术成果和有益管理经验。树立开放发展理念，就必须顺应我国经济深度融入世界经济的趋势，奉行互利共赢的开放战略，坚持内外需协调、进出口平衡、引进来和走出去并重、引资和引技引智并举，发展更高层次的开放型经济，积极参与全球经济治理和公共产品供给，提高我国在全球经济治理中的制度性话语权，构建广泛的利益共同体。

第五，共享是中国特色社会主义的本质要求。树立共享发展理念，就必须坚持发展为了人民、发展依靠人民、发展成果由人民共享，作出更有效的制度安排，使全体人民在共建共享发展中有更多获得感，增强发展动力，增进人民团结，朝着共同富裕方向稳步前进。

创新、协调、绿色、开放、共享的发展理念，相互贯通、相互促进，是有内在联系的集合体，要统一贯彻，不能顾此失彼，也不能相互替代。哪一个发展理念贯彻不到位，发展进程都会受到影响。一定要深化认识，从整体上、从内在联系中把握新发展理念，增强贯彻落实的全面性系统性，不断开拓发展新境界。

（二） 充分认识五大发展理念的核心要义

新发展理念，为中国的新发展确立了总体思路，指明了基本方向，明晰了主要着力点。理解新发展理念除要把握好其内在逻辑关系外，还必须牢牢抓住其核心和灵魂。新发展理念秉承了马克思主义发展思想的根本立场，把发展目标定位于增进人民的根本利益，把发展的依靠力量植根于人民，把成果由人民共享作为发展的“试金石”，反映了人民主体地位的内在要求，彰显了人民至上的价值原则。

马克思主义经典作家不断深化对人民群众历史作用的认识，将人的自由全面发展确立为科学社会主义的价值追寻。在他们看来，评价一个社会是否进步，并不是简单地看生产力是否得到推动，而是要看人民群众的物质和文化生活在这个过程中是否得到发展和进步。也就是说，在马克思主义经典作家看来：人民不仅是历史的创造者，而且是社会发展的决定者，群众的物质和文化生活是理解一切社会发展活动的关键词。

新发展理念从根本上传承了马克思主义以人民为中心的思想，共建共享既是方法也是目的，解决了为什么发展、发展为谁的根本问题。习近平总书记在十八届中央政治局常委同中外记者见面会上提出：“人民对美好生活的向往，就是我们的奋斗目标。”在中国共产党领导的社会主义中国，党的奋斗目标不是别的，而是不断满足人民群众日益增长的物质文化需求。树立和落实新发展理念就是要把增进人民福祉、促进人的全面发展作为发展的出发点和落脚点。这是党的性质和宗旨使然。事实证明，不以人民利益增长为目标的发展不仅违背党的根本宗旨，而且将缺乏持久性和生命力。无论是过去干革命，还是现在搞建设和改革，都是为了增进人民的根本利益，为了让人民过上幸福生活。创新、协调、绿色、开放和共享发展，就是要把人民对美好生活的向往作为根本目标，把人民得到实惠、人民生活得到改善作为根本归宿。正如习近平总书记强调的：“要把立党为公、执政为民落实到全部工作中……着力解决好人民群众最关心最直接最现实的利益问题，不断让人民群众得到实实在在的利益，充分调动人民群众的积极性、主动性、创造性。”①

新发展理念继承了中国共产党人一直以来积淀的发展智慧，总结了新中国成立以来特别是改革开放以来的发展经验，是中国共产党立足于时代发展与我国现实状况提出的重大理论创新。新发展理念遵循了马克思主义的人民性原则：创新提倡大众创业，万众创新；协调坚持区域、城乡及经济与社会等共同发展；绿色追求人与自然和谐共生；开放坚持内外联动与

① 《“两学一做”学习教育问答》，人民出版社，2016，第72页。

共赢发展；共享追求人人参与、人人尽力和人人享有的发展等，在本质上都坚持以人民为中心，并将其作为全部工作的出发点和落脚点。贯彻和落实新发展理念，必须要树立阶段性思维，即从自身的现实条件出发，对现实与理想之间的差距以及新发展理念转换成实践的过程性与阶段性有比较清醒的认识，从而在历史的纵向发展中，一方面始终坚守新发展理念的努力方向和中国特色社会主义的发展要求；另一方面将创新、协调、绿色、开放、共享的落实和中国特色社会主义的具体实践结合起来，并将其具体化为不断发展递进的阶段性目标与任务。这既有助于树立信心、坚定信念，也可以克服急躁冒进的心理，做到脚踏实地，稳步前进。

共享改革发展成果，实现共同富裕的目标，需要一个较长的历史过程。我国仍处于并将长期处于社会主义初级阶段，发展不平衡、不协调、不可持续问题仍然突出，主要是由于发展方式粗放、创新能力不强、部分行业产能过剩，城乡区域发展不平衡，资源约束趋紧、生态环境恶化等问题。这些问题尤其涉及共享发展理念的问题是不可能在短时间内都解决好的。要立足国情、立足经济社会发展水平来思考设计共享政策，既不能好高骛远、寅吃卯粮、有水快流，也不能裹足不前、铢施两较、只说不做、该花的钱也不花。从需要和可能出发，既不能做超越发展阶段的事，也不能在落实共同发展理念、逐步实现共同富裕方面无所作为，而是要根据现有条件，把人民群众需要办且能办得到的事做实做好，对人民群众需要办但一时难以办到的事，要积极创造条件努力办到，积少成多，积小胜为大胜，不断朝着共享改革发展成果、实现共同富裕的目标稳步迈进。①

二　以资源环境承载力为基础，谋划产业发展

良好生态环境是人和社会持续发展的基础，人类发展活动必须尊重自然、顺应自然、保护自然，否则就会遭到大自然的报复。这个规律谁也无法抗拒。经过 30 多年的快速发展，云南经济建设取得了历史性成就，同时也积累了大量生态环境问题，成为云南经济社会发展明显的短板，资源环境的硬约束成为当前经济社会发展的一个重大瓶颈。一方面，资源环境承

① 南阳市人民政府公报：《准确把握共享发展理念的科学内涵》，《经济论坛》2010 年第 6 期。

载力已接近极限，高投入、高消耗、高污染的传统发展方式已经不可持续，走绿色、低碳的发展道路势在必行；另一方面，随着社会发展和人民生活水平不断提高，人民群众对干净的水、清新的空气、安全的食品、优美的环境等的要求越来越高，“求生态”“盼环保”的意识深入人心，生态环境在群众生活幸福指数中的地位不断凸显，环境问题日益成为重要的民生问题。以资源环境承载力为基础，谋划产业发展，坚持和贯彻新发展理念，正确处理经济发展和生态环境保护的关系，更加自觉地推动绿色、循环、低碳发展，形成人与自然和谐发展的现代化建设新格局。

（一）建立资源环境承载力预警机制

受自然基础、地理区位以及政策条件等多方面要素的影响，云南各地的资源环境基底及社会经济发展水平有较大差异。资源的禀赋条件与经济发展基础之间难以匹配，生态脆弱区与资源富集区在空间上多有重叠。一些地区资源环境承载能力已达到或接近上限。通过建立资源环境承载能力监测预警长效机制，清晰地认识不同区域国土空间的特点和属性、开发现状、潜力和超载状况，明确区域资源环境超载问题的根源与症结，从而实施差异化的管控与管理措施，有效规范空间开发秩序，合理控制开发强度，切实将各类开发活动限制在资源环境承载能力之内，促进人口、经济、资源环境的空间均衡，提升绿色发展水平，倒逼产业转型升级。

资源环境承载力概念的起源可追溯到18世纪，英国经济学家马尔萨斯首先发现环境限制因子对人类社会物质增长过程有重要影响。1921年人类生态学家Park和Burgess明确提出了承载力的概念，“某一特定环境条件下（主要指生存空间、营养物质、阳光等生态因子的组合），某种类个体存在数量上的最高极限”①，即承载力是指在某个给定的环境条件限制下，某种或某类个体能够存在的数量最高限制。1978年，Schneider发展了环境承载力的概念，将其定义为“人为或自然环境系统在不遭受严重退化的情况下，其对人口增长的持续容纳能力”。国内学者普遍认同，资源环境承载

① Schneider, W. A., “Integral formulation for migration in two and three dimensions,” *Geophysics*, 1978, 43 (1): 49-76.

力是衡量资源环境与社会经济发展协调度的重要指标。其内涵和基本特征主要包括：资源环境承载力的大小受特定区域环境状态与条件的制约；人类活动的方向、强度、规模影响着资源环境承载力的大小；资源环境承载力通常是指系统最大承载能力；由于资源、环境条件的变化及科学技术水平的提高，资源环境承载力是动态变化的。

资源环境承载能力预警是对承载力各构成要素及其组合的变化规律的预研预判，以避免或减少因承载力临界超载或超载带来的损失。但从政策制定的需求来看，根据承载力状态的变化诊断发展存在的问题，及时调整限制性和约束性政策以实现未来可持续发展的目标。

建立资源环境承载能力监测预警机制，对水土资源、环境容量和海洋资源超载区域实行限制性措施，是中央全面深化改革的一项重大任务。国家发展和改革委员会同工业和信息化部、财政部、国土资源部（现自然资源部）、环境保护部（现生态环境部）等部委，联合下发《关于印发〈资源环境承载能力监测预警技术方法（试行）〉的通知》（以下简称《通知》），该方法明确了资源环境承载能力等基本概念，提出了资源环境承载能力监测预警的指标体系、指标算法与参考阈值、集成方法与类型划分、超载成因解析及政策预研分析方法等技术要点，为各省、自治区、直辖市开展资源环境承载能力评价提供了技术指南。要求各省、自治区、直辖市相关部门参照《通知》，抓紧组织开展以县级行政区为单元的资源环境承载能力试评价工作，科学评价、精准识别承载能力状况，分析超载成因，开展限制性政策预研，形成资源环境承载能力监测预警报告，并结合试评价工作，加强机制体制创新，探索构建部门间信息共享机制和共享平台，研究建立对超载地区的预警提醒、监督考核和责任追究等长效机制，推进监测预警的信息化、规范化、制度化。根据国家统一部署，云南出台了《关于建立资源环境承载能力监测预警长效机制的实施意见》，提出了相应的管控机制，对资源环境承载能力不同等级的地区实行差异化管控制度。资源环境承载能力分为超载、临界超载、不超载三个等级，根据资源环境耗损加剧与趋缓程度，进一步将超载等级分为红色和橙色两个预警等级、临界超载等级分为黄色和蓝色两个预警等级、不超载等级确定为绿色无警等级，预警等级从高到低依次为红色、橙色、黄色、蓝色、绿色。明确到

2020 年，建成云南省资源环境承载能力监测预警数据库和信息技术平台，实现资源环境承载能力监测网络全覆盖，形成集资源环境承载能力监测数据收集、整理、评价、预警、信息发布于一体的长效机制。

（二） 建设生态环境监测网络

为更好适应生态文明建设需要，以资源环境承载力为基础实现绿色发展，必须完善现有生态环境监测体系。要建设涵盖全省大气、水、土壤、噪声、辐射等环境要素，统一规划、合理布局、功能完善的全省环境质量监测网络。全部县级以上政府所在城市的环境空气质量自动监测实现全覆盖，重点水域、县级以上集中式饮用水水源地、跨界水体的水质自动监测全覆盖，污染行业企业及周边、社会关注热点重点区域的土壤环境质量监测全覆盖，水资源质量、地下水环境质量、农业环境质量等监测全覆盖。

建立完善生态环境状况监测网络。以卫星、无人机遥感监测和地面生态监测等为主要技术手段，建设完善自然保护区、森林生态区、石漠化区、生物多样性保护优先区等重点保护区域的生态环境状况监测网络。加强森林、湿地、草地、干热河谷等生态系统的定位观测和野外监测站点建设。建设覆盖全部州市、重要江河湖泊水功能区、水土流失防治区的水土流失监测网络。

健全完善污染源监测网络。国家、省级重点监控排污单位建设稳定运行的污染物排放在线监测系统，州、市和县级重点监控排污单位要积极建设稳定运行的污染物排放在线监测系统。省级以上工业园区要建设特征污染物在线监测系统，密切关注特征污染物的变化情况。优化完善生态环境监测数据采集、传输及共享等机制，建设全省生态环境监测数据传输网络和大数据平台，实现各级各类环境监测数据的有效集成、互联共享。加强生态环境监测数据资源开发与应用，开展大数据关联分析，为生态环境保护决策、管理和执法提供数据支撑。完善生态环境监测信息统一发布机制，规范生态环境监测信息发布内容、流程、权限和渠道。定期开展全省生态环境状况调查和评估，积极推进生态保护红线监管平台建设，开展生态保护红线等动态监控和综合评估，建立生态环境承载力评估机制，提升生态环境风险防控和预警能力。加强对各级各类生态环境监测结果运用管理，完善生态环境质量监测评估和考核体系，充分发挥生态环境监测数据在生态环境评价和考核中的作用，依据监测数据密切监控各区域生态环境质量状况及变化趋势，为各级政府落实生态环境保护责任考核、环境督察巡察、环境保护目标考核、领导干部离任审计、生态补偿、生态环境损害赔偿等提供技术支撑。

（三）开展生态服务功能价值评估

生态服务功能价值评估是生态保护管理、生态补偿政策制定以及其他重要生态文明改革政策的重要基础。当前，在生态系统服务、土地资源管理、环境经济等方面，研究较为深入，但服务于政策制定方面还比较鲜见。

生态系统服务是指生态系统与生态过程所形成及所维持的人类赖以生存的自然环境条件与效用，它不仅给人类提供生存必需的食物、医药及工农业生产的原料，而且维持了人类赖以生存和发展的生命安全系统。目前，得到国际广泛承认的生态系统服务功能分类系统是由 MA（千年生态系统评估）工作组提出的分类方法。生态系统服务功能分类系统将主要服务功能归纳为产品提供、调节、文化和支持四个大的类型。产品提供功能是指生态系统生产或提供的产品；调节功能是指调节人类生态环境的生态系统服务功能；文化功能是指人们通过精神感受、知识获取、主观印象、消遣娱乐和美学体验从生态系统中获得的非物质利益；支持功能是保证其他所有生态系统服务功能提供所必需的基础功能。产品提供功能、调节功能和文化功能是相对直接的和短期影响于人类的，支持功能对人类的影响则是间接的或者通过较长的时间才能发生的。一些服务，如侵蚀控制，根据其时间尺度和影响的直接程度，可以分别归类于支持功能和调节功能。由此可见，生态系统服务功能是人类文明和可持续发展的基础。

随着生态经济学、环境和自然资源经济学的发展，生态学家和经济学家在评价生态系统服务功能的变动方面做了大量研究工作，生态环境评价已经成为今天的生态经济学和环境经济学教科书中的一个标准组成部分。Costanza 等（1997）关于全球生态系统服务与自然资本价值估算的研究工作，进一步有力地推动和促进了生态系统服务功能价值评估的深入、系统和广泛研究。目前生态系统服务功能价值评估的主要方法有市场价值法、替代市场价值法、影子价格法、防护费用法、旅行费用法等。

开展生态系统服务功能价值评估，首先，有助于提高人们的环境意识，有效地帮助人们定量了解生态系统服务的价值，从而提高人们对生态系统服务的认识程度，进而提高人们的环境意识。其次，有助于商品观念的转变，商品的价值除了原有的传统的商品价值意义之外，还应包括生态系统服务中没有进入市场的价值。这样，生态系统服务功能价值评估就打破了传统的商品价值观念，为自然资源和生态环境的保护找到了合理的资金来源，具有重要的现实意义。最后，有助于促进环境纳入国民经济核算体系，现行的国民经济核算体系只重视经济产值及其增长速度，未能体现环境的代价或资源的损耗。

目前开展的领导干部自然资产离任审计、一些河流的生态补偿、生态功能区转移支付等制度，有力地推动了生态系统服务功能价值评估用于政策的制定。

第三节　优化发展格局

以资源环境承载力为基础，把握国土空间发展客观规律，牢固树立“生态保护红线、环境质量底线、资源利用上限”意识，在国家总体发展战略和区域发展战略下，优化经济发展空间格局，严格“生态空间、农业空间、城镇空间”发展边界，完善创新区域政策，促进区域协调发展、协同发展、共同发展，促进产业有序转移与承接，建立健全区际利益平衡机制，推动区域治理的持续性。

一　整体谋划国土格局，一张蓝图干到底

（一）云南国土空间的主要特征

1. 土地资源总体丰富，但可利用土地较少

云南总面积占全国陆地总面积的 4.1%，居全国第八位，目前人均国

土面积约12.31亩，比全国平均多约2亩。但适宜工业化、城镇化开发的坝子（盆地、河谷）土地仅占云南省面积的6%，优质耕地比例较小，主要分布在坝区，未来坝区建设用地增加的潜力极为有限，工业化、城镇化发展代价较大。

2. 水资源非常丰富，但时空分布不均

2017年，云南水资源总量为2203亿立方米，仅次于西藏、四川、广西三省区，居全国第四位，人均水资源占有量4588立方米，是全国平均水平的2倍多。但时空分布不均，雨季（5～10月）降雨量占全年的85%，旱季（11月至次年4月）仅占15%；地域分布上表现为西多东少、南多北少，水资源开发利用难度大，平均开发利用水平仅为7%，部分区域水资源供需矛盾十分突出，工程性、资源性、水质性缺水并存。特别是占云南经济总量70%左右的滇中地区仅拥有全省水资源的15%，部分县（市、区）人均水资源量低于国际用水警戒线。

3. 环境质量总体较好，但局部地区污染严重

2017年，云南145条主要河流（河段）的253个国控、省控监测断面中，水质优良率达82.6%；全省开展水质监测的64个湖库水质优良率达86.0%。全省16个主要城市空气质量优良率在95.3%～100%之间。但长江、珠江、澜沧江水系的部分支流水质污染严重，杞麓湖水质中度污染，符合V类标准，星云湖、异龙湖等湖泊水质重度污染，劣于V类标准，恢复治理任重道远。

4. 生态类型多样，但生态系统既重要又脆弱

根据《2017年云南省环境状况公报》，2017年云南森林覆盖率为59.3%，森林面积2273.56万公顷，约占全国的1/10；活立木蓄积19.13亿立方米，约占全国的1/8。全省湿地总面积56.35万公顷，其中自然湿地面积39.25万公顷，自然湿地保护率为40.27%。全省生物多样性特征显著，有高等植物19365种，占全国的50.2%，脊椎动物2273种，占全国的52.1%。但由于大部分地形较为破碎，云南生态系统脆弱性也非常突出，土壤侵蚀敏感区域超过全省总面积的50%，其中高度敏感区占总面积的10%；石漠化敏感区占总面积的35%，其中高度敏感区占总面积的5%。

5. **自然灾害频发，灾害威胁较大**

云南是中国地震、地质气象等自然灾害最频发、危害最严重的地区之一，常见的类型有地震、滑坡、泥石流、干旱、洪涝等。根据国家颁布的《中国地震动参数区划图》（GB 18306—2015），云南 7 度及以上地震烈度设防区面积占全省总面积的 84%，设防区面积之大，烈度之高，居全国首位。云南记录在案的滑坡点有 6000 多个、泥石流沟 3000 多条，部分对城乡居民点威胁较大。干旱、洪涝、低温冷害、大风冰雹、雷电等气象灾害发生频率高，季节性、突发性、并发性和区域性特征显著。

6. **经济聚集程度高，但人口居住分散**

2017 年，云南生产总值 16531.34 亿元，占全国的 2.0%；人均生产总值 34545 元，是全国平均水平的 57.4%。滇中 4 州（市）以全省 1/4 的面积和约 1/3 的人口创造了全省超过 1/2 的生产总值，昆明市更是以全省 1/20 的面积和 1/7 的人口创造了全省 1/3 的生产总值，其中仅昆明市的生产总值就为全省的约 30%。2017 年，云南城镇化水平为 46.69%，有超过一半的人口分散居住在广大的山区、半山区，形成三户一村、五户一寨的景观，人口的过度分散导致零星开垦、粗放耕作等现象普遍，加重了水土流失、石漠化等生态问题，更为不利的是增加了基础设施的建设成本和公共服务提供的难度。

7. **交通建设加快，但瓶颈制约仍然突出**

2017 年云南公路通车里程 24.25 万公里，其中高速公路里程 5022 公里，居西部前列，全省铁路营运里程 3700 公里，内河航道里程 4300 公里，民用航空航线里程 27.48 万公里。但云南省公路运输比重大，占全省运输总量的 90% 以上，物流成本达 24% 以上，高于全国平均水平 6 个百分点。农村公路等级低，晴通雨阻严重，抗御自然灾害能力弱，通达能力差，养护经费严重不足，目前云南还有近 2000 个行政村不通公路，给人民群众出行带来极大的不便，也不利于促进和带动相关产业的发展。

总之，改革开放以来，云南省经济持续快速发展，工业化、城镇化加快推进，人民生活水平明显提高，综合实力显著增强，国土空间格局发生了巨大变化，有力地支撑了经济发展和社会进步，同时也带来了一些必须高度重视、认真解决的突出问题。一是人口、经济与资源环境的空间分布不够协调。坝区是云南社会经济发展的重要载体和空间结构的重要支撑，但全省坝区空间十分有限，分布于坝区的大中城市聚集人口过多，资源环境压力大。二是生态功能退化、环境问题突出。高原水生态脆弱，坝区的水环境问题十分突出，滇池等高原湖泊水污染防治的任务繁重。三是空间结构不尽合理，空间利用效率低。缺乏全省统一的空间开发战略规划，在土地利用、基础设施、网络建设、人口流动、城乡规划与建设、产业聚集和布局等方面缺乏通盘考虑。

（二）执行主体功能区规划战略

云南颁布实施了《云南省主体功能区规划》，科学地界定了全省范围内每个区域的发展导向和重点内容，成为云南国土空间开发格局的总体方案。该规划根据国家对主体功能区规划编制的要求，结合云南省情，将全省国土空间按开发方式分为重点开发区域（资源环境承载能力较强，发展潜力较大，聚集人口和经济条件较好，应该重点进行工业化、城镇化开发的城市化功能区）、限制开发区域（关系全省农产品供给安全、生态安全，不应该或不适宜进行大规模、高强度工业化和城镇化开发的农产品主产区和重点生态功能区）和禁止开发区域（依法设立的各级各类自然文化资源保护区域，以及其他禁止进行工业化和城镇化开发、需要特殊保护的重点生态功能区）三类主体功能区，到“十三五”期末，以国土空间格局更加清晰、国土空间管理更加精细科学、城乡区域发展更加协调、资源利用更加集约高效、生态系统趋于更加稳定为特征的主体功能区布局基本形成。

（三）开展空间规划探索

按照“一个战略、一张蓝图、一个空间规划体系、一套机制、一个平台”的规划要求，改革创新省级空间规划编制与管理机制，理顺空间管理事权，明晰空间管理手段，促进各类空间规划的协同，破解省级“多规合一”中的重大问题，强化生产、生活、生态空间统筹的战略引领，建立健全云南省空间规划体系与实施管理体制，为省级空间规划工作提供可复制、可推广的经验模式。

（四）开展多规合一试点

以主体功能区规划为基础统筹各类空间性规划，推进“多规合一”，是贯彻中央战略部署和习近平总书记系列重要讲话精神的具体行动，是全面深化改革的一项重要任务，是实现城市治理体系和治理能力现代化的重大探索。2015年，云南省人民政府印发《关于科学开展“四规合一”试点工作的指导意见》，决定在全省16个州（市）和滇中产业新区各选择1～2个县（市、区）开展国民经济和社会发展总体规划、城乡规划、土地利用总体规划、生态环境保护规划“四规合一”试点工作，正式启动全省“多规合一”试点改革。同年6月，云南“四规合一”试点暨城市地下综合管廊规划建设工作现场会在大理市召开，大理市“四规合一”试点经验向全省推开。

云南在大理市探索规划体制机制改革、开展“四规合一”试点工作已初见成效，在试点的基础上，逐步扩大到23个县（市、区）省级“多规合一”试点，试点经验正稳步向全省推广。云南住房和城乡建设厅印发了《云南省县（市）域“多规合一”试点工作技术导则》，以此规范工作内容，实现“多规合一”成果法定化，提升规划的科学性和实施管理的有效性。2016年1月，云南建立省级推进“多规合一”工作联席会议制度，由省政府分管领导任联席会议总召集人，云南省住房和城乡建设厅、省发改委、省国土资源厅、省环境保护厅等15个相关省级部门作为联席会议成员单位，总体协调推进全省“多规合一”试点，联席会议办公室设在省住房和城乡建设厅。2016年6月，全省23个试点县（市、区）中，大理市“多规合一”试点成果已通过省级部门暨专家审查委员会审查，上报住房和城乡建设部；对维西县、泸水县、文山市、弥勒市、景洪市、沧源县、安宁市、芒市、隆阳区、西盟县、玉龙县、巧家县“多规合一”成果进行了省级部门暨专家咨询论证；红塔区、武定县、易门县、禄丰县、宾川县、德钦县试点也已形成初步成果。

二 构建生态安全格局，守住绿色生态空间

（一）严守生态保护红线

划定并严守生态保护红线是全面深化改革和生态文明建设的一项重点

任务。习近平总书记多次发表重要讲话，强调划定并严守生态保护红线的重要性。中办、国办印发《关于划定并严守生态保护红线的若干意见》并发出通知，要求各地区各部门结合实际认真落实，要求以改善生态环境质量为核心，以保障和维护生态功能为主线，按照山水林田湖草系统保护的要求，划定并严守生态保护红线，实现一条红线管控重要生态空间。

遵照国家的统一部署，云南作为第一批要完成生态保护红线划定的省份，于2018年6月正式发布《云南省人民政府关于发布云南省生态保护红线的通知》（云政发〔2018〕32号），筑牢生态安全基础。云南生态保护红线面积11.84万平方公里，占全省面积的30.90%，呈“三屏两带”的基本格局，包含生物多样性维护、水源涵养、水土保持三大红线类型，11个分区，分别为：滇西北高山峡谷生物多样性维护与水源涵养生态保护红线，哀牢山—无量山山地生物多样性维护与水土保持生态保护红线，南部边境热带森林生物多样性维护生态保护红线，大盈江—瑞丽江水源涵养生态保护红线，高原湖泊及牛栏江上游水源涵养生态保护红线，珠江上游及滇东南喀斯特地带水土保持生态保护红线，怒江下游水土保持生态保护红线，澜沧江中山峡谷水土保持生态保护红线，金沙江干热河谷及山原水土保持生态保护红线，金沙江下游—小江流域水土流失控制生态保护红线和红河（元江）干热河谷及山原水土保持生态保护红线。

云南省在生态保护红线管理上，落实好地方各级党委和政府主体责任，强化生态保护红线刚性约束，形成一整套生态保护红线管控和激励措施，严守生态保护红线。《云南省生态保护红线划定工作方案》采取以下六方面措施严守生态保护红线，构建生态安全格局。

1. 加强组织领导，落实地方各级党委和政府主体责任

各级党委、政府是严守生态保护红线的责任主体，将生态保护红线作为综合决策的重要依据和前提条件。要加强生态保护红线划定、落地和管理的组织领导，建立协调机制，形成有利于严守生态保护红线的工作局面，切实将红线管控要求落到实处。各有关部门按照职责分工，加强对各地有关工作的监督管理，做好指导协调，在划定和严守生态保护红线的目标设置、政策制定、制度建设等方面，要相互沟通协调，形成共抓生态红线保护的工作合力，既要划得实，更要守得住。

2. 制定管控措施，明确生态保护红线范围内的政策界限

按相关法律法规明确生态保护红线内各类生态要素的分类管控要求。生态保护红线区实行严格保护，原则上禁止各类开发建设活动，严禁不符合主体功能定位的各类开发活动，严禁任意改变用途。要严格红线管理，确保自然生态空间相对稳定。要根据生态保护红线的类型、主导生态功能、保护与管理目标制定具体的负面清单，严格环境准入以及在红线范围内的有关经营、管理活动，实行负面清单制度。明确提出对生态保护红线的主导生态功能可能产生损害的、不符合生态保护方向的禁止准入行业或建设项目目录。

3. 确保红线优先，作为国土空间规划的“底图”和刚性约束

牢固树立底线意识，将生态保护红线作为国土空间规划的“底图”和刚性约束。《云南省五大基础设施网络建设规划（2016—2020年）》以及其他重大规划涉及红线区的建设内容，必须执行现有法规政策规定。强化自然生态空间用途管制，严禁任意改变用途，防止不合理开发建设活动对生态保护红线的破坏，“不越雷池一步”。生态保护红线一旦划定，必须确保生态保护红线优先，各级各类产业发展规划、城乡建设规划、土地利用总体规划等要按照生态保护红线的空间管控要求及时进行调整，涉及生态保护红线范围的相关建设项目须按程序审批，具体程序在管控办法中作出了规定。

4. 做好边界落实，确保生态保护红线落地准确、边界清晰

按照《云南省生态保护红线划定工作方案》确定的范围，以县级行政区为基本单元，结合开发利用现状，在高精度的工作“底图”上进一步核准边界，确定生态保护红线空间范围和边界。由开展划定工作的有关部门分别牵头校核，由各州（市）负责勘界落地，落实到地块。明确生态系统类型、生态功能、用地性质与土地权属等，设立统一规范的标识标牌，形成“一条线”“一张图”“一个表”确保生态保护红线落地准确、边界清晰。

5. 强化监督管理，建立生态保护红线的一整套实施机制和制度

依托生态环境监测大数据，运用遥感技术，加强监测数据集成分析和综合应用，及时评估和预警生态风险，提高管理决策的时效性和信息化水平。建立和完善监管平台，监控人类活动，及时预警生态风险。对监控发现的问题，通报行业主管部门和当地政府，组织开展现场核查督察，依法依规进行处理。建立生态保护红线生态补偿制度，综合考虑生态系统服务功能重要性、红线面积大小、人口等因素，优化财政转移支付制度。从生态系统格局、质量和功能等方面，定期组织生态保护红线评估，及时掌握生态功能区状况及动态变化，评估结果作为优化生态保护红线布局、调整转移支付资金和实行领导干部生态损害责任追究的依据。对生态红线保护成效进行考核，并纳入生态文明相关考核内容。

6. 加大宣传力度，使落实生态保护红线成为公众自觉的行动

通过信息网络、报刊、电视、广播、宣传栏等多种方式及时准确发布生态保护红线有关信息，保障公众知情权和参与权。健全公众举报、听证和监督等制度，发挥公众参与的积极性，形成政府、社会和公众齐抓共管的工作局面。

（二）编制实施“三线一单”

“三线一单”指生态保护红线、环境质量底线、资源利用上线、环境准入清单。“三线一单”编制工作是以生态保护红线、环境质量底线、资源利用上线为基础，将行政区域划分为若干环境管控单元，在一张图上落实生态保护、环境质量目标管理、资源利用管控要求，按照环境管控单元编制环境准入清单，构建环境分区管控体系。通过编制“三线一单”，为战略和规划环评落地、项目环评审批提供硬约束，为其他环境管理工作提供空间管控依据，促进形成绿色发展方式和生产生活方式。

为深入贯彻落实以习近平同志为核心的党中央对长江经济带发展作出的重大决策部署，坚持“共抓大保护，不搞大开发”导向和“生态优先、绿色发展”战略定位，推进长江经济带环境质量改善和绿色转型发展，环境保护部（现生态环境部）2017 年决定组织开展长江经济带战略环境评价（即“三线一单”）工作。随后，环境保护部陆续发布文件深入推进“三线一单”的编制工作。

为深入贯彻落实党中央对长江经济带发展的重要指示精神，云南省于 2018 年 4 月成立了长江经济带战略环境评价项目协调小组，配合开展长江经济带战略环境评价工作，组织编制“三线一单”；结合云南实际，于2018年6月印发了《长江经济带战略环境评价云南省“三线一单”编制技术方案》，确定了编制目标及原则、生态环境保护目标、工作范围和评价时限、工作内容、技术路线、预期成果，继续深入推进长江经济带战略环境评价工作；编制过程中，多次组织召开汇报会、推进会及讨论会，以保证按照时间节点提交相关成果。2019年1月，云南省16州（市）“三线一单”已完成研究报告编制及成果数据汇总。

（三）构筑“三屏两带”生态格局

生态安全格局的构建有利于保障生态功能的充分发挥，实现区域自然资源和绿色基础设施的有效合理配置，确保必要的自然资源的生态和物质福利，最终实现生态安全。因而，构建区域生态安全格局已成为缓解生态保护与经济发展之间矛盾的重要空间途径之一，为新常态下寻求更加契合区域发展需求的生态保护提供了有力支撑。

2014年5月发布的《云南省主体功能区划》将构建“三屏两带”为主体的生态安全战略格局作为云南省主体功能区划的四个战略布局之一。《云南省主体功能区划》提出，根据全国主体功能区规划涉及云南的“黄土高原—川滇生态屏障”以及“桂黔滇喀斯特石漠化防治生态功能区”、“川滇森林及生物多样性生态功能区”的生态安全战略格局，结合云南实际，构建以重点生态功能区为主体，禁止开发区域为支撑的云南省“三屏两带”生态安全战略格局。“三屏”即青藏高原南缘生态屏障、哀牢山—无量山生态屏障、南部边境生态屏障；“两带”指金沙江干热河谷地带、珠江上游喀斯特地带。青藏高原南缘生态屏障要重点保护好独特的生态系统和生物多样性，发挥涵养大江大河水源和调节气候的功能；哀牢山—无量山生态屏障要重点保护天然植被和生物多样性，加强水土流失防治，发挥保障滇中国家重点开发区域生态安全的作用；南部边境生态屏障要重点保护好热带雨林和珍稀濒危物种，防止有害物种入侵，发挥保障云南乃至全国生态安全的作用。金沙江干热河谷地带、珠江上游喀斯特地带要重点加强植被恢复和水土流失防治，发挥维护长江、珠江下游地区生态安全的作用。

三　优化产业发展布局，构建合理生产空间

（一）保护永久基本农田

对基本农田实行永久性保护。永久基本农田是耕地的精华，划定永久基本农田并实行特殊保护是耕地保护工作的重中之重，是国家意志、刚性约束。2018 年 2 月，原国土资源部印发《国土资源部关于全面实行永久基本农田特殊保护的通知》（国土资规〔2018〕1 号），从巩固永久基本农田划定成果、加强永久基本农田建设、强化永久基本农田管理、量质并重做好永久基本农田计划、健全永久基本农田保护机制等方面，就全面落实永久基本农田特殊保护制度作出总体部署。

为贯彻落实上级指示，进一步加强基本农田管理，云南省印发了《云南省人民政府办公厅关于成立云南省土地利用总体规划调整完善及永久基本农田划定工作领导小组的通知》（云政办函〔2015〕59 号）、《云南省国土资源厅云南省农业厅转发国土资源部农业部关于进一步做好永久基本农田划定工作的通知》（云国土资〔2015〕30 号）、《云南省全域永久基本农田划定工作实施方案》等有关文件，切实加强省内永久基本农田划定工作的领导，确保划定工作顺利推进。云南省永久基本农田划定工作按国家要求已于 2017 年 6 月底前完成，129 个县（市、区）共划定永久基本农田 7348 万亩，圆满完成国家下达云南省 7341 万亩永久基本农田保护目标任务。其中，城市（镇）周边共划定永久基本农田 284 万亩，保护比例由划定前的 46.5% 提高到 61.9%。据统计，全省 129 个县（市、区）共落实地块 25.87 万个，划定永久基本农田 7348 万亩；签订县到乡、乡到村、村到组三级责任书 15.5 万份，保护责任逐级落实到组一级；设有永久基本农田保护标志牌和标志桩 83.1 万个，部分县（市、区）还设立了耕地保护宣传牌；编制完成各类图、文、表、册，责任书，调查表面积准确，工作报告内容全面。2017 年 6 月 28 日，129 个县级数据库成果全部通过国土资源部复核。

（二）发展集聚型产业园区

集聚型产业园区是以若干特色主导产业为支撑，产业集聚特征明显，

产业和城市融合发展，产业结构合理，吸纳就业充分，以经济功能为主的园区。2016 年 6 月，云南省政府出台《关于进一步推进我省产城融合发展的实施意见》（云政发〔2016〕54 号），明确指出到 2020 年，力争全省主导产业集中度年均提高 2 ~3 个百分点，战略性新兴产业增加值占全部工业增加值的比重年均提高 3 ~4 个百分点，研发投入年均提高 20% 以上，万元工业增加值能耗逐年明显下降，固定资产投资强度和亩均税收年均提高 20% 以上；云南全省每个县、市、区要形成 1 ~2 个主导产业或特色产业集群，全省形成 30 个特色鲜明、辐射力大、竞争力强的产业集聚区。

1992 年，昆明经济技术开发区（以下简称“昆明经开区”）成立。1992 ~2000 年，昆明经开区对 2 平方公里牛街庄片区进行第一期开发，对 10 平方公里规划区进行总体设计规划。随着第十个五年计划启动，昆明经开区走上了一条投入产出高、企业集群化发展的工业园区建设道路。五年间，支柱产业逐渐形成，产业结构不断改善。昆明信息产业基地、光电子产业基地、昆明出口加工区三大产业基地形成。“十一五”期间，昆明经开区进入了经济社会发展合一的实体化管理发展阶段，成为昆明市举足轻重的经济体。同时，通过加大园区的基础设施建设，新开发面积超过了此前 14 年的总和。“十二五”期间，昆明经开区全面实施“产业提升、集中建设、平台再造、老区改造”四大发展战略，并主动融入“一带一路”的建设中。“十三五”初期，经开区在习近平新时代中国特色社会主义思想的指导下，认真践行五大发展理念，做大做强五大主导产业，经济社会取得快速发展。

经过 26 年蓬勃发展，如今昆明经开区已经成为云南唯一集国家级经济技术开发区、国家出口加工区、国家科技兴贸创新基地和省级高新技术产业开发区于一体的多功能、综合性产业园区。截至 2017 年，昆明经济技术开发区已聚集了先进装备制造规模以上企业 41 家，新材料产业规模以上企业 2 家，生物医药业规模以上企业 22 家，电子信息制造业规模以上企业 11 家，烟草及配套产业规模以上企业 10 家，商贸物流业规模以上企业 101 家，科技服务业规模以上企业 48 家，文化创意产业规模以上企业 21 家。

（三） 构建山区立体生态农业格局

立体生态农业是指在地貌变化大、气候垂直变化明显的山区，运用植物和动物之间的相互依存、相互利用等关系进行层级化种植、饲养。云南属山地高原地形，根据《云南省第一次全国地理国情普查公报》，丘陵、山地面积分别占省内国土面积的4.96%、88.64%。构建山区立体生态农业格局，发展山区立体生态农业，符合山区经济发展相对滞后的实际情况，是农业增效、农民增收、环境保护、吸纳就业的有效途径。

红河州多白者村位于石屏县哨冲镇南部，地貌为丘陵缓坡，土地连片集中，水土流失和环境污染等问题不突出，是发展立体生态农业的适宜区。根据高寒山区立体气候特点，多白者村将生态保护、种植、养殖按照资源条件及产业基础进行合理配置，高矮结合、长短互补，实现有限空间资源高效利用。在高矮结合上实行核桃树下种植重楼、玛咖、小白芨等中草药及牧草，种养结合上推行核桃树下养羊、牛、鸡、鹞，长短结合上种植林果和蔬菜，丰歉互补上种植三七和粮食作物，逐步形成了“合作社+基地+农户”的发展模式。通过种养结合的良性循环，形成一批产业基地。在此基础上，将生态循环和可持续发展的理念融入山区立体农业建设中，重点推广建立“畜—沼—果（菜）”的循环种养模式和畜禽立体生态养殖等模式，全力打造山区缓坡生态大循环核心区，实现山区生态效益、经济效益、社会效益的“三赢”。

（四）实施产城融合战略

产城融合是在我国转型升级的背景下相对于产城分离提出的一种发展思路，要求产业与城市功能融合、空间整合，“以产兴城、以城聚产、产城联动、融合发展”。为进一步完善城镇化健康发展体制机制，加快推进云南产城融合发展，云南省政府于2016年6月公开印发了《关于进一步推进我省产城融合发展的实施意见》（云政发〔2016〕54号）（以下简称《实施意见》）。《实施意见》明确提出以下六项主要任务：一是规划引领，科学推进产城融合发展；二是夯实基础，不断完善基础设施建设；三是转型升级，加快发展现代产业体系；四是创新驱动，促进产城融合开放发展；五是生态优先，实现产城融合可持续发展；六是服务共享，提升公共服务管理水平。《实施意见》体现了国家战略和云南实际相结合的要求，充分体现了问题导向的原则。

曲靖市经济技术开发区（简称经开区）坚持“以产促城，以产兴城，产城融合”的原则，初步形成了产城融合、产业聚群发展的新业态。截至2018年，位于经开区的曲靖万达广场已建成开业；曲靖经开区保障性住房开发投资有限公司在白石江和三江大道两个项目点建设的公共租赁住房5532套全部完工并投入使用，尚城山水、凤凰嘉园已建成并交付使用；曲靖一中卓立学校、北附经开区实验学校、翠峰小学已建成开学；用地面积约148亩，总投资14.5亿元的曲靖中医医院异地新建项目预计2020年建成并投入使用；多个项目点景观绿化、亮化工程完工，白石江综合治理景观工程一期工程完工。曲靖经开区不断加快产业项目、基础设施、住房项目、居住环境建设，产城融合的生态宜居新城已具雏形。

四　优化城镇发展布局，建设和谐生活空间

（一）控制城镇增长边界

城镇增长边界是指根据地形地貌、自然生态、环境容量和基本农田等因素划定的、可进行城市开发和禁止进行城市开发建设区域的空间界限，即允许城市建设用地扩展的最大边界。控制城镇增长边界，有利于促进城市转型发展，提高城镇化质量、有利于节约用地和保护耕地、有利于守住自然本底。2014年7月，住房和建设部和国土资源部共同确定了全国14个城市开展划定城市开发边界试点工作。首批试点城市包括北京、沈阳、上海、南京、苏州、杭州、厦门、郑州、武汉、广州、深圳、成都、西安以及贵阳。

2016年6月，云南省委省政府发布《关于进一步加强城市规划建设管理工作的实施意见》（云发〔2016〕18号），提出“加强空间开发管制”“科学划定城市开发边界”“引导调控城市规模”的要求。根据文件精神，大理市划定海东新区调控规划面积53.89平方公里，明确四至界限为东至大（理）—丽（江）高速，南至菠萝山南侧龙沟箐，西至环海路，北至大小坪地（不含金梭岛、罗荃湾风景名胜区），并在相关位置设置开发边界牌，进一步加强城市开发边界的管理工作。《昆明市城市设计导则（试行）》提出，要严守环滇池区域、滇中东区、安宁地区、阳宗海地区四个

坝区的城市开发边界，保护城市自然山水格局。

（二）优化城镇体系布局

城镇体系是在一定地域范围内各种类型、不同等级的城镇相互补充、相互协作而形成的有机网络。优化城镇体系布局，对推动城镇化健康发展，提升城镇化发展质量具有十分重要的战略意义。“十二五”期间，《云南省城镇体系规划（2012～2030年）》就已从城镇空间结构、城镇群和城镇规模等级结构等层面，提出到2020年，要形成“一区一带五群十廊”的空间结构；除滇中城市集聚区外，要形成滇东南、滇西、滇东北、滇西南、滇西北五个城镇群；要形成200万人以上特大城市一座，50万～100万人大城市5座等，对全省城乡空间布局与发展作出了规划。

为强化州域中部和中心城市的集聚作用，构造空间发展的多元支点，引导人口向州域中部、向中心城镇集聚，促进各级城镇协调发展，《楚雄彝族自治州城镇体系规划（2018～2035年）》提出，将以中心城市为核心，快速交通体系为依托，构建“一核三群”的全域联动、多向开放的空间布局形态。其中，“一核”即以楚雄市为中心，包括南华县城、谋定县城及禄丰广通镇镇区，是全州经济、社会跨越式发展的带动核心；“三群”即楚中城镇组群、楚东城镇组群和楚北城镇组群，三个组群将分别形成“一心两翼三环”“一区一轴两心两环”“三心一带四廊道”的空间结构。

（三）优化城镇功能布局

优化城镇功能布局是促进城市系统良好运行、提高城镇效率、提升城镇价值的有效途径，也是促进城镇化健康发展的重要保障。《云南省新型城镇化规划（2014～2020年）》明确提出，要构建合理的生活、生产、生态空间，工业化、城镇化在适宜开发的部分国土空间集中展开，产业布局适度聚集，人口居住相对集中，推进具有云南特色的山地城镇建设。

《保山市城市总体规划（2017～2035年）》提出，要统筹坝区各类要素，构建城乡、产城、生态、田园共融的城市生命有机体。规划将中心城区用地划分为四大片区、七大组团。老城片区以商业服务、行政办公和居住为主导功能；青华海片区以高端居住、商务办公、旅游服务为主导功能；青阳片区以职教服务、科创研发为主要功能；工贸园片区及辛街组团以产业、商贸物流及配套服务为主导功能；北部小永、板桥、金鸡组团以商贸物流、旅游为主导功能；汉庄、云瑞组团以居住和公共服务为主导功能；东山组团以旅游为主导功能。随着规划的实施，保山市城市功能布局将进一步优化。

（四）生态城镇建设

生态城镇是人地和谐的城市生态系统，是城市生态系统中社会经济与自然生态相互协调的“共赢”，也是城市生态系统发展的蓝图。《云南省新型城镇化规划（2014～2020 年）》提出，要加强生态空间保护与建设，并将“优化城镇生态系统”与“优化生态格局”“科学划定生态保护空间”“构筑环境安全体系”“加强生物多样性保护”放在同等重要的位置。

保山市昌宁县坚持按照“环山脉水，田城相拥”的思路，以生态化引领城镇发展，着力打造“环山脉水，田城相拥”的宜居山水田园城市，以宜居、宜游、宜商、宜业的环境吸引人流、聚集产业。昌宁县先后两次修改了县城总体规划，以“一带两翼六组团”的“蝶形”空间构架为基础，严格控制对农田的占用，把农田纳入县城绿地系统进行规划建设，着力打造和提升田园城市景观；编制了《昌宁田园城市保护规划》，根据规划，昌宁新建和提升改造了一系列体现田园文化、生态文化的广场和公园。2016 年，引进东方园林生态股份有限公司，规划投资 7.89 亿元开展右甸河城镇核心段流域综合治理，以水利、水生态、水景观“三位一体”，打造“一轴三脉多核心”的右甸河生态景观体系，山水田园城市品位得到进一步提升，生态城镇建设取得阶段性进展。

第四节 健全生态文明体系

生态文明建设是统筹推进“五位一体”总体布局和协调推进“四个全面”战略布局的重要内容，是国家治理体系中关系到一系列根本性、开创性、长远性的工作。构建生态文明体系，是一场包括发展方式、治理体系、思维观念等在内的深刻变革。云南作为生态文明建设排头兵的发展定位，把生态文明体系建设历史性地推到“前台”，在生态价值观念树立上、生态经济发展上，在目标责任落实上，在生态文明制度完善上，在生态安全的防范上，要“先人一步”，擦亮云南绿色发展名片。

一　牢牢把握成为生态文明建设排头兵的定位

（一）云南争当生态文明建设排头兵的重要意义

生态文明是实现人与自然和谐发展的必然要求，生态文明建设是关系中华民族永续发展的根本大计。

在全国生态环境保护大会上，习近平总书记发表重要讲话，着眼人民福祉和民族未来，从党和国家事业发展全局出发，全面总结党的十八大以来我国生态文明建设和生态环境保护工作取得的历史性成就、发生的历史性变革，深刻阐述加强生态文明建设的重大意义，明确提出加强生态文明建设必须坚持的重要原则，对加强生态环境保护、打好污染防治攻坚战作出了全面部署，是建设生态文明、建设美丽中国的根本遵循，对于动员全党全国全社会一起动手，推动我国生态文明建设迈上新台阶，具有重大现实意义和深远历史意义。

加快推进生态文明顶层设计和制度体系建设，大力推动绿色发展，深入实施大气、水、土壤污染防治三大行动计划……党的十八大以来，以习近平同志为核心的党中央把生态文明建设作为统筹推进“五位一体”总体布局和协调推进“四个全面”战略布局的重要内容，开展一系列根本性、开创性、长远性工作，提出一系列新理念新思想新战略，形成了习近平生态文明思想，生态文明理念日益深入人心，污染治理力度之大、制度出台频度之密、监管执法尺度之严、环境质量改善速度之快前所未有，推动生态环境保护发生历史性、转折性、全局性变化。

总体上看，我国生态环境质量持续好转，出现了稳中向好趋势，但成效并不稳固，稍有松懈就有可能出现反复，犹如逆水行舟，不进则退。现在，生态文明建设正处于压力叠加、负重前行的关键期，已进入提供更多优质生态产品以满足人民日益增长的优美生态环境需要的攻坚期，也到了有条件有能力解决生态环境突出问题的窗口期。必须认识到，跨过这个关键期、攻坚期、窗口期，我们还有不少难关要过，还有不少硬骨头要啃，还有不少顽瘴痼疾要治。如果现在不抓紧，将来解决起来难度会更高、代价会更大、后果会更严重。咬紧牙关，爬过这个坡，迈过这道坎，是我们义不容辞的责任，更需要舍我其谁的担当。

生态兴则文明兴，生态衰则文明衰。党的十九大明确了在全面建成小康社会的基础上，在21世纪中叶建成富强民主文明和谐美丽的社会主义现代化强国的宏伟目标。要决胜全面建成小康社会，就必须坚决打好污染防治攻坚战。不管有多么艰难，我们都不可犹豫、不能退缩。只有以壮士断腕的决心、背水一战的勇气、攻城拔寨的拼劲，打赢这场攻坚战。

生态文明建设功在当代、利在千秋。紧密团结在以习近平同志为核心的党中央周围，充分发挥党的领导和我国社会主义制度能够集中力量办大事的政治优势，加大力度推进生态文明建设、解决生态环境问题，我们就一定能推动形成人与自然和谐发展现代化建设新格局，让中华大地天更蓝、山更绿、水更清、环境更优美。

习近平总书记在考察云南时，明确提出云南应着力推进生态环境保护，努力成为我国“生态文明建设排头兵”。他指出：云南作为西南生态安全屏障，承担着维护区域、国家乃至国际生态安全的战略任务。同时，云南又是生态环境比较脆弱敏感的地区，生态环境保护的任务很重，一定要像保护眼睛一样保护生态环境，坚决保护好云南的绿水青山、蓝天白云。

良好的生态环境是云南的宝贵财富，也是全国的宝贵财富。我们必须牢记习近平总书记的嘱托，坚持生态优先、绿色发展，筑牢生态安全屏障，努力成为我国生态文明建设排头兵，为推动云南实现高质量发展与跨越式发展有机统一提供重要保障。必须按照中共中央、国务院印发的《生态文明体制改革总体方案》要求，树立发展和保护相统一的理念，坚持发展是硬道理的战略思想，坚持发展必须是绿色发展、循环发展、低碳发展的理念，平衡好发展和保护的关系，按照主体功能定位控制开发强度，调整空间结构，实现发展与保护的内在统一、相互促进。必须按照党的十九大报告的要求，以成为我国生态文明建设排头兵为关键，坚决保护好绿水青山、蓝天白云，坚持绿色生产和绿色生活，构建绿色产业体系，探寻实现绿水青山就是金山银山的发展新路径，构建人与自然和谐相处的生态环境。

（二）生态文明排头兵建设的主要目标

到2020年，发展方式实现重大转变，资源节约型和环境友好型社会建设取得重大进展，符合主体功能定位的空间开发格局全面形成，生态环境质量保持优良，生态文明建设制度体系逐步健全，生态文明主流价值观更加深入人心，生态文明先行示范区建设取得显著成效。

（1）国土空间开发格局更加优化。与主体功能定位相适应的生产空间、生活空间、生态空间更加优化，经济、人口布局向均衡、和谐、可持续方向发展，“一核一圈两廊三带六群”经济社会发展空间格局推进形成，空间治理体系基本建立。

（2）发展质量和效益明显提升。人均地区生产总值达到6.5万元人民币，产业结构更趋合理，战略性新兴产业增加值占GDP比重达到15%。资源利用效率进一步提升，能源和水资源消耗、建设用地、碳排放强度持续下降，总量控制在国家要求范围内，可再生能源利用率居全国前列。

（3）国家生态安全屏障更加牢固。森林覆盖率和蓄积量持续保持在全国前列，生物多样丰度保持稳定，湿地面积不断增加，湿地功能增强，长江、珠江等江河流域水土保持和石漠化治理取得成效，生态系统功能全面提升，国家生态安全屏障进一步巩固，划定并严守生态保护红线，筑牢生态安全屏障。

（4）环境质量总体保持优良。城市空气质量优良率保持全国领先，以六大水系和九大高原湖泊为主的水环境质量得到明显改善，土壤环境质量总体保持稳定，主要污染物排放总量持续减少，环境风险得到有效管控，多元共治的现代环境治理体系建设取得重大进展。

（5）生态文明制度体系逐步健全。将生态文明建设纳入制度化、法治化轨道，体现云南生态文明建设特点的自然资源资产产权制度、国土空间开发保护制度、资源有偿使用和生态补偿制度、生态环境保护管理体制、生态文明绩效评价考核和责任追究制度等逐步健全并取得重要成果。

（三）生态文明排头兵建设的主要举措

1. 优化国土空间开发，建设绿色云南

实施主体功能区战略。2014 年 1 月，云南省人民政府发布《云南省主体功能区规划》。《云南省主体功能区规划》根据国家对主体功能区规划编制的要求，结合云南省情，将全省国土空间按照开发方式分为重点开发区域、限制开发区域和禁止开发区域三类主体功能区。按照云南省各州（市）主体功能定位发展，合理控制开发强度，调整优化空间结构，落实科学合理的空间发展格局。

划定并严守生态保护红线。在重要生态功能区、生态环境敏感区和脆弱区等区域划定生态保护红线，实行严格保护，加大对越线行为的惩戒力度。划定并严守森林、林地、湿地、物种等生态红线。按照确保生态功能不降低、面积不减少、性质不改变的基本要求，不断扩大生态保护红线范围，逐步完善生态保护红线空间布局。强化各级政府划定和严守生态保护红线的责任，制定生态保护红线相关管控办法，建立健全严守生态保护红线的管控体系，筑牢生态安全屏障。

制定环境功能区划。根据《全国环境功能区划纲要》，结合云南主体功能区定位，开展云南特性基础评估，确定各类环境功能类型区的划分条件，依次识别各类环境功能类型区，云南环境功能划分为自然生态保留区、生态功能调节区、食物环境安全保障区、聚集环境维护区及资源开发环境引导区五个一级区。在环境功能类型区的基础上，根据管理方式及环境问题的差异性特征，进一步划分 10 个环境功能亚类区。针对性地制定各环境功能区主体环境功能目标，建立“分区管理、分类指导”的环境管理体系；依据各环境功能区主体环境功能目标设定，进一步确定相应的水环境、大气环境、土壤环境、生态环境、噪声环境和核与辐射等专项环境质量目标、指标和管理要求，制定分区的产业准入标准和环境影响评价工作技术要求。

推进“三线一单”编制。为深入贯彻落实党中央对长江经济带发展作出的重大决策部署，推进长江经济带环境质量改善和绿色转型发展，在长

江流域贯彻落实“共抓大保护，不搞大开发”要求。云南全面把握“三线一单”的深刻内涵，坚持“三线一单”是推动战略环评落地的重要内容，是落实国土空间管控要求的重要抓手，是推进环境管理精细化的重要基础；用“三线”框住空间利用格局和开发强度，用“一单”规范开发行为，把生态环境保护的规矩立在前面。按照“守底线、优格局、提质量、保安全”的总体思路，加快编制形成覆盖全省的“三线一单”，把战略层面的要求转化为可操作的环境管控措施。

2. 构建生态经济体系，建设低碳云南

调整优化产业结构。一是积极化解过剩产能。坚持市场倒逼与政府支持相结合的原则，从严控制钢铁、煤矿，铜、铅、锌、锡冶炼及电石、焦炭、黄磷新增产能，落实产能等量或减量置换措施，加大落后产能排查，严格执行环境保护、能耗、质量、安全、技术等法律法规和产业政策，全面清理违法违规产能，鼓励支持行业龙头企业围绕主业和优势集聚。二是改造提升传统产业。围绕创新能力建设、技术装备升级、品牌质量提升、降低资源能源消耗、减少污染排放、提高规模效益等重点，支持重大技术升级改造，增强产业竞争力。深度融合智能制造，加快智能化改造和重点行业智能检测监管，提高企业生产和管理水平，促进企业生产效率和效益的提升。推进传统制造业质量和能效提升、清洁生产、循环利用等专项技术改造。三是加快培育重点产业。贯彻落实云南省委省政府《关于着力推进重点产业发展的若干意见》（云发〔2016〕11 号）文件精神，着力推进生物医药和大健康、旅游文化、信息、现代物流、高原特色现代农业、新材料、先进装备制造、食品与消费品制造等 8 大重点产业。以现代生物、电子信息和新一代信息技术、新材料、先进装备制造等战略性新兴产业为突破口，加快培育新的经济增长点。强化重点产业的企业主体培育，强化重点产业的项目储备实施，强化重点产业的园区集聚发展。

大力发展绿色产业。一是发展节能环保产业。建立节能环保重点推广目录，推动高效锅炉、节能炉灶、高效电机、高效配电变压器、大气治理、垃圾处理、环境监测等技术装备规模化发展。引进有实力的节能环保企业落户云南，支持有条件的企业立足省内、面向全国、辐射南亚东南亚，开拓和服务周边环保市场。加快发展生态环境修复、环境风险与损害评价、排污权交易、绿色认证、环境污染责任保险等新兴环保服务业。整合政府、企业、金融机构、高校及科研机构、中介机构等资源，积极吸引国内外企业、科研机构入驻，加快节能环保技术研发、成果转化、产品推广应用，建设一批具有特色优势的节能环保产业基地。二是发展清洁能源产业。调整优化能源结构和布局，有序发展风电，推进太阳能多元化利用，因地制宜利用生物质能，合理开发利用地热能，推动分布式能源发展，建设智能电网。促进清洁、低碳能源开放合作。大力发展节能与新能源汽车，推进公共服务领域和公务用车新能源汽车示范，引导鼓励新能源汽车进入个人消费领域。三是鼓励发展绿色产品。大力发展无公害农产品、绿色食品和有机产品，开展有机产品认证示范区创建工作。建立工业品生态设计标准体系，支持企业开发绿色产品，推行生态设计，在产品设计中考虑重金属等有毒有害物质的减量与替代，实现可拆解设计、可回收设计和可再生材料选用。建立健全绿色标准，开展绿色评价，建设绿色制造服务平台，支持企业实施绿色战略、绿色标准、绿色管理和绿色生产。开展电器电子产品生产企业生态设计试点示范，建设绿色示范工厂和绿色示范园区。

促进产业循环发展。一是推进工业循环发展。以园区循环化改造为重点，在工业领域全面推行循环型生产方式，构建循环型工业体系。按照“布局优化、企业集群、产业成链、物质循环、集约发展”的思路，推动各类产业园区实施循环化改造，实现园区内项目、企业、产业有效组合和循环链接。二是推进农业循环发展。按照生态环境承载容量，因地制宜利用耕地资源、山地资源、林地资源，采取种养加、林养加结合，推进农业循环发展。支持生态型复合种植，培育构建“种植业—秸秆—畜禽养殖—粪便—沼肥还田”“养殖业—畜禽粪便—沼渣/沼液—种植业”等循环利用模式。积极开展种养结合循环农业试点示范，构建林业循环经济产业链。三是推进服务业循环发展。加快构建循环型服务业体系，促进服务业与其他产业融合发展。在旅游领域，推进全域旅游，大力发展旅游循环经济，建设一批休闲度假基地、休闲农业与特色乡村旅游。推进旅游景区建设和管理绿色化，推进餐饮住宿业绿色化，倡导绿色服务，创建绿色饭店；开展绿色商贸流通试点，加快绿色仓储建设，发展绿色物流。

3. 构建生态环境体系，建设七彩云南

加强水污染防治。一是全面落实《云南省水污染防治工作方案》。统筹推进水污染防治和水生态保护，不断提升水生态环境质量。实施以控制单元为基础的水环境管理，建立流域、水生态控制区、水环境控制单元三级分区体系。对水环境质量较差的单元，全面实施排污许可证制度。统一规划设置水环境监测断面（点位），逐步建成全省统一的水环境监测网。二是深化重点流域水污染防治。编制实施长江、珠江和西南诸河重点流域水污染防治规划。对环境容量较小、生态环境脆弱、环境风险高的南盘江、元江、盘龙河、沘江、南北河等重点流域，适时执行水污染物特别排放限值。加强水质优良水体保护，开展提升良好水体水质工作，实施劣V类水体综合整治。三是强化九大高原湖泊水环境保护治理。编制实施九湖保护治理规划，强化“一湖一策”。对水质优良的抚仙湖和泸沽湖，始终坚持生态优先、保护优先原则，通过划定生态保护红线，实施分区管理。对水质良好的洱海、程海、阳宗海，突出保护为主的原则，通过产业结构调整、农业农村面源治理及村落环境整治、控污治污、生态修复及建设等措施进行综合治理。对滇池、星云湖、杞麓湖、异龙湖等重度污染湖泊，通过全面控源截污、入湖河道整治、农业农村面源治理、生态修复及建设、污染底泥清淤等强化综合治污措施，遏制水质恶化趋势。四是保障饮用水安全。加强饮用水水源环境保护，科学划定集中式饮用水水源保护区。开展饮用水水源规范化建设，依法清理饮用水水源保护区内违法建筑和排污口，强化饮用水水源水质监测、饮用水供水全过程监管。

稳定并提升大气环境质量。一是落实《云南省大气污染防治行动实施方案》。着力解决个别区域大气污染问题，稳定保持环境空气质量总体优良。加强工业、机动车、扬尘等多污染源综合防控，强化二氧化硫、氮氧化物、颗粒物、挥发性有机污染物等多污染物排放的协同控制。加快环境空气监测网络建设，2020 年底前建成覆盖州（市）和县级政府所在地城市环境空气质量自动监测系统。全面实施城市空气质量达标管理。二是强化重点区域大气污染联防联控。逐步建立滇中城市经济圈大气污染联防联控协作机制，实行协同的环境准入、落后产能淘汰、机动车环境管理政策和考核评估体系。实施重点区域大气污染分策治理，重点治理昆明市城市扬

尘污染、降低个旧市酸雨频率、实施西双版纳州景洪市可吸入颗粒物治理、强化红河州开远市二氧化硫治理、研究并解决怒江州兰坪县采矿区扬尘问题。将重点区域的细颗粒物指标、非重点地区的可吸入颗粒物指标作为经济社会发展的约束性指标。三是加强城市面源大气污染治理。完善建筑工地扬尘管理措施，加强渣土运输车辆管理，深化城市扬尘污染治理。全面整治燃煤小锅炉，加快推进“煤改气”“煤改电”工程建设，基本淘汰每小时10蒸吨及以下的燃煤锅炉。加强机动车污染防治和机动车环保管理，加快淘汰黄标车和老旧车辆。

改善土壤环境质量。一是落实《云南省土壤污染防治工作方案》。深入开展土壤环境质量调查，建设土壤环境质量监测网络，提升土壤环境信息化管理水平。划定土壤环境保护优先区域，开展土壤环境保护优先区内及周边区域的污染源排查，推行土壤环境保护试点示范，防止新增土壤污染，确定土壤污染高风险行业的环境准入条件。二是实施重点区域土壤污染治理与修复。以工业园区周边重污染工矿企业、重金属污染防治重点企业、集中污染治理设施周边、废弃物堆存场地、历史遗留重污染工矿场地、关停搬迁重污染工矿企业废弃地等为重点，明确土壤污染治理与修复主体，制订治理与修复规划，实施土壤修复与治理。三是深化农业面源污染综合防治。实施农用地分类管理，划定农用地土壤环境质量类别。划定畜禽养殖“禁养区、限养区”，推行农作物病虫害绿色防控、增施有机肥、废农膜和农药包装废弃物回收利用等措施，确保永久基本农田土壤环境质量不下降。

强化环境风险防范。一是提高涉重、涉危污染物风险防范能力。建立健全化学品、持久性有机污染物、危险废物等环境风险防范与应急管理工作机制，强化危险化学品风险管控，严格执行危险废物管控政策。二是完善环境应急与风险防控。开展云南省环境风险区划、环境风险隐患排查，制订环境风险管理方案，完善环境应急预案，完善跨行政区、跨部门的数据报送和信息共享渠道，建立区域性环境突发事件统一指挥、协同作战、快速响应的机制。完善环境应急监测预警系统，开展饮用水生物毒性、化工园区企业污染、澜沧江—湄公河等跨国界河流、历史遗留污染场地风险等重点区域和重点领域的环境监测预警。

加大生物多样性保护力度。实施《云南省生物多样性保护战略与行动计划（2010～2030年）》，加强生物多样性保护优先区域、重点领域、重要生态系统的保护。建立以就地保护为主、迁地保护和离体保护为辅的生物多样性保护体系。加强野生动植物保护管理，重点做好国家重点保护物种、极小种群物种和地方特有物种的拯救、保护、恢复和利用，完善中国西南野生生物种质资源库。强化自然保护区和森林公园的建设与管理，改善野生动植物栖息地条件，加大热带雨林等典型生态系统、物种基因和景观多样性保护；推进国家公园建设，加强资源整合，扩大国家公园试点范围。严防外来有害物种入侵和物种资源丧失，严格野生动植物进出口管理。开展生物多样性观测站点建设，实施生物多样性保护、恢复示范，加强生物多样性监管基础能力建设。

全面提升生态系统功能。深入推进“森林云南”建设，全力实施云南省生态文明建设林业“十大行动”计划，大力开展植树造林，在生态脆弱区继续实施退耕还林还草，推动陡坡地生态治理，以六大水系、九大高原湖泊、大中型水库面山等为重点，加速推进防护林体系建设，开展石漠化、干热河谷、高寒山区、五采区等困难处立地造林。以国际重要湿地、湿地类型自然保护区、国家重要湿地、省级重要湿地、国家湿地公园为重点，加强自然湿地和重要人工湿地保护力度，对退化湿地生态系统进行科学修复，逐步扩大湿地面积，恢复湿地生态结构和功能，建立湿地保护、监测和监管体系，全面维护湿地生态系统的结构和生态功能。实施生态修复工作，加大退牧还草和岩溶地区草地治理工程实施力度，对重度退化草原进行保护和恢复。强化农田生态保护，实施耕地质量保护与提升行动，加强耕地质量调查监测与评价，加大退化、污染、损毁农田改良和修复力度。

推进重点地区生态治理。一是加强水土流失综合防治。积极推进长江、珠江等江河流域水土保持综合治理项目，重点做好坡耕地综合整治和以坡面水系工程为主的小流域综合治理，从严控制重要生态保护区、水源涵养区、江河源头和山地灾害易发区等区域的开发建设项目，限制或者禁止可能造成水土流失的生产建设活动。二是抓好石漠化综合治理。继续实施纳入国家规划治理范围的重点县（市、区）石漠化综合治理，通过人工造林、封山育林、推进退耕还林还草，恢复和增加林草植被覆盖，减缓岩溶石质山地水土流失和石漠化土地面积扩大，改善区域生态状况。

4. 构建生态人居体系，建设宜居云南

构建绿色城镇体系。认真落实《云南省新型城镇化规划（2014－2020年）》和《云南省城镇体系规划（2015－2030年）》，根据资源环境承载能力，加快构建以大城市为引领，以中小城市为重点，以特色城镇为基础的绿色城镇体系。全面提高城镇规划建设与管理水平，加快修编完善区域性城镇群规划，抓紧编制沿边城镇布局规划。修编州（市）、县（市、区）城市总体规划，修编完善县（市）域乡村建设规划，加快编制城镇控制性详细规划。延续城镇历史文脉，注重城市形象设计，编制城市色彩、生态廊道、建筑立面、景观照明等专项规划。编制城市地下管廊专项规划。强化规划管控，依法加强城镇禁建区、限建区、适建区“三区”和建设用地红线、水体蓝线、绿地绿线、市政公用设施黄线、历史文化保护紫线“五线”的空间管制，杜绝大拆大建。实施“十城百镇”规划示范工程。

提高城镇发展质量。坚持以人为本、绿色低碳，推动城镇绿色发展，建设环境优美的宜居城镇。科学确定城镇开发强度，提高城镇土地利用效率、建成区人口密度。严格新城、新区审批，从严供给城市建设用地，推动城镇化发展由外延扩张式向内涵提升式转变。注重自然山水、文化遗产、历史传承、民族风情等因素，引导城镇多样化发展，推动城镇风貌从千城一面向魅力特色转变。积极推进产城融合发展，推进建设滇中新区等一批产城融合示范区，争取将玉溪市、普洱市、楚雄市产城融合示范区纳入国家支持范畴。推进曲靖市、红河州、大理市、隆阳区板桥镇国家新型城镇化综合试点。大力开展森林城市、园林城市、人文城市、智慧城市、创新型城市、海绵城市建设。

提升城镇人居环境。强化城镇化过程中的节能理念，大力发展绿色建筑和低碳、便捷的交通体系，优先发展公共交通，提升公共交通分担率。加强城镇基础设施建设，提高城镇供排水、防涝、雨水收集利用、综合管廊、市容环卫等基础设施建设水平，建设绿色生态城区。推进城镇天然气输配管网建设，提高城市气化率。全面实施城市“四治三改一拆一增”行动，着力抓好城市管理和服务，持续提升城镇人居环境。开展城市环境综合治理，加大城市黑臭水体治理力度，提高城镇污水和垃圾处理设施运营管理水平和处理率。

科学编制乡村规划。坚持县（市）域乡村建设规划为依据和指导的镇、乡和村庄规划编制体系，调整完善县域美丽乡村、传统村落以及延边地区、重要交通沿线、重点旅游区及风景名胜区域村庄规划。按照因势就形、突出特色、一村一景的要求，合理确定各类村庄规模，以产村融合、村庄风貌控制、村庄特色彰显、基础设施布局和项目科学落地指导为重点，在强化村庄功能布局的基础上充分体现农田保护、生态涵养、基础设施、产业发展等村庄功能布局。加快历史文化名村和传统村落保护，科学建设和改造提升一批中心村、传统村和特色村。实施第二轮“十县百乡千村万户”示范创建工程。

改善农村基础设施。实施美丽宜居乡村建设“七大行动”（产业提升、村寨建设、环境整治、脱贫攻坚、公共服务、素质提升、乡村治理行动），不断夯实农村发展的基础条件。推进产村融合发展，培育致富产业，实现产业强村、产村相融。实施农村危房改造和抗震安居工程、异地扶贫搬迁工程，落实灾后重建、库区移民、矿山环境治理等工程项目，加快农村综合文体设施建设，改善农村教育、医疗卫生等公共服务条件。加强农民素质教育和能力提升，推进乡村治理机制建设，推进“五个一批”脱贫攻坚工程。

推进农村环境整治。加快推进农村环境集中连片整治，实施“改路、改房、改水、改电、改圈、改厕、改灶”和“清洁水源、清洁田园、清洁家园”的“七改三清”环境整治综合行动，切实改善农村人居环境。实施“千村示范、万村整治”工程，逐步实现村村有安全饮用水、通电、通路，广电网、电信网、互联网通村到户。推进农村亮化工程。加强农村生态建设，实施村庄绿化工程，组织开展清水城镇、清水乡村、清水湖库、清水河道试点建设。开展农村两污专项治理，探索符合各地实际的村庄垃圾、生活污水处理方式。

5. 构建生态制度体系，建设法制云南

健全自然资源资产产权制度。一是建立统一的确权登记系统。对全省范围内的水流、森林、湿地、山岭、草原、荒地等所有自然生态空间进行统一确权登记，清晰界定全省国土空间各类自然资源资产的产权主体。二是建立权责明确的自然资源产权体系。制定各类自然资源产权主体权利清单，明确所有权和使用权等权利归属关系和权能权责，全面落实各类全民所有自然资源的有偿出让制度，建立自然资源资产评估制度。三是健全自然资源资产管理体制。按照国家统一部署，探索对分散的全民所有自然资源资产所有者职责进行整合，统一行使自然资源监管职责。除中央政府直接行使所有权的自然资源外，探索建立省及省以下分级行使所有权的体制。

建立国土空间开发保护制度。健全国土空间用途管制制度，按照国家用地指标控制分配办法，将开发强度指标分解到各县级行政区，作为约束性指标，控制建设用地总量。建立国土空间开发保护制度，推动覆盖全省国土空间的监测系统建设，动态监测国土空间变化。根据国家安排部署，研究制定云南自然生态空间用途管制实施办法。推进国家公园体制建设，严格执行《云南省国家公园管理条例》，探索建立符合生态文明要求的国家公园管理体制，研究制定国家公园公共标识设置指南，稳步推进香格里拉普达措国家公园体制试点。

完善资源总量管理和全面节约制度。健全资源节约集约制度，落实最严格的土地、水、能源和矿产资源节约集约制度，实施耕地保护和占补平衡制度，完善规划和建设项目水资源论证制度，推动全省水务一体化改革，健全用能单位节能管理制度，实施建设用地总量、用水总量、能源消费、碳排放总量和强度（效率）控制，建立节约集约用地、用水、用能激励、约束和考核机制，健全矿产资源开发利用管理制度，完善矿山地质环境保护和土地复垦制度，推行水权、用能权、碳排放权交易制度。

建立健全资源有偿使用制度。加快自然资源及其产品价格改革，建立和完善反映市场供求状况、资源稀缺程度和环境损害成本的资源性产品价格形成机制，推进农业水价综合改革，推进城镇居民用水阶梯价格制度。完善土地有偿使用制度，深化国有建设用地有偿使用制度改革，完善地价形成机制和评估制度。完善矿产资源有偿使用制度，探索全省矿业权出让制度。

完善生态补偿机制。结合深化财税体制改革，完善转移支付制度，归并和规范现有生态保护补偿渠道，逐步加大对重点生态功能区的转移支付力度，完善生态保护成效与资金分配挂钩的激励约束机制。建立地区间横向生态保护补偿机制，推动省内重点跨界水域水质补偿试点。进一步落实、建立和完善自然保护区、森林公园、国家公园、湿地公园、高原湿地等保护地的生态补偿机制。争取国家加快建立下游对上游、生态受益地区对生态保护地区、重点流域跨界监测断面水质的横向生态补偿机制。

完善生态环境保护管理体制。建立健全环境治理体系，完善污染物排放许可制，建立污染防治区域联防联控机制，开展生态环境损害赔偿制度改革试点工作，落实省以下环保机构监测监察执法垂直管理制度，健全环境信息公开制度。培育环境治理和生态保护市场主体，建立吸引社会资本投入生态环境保护的市场化机制，推进环境污染第三方治理。支持生态环境保护领域国有企业改革。推行排污权交易制度，总结排污权交易试点经验，完善排污权交易制度，扩大涵盖的污染物和排污单位范围。

完善生态文明绩效评价考核和责任追究制度。制定云南省生态文明目标评价考核办法、绿色发展指标体系，健全政绩考核制度，把资源消耗、环境损害、生态效益纳入经济社会发展评价体系，根据不同区域主体功能定位，实行差异化绩效评价考核。完善实施县域经济发展分类考核评价办法，按照重点开发区和市辖区县、农产品主产区和特色产业发展县、重点生态功能区县、限制开发区域和生态脆弱的国家级贫困县四大类进行分类考核。建立资源环境承载能力监测预警机制，对资源消耗和环境容量超过或接近承载能力的地区，实行预警提醒和限制性措施。探索编制森林（含公益林）、湿地、水、土地等自然资源资产负债表。坚持任中审计和离任审计相结合，开展领导干部自然资源资产离任审计。建立生态环境损害责任终身追究制，实行地方党委和政府领导成员生态文明建设一岗双责。按照《党政领导干部生态环境损害责任追究办法（暂行）》，以自然资源资产离任审计结果和生态环境损害情况为依据，明确追责情形和认定程序，对领导干部离任后出现重大生态环境损害并认定其需要承担责任的，实行终身追责。建立环境保护督察制度，加大对环境质量差、环境隐患多、生态受损重的州（市）、县（市、区）的环境保护督察力度，对存在环境突出问题的地方，开展不定期专项督察。

6. **构建生态文化体系，建设幸福云南**

加强生态文明教育。积极培育生态文化、生态道德，使生态文明成为社会主流价值观，成为社会主义核心价值观的重要内容。把生态文明教育作为素质教育的重要内容，纳入国民教育体系、干部教育培训体系和企业培训体系，引导全社会树立生态文明意识。在各级政府部门开展生态文明基础知识的培训，提高领导干部生态文明意识和素养。鼓励和推动企业将生态文明建设纳入员工培训计划，督促企业将生态文明理念融入企业的生产和管理中。

开展生态文明示范创建活动。统筹推进生态文明县（市、区）创建、环境保护模范城市创建等生态文明建设行动。积极开展生态文明县（市、区）创建，推进昆明市、玉溪市、丽江市、景洪市等国家环保模范城市创建工作。

加大生态文明宣传力度。充分发挥新闻媒体作用，利用广播电视、互联网等宣传手段，加大生态文明宣传力度，提高公众节约意识、环保意识、生态意识，形成人人、事事、时时崇尚生态文明良好社会氛围。积极开展生态文明体验教育，以自然保护区、风景名胜区、国家公园、森林公园、湿地公园、地质公园、世界自然遗产地及博物馆为平台，探索建立云南生态文明宣传教育示范基地。组织好世界地球日、世界环境日、世界森林日、世界湿地日、世界水日、国际生物多样性日、全国节能宣传周和全国低碳日等主题宣传活动。

建设省级传统文化生态保护区。探索民族传统文化保护区整体性保护与发展方式，充分挖掘、有效保护云南各少数民族长期与自然相依相存中形成的优秀传统生态文化。实施民族文化遗产保护工程，保护民族传统生态文化，打造生态文化品牌，提升云南民族特色生态文化的影响力。推进迪庆州、大理州国家级文化生态保护实验区建设。

倡导绿色生活方式。强化绿色消费意识，在衣、食、游、住、行等各个领域加快向绿色转变。推广绿色居住，鼓励步行、自行车和公共交通等低碳出行。鼓励居民选购节水龙头、节水马桶、节水洗衣机等节水产品，鼓励居民使用节能、环保、高效的节能产品。星级宾馆、连锁酒店逐步减少“六小件”等一次性用品的免费提供，商场、超市等商品零售场所严格执行“限塑令”等。全面推行绿色办公，推进电子政务建设。引导各级公共机构及干部职工开展绿色建设、办公、出行等节能行动，推动工作方式向科技含量高、资源消耗低、环境污染少的方向转变，推动生活方式向勤俭节约、绿色低碳、文明健康的方向转变。完善政府绿色采购相关规定，制订政府采购绿色产品目录，倡导非政府机构、企业实行绿色采购。建立绿色包装标准体系，鼓励包装材料回收再利用。

鼓励公众积极参与生态文明建设工作。建立公众参与生态文明建设决策的有效渠道和合理机制，鼓励公众对政府生态文明建设工作、企业排污行为进行监督。完善公众监督举报制度、听证制度、舆论监督制度，增强公众在建设项目立项、实施、后评价等环节的参与度，构建全民参与的社会行动体系。引导生态文明建设领域各类社会组织健康有序发展、有序维权，发挥民间组织和志愿者的积极作用，搭建志愿服务记录平台，形成全社会积极参与生态文明建设的良好氛围。

（四）生态文明排头兵建设的亮点和经验

1. 国土开发空间持续优化

划定生态保护红线。云南作为国家西南生态安全屏障，生态保护红线制度的建立及实施尤显重要。

云南“多规合一”试点工作重点分析城市规划编制与实施管理的关联性及影响要素，注重梳理各类不同的规划成果，大部分试点已形成“一张图”，为区域空间格局的进一步优化奠定了良好基础。

为加快落实云南三大战略定位，根据云南省委全面深化改革领导小组第二十次会议和省人民政府第87次常务会议精神，积极开展云南省空间体系规划的编制工作，推进《云南省空间规划（2016－2030年）》出阶段性成果，要求加快推进《云南省空间规划（2016－2030年）》及《云南省空间规划实施管理办法》《云南省空间规划统一技术规程》的修改完善和报批工作。

2. 云岭绿色经济崭露头角

生态经济实力显著增强。云南高原粮仓进一步夯实，粮食生产连续五年保持增产。特色产业稳健发展，优质特色农产品市场占有率稳步提高，农产品出口额稳居西部省区第一位，第一产业增加值年均增长 6.1%。农业新型经营主体蓬勃发展，年销售收入 10 亿元以上的农业“小巨人”25 户，全省农业龙头企业 3784 户。品牌建设扎实推进，获得国家驰名商标农产品 21 个，有效认证“三品一标”农产品 2049 个，斗南花卉、普洱茶、文山三七等一批区域性品牌初步形成。创新驱动发展战略大力实施，研发投入年均增长 17.9%。坚持“两型三化”产业发展方向，“中国制造 2025”云南实施意见和“云上云”行动计划持续推进，规模以上工业增加值年均增长 8.7%、企业主营业务收入突破万亿元大关。建筑业增加值年均增长 15.5%。现代金融、养生养老、大健康、旅游、文化等产业加快发展。第三产业增加值年均增长 9.9%。

打造中国绿色清洁能源产业基地。云南省大力发展绿色清洁能源，并依托绿色能源发展绿色产业，将以水电为主的清洁能源优势转化为全省经济社会发展优势。目前，云南全省 8443 万千瓦的电力装机容量中，水电装机容量达 6096 万千瓦，以水电为主的清洁能源占比达 83.4%，非化石能源电量占比达 93%，达到国际一流水平，成为我国重要的清洁能源基地。2016 年云南西电东送首次突破 1100 亿千瓦时，占南方电网“西电东送”量的 56%，这些清洁能源对东南沿海地区的环境质量改善和提升产生了重要的促进作用。云南省非化石能源占一次能源消费比重高达 40% 以上，远高于全国平均水平的 13.3%，为我国 2020 年实现非化石能源占一次能源消费比重 15% 的战略目标作出了重要贡献，对中国在巴黎气候大会上作出的碳减排及提高非化石能源占比的承诺提供了重要支撑。

生态旅游持续稳定健康发展。坚持“云南只有一个景区、这个景区叫云南”的全域旅游概念，以打造“健康旅游目的地”助推“健康生活目的地”建设为重点，以“一部手机游云南”为总抓手，坚持一手抓市场整治、一手抓转型升级，采取扎实有效措施狠抓落实，各项工作均取得积极进展。旅游业为云南增长最快的产业之一，而且成为优化产业结构、拉动经济增长、扩大内需和就业、传承民族文化、保护生态环境、促进社会和谐的重要支柱产业。近年来，云南旅游景区呈现快速增长的良好态势，形成以历史文化、自然风光、民族风情等为主的观光类旅游景区，以温泉康体、休闲运动和旅游度假等为主的休闲度假类旅游景区，以旅游小镇、国家公园、主题公园、城市公园、博物馆等为主的综合类或专项类的三大类旅游景区600余家，其中，5A级景区8家，4A级71家，3A至1A级152家。2017年全省累计接待海外旅游者（过夜）667.69万人次，同比增长11.2%；实现旅游外汇收入合计35.50亿美元，同比增长15.5%；累计接待国内游客5.67亿人次，同比增长33.3%；实现国内旅游收入6682.58亿元，同比增长47.3%；全省共实现旅游业总收入6922.23亿元，同比增长46.5%。

3. 生态环境状况保持优良

环境质量保持优良。2017年云南省城市空气质量持续保持优良，16个州（市）政府所在地城市平均优良天数比例为98.2%，居全国第一；主要河流国控、省控监测断面水质优良率达到82.6%，主要出境、跨界河流监测断面水质达标率为100%，六大水系主要河流干流出境、跨界监测断面水质全部达到水环境功能要求；九大高原湖泊水质总体保持稳定；州（市）级以上城市集中式饮用水源水质全部达标；城市声环境质量总体良好；辐射环境质量良好，自然生态环境状况保持稳定。

“森林云南”建设成效显著。近年来，坚持生态优先，绿色发展理念，先后组织实施了长江中上游、珠江、澜沧江、南汀河防护林工程、天然林保护、退耕还林、石漠化综合治理、森林质量精准提升、森林抚育、生物多样性保护、湿地修复等一系列林业生态建设工程。2017年以来，围绕省委、省政府关于努力建设中国最美丽省份部署，“森林云南”建设持续深入。全省林业主要指标均居全国前列，生物多样性相关指标居全国第一，林地面积、森林面积、森林蓄积3项指标均位居全国第二。生态文明体制改革的“四梁八柱”已初步建立，全省建成国家级生态示范区10个、乡镇85个、村3个。同时，森林生态系统年服务功能价值达1.68万亿元；湿地生态系统年服务功能价值达5044亿元。昆明市、普洱市、临沧市、楚雄市成功创建为国家森林城市，让森林走进城市，让城市拥抱森林，让各族群众获得了实实在在的生态福利。

4. 生态文明制度日趋完善

2008年，云南省委、省政府提出了“努力成为全国生态文明建设的排头兵”的战略目标；2009年出台了《关于加强生态文明建设的决定》，印发了《七彩云南生态文明建设规划纲要（2009—2020年）》；2013年出台了《关于争当全国生态文明建设排头兵的决定》；2014年出台了《云南省全面深化生态文明体制改革总体实施方案》（在全国率先出台）；2015年出台了《关于努力成为生态文明建设排头兵的实施意见》，提出了改革的时间表、路线图，明确了阶段目标是2017年在重要领域和关键环节取得突破性成果；总体目标是2020年建立系统完整的生态文明制度体系，为成为生态文明建设排头兵提供坚强的制度保障。省委、省政府把生态文明建设作为云南的生命线，作为云南的根本来抓。云南省委书记陈豪强调指出："要以'等不起'的紧迫感、'慢不得'的危机感、'坐不住'的责任感抓好生态文明建设，深入实施'生态立省、环境优先'战略，争当全国生态文明建设排头兵。"

（1）抓好中央对云南环境保护督察。2016年7月15日至8月15日，中央第七环境保护督察组对云南省开展了环境保护督察。11月23日，督察组向云南省反馈了督察意见。云南省委、省政府高度重视，坚持问题导向和目标导向，迅速研究制订了《云南省贯彻落实中央环境保护督察反馈意见问题整改总体方案》，明确了工作目标和整改措施，建立了整改工作联席会议制度，现正在抓整改落实。

（2）开展对各州市环境保护督查。抓省级环境保护督察，压实各级党委政府环境保护主体责任，先后制定了《云南省各级党委、政府及有关部门环境保护工作责任规定（试行）》、《云南省党政领导干部生态环境损害责任追究实施细则（试行）》和《云南省环境保护督察实施方案（试行）》等配套文件。截至2019年，已完成全省16个州（市）的省级环保督察，部分州市已经开展省级环保督查意见整改落实。

（3）抓省以下环保机构监察监测垂直管理改革。云南不是全国垂改试点，但已报请政府成立了省环保机构监测监察执法垂直管理改革领导小组，筹备召开了领导小组会议，在省环保厅筹组了垂改办公室，抽组专职改革人员，开展垂改工作调研，下发了《关于落实省以下环保机构监测监察执法垂直管理制度改革期间有关干部调动、录用、提拔及任免等情况的通知》和《关于进一步加强州县两级环境监测监察机构建设的通知》，拟定了《省以下环保机构监测监察执法垂直管理改革调研工作方案》。

（4）抓生态红线划定，推动绿色发展。根据中共中央办公厅、国务院办公厅《关于划定并严守生态保护红线的若干意见》的安排部署，云南完成了生态保护红线划定工作，并于2018年6月29日印发了《云南省人民政府关于发布云南省生态保护红线的通知》（云政发〔2018〕32号）。

（5）抓环境污染第三方治理。2016年1月云南省人民政府办公厅制定印发了《关于推行环境污染第三方治理的实施意见》，积极开展环境污染第三方治理工作。全省已有21个PPP项目作为污染防治领域重点推介项目，纳入国家财政部、环保部项目库，总投资319.33亿元，目前大理洱海环湖截污PPP项目已签订合同并开工建设，抚仙湖水环境保护监测PPP项目已进入政府采购合同阶段。

（6）抓生态环境损害赔偿制度改革试点。云南省委、省政府于2016年11月21日印发了《云南省生态环境损害赔偿制度改革试点工作实施方案》，制定了《云南省生态环境损害赔偿制度改革试点工作宣传方案》。成立了云南省环境损害司法鉴定机构登记评审专家库，为推进改革试点工作提供了机制保障。筛选了生态环境损害赔偿案例，协商达成了赔偿协议。

（7）明确政府、党委环保责任。云南省委办公厅、省政府办公厅于2016年8月10日印发了《各级党委、政府及有关部门环境保护工作责任规定（试行）》，明确了各级党委、政府及有关部门落实环境保护法律法规和中央及省委、省政府关于环境保护的决策部署，深化环境保护工作体制机制改革，推进生态文明建设的职责。

（8）抓污染防治重点工作。省政府分别于2014年、2016年、2017年和2018年下发了《云南省大气污染防治行动实施方案》（云政发〔2014〕9号）、《云南省水污染防治工作方案的通知》（云政发〔2016〕3号）、《云南省土壤污染防治工作方案》（云政发〔2017〕8号）和《关于全面加强生态环境保护坚决打好污染防治攻坚战的实施意见》，为全省下一步开展环境污染防治工作确立了目标，指明了方向。

5. 生态文明系列创建成效显著

生态文明系列创建制度建设。为深入贯彻落实党的十八大精神，大力推进云南省生态文明创建工作，云南省有关部门组织制定了《云南省生态文明州（市）县区申报管理规定（试行）》、《云南省生态乡镇建设管理规定》，明确了云南省生态文明州（市）、生态文明县（市、区），生态文明乡镇（街道）申报范围、申报条件、申报内容与时间、技术评估与考核验收、监督管理等要求。为指导生态文明建设申报材料，2016 年又制定了《云南省生态文明州（市）申报指南（试行）》、《云南省生态文明县（市、区）申报指南（试行）》、《云南省省级生态乡镇申报指南（试行）》和《云南省省级生态村申报指南（试行）》。

绿色创建制度建设。为更好地开展绿色创建，云南省组织制定了《云南省省级绿色学校创建标准》《云南省“绿色学校”评估标准及分值（试行）》《云南省省级绿色社区创建标准》《云南省“绿色社区”评估标准及分值（试行）》《云南省省级环境教育基地创建标准》《云南省“环境教育基地”评估标准及分值（试行）》等系列创建标准，以及出台《绿色学校管理办法》等制度，为推进全省绿色创建提供评估、管理等依据，绿色创建工作呈现出良好态势。

生态文明创建见成效。截至 2018 年底，全省 16 个州（市）的 129 个县（市、区）开展了生态创建工作，已累计建成 10 个国家级生态示范区，85 个国家级生态乡镇，1 个省级生态文明州，21 个省级生态文明县（市、区），615 个省级生态文明乡镇。2017 年 9 月，西双版纳州和石林县获全国第一批生态文明示范区命名，西双版纳州也成为全国第一个获得生态文明示范区称号的少数民族自治州。2018 年 12 月，云南省保山市、华宁县获第二批国家生态文明建设示范市县命名和授牌，腾冲市和元阳哈尼梯田遗产区获第二批“绿水青山就是金山银山”实践创新基地命名和授牌，实现云南省“两山”实践创新基地零的突破。

绿色创建成效显著。云南省绿色学校与绿色社区创建已持续十多年，共创建了 10 批省级绿色学校 921 所，其中受国家表彰的绿色学校 19 所，国际生态学校 19 所。共创建 8 批省级绿色社区 302 家，其中受国家表彰的绿色社区 7 家。还开展了全省环境教育基地的创建，共创建了 6 批省级环境教育基地 63 个，其中国家命名的中小学环境教育综合实践基地 4 家。随着绿色学校、绿色社区、环境教育基地等创建活动的陆续开展，全省绿色创建工作呈现出良好态势，成为生态文明创建活动的一个重要组成部分。

二 建立健全生态文明制度体系

（一）云南省生态文明体制改革任务与目标

1. 云南省生态文明体制改革任务

（1）健全自然资源资产产权制度。构建归属清晰、权责明确、监管有效的自然资源资产产权制度，着力解决自然资源所有者不到位、所有权边界模糊等问题。

（2）建立国土空间开发保护制度。构建以空间规划为基础、以用途管制为主要手段的国土空间开发保护制度，着力解决因无序开发、过度开发、分散开发导致的优质耕地和生态空间占用过多、生态破坏、环境污染等问题。

（3）建立空间规划体系。构建以空间治理和空间结构优化为主要内容，全国统一、相互衔接、分级管理的空间规划体系，着力解决空间性规划重叠冲突、部门职责交叉重复、地方规划朝令夕改等问题。

（4）完善资源总量管理和全面节约制度。构建覆盖全面、科学规范、管理严格的资源总量管理和全面节约制度，着力解决资源使用浪费严重、利用效率不高等问题。

（5）健全资源有偿使用和生态补偿制度。构建反映市场供求和资源稀缺程度、体现自然价值和代际补偿的资源有偿使用和生态补偿制度，着力解决自然资源及其产品价格偏低、生产开发成本低于社会成本、保护生态得不到合理回报等问题。

（6）建立健全环境治理体系。构建以改善环境质量为导向、监管统一、执法严明、多方参与的环境治理体系，着力解决污染防治能力弱、监管职能交叉、权责不一致、违法成本过低等问题。

（7）健全环境治理和生态保护市场体系。构建更多运用经济杠杆进行生态环境保护和治理的市场体系，着力解决市场主体和市场体系发育滞后、社会参与度不高等问题。

（8）完善生态文明绩效评价考核和责任追究制度。构建充分反映资源消耗、环境损害和生态效益的生态文明绩效评价考核和责任追究制度，着力解决发展绩效评价不全面、责任落实不到位、损害责任追究缺失等问题。

2. 云南省生态文明体制改革目标

到2020年，构建由自然资源资产产权制度、国土空间开发保护制度、空间规划体系、资源总量管理和全面节约制度、资源有偿使用和生态补偿制度、环境治理体系、生态环境保护市场体系、生态文明绩效评价考核和责任追究制度等八项制度构成的产权清晰、多元参与、激励约束并重、系统完整的生态文明制度体系，努力成为生态文明制度改革创新先行区。

（二）稳步推进生态文明体制改革

云南省委、省政府高度重视生态文明体制改革工作，2014年以来，成立了由云南省委常委任组长、分管副省长任副组长，相关委办厅局任成员的生态文明体制改革专项小组。生态文明体制改革专项小组成立以来，认真贯彻落实中央和省委、省政府改革决策部署，结合云南省实际，高位推动改革工作，坚持以构建系统完善的生态文明制度为目标，建立完善工作机制，较好地完成了各项改革任务。

1. 抓重点特点，搞好总体谋划

2014年年底，云南省在全国率先出台了《全面深化生态文明体制改革总体实施方案》；2015年，中央出台了以《生态文明体制改革总体方案》为主的“1+6”系列改革方案后，又出台了《关于贯彻落实生态文明体制改革总体方案的实施意见》，搭建改革框架，提出了改革的时间表、路线图，明确了改革总体目标、主要任务、时间要求和责任分工。

2. 抓问题导向，实行分类推进

按照中央的改革部署，结合云南实际，实行因地制宜、分类推动，将全省生态文明体制改革总体方案和实施意见中的126项改革项目划分为建设制度、保护制度、治理制度、管控制度、执法制度、责任制度、产权制度、补偿制度等8类制度。全省主体功能区规划、环境污染第三方治理、河长制、环境监管执法、生态环境损害责任追究、不动产登记、生态补偿等具有支撑性、全局性、关键性改革的四梁八柱已初步建立，一批先行先试、实践创新的改革事项成效逐步凸显，一批具有标志性引领性的重点改革不断推进。

3. 抓关键节点，确保改革落地

按照“年初定目标，每月抓跟踪，季度抓检查、半年一督查，年底总销账”的工作思路，把住各阶段的关键环节，抓好改革工作的有效落实。为认真贯彻落实好习近平总书记深化改革“六抓”的相关要求。

4. 抓试点示范，探索改革经验

坚持试点先行、示范先行，积极探索，形成可推广可复制的改革经验。2014 年以来，经党中央、国务院或国家有关部委以及云南省委、省政府授权，先后围绕环境污染责任保险试点、生态环境损害赔偿制度改革试点、水权水市场改革试点、水流产权确权试点、领导干部自然资源资产离任审计试点、自然资源资产负债表试编试点、南方农业高效节水减排改革试点、空间规划改革试点、“四规合一”试点、海绵城市建设试点、最严格水资源管理制度示范等 13 个领域开展了试点示范。目前，各项改革试点示范工作取得积极进展，大部分试点、示范工作为全省乃至全国的改革工作提供了借鉴和参考。

（三）建立健全自然资源资产管理体系

党的十八届三中全会明确提出要“健全国家自然资源资产管理体制，统一行使全民所有自然资源资产所有者职责”，这是健全自然资源资产产权制度的一项重大改革，也是建立系统完备的生态文明制度体系的内在要求。自然资源资产是指产权主体明确、产权边界清晰、可给人类带来福利、以自然资源形式存在的稀缺性物质资产。自然资源资产管理体制，是关于自然资源资产管理机构设置、管理权限划分和确定调控管理方式等方面的基本制度体系。目前云南省自然资源资产管理体制尚不健全，所有权仍不到位、权益不落实等问题突出，亟待从理念认识、组织架构、权责分配、监督问责、配套制度等方面加快改革，积极稳步推进云南省自然资源资产管理体制改革。

按照云南省委、省政府《关于贯彻落实生态文明体制改革总体方案的实施意见》（云发〔2016〕22 号）总体安排部署，将按照所有者和监管者分开和一件事情由一个部门负责的原则，探索对分散的全民所有自然资源资产所有者职责进行整合。按照国家统一部署，研究制订云南省自然资源资产管理机构改革方案，研究组建对全民所有的矿藏、水流、森林、湿地、山岭、草原、荒地等各类自然资源统一行使所有权的机构，负责全民所有自然资源的出让。按照国家统一部署，开展第三次全国国土调查，推进全民所有自然资源资产清查核算，建立全民所有自然资源资产目录清单、台账和动态更新机制，做好与自然资源资产负债表编制工作的衔接，积极推进自然资源资产负债表的编制工作，摸清云南省自然资源资产的“家底”，准确把握经济主体对自然资源资产的占有、使用、消耗恢复和增值活动情况，全面反映经济发展的资源环境代价和生态效益，从而为环境与发展综合决策、政府政绩评估考核环境补偿等提供重要依据。

（四） 建立健全生态环境治理体系

1. 抓省级环境保护督察，压实各级党委政府环境保护主体责任

环境保护督察是我国生态文明体制改革的一项重要制度设计，旨在通过督察压实地方党委政府环境保护主体责任，推动地方突出环境问题的解决，持续改善区域环境质量。为着力解决环保督察中职责边界不清、责任压得不实、压力传导不畅等问题，云南省制定了《云南省各级党委、政府及有关部门环境保护工作责任规定（试行）》、《云南省党政领导干部生态环境损害责任追究实施细则（试行）》和《云南省环境保护督察实施方案（试行）》等配套文件。

2017 年 3 月，根据云南省委、省政府主要领导的指示要求，云南省环境保护督察工作领导小组办公室拟定了工作计划，组成 4 个环境保护督察组，分四批对全省 16 个州（市）开展省级环境保护督察。

2. 抓省以下环保机构监察监测垂直管理改革，理顺生态环保管理体制

环保机构监测监察执法垂直管理改革是生态环保领域的一项重大的制度安排，目的是建立健全条块结合、各司其职、权责明确、保障有力、权威高效的地方环境保护管理体制；增强环境监测监察执法的独立性、统一性、权威性和有效性；统筹解决跨区域跨流域环境问题；规范和加强地方

环保机构队伍建设。目前，已下发了《关于落实省以下环保机构监测监察执法垂直管理制度改革期间有关干部调动、录用、提拔及任免等情况的通知》和《关于进一步加强州县两级环境监测监察机构建设的通知》，完成了《云南省以下环保机构监测监察执法垂直管理制度改革实施方案》（讨论稿）。

3. 抓生态红线划定，维护生态安全、推动绿色发展

划定并严守生态红线是党中央、国务院在新时期新形势下作出的一项重大决策，是推进国土空间用途管制、守住国家生态安全底线、建设生态文明的一项基础性制度安排。生态红线划定事关云南省经济社会发展，事关生态文明排头兵建设。

4. 抓环境污染第三方治理，着力解决治污手段单一问题

坚持以市场化、专业化、产业化为导向，2016 年 1 月云南省人民政府办公厅制定印发了《关于推行环境污染第三方治理的实施意见》（云政办发〔2016〕8 号），积极开展环境污染第三方治理工作。以试点示范推动第三方治理成为全省环境污染治理的主要方式。围绕玉溪市通海县杞麓湖水质的达标改善，推动第三方环保企业与地方政府签订整体外包全面综合治理协议合同，这一项目开启了云南省利用第三方环保公司按照 EPC 模式整体承建湖泊综合治理项目模式的先河。在典型引领推动下，目前全省所有涉及的重大环境污染治理项目均采取了第三方治理方式，并开展了以政府购买服务的方式委托第三方环保公司开展县级环境监测网点建设运营维护，有效促进全省环境污染治理水平和环保服务水平的提高，同时也有力推动全省环保市场的健康快速发展。

5. 抓生态环境损害赔偿制度改革试点，探索生态环境损害赔偿制度，形成可推广可复制经验

2016 年 11 月 21 日，云南省委办公厅、省政府办公厅正式印发了《云南省生态环境损害赔偿制度改革试点工作实施方案》，全面启动云南生态环境损害赔偿制度改革工作。云南按照国家要求开展了试点工作，完成了制度建设、平台建设、能力建设、案例实践几方面的改革任务。为进一步做好生态环境损害赔偿制度改革工作，云南省委办公厅、省政府办公厅又于 2018 年 8 月 23 日正式印发了《生态环境损害赔偿制度改革实施方案》（云办发〔2018〕27 号），部署全省生态环境损害赔偿制度改革工作。

6. 加强环境监管执法，落实最严格的环境保护制度

为全面加强环境监管执法，落实最严格的环境保护制度，严惩环境违法行为，加快解决影响科学发展和损害群众健康的突出环境问题，着力推进环境质量改善，云南省人民政府第 60 次常务会议审议通过了《云南省人民政府办公厅关于加强环境监管执法的实施意见》（云政办发〔2015〕22 号），明确了全面推进环境监管全覆盖、严厉打击环境违法行为、严格规范环境执法行为、形成环境监管执法合力、加强环境监管能力建设的具体措施和责任单位，提出要通过完善地方环境法规政策、建立网格化环境监管体系、全面整治违法违规建设项目，全面推进环境监管全覆盖等重要政策措施。

第五节　建立健全生态补偿机制

美丽云南建设需要建立健全云南生态补偿机制，以绿色制度护航绿色发展。云南省生态补偿机制的建设，要始终坚持因地制宜的原则，将云南各地的实际情况和国家相关的生态补偿法律法规有机结合，不断调整、不断完善，促进云南生态环境与社会经济的协调发展，探索建立多元化补偿机制，逐步增加对重点生态功能区转移支付，完善生态保护成效与资金分配挂钩的激励约束机制，制定横向生态补偿机制办法，建立不同区域、不同行业间的生态补偿机制，争取国家生态补偿财政转移支付，构建长江经济带全流域的生态补偿机制，开展重点领域生态补偿试点，以地方补偿为主，中央财政给予支持。

一　建立不同区域、不同行业间的生态补偿机制

坚持“谁受益、谁补偿”，本着“获利方”补偿“受损方”原则，建立不同区域、不同行业间的生态补偿机制。如饮用水源区要补偿水源保护区；旅游资源丰富的区域旅游开发行业要补偿其他行业，不断完善生态补

偿机制。为此，提出以下几点具体建议。

（一）不断完善法律法规，明确利益补偿的主客体，出台因地制宜的生态补偿办法和条例

完善的生态补偿机制必须有法可依，云南省对于生态补偿机制最急于解决的问题是生态补偿的立法问题。目前虽有一些条例规定了生态补偿的合理性，但是对于具体的生态功能区如水源保护地、自然保护区、重点生态旅游景区等没有具体的法律条文规定，这在一定程度上使得生态补偿机制难以开展，因为缺乏可靠的法律保障，使得居民的权益不明，限制了居民对自己环境权和发展权的合理维护。云南省应不断完善法律法规，出台与生态补偿相关的政策与办法，如：《云南省流域生态补偿办法》《云南省矿产资源开发生态补偿办法》《云南省水资源开发及水源区生态补偿办法》《云南省脆弱生态环境区生态补偿办法》《云南省水利水电开发建设生态补偿办法》，探索并制定《旅游资源开发生态补偿办法》等；在不断实践中完善规章制度，明确生态补偿中主客体的确定方法以及补偿标准的确定方法，使得生态补偿有法可依，一定程度上减少利益纠纷，使得人民群众的发展权和环境权得到公平对待。编制《云南省生态补偿发展规划》，对全省生态补偿活动统一计划、组织、指挥、协调、管理，将生态补偿与环境影响评价相结合，将强化环境监管与建立生态补偿机制相结合，将生态补偿与扶贫开发结合起来。建立生态补偿信息网络平台，让利益相关者能及时了解信息或发布信息。

（二）加强对资源价值的倡导宣传，鼓励当地社区共同参与

要想长期推进生态保护，就必须提高全民的环保素养，尤其是重点生态功能区的居民，逐渐转变其对资源的看法，从而形成符合可持续发展观的生活、生产方式，进而起到社会共同监督、倡导的作用。在推进环境教育、资源教育的过程中，处于被补偿地区的政府应努力调动当地社区居民参与其中，从而逐渐让当地社区居民形成自主性的资源保护思考模式，逐渐形成对本地生态资源和自然环境的深刻认识，增强责任感，这有利于从根本上解决生态环境危机。

（三）明确生态系统服务形成和供给机制，尽快为生态补偿建立科学的核算标准

应尽快组成专家团队，深入研究生态系统服务机理和供给机制，研究和探索各要素之间的效益关系，不断对已实行生态补偿试点的区域进行案例研究和经验总结，尽快建立一套符合云南省实际情况且方便实践的生态系统服务价值核算标准，使生态补偿核算更加科学统一、规范简便，为生态补偿的顺利开展提供范例，以便法律法规的后续确立。

（四）不断推进补偿方式多样化，探索和完善生态补偿市场机制

我国现行的补偿方式多为财政转移支付，且多为纵向财政转移支付，可以逐渐探索增加横向转移支付的补偿模式，以及横向与纵向转移支出结合的新型生态补偿方式。不仅由政府筹措资金，也可以加强社会注资，如发行环保彩票、与国际环保组织合作以及设立社会捐款等，将民间的闲置资金引入生态补偿中来。云南省要根据自己的区位优势和特色，在选择补偿方式的过程中，尤其要重点增加“造血性”生态补偿的内容，如加强培训，政策倾斜等，让当地群众不断加强自身生存发展能力，尽快完成生产生活方式的转型，如在旅游开发中尽量以当地人为主发展旅游产业，为当地人多创造就业机会，从而做到确保当地民众从保护中受益，从而更好地传承当地民俗文化，以及养成长期良好的生态保护的行为模式。再有，当地旅游部门应投入一定的人力物力财力，来对当地居民进行一定的技能培训（如旅游相关服务的经营管理等）和指导（即智力补偿），使当地居民真正提高自我发展的能力，并能从当地旅游业的发展中享受更多的利益，从而激发居民内心的积极性和保护该景区自然环境的动力，利于旅游景区的稳定发展。在实践中不断探索建立生态补偿的市场机制，还可以通过生态标记等方式将附有特殊生态价值的产品予以认证和标示，根据对其潜在消费者的特征研究进行特殊的包装宣传，使其成功推向市场，鼓励当地群众的生产积极性，以获得又一经济来源的途径。

（五）增加后续保护和监管措施，建立长期的生态补偿机制

由于生态补偿的复杂性，需要在实践中不断探索和完善，为此需要构建一套政策—科研—实践的联系和反馈机制，有利于不断发现新的问题，使政策及时得到应有的调整，确保生态补偿的实施效果，从而长期、高效、规范地进行当地环境保护工作，以使当地环境、社会、经济协调发展。

二　争取国家生态补偿财政转移支付

（一）建立健全自然资源资产评估制度

树立自然价值和自然资本的理念，自然资源是有价值的，保护自然就是增值自然价值和自然资本的过程，就是保护和发展生产力，应得到合理回报和经济补偿。云南省生态环境复杂，生物多样性丰富，生态系统复杂多样，需要研究和建立当地的自然资源资产价值核算参数和核算体系，正确评估其生态系统服务价值和自然资源资产价值，争取国家生态补偿财政转移支付。

（二）健全有利于自然保护区、主要水源涵养区、生态脆弱保护区等重要生态功能区生态补偿机制

开展公益林生态补偿机制，推进资源枯竭型城市的政策补偿，配合省级进一步完善生态功能区财政转移支付制度，及时落实下达生态功能区转移支付资金，建立对生态恶化地区的惩戒和约谈机制，建立健全生态环境质量监测考核机制，考核结果纳入各级领导班子和领导干部考核评价。

（三）确立生态功能区审核机构，完善国家生态补偿区域

我国应确立一个具有权威性、可靠性的专业生态功能区审核机构，对各生态功能区进行生态价值评估和生态系统功能等级评定，将重要的生态功能区纳入国家的生态补偿区域中，不断对这些区域进行完善。此外，尽快确立标准的生态补偿核算标准和核算方法，使生态补偿工作得以顺利进

行；确立省际根据补偿对象双方的实际情况确立补偿金额和补偿办法的第三方独立机构，使得地区之间的利益得以协调；还应根据各地区的生态功能及承载作用、辐射区域的具体情况，将资金进行相应匹配，根据重要程度来决定资金数额的多少从而下发给各省政府；现今补偿标准实施过程中处于较低的水平，中央政府应加大拨款力度。

云南省政府应做好相应的工作，对云南各生态功能区进行生态价值评估和生态系统功能等级评定，将生态补偿占省内生态建设资金的比例根据各实施生态补偿地区实际生产水平和经济发展情况，进行相应的调整；同时对省内应受生态补偿的区域范围进一步核实，确保所有的重点生态功能区都囊括其中；加强对各生态补偿区的环境监管力度，定期组织有关部门进行审查，若达不到预期设定的保护标准，可相应降低补偿额度。

三　构建长江经济带全流域的生态补偿机制

按照党中央、国务院关于长江经济带生态环境保护的决策部署，推动长江流域生态保护和治理，建立健全长江经济带生态补偿与保护长效机制，加大对长江经济带生态补偿和保护的财政资金投入力度。中央财政加强长江流域生态补偿与保护制度设计，完善转移支付办法，加大支持力度，建立健全激励引导机制。地方政府要采取有效措施，积极推动建立相邻省份及省内长江流域生态补偿与保护的长效机制。

（一）中央财政加大政策支持

1. 增加均衡性转移支付分配的生态权重

中央财政增加生态环保相关因素的分配权重，加大对长江经济带相关省市地方政府开展生态保护、污染治理、控制减少排放等带来的财政减收增支的财力补偿，进一步发挥均衡性转移支付对长江经济带生态补偿和保护的促进作用。

2. 加大重点生态功能区转移支付对长江经济带的直接补偿

增加重点生态功能区转移支付预算，调整其转移支付分配结构，完善县域生态质量考核评价体系，加大对长江经济带的直接生态补偿，重点向禁止开发区、限制开发区倾斜，提高长江经济带重点生态功能区的生态保护和民生改善能力。

3. 实施长江经济带生态保护修复奖励政策

支持流域内上下游邻近省级政府间建立水质保护责任机制，鼓励省级行政区域内建立流域横向生态保护责任机制，引导长江经济带地方政府落实好流域保护和治理任务，对成效显著的省市给予奖励，调动地方政府积极性。

4. 加大专项资金对长江经济带的支持力度

中央财政将结合生态保护任务，通过林业改革发展资金、林业生态保护恢复资金、节能减排补助资金等，在支持开展森林资源培育、天然林停伐管护、湿地保护、生态移民搬迁、节能环保等方面，向长江经济带予以重点倾斜。把实施重大生态修复工程作为推动长江经济带发展项目的优先选项，中央财政将加大对长江经济带防护林体系建设、水土流失及岩溶地区石漠化治理等工程的支持力度。

（二）地方财政抓好工作落实

1. 统筹加大生态保护补偿投入力度

省级财政部门要完善省对下均衡性、重点生态功能区等一般性转移支付资金管理办法，不断加大对长江沿岸、径流区及重点水源区域的支持。省以下各级财政部门要加强对涉及生态环保等领域相关专项转移支付资金的管理，引导各责任部门明确任务职责、统筹管理办法、规范绩效考核，形成合力增加对长江经济带生态保护的投入。探索建立长江流域生态保护和治理方面专项转移支付资金整合机制，提高财政资金使用效益。

2. 因地制宜突出资金安排重点

省以下各级财政部门要紧密结合本地区的功能定位，集中财力保障长江经济带生态保护的重点任务。水源径流地区要以山水林田湖草为有机整体，重点实施森林和湿地保护修复、脆弱湖泊综合治理和水生物多样性保护工程，增强水源涵养、水土保持、水质修复等生态系统服务功能。排放消耗地区要以工业污染、农业面源污染、城镇污水垃圾处置为重点，构建源头控污、系统截污、全面治污相结合的水环境治理体系。工业化城镇化集中地区要加快产业转型升级，优化水资源配置，强化饮用水水源保护，推动节水型社会建设，满足生态系统完整健康的用水需求。对岸线周边、生态保护红线区及其他环境敏感区域内落后产能排放整改或搬迁关停要给予一定政策性资金支持。

3. **健全绩效管理激励约束机制**

省级财政部门要积极配合相关部门，推动建立有针对性的生态质量考核及生态文明建设目标评价考核体系，综合反映各地生态环境保护的成效。考核结果与重点生态功能区转移支付及相关专项转移支付资金分配明显挂钩，对考核评价结果优秀的地区增加补助额度；对生态环境质量变差、发生重大环境污染事件、主要污染物排放超标、生态扶贫工作成效不佳的地区，根据实际情况对转移支付资金予以扣减。

4. **建立流域上下游间生态补偿机制**

按照中央引导、自主协商的原则，鼓励相关省（市）建立省内流域上下游之间、不同主体功能区之间的生态补偿机制，在有条件的地区推动开展省（市）际间流域上下游生态补偿试点。中央对省级行政区域内建立生态补偿机制的省份，以及流域内邻近省（市）间建立生态补偿机制的省份，给予引导性奖励。

5. **完善财力与生态保护责任相适应的省以下财政体制**

省级财政部门要结合环境保护税、资源税等税制改革，充分发挥税收调节机制，科学界定税目，合理制定税率，夯实地方税源基础，形成生态环保的稳定投入机制。推进生态环保领域财政事权和支出责任划分改革，明确省以下流域治理和环保的支出责任分担机制。

6. **充分引导发挥市场作用**

各级财政部门要积极推动建立政府引导、市场运作、社会参与的多元化投融资机制，鼓励和引导社会力量积极参与长江经济带生态保护建设。研究实行绿色信贷、环境污染责任保险政策，探索排污权抵押等融资模式，探索推广流域水环境、湿地、碳排放权交易、排污权交易和水权交易等生态补偿试点经验。做好信息发布、宣传报道等工作，形成人人关心长江生态保护的良好氛围，有效调动全社会参与生态环境保护的积极性。

四 开展重点领域生态补偿试点

（一）开展滇池流域的生态补偿试点

滇池流域水生态补偿机制可以细分为三种具体类型：一是在昆明市主

要水源地的县（区）级行政区建立水源地生态保护补偿机制，以昆明市主要的供水水源地松花坝、云龙水库库区为主，目的是确保昆明城市供水水质优良和水量充裕；二是在滇池湖滨生态恢复区建立水生态恢复补偿机制，主要是向在滇池湖滨核心保护区内实施生态建设和恢复工程的县（区）级地方政府、企业和农户提供补偿，目的是恢复滇池湖滨带生态功能；三是在拥有入湖河流的县（区）行政区建立河道水污染生态补偿机制，以环滇池拥有入湖河流的县（区）级政府作为考核对象（提供补偿主体），以 29 条主要河流入湖口水质为考核依据，以入湖河流监测断面每月水质化学需氧量、总磷、总氮排放浓度为考核指标，运用倒逼机制确定滇池沿岸县（区）行政区内入滇河流出入境水质，按照污染因子超标倍数扣缴生态补偿金。即对超标排放的县（区）行政区政府所有考核断面的水质按超标倍数，由云南省财政进行生态补偿金直接扣缴，扣缴资金作为滇池流域水污染生态补偿资金，专项用于入湖河道水污染综合整治和生态修复，入湖河流监测断面补偿因子浓度按水污染防治规划确定，补偿标准按水污染治理成本来确定。滇池公共湖泊水生态补偿机制的实施，重点在于入湖河道监测断面的建立，以及各级政府环境绩效行政考核制度的配套。2017 年，昆明市下发了《昆明市滇池流域河道生态补偿办法（试行）》及其配套文件，在昆明新运粮河等 3 条河开展河道生态补偿试点工作，6 月份在滇池流域所有河道全面展开，昆明市入湖河流的生态补偿机制也在不断完善，从而进一步促进滇池流域的生态补偿建设。

（二）开展西双版纳公益林生态补偿试点

开展西双版纳公益林生态补偿试点，将全州所有集体天然林和农地天然林纳入公益林管理并实施生态补偿，建立国家、省、州、县（市）四级公益林。《关于进一步加大集体林权制度主体改革力度和稳步推进配套改革的意见》明确了集体林权制度改革的范围和办法。一是集体天然商品林，原则上调整为集体公益林，连同原有的集体公益林一并将权属和管护责任明确落实到村民小组或农村集体经济组织；二是公益林中的集体林，不论是被区划成国家重点公益林还是地方公益林，继续作为集体公益林将权属和管护责任明确落实到村民小组或农村集体经济组织；三是自然保护区内的集体林全部视为集体公益林，将权属和管护责任明确落实到村民小组或农村集体经济组织；四是农地（轮歇地）天然林全部确定为公益林，并给予生态效益补偿，对尚未分到户的，将其权属和管护责任明确落实到村民小组或农村集体经济组织，对已分山到户的，将管护责任明确落实到个人；五是重点公路沿线、景区（点）、江河两岸、城镇面山及其水源林地范围，实行退耕还林，采取经济补偿或土地置换的方式，逐步恢复生态植被。

（三） 开展云南省省内森林碳汇补偿试点

开展云南省省内森林碳汇补偿试点，积极探索符合云南省情的碳汇补偿方式和补偿标准。森林碳汇主要是指植物吸收大气中的二氧化碳并将其固定在植被或土壤中，从而减少二氧化碳在大气中的浓度。以森林为核心的碳汇项目主要表现为造林和再造林项目。以云南省腾冲市项目为例，在腾冲开展的“清洁发展机制再造林多重效益项目”中应用了小规模造林、再造林活动，营造了467.7公顷的混交林，所选的造林树种都是原生的乡土树种，主要有秃杉、光皮桦、云南松和恺木等。该项目的碳汇交易价可达7～10元/吨，至少2000名村民会从本项目中获益。获得2.05万吨碳指标的收益15.36万美元，实现了社会所持续发展和生物多样性保护的综合效益。项目合同规定当地社区、农户将提供土地和劳动力，农户在项目计入期内得到自己所有土地上的林产品和非林产品，并获得一定的劳动力服务报酬；林场提供种源、肥料、农药和森林经营管理，并提供技术服务和承担相应的风险，林场获得项目产生的碳汇效益。

（四） 开展流域跨界水质补偿、全流域管理试点

选择沘江、牛栏江、洱海、抚仙湖流域，探索开展流域跨界水质补偿、全流域管理试点，建立以流域水生态保护为总目标，以水质功能目标考核为基础，责、权、利明晰的跨界河流水质补偿机制。流域跨界生态补偿机制的主要特点是，以断面水质考核目标值为基础设计生态补偿标准，落实地方政府对辖区水环境质量负责的法律责任。针对跨行政区域的河流，在行政交界处设置水质监测断面，以水污染防治目标和污染

治理成本为基础，确定断面水质考核指标以及上下游政府之间的横向补偿标准。如果出境断面水质不达标，上游给下游补偿；反过来，如果出境断面水质达标，下游要给上游补偿，以分清各自的水污染治理责任，使水资源的利用在促进生产力发展的同时，实现社会公平和环境上的可持续性。

（五）开展矿山生态风险补偿试点

矿产开发中造成资源损耗、生态破坏、环境污染、区域发展能力受损，要求对资源、生态环境、矿区/区域进行补偿。开展矿山生态风险补偿试点，逐步完善矿山生态恢复保证金制度，逐步建立重金属矿区、重要生态功能区周边矿区、矿业城市、历史遗留矿区生态风险补偿机制。矿产开发过程中，不可避免地对土地资源、水资源、植被资源、大气环境造成不同程度的损害。对于矿山企业而言，在企业生产过程中，根据资源开发耗损的生产成本安排生产，并未考虑对生态环境造成的破坏。针对外部不经济现象，可以采用征税的办法将外部成本内部化。开采过程中对土地、水资源等的破坏以及污染必须进行生态环境补偿，补偿方式可以采取功能补偿、实体补偿或者价值补偿三种方式。其中功能性补偿与实体性补偿是对矿产开发中已经造成资源生态环境进行修复性补偿，价值性补偿是对经济主体进行补偿。现有补偿方式中，价值性补偿比较普遍，功能性补偿尚未引起足够的重视。

（六）开展旅游反哺农业改革试点

在元阳哈尼梯田、玉龙雪山景区推行旅游反哺农业改革试点，逐步建立重点旅游区旅游业反哺机制。以云南省玉龙县为例，当地政府制定诸多政策对景区周边社区居民进行不同方式的生态补偿，主要补偿方式有：补偿金发放，安排工作，捐资助学，生态保护教育，公共设施建设，生产生活资料补贴，其他生产能力培训，旅游经营服务培训，旅游项目特许经营，参与旅游企业经营管理。以前由于缺少统一规范化管理，社区居民乱搭乱建、恶性竞争等现象十分普遍，无序、混乱的市场秩序严重影响了景区旅游业的稳定健康发展，也对景区生态环境造成了负面影响。2000 年以后，当地政府介入玉龙雪山社区自主旅游经营活动的监管，分别尝试在景区修建社区商贸街并采取合作社、集团化等经营模式。2006 年，社区自主旅游经营项目被全面取消，景区管委会委托高原红旅游服务公司对原有社区经营项目进行整合和规范管理。同时，为弥补统一经营管理给社区居民带来的直接和间接利益损失，以景区管委会为主导，保护区管理局、社区办事处、旅游企业、社区居民等多主体参与实施，按门票收入、公司缴纳、企业赞助“三个一点”的模式建立旅游生态补偿资金渠道，并根据社区具体情况差异划分不同补偿类区，对当地社区居民开展相应形式的旅游生态补偿，即旅游反哺农业。

第三章

抓好美丽云南建设的重点环节，筑牢西南生态安全屏障

云南生态环境极其重要但又十分脆弱。习近平总书记指出：“绿色生态是最大财富、最大优势、最大品牌；绿色发展是生态文明建设的必然要求，代表了当今科技和产业变革的方向，是最有前途的发展领域。”“生态环境是云南的宝贵财富，也是全国的宝贵财富，一定要世世代代保护好。”美丽云南的建设一定要坚持人与自然和谐共生，抓好生物多样性保护、大江大河水环境治理、高原湖泊修复、森林云南建设、绿色矿山建设五大重点环节，突出重点，统筹推进，把七彩云南建设成中国西南生态安全屏障，让云岭大地天更蓝、水更清、山更绿，空气更清新。

第一节　生物多样性保护

生物多样性是人类生存和文明发展的基础，也是社会经济可持续发展的重要战略性资源。云南是我国生物多样性最丰富的省份，是全球34个物种最丰富且受到威胁最大的生物多样性热点地区之一。同时，云南位于东南亚、南亚和青藏高原三大地理区域的交会处，是我国西南乃至东南亚区域的重要生态安全屏障。生物多样性保护是美丽云南建设的重要环节，对于筑牢西南生态安全屏障意义重大。

一　丰富的生物多样性是云南优良生态环境的核心力量

云南地处北半球低纬度高海拔地区/带，地质史上古南大陆与古北大

陆的碰撞融合，形成了境内山川纵横起伏的地形地貌。南北间距不足 900 公里的土地上，高山深谷相间，高原湖泊棋布，断陷盆地错落；海拔 6740 米的梅里雪山卡瓦格博峰傲视群雄，海拔仅 76.4 米的南溪河与红河汇合处泾渭分明；气候类型有北热带、南亚热带、中亚热带、北亚热带、南温带、中温带、寒温带等 7 个类型，气候的区域差异和垂直变化十分明显，呈现“一山分四季，十里不同天”的立体气候类型。特殊的地理位置、复杂的地形地貌、独特多样的气候环境叠加影响，造就了云南显著的生境异质性，也使云南成为生物起源与演化、生存与繁衍的“伊甸园”，孕育了极为丰富的生物多样性。

（一）丰富性

云南是世界上很多物种的起源中心，全省国土面积仅占全国的 4.1%，却囊括了地球上除海洋和沙漠外的所有生态系统类型；2018 年 5 月，在全国率先发布的《云南省生态系统名录（2018 版）》收录了从热带到高山冰缘荒漠等各类自然生态系统，共计 14 个植被型、38 个植被亚型、474 个群系。云南分布的各类群生物物种数均接近或超过全国一半，享有“植物王国”“动物王国”“物种基因库”等美誉。2016 年 5 月，在全国省级层面率先发布的《云南省生物物种名录（2016 版）》共收录云南 25434 个物种。其中，大型真菌 2729 种，占全国的 56.9%；地衣 1067 种，占全国的 60.4%；高等植物 19365 种，占全国的 50.2%，包括苔藓 1906 种，蕨类 1363 种，裸子植物 127 种，被子植物 15969 种；脊椎动物 2273 种，占全国的 52.1%，包括鱼类 617 种，两栖类 189 种，爬行类 209 种，鸟类 945 种，哺乳类 313 种。

（二）特有性

云南是世界物种的分化中心之一。物种地理分布狭窄，生物多样性特有现象十分突出，一些植被类型和众多生物物种只分布于云南，是我国特有物种分布最多的地区。如仅在云南分布的“河谷型萨王纳植物群落”“河谷型马基植物群落”为我国特有的生态系统类型，我国处于高度濒危状态的热带雨林生态系统也主要分布于云南。云南拥有大批孑遗种、特有种和稀有种，共有特有物种3432种，特有比率为13.48%。其中云南特有的大型真菌物种55种，如鳞柄牛肝菌、云南鸡油菌、七妹羊肚菌、老君山线虫草、勐仑银耳、丽江块菌；特有地衣319种，如丽松萝、西畴松萝、云南石耳；特有高等植物2716种，如玉龙缩叶藓、滇南黑桫椤、高山凤尾蕨、滇南苏铁、巧家五针松、蒙自猕猴桃、东川当归、贡山棕榈、腾冲秋海棠、景东十大功劳、山木瓜、高山红景天、版纳柿、德钦杜鹃、滇木姜子、华盖木、禄劝花叶重楼、勐海石槲、云南雀稗、元江花椒、野八角、云南枸杞、云南金花茶等；特有脊椎动物344种，如滇池金线鲃、云南闭壳龟、贡山麂等。除去这些，云南还分布有中国特有物种5682种，占云南生物物种总数的22.3%。此外，在云南分布的非中国特有的脊椎动物中，有414种在中国仅分布于云南，占云南脊椎动物总数的18.2%；如冠斑犀鸟、灰孔雀雉、爪哇野牛、豚鹿、中国穿山甲、怒江金丝猴、西黑冠长臂猿、亚洲象等。

（三）脆弱性

云南生物物种数量多，但大部分物种的种群规模小、个体数量少、特化程度高、适应性差，一旦被破坏就很难恢复。云南分布有国家重点保护的野生植物151种、野生动物242种，分别占全国的41.0%和57.1%；列入《中国植物红皮书》的珍稀濒危植物154种，列入《濒危野生动植物种国际贸易公约》附录的珍稀濒危动物192种；云南已有112种动植物被列入极小种群物种。2017年5月，云南以《云南省生物物种名录（2016版）》收录的物种为评估对象，按照世界自然保护联盟《IUCN物种红色名录濒危等级和标准（3.1版）》等国际公认的方法和标准，对11个类群的25451个物种进行了评估，在全国省级层面率先发布了《云南省生物物种红色名录（2017版）》。评估结果显示：云南生物物种绝灭8种、野外绝灭2种、地区绝灭8种、极危381种、濒危847种、易危1397种、近危2441种、无危16356种、数据缺乏2991种、不宜评估1013种、不予评估7种。

二　抓好顶层设计，健全政策法规

云南生物多样性保护工作在全国名列前茅，成绩的取得，除了云南的生物多样性“天赋异禀”，历年来云南省的相关政策引导同样功不可没。

首先是不断完善生物多样性保护法规体系。云南省根据地方生物多样性保护实际需求和特点，制定了40多部配套法规和规章，如《云南省生物多样性保护条例》《云南省环境保护条例》《云南省自然保护区管理条例》《云南省珍贵树种保护条例》《云南省国家公园管理条例》《云南省陆生野生动物保护条例》《云南省园艺植物新品种注册保护条例》《云南省自然保护区调整管理规定》《云南省森林和野生动物类型自然保护区管理细则》等。其中，《云南省生物多样性保护条例》作为全国第一部生物多样性保护地方性法规，历时八年终于磨成一剑，于2019年1月1日起施行，云南省生物多样性保护工作有法可依，且开创了全国生物多样性保护立法先河。

其次是突出顶层设计，强化机制建设。为从政策制度上加强生物多样性保护，云南建立了生物多样性保护联席会议制度，成立了生物多样性保护专家委员会、自然保护区评审专家委员会，并先后出台了《云南生物多样性保护工程规划（2007—2020年）》《云南省人民政府关于加强滇西北生物多样性保护的若干意见》《滇西北生物多样性保护行动计划（2008—2012年）》《滇西北生物多样性保护规划纲要（2008—2020年）》《云南省生物多样性保护西双版纳约定》《云南省生物多样性保护战略与行动计划（2012—2030年）》《云南省生物多样性保护战略与行动计划（2012—2030年）三年实施方案》等一系列规划计划，这些政策的出台可谓高屋建瓴，为当前和今后一段时期生物多样性保护和可持续利用确定了目标、任务和具体行动。

三　强化基础研究，逐步摸清家底

（一）持续开展本底调查和评估

生物多样性本底调查是生物多样性保护和管理的基础。2012年，云南省开展了生态环境十年变化（2000—2010年）遥感调查与评估，基本掌握了生态系统状况及变化趋势、变化的时空分布特征和存在的主要问题；2015年，云南省在全国乃至全球率先编撰完成了第一部地区性百科全书——近120万字的《云南大百科全书生态卷》；随后的三年间，云南在全国率先发布了3个省级名录：《云南省生物物种名录（2016版）》《云南省生物物种红色名录（2017版）》《云南省生态系统名录（2018版）》，基本摸清全省生物多样性本底和物种濒危状况，为云南系统、科学、有针对性地开展生物多样性资源保护和可持续利用奠定了坚实基础。

普洱市率先完成了全市及所有县区的生物多样性和生态系统服务价值评估工作，影响深远。普洱市2015年的生物多样性和生态系统服务价值为7429亿元，是当年普洱市GDP（514.01亿元）的14.45倍，远高于全国平均水平。2016年12月2～17日，联合国在墨西哥坎昆召开的《生物多样性公约》第十三次缔约方大会期间，中国代表团介绍了由环保部支持，在景东县实施的“中国生物多样性与生态系统服务价值评估项目”经验，赢得了联合国环境规划署和与会各国嘉宾的高度认可。

生物多样性调查和评估是一项渐进性、长期性的基础工作，无论是已经发布的物种名录、物种红色名录、生态系统名录，还是生物多样性和生态系统服务价值评估，都只是一个阶段性的成果，随着调查研究的不断深入将持续更新、不断完善，更好地为生物多样性保护、管理、科研和利用提供更准确的本底数据和支撑。

（二）初步构建监测体系

建立生物多样性监测体系，通过对生物多样性代表性指标的测定，确定生物多样性变化情况，揭示关键物种、生物群落动态变化规律和生态过程的变化机制，可分析区域生物多样性变化的原因，预测区域生物多样性变化的趋势，为制定有效的管理措施提供支持。

近年来，云南省加快生物多样性监测体系的构建步伐，编制完成并施行了《云南省自然保护区生物多样性监测网络规划》《云南省湿地生态监测规划》《云南省国家级自然保护区域国家公园生物多样性监测方法》《湿地生态监测》等规划规范，审批了16处国家级自然保护区和5处省级自然保护区的监测计划。21处国家级和省级自然保护区已初步建立监测系统，生物多样性监管基础能力得到加强。依托中国科学院和国家级自然保护区管护机构，云南省成立了生物多样性定位研究站、生物多样性监测站、鸟类环志站、监测样地、观测样区等一系列的生物多样性监测机构，针对重要动植物物种、关键生态系统，开展常态化、规范化、科学化和制度化监测。截至2018年年底，云南省有8个定位研究站列入国家陆地生态系统定位观测研究站网生态站：云南高黎贡山森林生态系统定位研究站、云南滇中高原森林生态定位研究站、云南玉溪森林生态定位研究站、云南滇池湿地森林生态定位研究站、云南滇南竹林生态国家定位观测研究站、云南普洱森林生态定位研究站、云南元谋荒漠化生态定位研究站、云南建水荒漠生态系统定位研究站。成立四处鸟类环志站：巍山鸟道雄关鸟类环志站、南涧凤凰山鸟类环志站、镇沅管理局金山垭口环志站和新平管理局金山垭口环志站。于2016年启动了大山包、拉市海、碧塔海、洱源西湖、丘北普者黑等5处湿地生态监测工作，并指导和协助普洱五湖国家湿地公园试点开展监测工作。

四　坚持保护优先，优化自然保护网络

目前，云南已初步形成以就地保护为主、迁地保护和离体保护为辅的生物多样性保护网络体系。

（一）持续加强就地保护

“就地保护”是生物多样性保护最有力、最高效的保护方式，是保护生物多样性最根本的途径。就地保护不仅保护了所在生境中的物种个体、种群和群落，而且维持了所在区域生态系统中能量和物质运动的过程，保证了物种的正常发育与进化过程以及物种与环境间的生态过程，并保护了物种在原生环境下的生存能力和种内遗传变异度。

截至2019年12月，云南已建成各级自然保护区164处，总面积286.71万公顷，占全省国土总面积的7.3%。各类保护地有效保护了云南90%的陆地生态系统、85%的野生动物种群、60%的高等植物群落、近90%的珍稀濒危野生动植物。

（二）扎实开展迁地保护和离体保护

许多稀有物种在人类活动干扰日益严重的情况下，种群可能因遗传随

机性、环境随机性、灾害等因素衰减而趋于绝灭，而迁地保护和离体保护使物种个体的生存和种群的繁衍在人类控制条件下得以维持。因此，迁地保护和离体保护作为生物多样性就地保护的重要补充，也是生物多样性保护的重要手段。

云南省迁地保护设施以各类植物园、树木园为主，主要开展了对各地珍稀濒危植物引种、迁地保护及其濒危机制、回归等方面研究工作。各类植物园、树木园有：中国科学院昆明植物园、中国科学院西双版纳热带植物园、云南省林业科学研究院昆明树木园、云南省林业科学研究院普文树木园、云南省珍稀濒危植物引种繁育中心、香格里拉高山植物园、丽江高山植物园、瑞丽珍稀植物园、昆明园林植物园、文山木兰科及珍稀濒危植物园等。

离体保护设施有中国科学院昆明植物研究所的“中国西南野生生物种质资源库”、中国科学院西双版纳热带植物园热带植物种质资源库、云南白药集团股份有限责任公司重楼优质种源繁育研究及 GAP 示范基地。其中，中国西南野生生物种质资源库已成为全球第二大的植物野生生物种质资源库，保存了包括种子、植物离体材料、动物细胞、菌株、DNA 等多种类型的中国重要野生生物种质资源和部分国外野生生物种质资源。截至 2017 年年底，已有效保存了 9484 种植物种质；其植物标本馆是中国第二大植物标本馆，馆藏植物标本近 150 万份。

（三）探索推进国家公园体制建设

国家公园是指国家为了保护一个或多个典型生态系统的完整性，为生态旅游、科学研究和环境教育提供场所，而划定的需要特殊保护、管理和利用的自然区域。虽然冠以“公园”，但国家公园与传统意义上的公园不同，它是以生态环境、自然资源保护和适度旅游开发为基本策略，通过较小范围的适度开发实现大范围的有效保护。在生态保护和自然资源利用形势日趋严峻的当下，这种保护与发展有机结合的模式，不仅可促进生态环境和生物多样性的保护，也能带动地方旅游业和经济社会的发展。

党的十九大报告中明确提出要建立以国家公园为主体的自然保护地体

系。2017 年，中共中央办公厅、国务院办公厅印发了《建立国家公园体制总体方案》，明确国家公园建设应成为我国生态文明建设的排头兵和落实绿水青山就是金山银山理念的重要抓手。国家公园的建设将很快进入快车道，并在我国的自然保护地发展和建设中发挥主导作用。

云南省是我国国家公园建设最早、发展速度最快的省份，从建立第一个省级层面的国家公园至今已 12 年；目前，云南省已在省级层面建立了 13 个国家公园，于 2015 年率先颁布了《云南省国家公园管理条例》，陆续出台实施《国家公园基本条件》《国家公园资源调查与评价技术规程》《国家公园总体规划技术规程》《国家公园建设规范》《自然保护区与国家公园巡护技术规程》《国家公园管理评估规范》等一批规范标准，并在香格里拉普达措开展了国家层面的国家公园建设试点，实现了生态、社会、经济效益协调发展，生态保护、科学研究、科普教育、公众游憩和社区发展取得了显著成效，为我国开展国家公园体制建设积累了宝贵经验。

普达措国家公园是中国第一个国家公园。在这个集保护、科研、生态旅游和环境教育为一体的公园内，观光游览要换乘专门的环保大巴，每隔一段距离就能看到太阳能装置，均采用打包式和生物降解式环保厕所，这些环保设施保护了公园珍贵的原生态资源，也体现了当地居民崇敬神山圣水的信仰。公园由 4.58% 面积的开发利用实现了对 95.42% 范围的有效保护。而这样的结果首先来自“舍”——让村民为游客服务的马匹下山，让破坏草甸、湿地的无序旅游退出。为此，公园管理局一直投入巨大的人力物力，做好 2 个乡镇、23 个村民小组、821 户村民的社区利益协调，先后投入社区基础设施建设、子女就学、社区群众退出无序经营补偿等各类补助 4700 多万元，社区群众就业人数已占公园员工总人数的 25%。从 2006 年试运行至今，公园环保投入超过了总投资的 25% 以上，正是这些“舍”换来了当地生态和旅游业发展的“得”。监测表明，目前的旅游活动对公园湖泊水深、水质及湿地鸟禽的种类、数量和分布均未造成明显影响，而区域生态资源得以合理利用，公园具备了日均 1 万人次左右的接待能力，游客量和旅游收入分别创下比建园前增长 102% 和 463% 的纪录，充分验证了“绿水青山就是金山银山”、绿色发展才是永续发展之道。同时，公园管理重视和改善社区民生，有社区参与，保护成效大大提高。

该国家公园为社区居民提供了巡护员、卫生维护、科考后勤等岗位，同时将他们引领到中药材种植和养蜂这样的林农产业上，并无偿提供水泥瓦替代木板，无偿提供太阳能以减少伐木。而西双版纳国家公园除了开展社区项目，还通过野生亚洲象公众责任保险、国家保护野生动物公众责任保险，缓解环境保护与当地发展的冲突，实现生态文明建设与绿色发展相得益彰。

（四）创新实施极小种群保护

云南基于长期野生动植物保护的实践，率先在国内提出了需要优先保护的极小种群物种112种，其中野生植物62种、野生动物50种。2008年2月，云南省政府批准实施《云南省生物多样性保护工程规划》，同时实施极小种群物种的抢救性保护工作，并组织编制、实施《云南省特有野生动植物极小种群保护工程项目建议书》《云南省极小种群物种拯救保护紧急行动计划（2010—2015年）》等。争取各方支持，共投入极小种群野生植物拯救保护专项资金1089万元，实施拯救保护项目47个，针对28种极小种群野生植物实施了专项调查、就地保护、迁地保护、种质资源保存、野外回归和监测等拯救保护措施。通过实施大树杜鹃、华盖木、滇桐、多歧苏铁、景东翅子树、弥勒苣苔6个物种的补充调查，发现了4个物种的新分布，其中弥勒苣苔的分布点由原来的1个增加至2个，分布面积由150亩扩大至300亩。开展了弥勒苣苔、华盖木、景东翅子树、萼翅藤、滇桐、云南蓝果树、漾濞槭7个物种的就地保护，共建设14个就地保护小区（点），确保在保护地外极小种群野生植物的种群数量稳定。通过在昆明、玉溪、大理、保山、德宏、西双版纳等地建设极小种群野生植物近地（迁地）保护园6个；物种回归实验基地，开展华盖木、漾濞槭、毛枝五针松、巧家五针松、文山兜兰、滇桐、单性木兰、观光木等23种极小种群野生植物的人工繁育与迁地保护，成功繁育人工种苗10万株。

云南蓝果树保护小区是中国首个极小种群野生植物保护小区。云南蓝果树为国家Ⅰ级重点保护野生植物、我国热带北缘的特有物种、云南省特有植物。目前已知存活的云南蓝果树不足20株。作为第一批被选中建立保护小区的极小种群之一，云南省制订了《极小种群云南蓝果树保护行动计划》，并在普林试验林场的天然林区内划出49.46公顷作为云南蓝果树保护小区；有针对性地探索不同保护小区（点）及近地保护园建设、管护模式和补偿办法，建设必要的保护设施，落实管护机构、人员，加强宣传，确保试点物种得到有效保护。在开展回归试验后，对回归物种进行科学管护、动态监测和数据采集，回归苗木长势良好。云南省极小种群野生植物保护的经验和成效得到国家林业局高度肯定，并被树立为典型向全国推广。

五 加强跨境合作，加大宣传力度

（一）跨境国际合作纵深化

云南省位于我国西南边陲，与缅甸、老挝、越南三国接壤，共享4060公里的国境线；云南境内的4个国家级自然保护区与越南和老挝境内的保护区相连，总面积达5万多平方公里，边境地区拥有丰富的生物多样性，是我国推进“一带一路”建设的重要战略支点。

近年来，云南针对边境地区的生物多样性保护积极开展了大量探索，实施了云南跨境生物多样性保护项目，基本摸清边境地区重要物种和生态系统分布及保护状况，积累了边境地区生物多样性资源的基础数据和生物多样性就地保护方面的实践经验。早在2005年，中、老、缅、泰、柬、越大湄公河次区域（GMS）六国共同实施了“大湄公河次区域核心环境规划与生物多样性保护走廊计划项目”，选定了包括云南省西双版纳和香格里拉德钦地区在内的9个重点区域建立跨界保护廊道示范研究；2009年，西双版纳国家级自然保护区管理局首次在西双版纳地区开创了跨境生物多样性保护合作的先河，与老挝签订《中老边境联合保护区域项目合作协议》；2015年，云南省生态环境厅先后与老挝南塔省和琅勃拉邦省自然资源和环境厅正式签署了《合作备忘录》，初步形成了以政府间合作为主的生物多样性保护多元化合作体系；2016年，云南省生态环境厅开展了“中国云南省—老挝南塔省环境保护交流合作技术援助项目（2016—2020年）”；2017年9月27～28日，中国云南—老挝北部合作工作组在景洪召开了第八次会议，将加强环境保护交流与合作列为今后双方合作的方向和重点，其中包括探索跨境生态环境保护模式与方法，加强跨境生物多样性保护方面的合作，促进区域生态文明建设和可持续发展。至今，中国与老挝两国边境地区已经构建起了长约220公里、平均宽9公里、面积约19万公顷（其中核心保护面积为11万公顷，中老各占一半）的中老边境绿色生态长廊、野生动植物国际廊道，并开展了2次中国西双版纳—老挝北部跨边境联合保护区域内亚洲象分布、栖息地和迁移路线等野外调查，建立了牢固的中老边境绿色生态安全屏障。

此外，中越、中老、中缅边境地区每年都定期开展联合执法，开展打击非法野生动植物贸易、森林防火等活动，提升了边境地区综合执法的强度和能力，有效地保护了边境地区的重要旗舰物种。通过访谈得知，边境地区有许多我国民众与邻国都存在着亲缘关系和通婚现象，文山州、红河州、普洱市等各级政府也会经常组织两国群众开展文化交流、参观及培训等活动。这些都为云南省开展跨境生物多样性保护创建了良好的文化氛围和群众基础。

（二）宣传工作常态化

随着生物多样性保护工作的不断深入，云南省生物多样性保护宣传工作逐步向常态化发展。2016～2018年，充分利用“5·22”国际生物多样性日、“6·5”世界环境日等相关纪念日为契机，举行了《云南省生物物种名录》《云南省生物物种红色名录》《云南省生态系统名录》《云南省生物多样性保护条例》等一系列新闻发布会，发挥新闻发布的主渠道宣传作用，并开展讲座、知识竞赛等多种形式的宣传活动，同时，利用广播电视、报纸杂志等公共媒体和生态环境厅官网和“两微”公众平台（微博、微信）、云南生物多样性保护网等网站刊发专家解读文章和学习材料供大家学习参考；以绿色创建工作为抓手，将生物多样性保护融入绿色学校、绿色社区、环境教育基地等绿色系列创建活动中，公众的保护意识不断提高、自觉性和主动性不断增强，形成了全社会共同推进生物多样性保护和可持续利用的良好氛围，为把云南建设成生态文明排头兵和中国最美丽省份营造了有利舆论环境。

第二节　大江大河水环境治理

云南水资源丰富，是我国长江和珠江两大水系的重要水源区，同时也发育了众多国际河流。由于云南省的气候、土壤类型、经济社会发展的空间异质性较强，河流的类型与地区经济社会发展的关系十分复杂。云南河流总体水量丰富、水质良好、生物具有多样性，但部分河流受人为干扰较大，出现了不同程度的退化。近年来围绕九大高原湖泊和重要江河开展了一系列治理工程和管理措施，云南的大江大河水环境趋向好转。

一　云南的大江大河

（一）河流与水资源

云南省是一个河流资源十分丰富的省份，具有河流数量众多、类型多样和空间分布广泛的特征。全省境内径流面积在 1000 平方公里以上的河流有 108 条。多数河流具有落差大、水流湍急、水流量变化大的特点。按河长排序，境内主要河流有金沙江、澜沧江、元江、南盘江、怒江、瑞丽江和大盈江等，总长度达到 5328 公里。从水系划分看，云南河流分属六大水系，分别为长江、珠江、红河、澜沧江、怒江、伊洛瓦底江，其中红河和珠江发源于云南境内，其余为过境河流。六大水系中澜沧江、怒江、红河和伊洛瓦底江四条为跨国境河流，使云南成为我国国际河流最多的省份之一。六大水系中的另外两条为跨省界河流，共有 47 条省际河流。从地理空间上看，云南位居国内和国际江河的上游区位，不仅对本地经济社会可持续发展具有重要的支撑作用，而且对维持区域和国际稳定发展也十分关键。丰富的河流资源为云南省和下游区域提供了充足的水能资源，使得云南省成为我国水资源最为丰富的省份之一，同时为下游区域输送了大量清洁水资源，为丰富生态系统服务。从多年平均水资源量看，云南省水资源量占全国总量的 8%。2018 年云南省人均水资源占有量达到 4575 立方米，是同期全国平均水平的 2 倍。值得注意的是，由于云南省以山地为主，人口多集中在相对平坦的坝区，河流资源与地区经济社会发展在空间上并不匹配，导致局部地区如滇中地区水资源供需关系紧张。加之云南多数地区具有明显的汛期与非汛期区分，河流资源具有显著的年内变化特征，加大了水资源利用难度。

（二）河流与水资源分布特征

1. 河流与水资源空间分布不均衡

云南的河流在水文特征上具有明显的空间分布不均衡特征，这和云南的气候、地形密切相关。云南总体地势从西北向东南倾斜，西北部梅里雪山是云南地势的最高点，东南部红河河口是海拔最低的地方，这一基本地形地势决定了云南河流的走向和水能资源分布特征。金沙江、怒江和澜沧江从北部和西部穿越省境，这些区域水系相对发达，河流水量和水能资源十分丰富。金沙江丰富的水能资源使其流域成为我国大型水电站集中分布区域。然而，人口和经济相对集中的中部区域河流资源相对较少。虽然河流数量较多，但多为江河的上游，水量较小，河流系统不发达。滇中地区是云南城市发展的重点区域，随着滇中城市群的崛起，水资源需求巨大，但缺乏大江大河充沛水资源的支持，不利于地区经济社会的可持续发展。因此，优化区域水资源配置对保障云南经济社会发展具有十分重要的意义。

2. 河流径流量年内分配集中特征显著

云南的河流主要靠降水补给，河道的径流量与降水量密切相关。云南气候具有典型的干湿季特征，5～10 月份是多数地区的雨季，该时段也是河流水量较为丰沛的时期。在人类干扰强度较高的滇池流域，由于大规模的水库建设，河道流量的年内集中趋势更为显著，滇池水系的汛期径流量占全年的比重最高可达到96%。在大江大河干流上，由于水电站运行对水量的调控作用，径流量的年内变化也受到了影响。目前，除怒江外，云南的主要河流上均建设了大量的水库和水电站，对河道的径流量产生了重要影响。云南河流的径流量年内变化受到自然降水和人为调控的双重控制，其中人为调控造成流量的年内分布更加复杂。

3. 跨境河流数量多，影响区域面积大

在云南的六大水系中，4 条为跨国境河流，2 条为跨省界河流。跨境

成为云南河流的重要特征之一。这些跨境河流不仅是云南的重要水系，也是邻近国家主要河流的源头。大盈江和怒江流入缅甸后，发育成为缅甸的伊洛瓦底江和萨尔温江，分别是缅甸的第一和第二大河。澜沧江流入老挝，成为东南亚重要国际河流——湄公河，也是老挝国家的第一大河。元江从东南部流入越南，与湄公河一起构成越南的主要水系。金沙江和南盘江分别是我国水量最大的长江和水量第二大的珠江上游河流，对我国长江经济带和珠江流域经济社会发展具有重要影响。云南省不仅跨境（界）河流众多，而且均为下游区域的重要水体源头，不仅对我国两大经济区可持续发展具有重要支撑作用，还发挥了对东南亚各地区的和平与稳定发展的维护作用。

二 江河存在问题分析

（一）雨旱季节分明，径流量年内分配差异较大

由于干湿季节分明，云南河流径流量的季节波动较大。5～10月为多数河流的汛期，该时段河道流量较大，水位高涨，水资源难以利用，容易发生洪涝和滑坡地质灾害。由于云南山地较多，地势落差大，河水流速较快，汛期的高流量造成的危害往往更大。在非汛期，降水量急剧下降，河道流量迅速降低，特别是小型河流和大型河流上游河段的流量下降更为显著。加之人为取水活动日益频繁、下垫面改变和水利工程的大规模建设，云南省部分河流出现生态用水不足，甚至频繁出现断流，特别是小型河流和大型河流上游河流断流十分严重。滇池流域是云南省会昆明主城区所在地，水利开发历史长，河流水资源受干扰程度高，年内径流分配极端化特征显著。2018年，有35条入滇河流出现断流。断流导致的极端河道生境对河流生态健康极为不利，成为城市化区域河流生态环境恶化的重要驱动因子。

（二）地形起伏大，高山峡谷多，水土流失问题突出

云南山地分布十分广泛，地形起伏较大，山高坡陡，成为水土流失的易发地。由于云南大部分地区降水丰富，在雨季极易造成水土流失，特别是在植被覆盖不完整的地区。根据最新水土流失统计结果，云南水土流失

以水力侵蚀为主。全省水土流失面积10.47万平方公里，占土地总面积的27.33%，其中轻度流失面积占比60%，中度流失面积占比17%，强烈流失面积占比11%，极强烈流失面积占比8%，剧烈流失面积占比4%。全省年均土壤流失总量48143万吨，平均侵蚀模数1256吨/平方公里·年，年均侵蚀深为0.93毫米。到2004年，经过多年的治理，全省水土流失面积已经出现下降趋势，2018年较2004年减少了近3万平方公里，面积减少比例为22%。然而，不同类型的水土流失面积变化趋势有所差异，其中轻度和中度流失面积显著减少，而强烈以上级别流失面积有增加趋势。云南的水土流失在空间上具有分布不均匀的特点，水土流失较为严重的地区主要集中在滇东北、滇东南和滇西南地区，流域的中下游地区水土流失较上游严重，这些区域的特点是坡度大，降水量高，植被覆盖率低，因此水土流失治理是云南生态环境保护的重要任务。

（三）自古择水而居，部分河道水污染问题严峻

河流水环境污染是云南重要的环境问题。云南虽然河流资源丰富，人均水资源量充沛，然而由于经济社会布局与河流资源不匹配，加之河流自身的水量波动特征，造成部分区域的人水矛盾较为突出，水污染形势十分严峻。云南的主要人口和经济都集中在少数城市，而这些区域正是降水量较少，地表水资源较为缺乏的地区。在强烈的人为干扰下，滇中地区的水体水环境质量压力较大，成为云南河流水环境质量最为严峻的地区。根据《2018年云南环境状况公报》统计，云南六大水系中有3.0%的河流监测断面水质为Ⅴ类，4.9%的河流监测断面水质为劣Ⅴ类。在云南六大水系中，以长江水系污染最为严重，9.9%的监测断面水质为劣Ⅴ类；长江水系中又以滇池水系问题最为突出，滇池的主要入湖河流中有1/3的河流断流或水质不达标。由于环湖河流污染严重，滇池湖泊水质压力巨大，水环境改善仍任重道远。

三　大江大河治理

（一）从局部治理，逐步拓展为流域治理

云南的江河治理经历了从点到面，从局部到流域的空间尺度转变，大

江大河治理迈入了新的阶段。目前，云南在重点江河湖泊流域制订了污染防治和水资源开发利用规划，开展了基于流域尺度的综合治理实践。在九湖流域，编制了《九大高原湖泊流域水环境保护治理“十三五”规划》，明确水污染治理以流域为基本单元，对流域内的各种污染源进行综合控制。针对入湖河流，编制了《云南省九大高原湖泊入湖河流综合整治规划》，强调了河流流域治理的重要性。昆明市环境保护局主持编写了《牛栏江流域（昆明段）水环境保护规划（2009—2030）》，以牛栏江流域为边界，针对流域内污染源开展了综合治理，全面改善流域上下游和干支流的水环境状况。以流域为单元治理已经成为云南江河水系管控的重要举措。

（二） 落实河长责任制，责任层层分解

自 2016 年中央全面深化改革领导小组第 28 次会议审议通过《关于全面推行河长制的意见》决定在全国全面推行河长制开始，云南高度重视河长制的落实。2017 年 4 月 27 日，云南省委办公厅、政府办公厅印发了《云南省全面推行河长制的实施意见》，根据该实施意见，云南全省的河湖库渠全面推行河长制。在六大水系、牛栏江及九大高原湖泊设省级河长。在全省建立以各级党委主要领导担任组长的河长制领导小组，实行五级河长制和分级负责制，建立河长制工作机制，并落实河长制专项经费。2017 年 8 月，云南在全国率先出台《云南省全面推行河长制行动计划（2017—2020 年）》，对全省河长制工作明确了目标、时间节点和具体措施。目前，云南全省已建立省、州（市）、县（市、区）、乡（镇、街道）、村（社区）五级河长体系。截至 2017 年 12 月，五级共明确河长 6.3 万名，其中省级 16 名。全省各级河长巡河达 26.7 万次，全省 7127 条河流和 4549 条渠道全部纳入河长制，实现河渠全覆盖。2018 年，云南围绕河（湖）长制的总体目标，全面推进落实六大任务，推进 12 项“云南清水行动”，河长制已经取得明显成效，顺利通过了国家专家组中期评估核查。

（三） 从单一手段治理，逐步向综合整治转化

江河水环境治理是一个复杂的系统工程，涉及水资源调度、污染源控制和水生态修复等多项内容。经过多年的探索实践，结合云南江河水资源

和水环境的特点与面临的突出问题，云南的江河水系治理手段呈现多样化特征。在水污染治理方面，目前已经形成了外流域补水、污水再生利用、污水处理厂建设、测土配方、畜禽粪便利用等综合治理技术体系，污染治理措施因地制宜，呈现多样化特征；在管理手段上，除传统的法律法规外，河道生态补偿制度和河长制等新型河流管理模式在云南已经开展试点和实践，积累了丰富的工作经验，在制度建设和管理体制方面取得了较为突出的成绩；在污染源治理方面，从原先的以点源为主的控制模式逐步转变为点源和面源同时控制模式；此外，大气沉降、土壤和其他天然污染源在部分区域被纳入监控范围，逐步完善了污染源管控体系；在污染指标方面，除了化学需氧量、氨氮和总磷等常规水环境指标外，重金属污染和农药污染在饮用水源保护中逐步受到重视，成为重点关注的控制对象，污染指标体系日益健全和完善。

（四）生态补偿制度逐步趋于成熟

云南地处我国重要江河和 4 条国际河流的发源地和上游地区，拥有良好的生态环境和自然资源禀赋，同时又是生态环境比较脆弱敏感的地区。近年来，云南在森林、湿地、生物多样性保护和水环境保护等领域探索实施了生态保护补偿机制，制定了系列指导政策，并在部分区域开展了试点。早在 2005 年云南省财政厅就颁布了《云南省森林生态效益补偿基金管理实施细则》，规定了补偿范围和标准、补偿性支出、公共管护支出、资金管理、建立管护责任制、监督检查、附则等。2017 年云南省人民政府办公厅出台了《关于健全生态保护补偿机制的实施意见》。根据该实施意见，到 2020 年，云南要实现重点领域和重要区域生态保护补偿全覆盖，为推动云南省生态补偿机制实施提供了重要依据和指导意见。在重点流域，如滇池流域，针对河道的生态补偿已经开始实施，2017 年 4 月，昆明市委办公厅、市政府办公厅联合印发了《滇池流域河道生态补偿办法（试行）》。依据该办法，滇池流域河道生态补偿工作被纳入年度目标考核管理，未达到断面水质考核标准或未完成年度污水治理任务的都将缴纳生态补偿金。云南目前在江河生态补偿方面已经建立了初步机制，并积累了重要的实践经验，云南河流生态补偿制度逐步趋于成熟，2018 年，出台了《牛栏江流域（昆明段）河道生态补偿办法（试行）》和《螳螂川—普渡河流域河道生态补偿办法（试行）》，进一步完善了流域河道生态补偿工作机制。

（五）法制建设不断完善

针对江河水系治理，目前云南已经出台了多项法律法规，江河水资源和水环境管理法规体系建设不断完善。在水文水资源方面，云南 2007 年 5 月出台了《云南省抗旱条例》，2010 年 3 月出台了《云南省水文条例》，2012 年 11 月出台了《云南省节约用水条例》，2014 年 7 月出台了《云南省水土保持条例》。在重要江河湖库保护方面，陆续出台了《云南省滇池保护条例》《云南省湿地保护条例》《云南省云龙水库保护条例》等。此外，还针对环境管理工作出台了云南省环境保护行政问责办法。2017 年云南省第十二届人民代表大会常务委员会第三十八次会议审议通过了省人民政府提出的《环境保护税云南省适用税额和应税污染物项目数方案（草案）》，制定了云南省大气污染物和水污染物环境保护税适用税额。

四 大江大河治理成效

（一）流域植被覆盖率恢复明显，水土流失防控效果显著

近年来，云南加大森林保护力度，林业进入快速发展时期，森林覆盖率逐步提高。截至 2018 年，云南已经建立了 161 个自然保护区、66 个风景名胜区、11 个地质公园、18 个国家湿地公园、13 个国家公园；此外，全省还累计建成西双版纳州、石林县 2 个国家生态文明建设示范州县、10 个国家级生态示范区、85 个国家级生态乡镇、3 个国家级生态村；云南森林覆盖率达到了 59.7%，是全国平均水平的 2.76 倍。相对于改革开放初期，云南森林覆盖率上升了 37 个百分点，实现了森林覆盖率和森林蓄积双增长的良好局面，有效地维护了云南生态环境安全，为西南地区生态屏障建设奠定了良好基础。

水土流失治理是云南生态环境管理工作的重点。根据最新统计数据，2016 年全省完成水土流失综合治理面积 4729.22 平方公里，国家水土保持重点工程建设完成投资 2.62 亿元，实施了 34 项国家水土保持重点工程。

此外，在治理水土流失方面，编制和颁布了不少规划与条例，如《云南省“十三五”水土保持规划》《云南省水土保持规划（2016—2030年）》《云南省水土保持条例》等。经过连续多年的水土流失治理，目前累计实施生态修复5.55万平方公里。云南省在水土保持监管和能力建设方面还进行了积极探索，在全国率先实现了水土保持监督管理县级能力建设全覆盖，建成了水土保持管理信息系统。在工程、管理和政策多种措施的联合作用下，云南省植被覆盖逐步增加，水源涵养与水土保持能力日益增强，全省生态环境逐步改善。

（二）入河污染负荷有所削减，大多数河流断面水质达标

相对于我国中东部地区，云南的人口密度和经济强度较小，河流的水环境压力不大，但部分地区如滇中城市群的入河污染强度较高，是水环境治理的重点区域。经过多年的环境治理和保护，云南的河流水质总体保持优良。根据《2018年云南省环境状况公报》，2018年云南的主要河流水环境功能达标率为87.7%，比2008年提高了22.8个百分点；2017年主要出境、跨界河流断面水质达标率为100%。从水质断面的比例看，Ⅰ类断面为4.3%，Ⅱ类为57.7%，Ⅲ类为20.6%，相比十年前，Ⅰ~Ⅲ类水质断面比例上升了24.3个百分点。六大水系中，伊洛瓦底江和怒江的所有断面水质均达到Ⅰ~Ⅲ类，红河和澜沧江的Ⅰ~Ⅲ类水质断面比例也达到90%以上，珠江和长江水质稍差，Ⅰ~Ⅲ类比例分别为72.2%和68.6%。相比于2008年，珠江水质改善最为明显，Ⅰ~Ⅲ类水质比例上升了48.1个百分点，其次是红河和怒江，分别上升了37.7个和36.4个百分点，长江和澜沧江Ⅰ~Ⅲ类水质断面比例也有显著上升，分别上升了14.8个和13.0个百分点。

第三节　高原湖泊修复

云南地处中国西南边陲，滇西为横断山脉地区，滇东则为云贵高原区域。整个地势西北高东南低。在地形多样的云南境内，水资源丰富，湖泊

众多，但空间分布不均衡。受地理位置、地形地貌及气候等因素的影响，云南高原湖泊相比平原地区的湖泊，具有其独特性。

近些年来，由于中央和地方各级政府高度重视环境保护，并把生态文明建设落实到湖泊的保护治理中，很多受损湖泊水质得到了一定改善。

一 云南的湖泊资源状况

云南地处云贵高原，湖泊众多，是我国天然湖泊最多的省份之一。面积在 1 平方公里以上的湖泊有 37 个，面积在 30 平方公里以上的湖泊有 9 个，依据湖泊水域面积大小依次为：滇池、洱海、抚仙湖、程海、泸沽湖、杞麓湖、星云湖、阳宗海和异龙湖，简称为“九湖”。九大高原湖泊对于云南社会经济的发展具有重要的地位和作用，其基本概况如下。

1. 滇池

滇池位于昆明市西南，是中国第六大淡水湖，也是云南面积最大的淡水湖，有高原明珠之称。流域面积 2920 平方公里，湖面高程 1887. 5 米，水域面积约 309. 5 平方公里，平均水深 5. 3 米，最大水深约 10. 2 米，湖容 15. 6 亿立方米。由海埂分为草海和外海两个部分。滇池是典型的半封闭宽浅型湖泊，属长江水系，湖水在西南海口洩出，称螳螂川，为长江上游干流金沙江支流普渡河上源。

2. 洱海

洱海是云南第二大高原淡水湖泊，位于大理市境内，因为形似人的一只耳朵而得名。洱海属澜沧江水系，流域面积 2565 平方公里，湖泊面积 252 平方公里，平均水深 10. 8 米，最大水深 21. 5 米，湖面高程 1974 米，蓄水量 28. 8 亿立方米。洱海水质清澈，风景优美，不仅为周围的工农业提供了水源，更是大理的一道美景。

3. 抚仙湖

抚仙湖是中国第二深水湖，是云南蓄水量最大的湖泊，也是我国内陆淡水湖中水质最好、蓄水量最大的深水型淡水湖泊，位于玉溪市澄江县、江川县、华宁县三县交界处，属珠江流域南盘江水系。湖面海拔高程 1722. 5 米，湖泊面积 216 平方公里，流域面积 674. 69 平方公里，最大水深158.9米，平均水深95.2米，蓄水量206.2亿立方米，其中大的河道有34条，湖水经海口河流入南盘江。

4. **程海**

程海古名程河，又称为黑伍海，是一个内陆封闭型高原深水湖泊，没有进水和出水河道，地处金沙江干热地带，湖区为中亚热带气候，全年无霜，湖水为重碳酸钠镁型水，偏碱性。位于云南永胜县中部。程海南北长而东西窄，湖水面积75.97平方公里，海拔1503米，平均水深24.98米，最深35.87米，蓄水量16.8亿立方米；南北长24.98公里，东西最大宽度约5.205公里，流域面积318.3平方公里。

5. **泸沽湖**

泸沽湖是中国第三深水湖，位于云南西北部的丽江市宁蒗县和四川省西南部凉山州盐源县的交界处，是云南海拔最高的湖泊。湖面海拔高程2692.2米，湖面面积50.1平方公里，其中云南境内30.3平方公里，流域面积247.6平方公里，平均水深38.4米，最大水深105.3米，而且至今尚未受到污染，仍保持原始状况，水质稳定维持在Ⅰ类水质。湖畔居住着摩梭人（纳西族）、彝族和普米族人。

6. **杞麓湖**

杞麓湖位于玉溪市通海县境内，属于珠江流域南盘江水系，是一个封闭型高原湖泊。湖面海拔高程1795.7米，流域面积354.2平方公里，湖泊面积36.95平方公里，最大水深6.84米，平均水深4米，蓄水量1.47亿立方米。主要入湖河流四条，有洪水时湖水经湖东南面的岳家营落水洞岩溶裂隙泄洪至曲江。

7. **星云湖**

星云湖也称浪广海，位于玉溪市江川县境内，属于珠江流域南盘江水系，是抚仙湖的上游湖泊，通过2.2公里的隔河与抚仙湖相连。湖泊面积34.7平方公里，流域面积386平方公里，平均水深6.01米，最大水深10.8米，蓄水量2.098亿立方米。入湖主要河流大小有12条。

8. **阳宗海**

阳宗海古称大泽、奕休湖，位于玉溪市澄江县、昆明市呈贡区、宜良县境内，属于珠江流域南盘江水系。湖面海拔高程1769.9米，流域面积

192 平方公里，湖面南北长约 12 公里，东西宽约 3 公里，湖面面积 31.49 平方公里，平均水深 20 米，最深 28.59 米。阳宗海为高原断陷湖泊，湖岸平直，湖底凹凸不平，有岩洞暗礁，水色碧绿，透明度高，为淡水湖，湖内盛产著名的金线鱼。湖水主要依靠阳宗大河、七星河等入湖河道补给。

9. **异龙湖**

异龙湖原名“邑罗黑”，位于红河哈尼族彝族自治州石屏县境内，属珠江流域南盘江水系，是云南九个高原湖泊中最小的湖泊。湖面海拔高程 1414 米，流域面积 360.4 平方公里，湖泊面积约 30 平方公里，平均水深 3.9 米，最大水深 5.7 米，蓄水量 1.149 亿立方米。

云南大多数湖泊位于崇山峻岭之中，部分位于高山之巅。湖光山色，风光旖旎，如一颗颗明珠散落高原，亦如一块块碧玉镶嵌在山间，是云南壮丽自然风景的重要组成部分。滇池、洱海、抚仙湖、程海、泸沽湖等湖泊风景秀丽，驰名中外，吸引着众多游客前来观光游览。

二 高原湖泊特征

云南的众多湖泊，如高原璀璨的明珠，点缀着彩云之南的这片红土地，并成为壮美山河美景的一部分。20 世纪六七十年代后，在社会经济发展中，很多湖泊出现了水污染问题和生态退化状况，使原本的湖光山色黯然失色。

（一） 空间分布不均衡

云南的大小湖泊众多，但空间分布不均衡。主要分布在滇中、滇西和滇西北。滇中湖群代表性的湖泊有滇池、抚仙湖、星云湖、阳宗海、杞麓湖和异龙湖。滇西湖群代表性的湖泊有洱海、茈碧湖、腾冲北海等。滇西北代表性的湖群有泸沽湖、程海、剑湖、拉市海、纳帕海和碧塔海等。

（二） 多为断陷成湖，位于汇水区的最低处

云南湖泊众多，大多数为断陷型湖泊，形成于第三纪喜马拉雅山造山运动期间，如滇池、洱海、抚仙湖、泸沽湖、程海等均属于断陷型湖泊。

这些湖泊位于汇水区的最低处。还有少量湖泊则为季节性湖泊，如纳帕海、腾冲北海等。

（三）湖泊无大江大河补给，封闭性较高，换水周期长

云南水系众多，水资源丰富。但多数水系分布于滇西横断山脉的高山峡谷间。而滇中及滇东高原的水系，也普遍位于区域的低洼处。云南地区的大多数湖泊，是金沙江、澜沧江、红河等水系的支流组成部分，没有大江大河的水量补给。这些湖泊的补给河道源头近、流程短，补水量小，湖泊出水口少，有的没有出水口，封闭性相对较高，换水周期长。

九大湖泊位于流域的最低处，多数湖泊位于城市的下游，是城市和沿湖地区各类污水及地表径流的纳污水体。且入湖河道源头近，流程短，九湖入湖总河道约 180 条，最长的河道长约 42 公里，最短的仅有 3 公里，这些河道大多流经城镇、村落和农田区域，大多数河道水质受污染严重，水质较差。

以滇池为例，流域面积 2920 平方公里，大小入湖河流有 35 条，但多数为季节性河流，主要补给河流为盘龙江。在牛栏江补水滇池之前，由于昆明城市人口众多，需水量大。滇池缺少洁净的水源补给。即便是补充了汇入河道的径流及污水厂的尾水，换水周期仍需近 4 年，经牛栏江补水后，仍需要近 2 年。洱海换水周期需要近 3 年，抚仙湖换水周期需要约 30 年（即 10950 天）。

（四）地处低纬度的高原地区，相同富营养化条件下藻类拥有更高的生产力

云南地处中国西南边陲，位于东经 97°31′～106°11′，北纬 21°8′～29°15′之间，北回归线横贯云南南部，属低纬度内陆地区。云南气候基本属于亚热带高原季风型，立体气候特点显著，类型众多、年温差小、日温差大、干湿季节分明、气温随地势高低垂直变化异常明显。滇西北属寒带型气候，长冬无夏，春秋较短；滇东、滇中属温带型气候，四季如春，遇雨成冬；滇南、滇西南属低热河谷区，有一部分在北回归线以南，进入热带

范围，长夏无冬，一雨成秋。在一个省区内，同时具有寒、温、热（包括亚热带）三带气候，一般海拔高度每上升100米，温度平均递降0.6°C～0.7°C，有“一山分四季，十里不同天”之说，景象别具特色。全省平均气温，最热（7月）月均温在19°C～22°C之间，最冷（1月）月均温在6°C～8°C，年温差一般只有10°C～12°C。同日早晚较凉，中午较热，尤其是冬、春两季，日温差可达12°C～20°C。全省无霜期长，南部边境全年无霜，偏南地区无霜期为300～330天，中部地区约为250天，比较寒冷的滇西北和滇东北地区也长达210～220天。

由于地处低纬度地区，且海拔相对较高，全年无霜期较长，使云南的高原富营养化湖泊的浮游藻类生产力远高于我国东部、中部和北部的其他湖泊。研究表明，相同季节和同等富营养化条件下，滇池浮游藻类的生产力远高于太湖和巢湖。主要原因是云南属低纬度地区，多数湖泊在冬春季节水温较高，蓝藻出现休眠的现象不明显。或水温低于14℃的时间段较短，使藻类初始生物量维持在较高水平。而到夏秋季节，由于光照强度大、水温较高，蓝藻生产力相对较高。

三　高原湖泊水污染问题

（一）由于择水而居，多数湖泊汇水区内人口密集

2014年九大高原湖泊流域的人口总量为573.84万人，占云南省总人口的12%；九湖流域城镇人口数量为429.86万人，城镇化率为75%，远高于云南省平均水平（42%）；九湖流域的人口密度为716人/平方公里，是云南省平均人口密度120人/平方公里的6倍。

在九湖流域中，滇池流域的人口数量最多，占九湖流域总人口的70%，其次是洱海流域，占15%，其余7个高原湖泊流域占15%；从人口密度的空间分布看，滇池流域是人口密度最高的流域（1384人/平方公里），泸沽湖流域最小（60人/平方公里），人口空间分布差异较大；从城镇化率看，其中滇池流域最高，达到91%，程海流域最低几乎为零。九湖流域以占全省2%的土地面积承载了云南12%的总人口。

（二）水资源压力大，湖泊污染负荷较重

云南高原湖泊多处于高山之间，或位于盆地的最低洼区域。降雨量不充沛，水资源缺乏，补给系数小。特别是滇池、杞麓湖、程海以及异龙湖等，处于贫水地区，加之周边工农业生产需水量大，有些地区人口密度极高，导致区域水资源压力很大。湖泊缺少洁净的生态补给水，而周边的生产生活导致湖泊污染负荷较重。

以滇池为例，在牛栏江补水前，流域内多年水资源量只有9.7亿立方米，而流域内人口接近400万，人均水资源量不足250立方米/（人·年），人均水资源量仅为全国人均水资源量的1/10。城市供水紧张，滇池缺少洁净的补给水。流域内扣除湖面蒸发量，多年入滇池水资源量约为5.3亿立方米，且多为劣Ⅴ类水质。经过牛栏江补水滇池后，滇池水资源增加5.6亿立方米，但换水周期依然接近2年。

洱海多年平均入湖水量为11.93亿立方米，其中，主要入湖河道水量为9.66亿立方米，依据洱海库容，换水周期需要近3年。而洱海周边城镇化进程快速发展，人口增长快，对洱海需水量极大。洱海水环境污染负荷也日益加大。

抚仙湖多年入湖水量为3.54亿立方米，扣除湖面蒸发量2.88亿立方米，实际入湖水量仅为0.66亿立方米。

（三）湖泊良性水生态系统退化，自净能力减弱

云南的很多高原湖泊，在未污染和破坏前，水质清澈，湖中分布有沉水植物。然而由于水体富营养化，浮游藻类开始成为湖泊中的初级生产者，而原来的初级生产者则是高等水生植物。浮游藻类的大量滋生，使湖泊水体透明度下降，大量沉水植物开始出现退化，湖泊自净能力减弱。

以云南九大高原湖泊为例，目前仅有泸沽湖还分布有海菜花等大量喜清水的水生植物。而滇池草海和外海，在20世纪60年代以前，水质为Ⅱ类，水体透明度保持在2米以上，全湖90%以上的水域仍然分布有大面积的沉水植物，草海全湖均分布有海菜花，湖泊有良性健康的水生态系统，对入湖的生活污染源和面源污染具有很强的净化作用。然而，20世纪70

年代开始，由于围湖造田，很多水生态系统遭受了破坏，加上人口增长和城市化进程，使湖泊出现环境污染和生态破坏问题。水体透明度下降至1米，大量沉水植物开始消退。到20世纪80年代末，外海水体透明度低于1米，草海则由于蓝藻、绿藻等的大量季节性增殖，水体透明度持续下降，原先水草丰茂的草海，成了名不副实的无草之湖。目前，滇池外海和草海的水体透明度低于1米，外海水生植被盖度不足3%，草海水生植被盖度低于15%。

洱海多年来水质保持在Ⅱ类，水体透明度维持在2米以上。但进入21世纪后，由于城市化迅猛，旅游设施和餐饮业如雨后春笋，在洱海周边快速蔓延，在2010年后，洱海水质开始下降，多数年份水质为Ⅲ类，下关、大理古城和双廊等城镇周边水域的水质相对较差，在部分时段为Ⅳ类水质，湖泊由贫营养状态进入中营养状态，甚至部分水域已富营养化，近岸带蓝藻水华也开始季节性出现，水体透明度下降至1米。很多区域的沉水植物开始消退，湖泊自净能力下降。

其他湖泊如星云湖、杞麓湖等，也由于水体富营养化，透明度大幅度下降，良性水生态系统遭受破坏，湖泊生态系统的稳定性和自净能力均大幅下降。

（四）生物多样性下降

滇池、洱海、星云湖、杞麓湖和异龙湖等众多高原湖泊，在历史上水草丰茂、植物和动物种类和数量繁多。但随着水质下降、湖泊面积缩小、大规模引入外来鱼类、湖滨带被开发等诸多因素的影响，原有水生植被多已消退。鸟类、鱼类、两栖类等动物的栖息地丧失，导致很多珍稀、濒危保护动物的种类和数量在自然水体中难觅踪影。

滇池原有土著鱼类26种，其中有11种为特有种。但目前，滇池湖体中只有4种土著鱼类，特有种则除在上游龙潭还有，湖体中近些年来鲜有捕获。金线鲃等鱼类由于丧失了越冬场和产卵场（主要为原来滇池边的泉眼山洞），在滇池水体中难以得到恢复。

早些年，湖泊是很多动物越冬和生活的场所，滇池及周边地区，也有大量候鸟，其中有很多为保护动物。但由于湖泊及周边生态系统的破坏，云南闭壳龟、绿头鸭、白天鹅、灰雁、鸬鹚、钳嘴鹳、彩鹮等在湖泊及周边逐渐消失。

（五）水环境功能下降

湖泊在调节气候、防洪排涝、饮用水保障、水产、工农业生产等方面，发挥着重要作用。滇池作为昆明的母亲湖，孕育了四季如春的气候，并孕育了滇中地区灿烂的历史文明。很多湖泊虽然仍然作为战略备用饮用水源地，但由于水体污染严重，水质下降，很多湖泊水质劣于Ⅴ类标准，远远达不到生活饮用水的水质标准。

然而，由于滇中地区严重缺水，在水环境功能区划上，滇池草海水质为Ⅳ类标准，担负着工农业用水的供给。外海水质则为Ⅲ类标准，不仅担负着工农业用水的供给，还作为战略备用饮用水源地，在特殊干旱等年份，保障昆明市的饮用水供给。

四　高原湖泊的治理

云南湖泊保护的工作起步较早。早在20世纪60年代，周恩来同志到昆明时就指出要保护好云南的森林和湖泊。1961年周总理针对普坪村电厂和一些水泥厂、造纸厂及螳螂川出现的污染问题，对时任云南省委书记阎红彦说："你们要好好治理一下，保护好滇池首先要注意源头的污染，对防污治污工作要及早抓，防患于未然。"1972年7月周恩来同志到昆明时，发现滇池出现污染问题，便再次强调要保护滇池，治理"三废"。他指出，滇池问题要尽快地解决，发展工业一定要保护环境，废水、废气、废渣的问题不解决，会影响昆明市的整个建设，影响人民群众的身体健康，一定要好好解决污染问题。随后他又指出："滇池是高原明珠，要珍惜！"当时，当地政府也采取了一些措施，但要向滇池要地要粮，改善昆明粮食供应，所以整体成效不是很突出。

和滇池一样，云南其他湖泊也是在这个阶段缺乏湖泊保护的意识，湖水污染和生态破坏问题日益显现。进入20世纪80年代以后，星云湖和滇池草海率先发生富营养化，使蓝藻水华季节性出现，这严重影响了水体景观及水质，造成了一系列生态环境问题。在此期间，云南出台了《云南省滇池保护条例》。

进入90年代，滇池水污染进程加速，进入“九五”期间，滇池被列入了国家“三湖三河”治理重点环保工程。滇池和其他高原湖泊的治理也开始从单一措施逐步转变。可概括为以下几个方面。

（一）从单一措施转向流域综合整治

在“九五”期间，滇池等湖泊的治理，主要是点源污染控制，兴建污水处理厂，逐步关停一些明显的排污设施。治理手段主要体现为单一的末端治理。对水质恶化速度有一定的缓解。“十五”期间，对农业面源污染也开始重视，并在面源污染治理方面有所尝试。

从“十一五”开始到“十二五”，滇池及其他高原湖泊在治理方面，开始意识到要从整个流域综合整治，继而开展对水源涵养保护区、河道截污、农村面源污染、底泥疏浚（内源污染清除）、生态恢复建设、外流域调水及节水工程等的治理。对污染负荷的削减发挥了重要作用，遏制住了湖泊水质恶化的趋势。

进入“十三五”后，湖泊治理上升到了更高的层次。习近平总书记提出，云南要保护好山水林田湖草，力争成为全国生态文明建设的排头兵。云南省委书记陈豪指出，依托云南得天独厚的气候和地理优势，我们要把云南建设成为全国最美丽的省份，我们对于云南的高原湖泊，必须要搞大保护，不搞大开发。省长阮成发就洱海等湖泊的保护工作指出，现在要跳出围湖建城的误区，要在整个区域科学规划，切实保护好高原湖泊，不让一滴污水进入湖中。昆明市委书记程连元就滇池保护治理提出，昆明的发展，必须遵循自然规律，考虑水环境容量，要“以水定城，量水发展”，在湖泊治理中，要力求“科学治滇，精准治污”。

（二）建立湖长和河长制，层层严格落实责任

为了治理云南高原湖泊，领导要发挥带头和指挥作用，并建立严格的问责制度。为此，在云南大力实施湖长和河长制，到2017年年底，省、州（市）、县、乡镇、村五级河长和省、州（市）、县三级河长湖长制已覆盖全省，7127条河流、41个湖泊、7103座水库、7992座塘坝、4549条渠

道，六大水系及牛栏江、九大高原湖泊均已设立省级河（湖）长，全省67928个河（湖）长全部到位，开展巡河巡湖工作。其中省委书记陈豪担任了抚仙湖的湖长，省长阮成发担任了洱海的湖长，昆明市委书记程连元担任滇池的湖长，对湖泊治理工作负全责。

湖长与流域内的河长，河长与区段河长和支流沟渠的河长层层签订责任书，将任务落实到人头，将湖、河的治理任务纳入年度工作考核目标中，并启动严厉的问责制度。

（三）一湖一法规，依法保护不断完善

早在20世纪60~70年代，周恩来同志就对滇池的保护敲响了警钟，并一再强调要保护好“高原明珠”，在经济发展上也作出调整，但滇池等湖泊的保护没有得到应有重视。

直到80年代末，水污染和水华问题出现后，湖泊的保护治理才得到重视。相关湖泊保护的法律法规也逐步出台。《云南省滇池保护条例》制定于1988年，在2012年进行了修订，纳入了分级保护区的细化保护；修订版在2012年9月28日云南省第十一届人民代表大会常务委员会第三十四次会议通过，2013年1月1日起实施。

《云南省大理白族自治州洱海保护管理条例》在1988年3月19日云南省大理白族自治州第七届人民代表大会第七次会议通过，1988年12月1日云南省第七届人民代表大会常务委员会第三次会议批准；1998年7月4日云南省大理白族自治州第十届人民代表大会第一次会议修订，1998年7月31日云南省第九届人民代表大会常务委员会第四次会议批准；2004年1月15日云南省大理白族自治州第十一届人民代表大会第二次会议修订，2004年3月26日云南省第十届人民代表大会常务委员会第八次会议批准；2014年2月22日云南省大理白族自治州第十三届人民代表大会第二次会议修订，2014年3月28日云南省第十二届人民代表大会常务委员会第八次会议批准。

《云南省抚仙湖保护条例》在2007年5月23日云南省第十届人民代表大会常务委员会第二十九次会议通过。2016年9月29日云南省第十二届人民代表大会常务委员会第二十九次会议通过《关于修改〈云南省抚仙湖

保护条例〉的决定》，1993 年 9 月 25 日云南省第八届人民代表大会常务委员会第三次会议通过的《云南省抚仙湖管理条例》同时废止。

《云南省阳宗海保护条例》在 1997 年 12 月 3 日云南省第八届人民代表大会常务委员会第三十一次会议通过，并在 2012 年 11 月 29 日云南省第十一届人民代表大会常务委员会第三十五次会议上进行了修订。

《云南省星云湖保护条例》在 2007 年 9 月 29 日云南省第十届人民代表大会常务委员会第三十一次会议上审议通过，并于 2008 年 1 月 1 日起施行，1996 年 3 月 29 日云南省第八届人民代表大会常务委员会第二十次会议通过的《云南省星云湖管理条例》同时废止。

《云南省杞麓湖保护条例》自 2008 年 3 月 1 日起施行。云南省第八届人民代表大会常务委员会第十七次会议通过的《云南省杞麓湖管理条例》同时废止。

《云南省宁蒗彝族自治县泸沽湖风景区保护管理条例》在 1994 年 4 月 19 日云南省宁蒗彝族自治县第十二届人民代表大会第二次会议通过，1994 年 11 月 30 日云南省第八届人民代表大会常务委员会第十次会议批准；2009 年 1 月 15 日云南省宁蒗彝族自治县第十五届人民代表大会第二次会议修订，2009 年 3 月 27 日云南省第十一届人民代表大会常务委员会第九次会议批准执行。

《云南省红河哈尼族彝族自治州异龙湖保护管理条例》在 1994 年 3 月 28 日云南省红河哈尼族彝族自治州第七届人民代表大会第二次会议通过，1994 年 9 月 24 日云南省第八届人民代表大会常务委员会第九次会议批准；2007 年 2 月 11 日云南省红河哈尼族彝族自治州第九届人民代表大会第五次会议修订，2007 年 5 月 23 日云南省第十届人民代表大会常务委员会第二十九次会议批准，2007 年 6 月 19 日云南省红河哈尼族彝族自治州人民代表大会常务委员会公布，自 2007 年 7 月 1 日起施行。

《云南省程海保护条例》于 2006 年 9 月 28 日由云南省第十届人民代表大会常务委员会第二十四次会议审议通过，自 2007 年 1 月 1 日起施行，同时废止 1995 年 5 月 31 日云南省第八届人民代表大会常务委员会第十三次会议通过的《云南省程海管理条例》。

此外，还依据当前治理需要制定了一些管理规定和办法。针对滇池湖滨带管理存在的问题及迫切需要解决的问题，2016 年 3 月 21 日，昆明市人民政府第 111 次常务会议通过了《昆明市环滇池生态区保护规定》，并于 2016 年 6 月 1 日起实施。该规定明确了滇池生态区的范围、保护内容、管理方法。科学划定了永久禁渔区、重点鸟类分布区和土著、稀有水生植物保护区，对湿地的保护及管理发挥了重要作用。当前，还制定了《滇池保护治理三年攻坚行动实施方案（2018—2020年）》、《滇池湖滨湿地建设规范》、《滇池湖滨湿地监测规程》、《滇池湖滨湿地植物物种应用推荐名录》和《滇池湖滨湿地管护规程》等 4 个地方标准。

这些法律法规和地方规范的制定，为湖泊的保护和治理提供了重要法律保障，有力地约束了不规范作为。

五 高原湖泊治理成效

由于中央和地方各级政府的高度重视，当前云南湖泊治理取得了明显成效。主要体现在以下几个方面。

（一）污染控制初显成效，湖泊及入湖河道水质均有所改善

高原湖泊治理力度在不断加大，治理也更加寻求科学性和综合性。各个湖泊水质改善显著。根据《2018 年云南省环境状况公报》，全省湖库水质总体良好，优良率为 85.1%。67 个开展水质监测的主要湖库中，49 个水质优，符合Ⅰ～Ⅱ类水质标准，占 73.1%，比 2017 年提高 5.9%；8 个水质良好，符合Ⅲ类水质标准，占 11.9%，比 2017 年下降 6.9%；3 个水质轻度污染，符合Ⅳ类水质标准，占 4.5%，比 2017 年上升 3.9%；3 个水质中度污染，符合Ⅴ类水质标准，占 4.5%，比 2017 年下降 1.7%；4 个水质重度污染，劣于Ⅴ类水质标准，占 6%，比上年下降 0.2%。

在“十三五”之前，滇池、异龙湖、星云湖、杞麓湖等总体水质劣于Ⅴ类标准，多数属重度富营养化。但“十三五”之后，湖泊水质有了明显改善。到 2018 年年底，全省 67 个主要湖库中，11 个处于贫营养状态，46 个处于中营养状态，6 个处于轻度富营养状态，4 个处于中度富营养状态。目前，九大高原湖泊中，抚仙湖、泸沽湖符合Ⅰ类水质标准；洱海、程海

和阳宗海符合Ⅲ类水质标准。杞麓湖符合Ⅴ类水质标准，部分水质指标达Ⅳ类标准。星云湖和异龙湖水质仍然劣于Ⅴ类标准，未达水环境功能要求。

值得一提的是，滇池曾经为我国富营养化发展最迅速、污染最严重的湖泊，经过30年的持续治理，进入2018年，滇池草海和外海主要水质考核指标均达到Ⅳ类水质标准，水质提升效果明显，滇池从重度富营养化转中度富营养化，并在2018年转为轻度富营养化，综合营养指数历史性首次低于60。以总磷为例，在2009年，滇池草海总磷达峰值，年均值高达1.46毫克/升，但到2018年，降低至0.08毫克/升以下，滇池外海在1999年总磷达峰值，年均值达0.33毫克/升，但到2018年降低至0.1毫克/升以下。

（二）湖泊生态环境有所改善，生物多样性恢复显著

由于湖泊水质和生态均得到了较好恢复，很多湖泊生物多样性显著提高，洱海、异龙湖等周边越冬候鸟逐年增多。由于大力开展环湖生态建设，改写了滇池在湖泊演化历史上一直都是“人进湖退”的局面，第一次实现了“湖进人退”，生物多样性恢复显著。

受20世纪末人类频繁的生产生活活动的干扰，滇池湖滨区天然湿地几乎消失，湖滨带被改造为农田、大棚和鱼塘。通过持续开展环湖生态建设，在湖滨带内开展了“四退三还”工作，并在这个区域内建成33平方公里的生态区。生态区的建设，使植被覆盖率从13%提高至80%。植物物种大幅度增加，从原来的232种，增加至290种左右。其中，20世纪七八十年代曾经报道消失的轮藻群落、微齿眼子菜、穿叶眼子菜、苦草、荇菜、水鳖等群落，由于原有种子库萌发又得以出现。而原来消失多年的土著植物——海菜花也在人工引种的情况下得到一定恢复和保护。

在过去的半个多世纪里，滇池鸟类群落和其赖以生存的生态环境都经历了巨大变化，大量的水塘、沼泽几乎丧失殆尽，很多水禽失去了理想的栖息地。近年来，大力开展了滇池生态湿地建设，使得在滇池栖息、越冬的鸟类明显增多。近年来在滇池周边记录到鸟类140多种，其中包括多种云南省没有记录的鸟类，如钳嘴鹳、彩鹮、三趾鸥、灰翅鸥、须浮鸥、白

翅浮鸥、铁嘴沙鸻、蒙古沙鸻、中杓鹬、弯嘴滨鹬、黑腹滨鹬、斑胸滨鹬、小滨鹬、大滨鹬、翻石鹬等。消失30多年的野生鸬鹚、灰雁、绿头鸭等鸟类近几年也再现滇池。滇池边的鸟类中，有7种为国家Ⅱ级保护鸟类。由于湿地的恢复和生物多样性的逐年回升，滇池也在2016年被中央电视台评为中国十大最美湿地并位列榜首。

（三）蓝藻水华防控效果明显，环境景观逐步提升

当前，由于湖泊水质持续改善，滇池、星云湖、杞麓湖、洱海的蓝藻水华发生频次和程度显著降低。洱海在2018年未发生大范围的蓝藻水华。

以滇池为例，滇池蓝藻水华防控是中国富营养化湖泊中公认的难点问题。但近些年来，由于滇池水质得到明显改善，水体转为轻度富营养化，滇池蓝藻水华发生的频次大幅度降低，持续时间缩短，发生的范围和强度也在大幅度的缩小降低，主要体现在如下几个方面。

1. 第一次发生重度蓝藻水华的时间明显推迟

2005、2006年3月中下旬，滇池外海北部近岸带就已出现蓝藻重度富集状况。但2007~2009年，推迟到了4月份，才出现蓝藻重度富集状况。2010~2012年，到5月底才出现蓝藻重度富集状况。2013年之后，直到下半年，滇池外海北部才第一次出现重度富集状况。2018年7月23日，才第一次出现蓝藻重度富集状况。

2. 蓝藻水华发生时段大幅度缩短

在“十五”期间，浮游藻类发生明显富集的时间段一般是在3~11月。每年3月以后，水体叶绿素a浓度就超过了400毫克/升，蓝藻中度和重度富集发生持续时间长达近9个月。在“十一五”期间，浮游藻类发生明显富集的时间变为4~11月，比“十五”期间缩短了约1个月。在“十二五”期间，浮游藻类发生明显富集的时间为6~10月，比“十五”期间缩短了约4个月，比“十一五”期间的持续时间段缩短了约3个月。“十三五”期间，浮游藻类发生明显富集的时间段为7~9月，蓝藻水华发生的主要时段大幅度缩短。

3. 滇池外海北部近岸带历年发生水华的天数逐年降低

从2010年开始，对滇池外海北部水域重点开展蓝藻动态观测，并统计

蓝藻出现中度和重度富集的天数。从 2010 年开始，蓝藻出现明显富集的天数呈现下降的趋势。在 2010 年，全年出现明显富集的天数为 137 天，到 2012 年下降到 71 天，2013 年则为 63 天，2014 年仅为 46 天，2015 年为 32 天，2016 年为 21 天，2017 年为 17 天，2018 年为 6 天。

4. 蓝藻水华分布面积明显缩小

“十二五”之前，滇池蓝藻水华面积相对较大，主要集中在外海北部近岸带，在离岸边约 500～2000 米的近岸水域，蓝藻出现重度富集的频次较高；“十二五”后，则一般在离岸边约 50～500 米的水域出现富集；“十三五”之后，一般在近岸带约 30～200 米范围富集（富集的点位与风向和湖流相关联）。

（四） 水体功能逐步得到恢复（接近或达到水体功能区划目标）

2018 年，列入云南重要水源和备用水源地的 67 个重要湖库中，达到水环境功能区划的有 52 个，达标率为 77.6%，相比 2017 年上升 4.2%。

2018 年，云南省重要水源保障湖泊抚仙湖、泸沽湖一直保持在Ⅰ类地表水质，洱海则稳定在Ⅲ类水质，部分月份达Ⅱ类。滇池草海和外海主要水质考核指标也提升为Ⅳ类，草海达到Ⅳ类水质功能要求。外海在个别月份达到Ⅲ类水质的功能需求。阳宗海、程海等也能满足水环境功能要求。

其他一些小型湖泊如茈碧湖、拉市海、剑湖、鹤庆草海等水体功能也较有保障，云南高原湖泊治理取得了阶段性成果。

第四节 森林云南建设

森林在维持生物多样性、保护生态环境等方面起着不可替代的作用。云南地处大江大河的上游，森林及植被的数量和质量对我国西南江河生态环境、下游的生态安全发挥着重要的基础性保障作用。云南从 20 世纪 90 年代初开始，全面进行森林保护，近年来全方位开展“森林云南”建设，天然林资源保护工程及退耕还林还草工程实现了对西南绿色屏障的提升和强化，为打造我国西南生态安全屏障作出了贡献，积累了经验。

一 森林云南建设的重要性及战略

森林是陆地生态系统的主体，具有复杂的结构和功能，不仅为人类提供了大量的木质林产品和非木质林产品，并具有历史、文化、美学、休闲等方面的价值，在保障农牧业生产条件、维持生物多样性、保护生态环境、减缓自然灾害、调节全球碳平衡和生物地球化学循环等方面起着极其重要的和不可替代的作用。

（一）森林云南建设的重要性

林业在贯彻可持续发展战略中具有重要地位，在生态建设中具有首要地位，在西部大开发中具有基础地位，在应对气候变化中具有特殊地位。云南省委、省政府历来高度重视林业的改革和发展，从改革开放特别是党的十六大以来，确立了生态立省的发展战略，不断完善政策、强化措施、加大投入、深化改革，促进了林业持续健康快速发展，林业生态效益、经济效益和社会效益明显提升。

建设“森林云南”是推动生态文明建设和贯彻落实科学发展观的具体体现。建设“森林云南”能维护好森林、湿地等生态系统，为生态文明建设提供环境基础；能提供木材、林产品、绿色食品、药材、生物质能源等丰富资源，满足全社会对生态产品的巨大需求，带动相关产业、扩大就业、推动产业结构优化升级，为生态文明建设提供物质基础；通过发展森林文化、湿地文化、生态旅游文化、绿色消费文化等生态文化，形成尊重自然、热爱自然、善待自然的良好氛围，为生态文明建设提供社会基础。建设“森林云南”对坚持生态建设产业化、产业发展生态化的发展道路，促进云南生态文明建设有重大而深远的现实意义和历史意义。

建设“森林云南”是统领林业改革发展的重大举措。由于林业资源的特殊性、林业生产的周期性以及林业工作的艰巨性和复杂性，云南林业生产力发展水平仍然较低，“大资源、小产业”的状况尚未得到根本改变，经济效益尚未得到充分显现。以建设“森林云南”为统领，全面加快林业改革和发展，实现资源增长和农民增收，是贯彻中央林业工作会议精神、破解林业改革发展中存在的难题、促进林业又好又快发展、塑造云南良好生态文明形象的重要举措。

建设“森林云南”是发挥云南比较优势的必然选择。云南是全国重点林区之一，丰富的森林资源和良好的生态环境，已成为云南的一大优势。林地中蕴藏着巨大的发展潜力和生态建设空间，广大山区群众致富奔小康，希望在山，出路在林。随着集体林权制度改革的深入推进，农村生产关系将发生重大变革，农村生产力将得到进一步解放。建设“森林云南”，对进一步发挥森林资源比较优势，进一步深化林业各项改革，进一步释放林业发展的潜力和活力，必将起到积极的推动作用。

建设“森林云南”是促进林农增收致富、统筹城乡发展的客观要求。改革开放以来，尽管云南山区经济社会发展取得了较大成就，但受历史、地理、区位、社会发育程度等多方面因素影响，林区农民收入增长较为缓慢，山区和坝区发展差距仍然较大，城乡二元结构特征较为突出。建设“森林云南”有利于充分发掘山区资源潜力，调整农村产业结构，提高林地生产效益，有效促进林农增收致富，维护山区和谐稳定，对于推进城乡统筹、区域协调和经济社会可持续发展具有重要意义。

建设“森林云南”是绿色经济强省的重要内容。云南发展绿色经济的基础条件优越，在全国最早提出并制定了建设绿色经济强省的战略目标，在开发绿色资源、发展绿色产品和保护绿色环境等方面取得了明显成效。林业是云南实施生态立省战略、建设绿色经济强省的主体。建设“森林云南”，加快绿色经济发展，必将进一步夯实建设绿色经济强省基础，在为国家履行国际减排承诺作出重要贡献的同时，最大限度地实现经济增长质量、速度与效益相统一，促进经济发展与生态保护、社会进步相和谐。

（二）森林云南建设的基础及面临的问题

1. 森林云南建设的基础条件分析

云南地处我国西南边陲，西部、南部分别与缅甸、老挝、越南毗邻，边境线总长 4060 公里，省域生态区位重要，生态系统类型和生态景观多样，为长江、珠江、澜沧江、红河、怒江、伊洛瓦底江等 6 大水系的上游或发源地，不仅是我国林业资源大省，而且是我国乃至全球生物多样性最丰富、最集中的地区之一，有动物王国和植物王国之称。云南森林类型多样，具有丰富的生物多样性资源，从热带、亚热带到寒温带共105个主要森林类型，是我国乃至世界森林类型较完备、结构最复杂和功能最丰富的地区。云南森林不仅为省内和国家提供了大量的木质林产品和非木质林产品，而且在维持生物多样性、保护生态环境和减免自然灾害等方面起着重要的和不可替代的作用。

根据云南省林业厅发布的第四次森林资源调查公报，云南林地面积2607万公顷，占全省国土面积的68.0%；森林面积2273.56万公顷，森林覆盖率59.30%，林木绿化率67.82%；活立木蓄积19.13亿立方米，森林蓄积18.95亿立方米。云南森林面积和蓄积实现“双增长”，森林资源数量增加、质量提高。云南森林面积中，天然林面积1577万公顷、占69.4%，人工林面积526万公顷、占23.1%，人工促进林面积170万公顷、占7.5%；全省公益林地占48.3%，商品林地占51.7%；全省经济林木类资源面积441万公顷，竹类资源面积79万公顷。

此次调查于2014年9月正式启动。与2003年开始、2009年完成的上次调查相比，云南森林面积增加117万公顷，森林覆盖率从56.24%提高到59.30%，提高3.06个百分点；林木绿化率从64.50%提高到67.82%，提高3.32个百分点；人工林面积由438万公顷增加到526万公顷，增长20.1%，人工林资源显著增加。活立木蓄积由16.12亿立方米增加到19.13亿立方米，增加18.7%；森林蓄积由16.02亿立方米增加到18.95亿立方米，增加18.3%。林分每公顷蓄积由84.5立方米增加到94.8立方米，增加12.2%，森林质量得到明显提升。

2. 森林云南建设过程中面临的问题

（1）林业建设和生态保护任务艰巨。云南境内特殊的地理位置决定了地形、地貌、地理环境的复杂性和多样性，形成了光、热、水、气等资源的时空分布不均，差异极大，加之资源利用方式的不尽合理等多种因素，致使森林生态系统脆弱，生态环境亟待加强保护和建设。目前比较突出的问题是森林生态功能衰退，生物多样性受到威胁，长江中上游地区森林植被屡遭破坏，生态环境破坏严重，生态破坏已成为影响云南省经济社会发展的重要因素。虽通过多年持续治理和保护，取得了显著成效，但目前全省宜林荒山荒地和需要治理的区域主要集中在深山僻壤、干热河谷地带，生态环境恶劣，自然立地条件差，造林成本高，生态修复难度大。另外，局部地区生态环境恶化的趋势还没有得到有效遏制，外来物种入侵等全球性问题在云南也不同程度地存在。

（2）森林生态功能衰退，影响社会经济持续发展。随着工业化和城镇化快速发展，自然资源保护压力持续增加。林地保护与利用矛盾突出。由于云南省自然环境具多样性和脆弱性特点，资源型粗放经营的经济增长模式还没有实现根本转变，随着城市化进程的加快、人口的不断增加，消耗森林资源的产业有增无减，自然资源开发的力度不断加大，如道路建设、水电开发等基础设施和经济建设项目，对森林生态系统的影响越来越大，以植被破坏、资源不合理利用、水土流失、水质污染等为代表的环境问题仍很突出。

森林生态功能衰退，对生物多样性保护和群众生活生产造成威胁和影响。近些年通过退耕还林和天然林保护等生态建设工程的实施，森林面积虽有增加，但林分质量不高，中幼林占的比重大。森林覆盖率的提高与衡量尺度的变化也有一定关系。森林资源分布不均，西多东少，造成许多生态问题，难以发挥有效的生态功能，影响了社会经济的可持续发展。

（3）林业产业综合效益有待进一步提升。当前，云南省林业产业已形成一定规模，各州市结合自身实际发展了一批各具特色、辐射面较强的林业产业，但“大资源、小产业、低效益”的状况还未得到根本改变。一是产业发展层次较低，聚集程度不高，龙头企业偏少。二是产业化水平较低，一、二、三产业比例失调，第一产业的比重仍然较高，还处于出售初级产品的阶段，高附加值产品不多，综合效益不高，供给侧结构性矛盾突出。三是市场品牌意识较薄弱，知名品牌及拳头产品偏少，产品标准体系有待完善。

（4）森林资源管理需要进一步完善。目前，破坏森林资源的问题和案件禁而不止。主要体现在以下几个方面：一是个别企业和人员受利益驱使非法挖砂采石、毁坏山林、违法侵占林地，破坏森林。一些违法使用林地采石采砂案件依法处理后，“责令限期恢复原状”难以执行，治理难度大。

二是毁林开垦呈明显上升趋势。毁林开垦的多属于山区、半山区林业大县，这些县可用于种植农作物的土地资源较少，人多地少矛盾突出，加上县、乡和部门管理缺位，有法不依、执法不严，对破坏森林资源案件打击力度不够，对责任追究和行政处罚不到位也是导致毁林开垦呈明显上升趋势的原因。三是超审核（批）范围违法使用林地、乡村道路建设使用林地、集体林超证采伐和无证采伐林木等现象较突出，从侧面也反映了林业主管部门对林业政策的理解不到位、执行不到位、监管不到位。

（5）科技支撑体系有待进一步加强。林业发展中“缺科技”问题未得到有效解决，科技引领支撑林业发展的能力不强。一是林业经营管理还比较粗放，原始创新与集成创新能力较弱。二是科技成果推广服务体系不够健全，尤其是基层机构能力建设不足，成果转化“最后一公里”问题明显。三是科技基础设施及人才队伍建设有待加强，科技转化率还有很大的提升空间。

（三）森林云南建设的战略

1. 总体思路

以习近平新时代思想为指导，深入贯彻落实科学发展观，全面贯彻党的十七大、十八大、十九大及中央林业工作会议精神，坚持生态建设产业化、产业发展生态化，以“兴林富民”为目标，以深化集体林权制度改革为动力，以建设完备的森林生态体系、发达的森林产业体系、繁荣的森林文化体系为重点，创新体制机制，强化科技支撑，加大政策支持，提升全省森林生态效益、经济效益和社会效益，为建设富裕民主文明开放和谐云南奠定坚实基础。

2. 目标任务

按照建设完备的森林生态体系、发达的森林产业体系、繁荣的森林文化体系的要求，加快林业生态建设、产业建设、文化建设和基础设施建设，着力改善生态环境，提升林业发展水平，不断优化人居环境，把云南建设成生态系统稳定、林业产业发达、生态文化繁荣、人与自然更加和谐的“森林云南”，使林业在云南贯彻可持续发展战略中的重要地位得到进一步加强，在生态建设中的首要地位得到进一步明确，在经济社会发展中的基础地位得到进一步体现，在经济社会发展中的基础地位得到进一步巩固。到2020年，全省森林覆盖率达到并保持在60%左右，活立木蓄积量达到20亿立方米以上，林业总产值超过2000亿元人民币，农民从林业获得的人均收入达到4000元以上，城市建成区绿化用地超过35%，绿化率超过40%。

二 森林保育和修复理论与主要技术

（一）森林保育和修复的基本理论

1. 森林的演替理论

森林演替是指植物群落随时间变化的生态过程，是指在一定地段森林群落由一个类型变为另一个类型的质变且有顺序的演变过程。演替理论与农、林、牧以及人类社会经济活动紧密相联，是科学经营和合理利用一切自然资源的理论基础，是进行自然生态系统和人工生态系统有效控制和管理的根本依据，能指导生态系统保护与维持，以及对退化生态系统的恢复和重建。

森林保育从根本上来说，是在不同的演替阶段施以不同措施促进其进展演替，建立健康稳定的天然林生态系统。运用演替机制理论，对具体的天然林生态系统进行综合分析和评判，认识其动态变化规律，在天然林保护过程中，既要看到在一定的区域有一个地带性的气候顶极，同时还要看到由于环境的异质性还存在多个稳定的群落。

2. 森林可持续经营理论

森林可持续经营实质就是保持和提高森林生态系统的生产力、活力、多样性及再生能力，力求有丰富的森林资源和安全健康的森林环境和区域环境，以满足人类世代需要。在保护和维持森林生态系统的基础上，持续发挥森林生态系统的多种功能。森林生态系统可持续经营可分为四个层次，即区域水平、景观水平、林分水平、生物或物种水平。一般地说，森林可持续经营至少包括两个层次的含义：一是景观水平的森林可持续经营，要求森林经营满足区域可持续发展需要；二是林分水平森林可持续经营，要求森林经营要长期保持林分生产力、健康与活力、更新能力和生物多样性。

3. **近自然森林经营理论**

近自然森林经营理论，要求从整体出发观察森林，视其为永续、多样、有活力的生态系统，森林经营要符合森林生态系统所发生的自然过程，是贴近自然的、把生态与经济要求结合起来实现最合理地经营森林的一种模式。其特征是以培育近自然的森林为目标，考察现有的森林，并对所考察的森林加以细心缓和的调控。要求在同一个森林经营单元内，以不同树种和不同发育阶段为依托，在时间、空间上相互交错，井然有序形成整体，充分发挥森林的特有功能并保持其永续性。

4. **保护生物学理论**

保护生物学理论是研究生物多样性变化规律及保护的科学。生物多样性是指一定范围内多种多样活的有机体有规律地结合在一起的总称。包括物种、遗传、基因、群落、生态系统、景观等多样性。在生物多样性的发展中，通过对不同地区人类文化背景、生活方式的了解，对各地区的人与自然因素综合考虑，可为生物多样性的保护作出积极贡献。天然林是陆地生态系统中组成结构最复杂、生物多样性最丰富、功能最完善的生态系统。保护天然林在某种意义上就是保护生物多样性，要维持天然林生态系统的健康与活力，必须有效保护其生物多样性，特别是要注意保护在生态系统中起关键作用的建群种和共建种。

5. **森林分类经营**

森林分类经营，即将森林与森林立地划分为公益林、商品林与兼用林。从长远来看，任何一个森林群落都有着多功能的性质，分类经营可以保持和发挥森林的多功能特性，森林经营应该符合可持续发展的原则，做到保护与利用、育林与环境协调发展。当前根据森林多效用性和主体性利用原则，结合人类对天然林近期和长远的需要，对天然林实行分类经营是必要的。对一般天然林，通过保育充分发挥森林生态系统的生态防护功能；对生产性天然林，采取保育和持续经营技术，保持森林生态系统的物种和基因多样性，维持其健康与活力，持续地提供木材和各种林副产品；对典型的原始天然林生态系统采取封禁措施，保存完好的生态系统自然本底，为研究天然林理想结构、物质循环、能量流动及生态过程等提供天然的场所，同时，在生物多样性和生态防护功能方面也发挥重要作用。

6. 景观生态学理论

景观生态学作为地理学和生态学之间的一门新兴交叉学科，是用生态学的理论和方法来综合研究景观的结构、功能和动态变化。天然林分布区域在地形、地貌、生态环境等方面存在着异质性，不同类型的天然林在功能上也存在着明显的差异。因此，在天然林资源保护过程中，应该利用景观生态学的原理来指导天然林资源的分区规划和合理利用。

（二） 森林保育和修复的技术

1. 森林经营分类与评价技术

以可持续经营思想为指导，根据森林的自然特性和人为干预程度等情况，提出森林分类的原则、标准和方法，以森林生态系统和景观作为评价单元，对不同森林类型生态功能、资源状况、健康及稳定性方面进行评价。主要监测与评价技术包括：①动态监测技术。利用先进的技术（包括3S 技术）和计算手段，对在森林景观生态系统的尺度上所确定的监测项目和监测因子随时间发生的变化，进行动态记录、整理、分析、综合，为现有天然林的保护、培育和可持续经营提供依据。②模拟预测技术。根据天然林景观生态系统的分异，利用管理信息系统与 GIS 相结合的集成技术，在生境变化和人为干预情形下，模拟预测天然林生态系统中动植物种群结构、数量、分布的变化过程，确定数学建模中能够反映动植物种群时空变化和易于获得的自变量，实现森林景观生态系统动态变化的定量描述和计算机信息管理。③评价技术。以不同类型天然林生态景观系统作为评价单元，利用结构化技术对天然林生态、资源、健康及稳定性进行评价，寻求天然林可持续经营和保护的重要因子，提出实用的天然林可持续经营的技术体系。④预警技术。在对天然林进行系统分类和建立可持续经营评价指标体系的基础上，通过预警系统对天然林经营和健康状况进行预测和警报，找出反映天然林异常变化的主要指标体系，确定森林生态系统内主要指标的波动范围以及类型变动的阈值。

2. **天然林生态系统经营管理技术**

根据不同的森林经营类型，对不同的天然林采取不同的采伐和更新技术措施，包括小面积皆伐、择伐、渐伐、天然更新、人工补植、林冠下更新等；对不同的森林类型确定合理的采伐更新体系，如采伐量、采伐时间、伐区设置、运输的方式、更新树种、更新方式、更新苗木、整地与造林技术等；依据不同林分所确定的经营目标，通过结构调整（组成结构、径级与年龄结构、密度、景观结构配置）使处于不同演替阶段的天然林向各地区原始林稳定和优化的时空结构模式发展，逐步进入森林可持续经营的过程和状态。

3. **退化森林的恢复与重建技术**

研究不同退化森林生态系统类型的主要干扰因素及调控对策。研究不同类型退化天然林的封山和育林保护技术及其配套的技术规程等。对于原始林应采取绝对封禁；对轻度破坏或恢复良好的择伐林，只要采取封山育林方式，就可在一定时期内利用自然力恢复为原始林；对于重度择伐林和残破次生林则除进行封山外，还可进行轻度的抚育调整，促使其向合理的物种组成和群落结构方向发展并积极采取林分改造、补植和抚育等措施，加速其向顶极森林发展。

三　大力开展天然林资源保护工程

天然林是指起源于天然状态而不是起源于人工栽培，未经干扰、干扰程度较轻仍然保持有较好自然性的或者干扰后自然恢复的森林，包括原天然林区的残留原始林或过伐林、天然次生林及不同程度的退化森林、疏林地。天然林是森林生态系统的主体，是木材和非木质林产品的重要来源。与人工林相比，天然林具有较高的生物多样性、较复杂的群落结构、较丰富的生境特征和较高的生态系统稳定性。

（一）天然林保护是林业生态文明建设的关键

党的十八大以来，习近平总书记对林业工作高度重视，习近平总书记指出，林业建设是事关经济社会可持续发展的根本性问题；发展林业是全面建成小康社会的重要内容，是生态文明建设的重要举措。众所周知，在农田、森林、草场三大陆地生态系统中，森林处于主导地位，是陆地生态系统的主体。其中天然林又是陆地生态系统结构最复杂、群落最稳定、生物量最大、功能最完善的自然资源，是系统最多样、生物多样性最丰富、自然修复能力最强的森林生态系统，对抵御洪涝灾害、遏制土地荒漠化、保护物种、维持生态平衡起着决定性作用。

习近平总书记指出，森林是国家、民族最大的生存资本，关系生存安全、淡水安全、国土安全、物种安全、气候安全和国家外交战略大局。云南素有中国生物多样性的天然宝库和资源基地的美誉，在国家“两屏三带”十大生态安全屏障中，云南肩负着西部高原、长江流域、珠江流域三大生态安全屏障的建设任务，在我国生态文明建设中具有重要的战略地位。根据《2019 年云南省环境状况公报》，2009 年，云南森林覆盖率达 60.3%，高出全国平均水平 33 个百分点，全省活立木总蓄积 20.2 亿立方米，居全国第 2 位。森林生态系统服务功能价值达 1.48 万亿元，在全国各省区中处于第 2 位。其中，年涵养水量 518.17 亿立方米，年涵养水源价值达 4494.12 亿元；年固土量 17.21 亿吨，减少土壤氮、磷、钾流失合计 3289.24 万吨，年保育土壤价值达 3361.33 亿元。但同时，云南又是生态环境比较脆弱敏感的地区，特殊的地质构造与地形地貌、复杂的气候环境，导致植被恢复和演替过程非常缓慢，一旦破坏极难恢复，保护生态环境和自然资源的责任十分重大。因此，实施天然林保护是林业生态文明建设的关键，保护天然林不仅有利于保护林地自然资源，还可以发挥其生态环境效益，进而构建生态安全屏障，既可推动云南自身发展，也可彰显区域生态优势，使云南在参与国际国内区域合作中发挥更大的作用。

习近平总书记强调，要全面保护天然林，保护好每一寸绿色。天然林不仅是重要的自然资源，而且还能够为生态文化建设提供社会基础，通过发展森林文化、生态旅游文化、绿色消费文化等，形成尊重自然、顺应自然、保护自然的价值观，以达到全社会对生态文明的认知认同。

（二）在工程区实现“一减三增”推动云南林业生态建设

建设生态文明，林业工作者重任在肩，为了深入贯彻落实党的十八大、十九大和习近平总书记系列讲话，特别是他在考察云南时的重要讲话精神，争当生态文明建设排头兵，云南省委、省政府编制了《云南省生态文明建设林业行动计划（2013—2020 年）》，并着力加快推进“森林云南”建设。2016 年全省林业系统组织编制了《云南林业发展“十三五”规划》，明确了“十三五”的七大任务和十大重点工程。根据国家林业局划定的 4 条生态保护红线，云南省确立了到 2020 年林地和森林保有量不低于 2487 万公顷和 2143 万公顷，森林覆盖率力争达到并保持在 60% 左右，森林蓄积保持在 20 亿立方米以上，自然湿地面积保持在 42 万公顷以上，自然保护区面积不低于 300 万公顷的宏观目标。

为了认真贯彻落实中央和省委、省政府的决策部署，牢固树立“绿水青山就是金山银山”的新发展理念，进一步强化生态保护，努力提升森林质量，切实维护森林资源安全，云南省在深入推进天然林保护国家重点生态工程的同时，还启动实施了低效林改造、陡坡地生态治理等具有云南特色的生态建设工程。

天然林资源是森林资源的主体，云南天然林面积占全省森林面积的 80% 以上，天然林又是采伐利用的主要对象。天然林保护工程自 2000 年在云南省正式启动以来，对云南林业生态建设和产业发展产生了深远的影响。2000～2007 年天然林保护工程区累计减少商品材消耗 1809.7 万立方米，折合森林蓄积 3016.2 万立方米，相当于少采 30 多万公顷的天然林。从 2016 年开始，国家实行全面停止天然林商业性采伐的政策，云南集体天然商品林年主伐限额从 532 万立方米调减至零，约占全国调减总量的 33%，居全国第一位，是全国天然商品林生产量削减幅度最大的省区，虽在一定程度上对云南林业经济发展和广大山区林农脱贫致富产生一定影响，但与此同时森林资源消耗量的大幅减少也获得了明显的生态环境效益。生态建设工程实施以来，生态环境明显改善。工程区取得了“一减三增”的成果，即森林资源消耗量减少，有林地面积增加，森林覆盖率增加，森林蓄积增加。目前云南省天然林资源保护工程二期正在实施中，通过二期工程，森林管护面积将达到 15232 万亩，建设公益林 1485 万亩，中幼林抚育 1370 万亩。通过此项工程，将有效恢复森林植被，控制水土流失，增加生物多样性，改善生态环境质量，为云南省及长江中下游的生态安全作出重大贡献。

（三）长效机制建设保障天然林可持续发展

党的十八届五中全会明确提出“完善天然林保护制度，全面停止天然林商业性采伐”，习近平总书记作出“要研究把天保工程（即天然林保护工程）范围扩大到全国，争取把所有天然林都保护起来”的重要指示。保护好天然林，是建设生态文明的根本要求，是践行绿色发展、维护生态安全和建设长江上游生态屏障的重要举措。天然林资源保护工程是党中央、国务院站在国家和民族长远发展的高度，着眼于经济与社会可持续发展全局作出的一项重大决策。天然林可持续发展是林业工作的重头戏。为此，云南省按照国家天然林资源保护工程实施方案，采取不同机制与措施，实现天然林的有效管护及可持续发展。

1. 切实落实责任制

深入贯彻云南省《各级党委、政府及有关部门环境保护工作责任规定（试行）》，切实健全完善并执行好保护发展森林资源目标责任制，充分发挥责任制总抓手和总推进器的作用，强化责任落实，以最严格的制度和长效机制保护管理好全省森林资源。同时实行责任追究制度，对重大毁林案件，违规使用工程资金和重大工程质量事故的有关领导和责任人要进行责任追究，以确保工程的健康、顺利发展。责任制可以在不同行政层次上落实，如省政府发布公告，与各州市政府签订天保工程行政首长目标责任状；州市和实施单位实现分片包干责任制等措施，层层分解落实。其中宁蒗彝族自治县按照天然林资源保护工程二期实施方案，实行天然林资源保护工程实施单位分片包干，采取天保工程实施单位与所辖管护所，管护所与管护点，管护点与管护员层层签订森林管护责任状等措施，使森林管护各项工作均取得较大进展。同时在经营管理方式上，采取灵活多样的所有制形式，责权利统一的多种分配方式，提高资产效益。对有土地资源的森工企业，师宗县南盘江林业局通过创办“家庭生态林场”把土地承包给职工造林和经营；对没有土地资源的森工企业，可以通过职工承包的方式，与农民联营发展特色经济林。南华县公开出让森林管护和林下资源采集权、丽江市森林管护实行农民家庭承包管护、卫国林业局松脂采集权出让等做法，通过调动林区群众参与森林管护的积极性，把森林管护、林业发展与林区群众、企业职工的利益紧密结合起来，促进林区群众增收和企业职工富裕。

2. **严格落实天然林地管理**

切实落实《天然林资源保护工程森林管护管理办法》。第一，完善天保工程管理的各项规章制度，确保天保工程建设有章可循、有规可依；第二，强化天保工程管理机构和队伍能力建设，调整充实天保工程管理人员，加强培训，提高人员素质，创新管理手段；第三，严格天保工程质量管理，确保天保工程质量和进度；第四，加强资金管理，审计稽查及资金使用监督，确保资金安全；第五，强化天保工程核查，严格执行检查验收制度。

3. **切实保障林农利益**

认真落实生态效益补偿政策，对权属为集体和个人的国家级公益林和省级公益林全面实施生态效益补偿，严格按照规定兑现补偿资金。鼓励和引导林农开展人工林的培育与利用，充分调动林区农民爱林护林的积极性。进一步加强农村能源建设，妥善解决农村的生活能源使用问题，切实降低烧柴对森林资源的低价值消耗。同时妥善安排森工企业、国有林场职工继续从事森林管护等工作，保障职工就业。将林业职工和林区居民纳入地方就业和社会保障体系，加强职业技能培训和职业介绍工作，采取有效措施，多渠道促进林业灵活就业人员实现稳定就业。另外，利用现有资源，积极探索多种经营模式，增加企业与职工收入。通过调整产业结构，促进林区经济发展转型。充分发挥工程区天然林资源的比较优势，加快发展森林生态旅游、林下资源开发、特色种养等产业，为林农培育稳定的收入来源。目前云南已初步形成滇中地区以野生菌、林下药材及木本油料产品的加工及流通为主，滇东北地区以林下药材种植（天麻、重楼等）为主，滇南地区多种植石斛、三七等林下药材，滇西北及滇西南地区依托丰富的旅游资源开展森林生态旅游的发展格局。

4. **探索新的管理经营模式**

为了提高工程质量，培植后续产业，云南省积极探索森林资源管护新机制，如大姚县实行以岗定责、以岗定薪、聘用上岗的管护机制，对所有参加森林管护的重点森工企业和地方森工企业职工一律统一管理，并根据管护成效兑现管护质量保证金和奖金。如南华县为加强森林资源的管理，结合实际积极探索新的管护模式，采取将山林承包给村民小组或个人管护，食用菌收益权归承包人所有的方式进行森林资源管护，不但有效地管护了森林资源，而且实现了林农增收。

5. 健全完善长效机制

结合本地实际建立全方位森林资源保护长效机制，做到标本兼治，切实从根本上遏制破坏森林资源违法犯罪现象。云南省已从以下几个方面完善森林资源长效保护机制。第一，积极争取加大资金投入与资金管理，形成林业投入稳定增长的常态化机制。第二，强化林业科技支撑，通过推进林业科研平台和基础设施建设，林业科技创新和成果转化力度，林业科技人才队伍建设管理，努力提升科技对林业建设的支撑和引领作用。第三，进一步建好基层林业站、木材检查站、保护区管理站、国有林场、林区派出所等基层站所。第四，将林业宣传工作作为生态文化建设重要抓手，充分利用宣传媒介，加大林业重大改革、重大政策、重大举措、重大成果的宣传力度，为林业改革发展营造良好氛围。第五，继续深入开展“森林云南”建设示范基地创建活动，认真总结工作经验，真正做到通过示范打造品牌。第六，加快林业信息化建设步伐，实现省、州、县林业专网互联互通。

四　加大退耕还林还草力度

（一） 退耕还林还草，重塑西部绿色屏障

退耕还林还草工程是我国乃至世界投资最大、政策性最强、涉及面最广、群众参与程度最高的一项重大生态工程，该工程从保护生态环境出发，将严重退化的耕地进行有计划的停止耕种，因地制宜地进行造林种草，以恢复植被，改善生态环境。党的十八大把生态文明建设纳入了中国特色社会主义事业“五位一体”的总体布局。十八届三中全会对全面深化改革作出了总体部署，提出要加快生态文明制度建设，并将稳定和扩大退耕还林还草范围作为全面深化改革的336项重点任务之一大力推进。因此，实施退耕还林还草是我国深化改革的措施之一，成为当前实现绿色增长、科学发展的主要手段，将进一步增强我国的生态承载能力，提升综合国力。退耕还林还草工程是提升民生福祉的重要措施之一。李克强总理曾强

调，要“把强化生态环保作为调整经济结构、保障改善民生的重要抓手”。因此，实施新一轮退耕还林还草正是促进民生改善和发展方式转变的重要手段，可进一步保持经济平稳较快增长，实现经济社会全面协调可持续发展。

云南地处横断山生态脆弱地区和云贵高原生态敏感地区，国土面积的94%为山地，境内河流分属长江、珠江、澜沧江、红河、伊洛瓦底江、怒江六大水系，是我国乃至国际重要河流的中上游或源头，是东南亚国家和我国南方大部分省区的“水塔”，生态区位十分重要。云南生态建设事关下游流域地区和国家经济社会可持续发展，是我国西南重要的生态安全屏障。虽然近几年通过不断加大生态工程建设力度，从总体上看，全省生态恢复和治理的形势仍然十分严峻，个别地区生态恶化的趋势仍然没有得到根本扭转。同时云南省也是一个以山地农业为主的省份，全省耕地质量较差，生产力水平较低，坡耕地比重较高。山区经济社会发展落后、生态环境脆弱、农村产业结构单一、群众自我发展能力不强、贫困面广等问题已成为制约全省经济社会可持续发展的瓶颈。加上云南近年来连续多年干旱，造成许多坡耕地大量减产，甚至颗粒无收。云南省滑坡、泥石流等地质灾害频发，造成大面积的坡耕地失去耕作条件，生态环境破坏加剧，生态恢复和治理任务十分艰巨。

面对新的形势，云南省委、省政府作出了争当全国生态文明建设排头兵的重要决定，其中退耕还林还草工程是云南建设“绿色生态安全屏障”的重要组成部分，通过实施新一轮退耕还林还草，为实施“兴林富民”战略、推进“森林云南”建设注入了新的动力，是云南全面深化生态文明改革和生态建设的重大突破口和切入点。从生态环境角度来看，工程的实施对建设我国西部生态安全屏障具有重要意义。“退耕还林还草”作为云南省争当全国生态文明排头兵建设的重要载体，一直是生态建设的战略性措施，通过退耕还林还草保护和建设加大水土流失治理力度，有利于从源头上扭转生态环境恶化趋势，持续改善生态环境，不仅关系云南省自身的可持续发展，并将为我国长江、珠江中下游的广大地区乃至东南亚部分国家构筑坚实的生态安全屏障，进而实现云南山绿、水清、人与自然和谐发展的新局面。从社会经济与发展角度来看，实施新一轮退耕还林还草工程也是调整我省经济结构，特别是农村产业结构，发展高产、优质、高效农业的基础，该项工程有利于充分发挥山地资源和立体气候优势，加快推进山区经济发展，将从根本上改变边疆少数民族群众刀耕火种的生产方式，加快传统农业向生态产业转变，坚持走“靠山脱贫，以林致富”的道路，对于改善民族地区的生态和民生、促进山区产业结构调整转型和山区群众增收致富、促进边疆民族地区的社会稳定和边防巩固有着重要的现实意义和战略意义。

（二）“生态建设产业化、产业发展生态化”实现生态与民生改善的互赢

党的十八大以来，习近平总书记反复强调“我们追求人与自然的和谐、经济与社会的和谐，通俗地讲就是要‘两座山’：既要金山银山，又要绿水青山，绿水青山就是金山银山”。生态保护和民生发展，永远是相辅相成的。

自退耕还林工程试点以来，云南省委、省政府一直高度重视退耕还林工作，先后提出了“突出重点抓生态，坚定不移地走可持续发展”“生态建设产业化，产业发展生态化”等生态建设及林业发展思路，把退耕还林确定为云南省生态环境保护与建设的重点工作之一。“十二五”以来，全省林业系统根据“生态立省”战略，实施了木本油料产业、林浆纸产业、林化工产业、竹藤产业、野生动物驯养繁殖产业、森林生态旅游产业、木材加工及人造板产业、林下经济、观赏苗木产业等九大产业，逐步实现生态建设与产业发展并重、生态改善与林农致富双赢的转变。

1. 生态状况明显改善

全省通过退耕还林工程完成人工造林面积 1582. 1 万亩（含退耕地还林 533. 1 万亩、荒山荒地造林 1049 万亩），全省 25 度以上和 15 ~25 度陡坡耕地减少 465. 4 万亩，陡坡耕作面积明显减少，工程区林地面积大幅增加，生态环境逐渐好转。据退耕还林工程生态效益监测站监测，25 度以上陡坡耕地营造生态林，其河水径流量下降了 82%，径流中泥沙含量下降了 98%，乔木林退耕地有机质比未退耕地增加 41. 66%，全氮含量增加 37. 5%，为全省生态的持续改善和美丽云南建设作出了巨大贡献。

2. **退耕农户收入明显增加**

我省退耕还林还草工程区大多处于少数民族贫困地区，退耕还林还草的补贴资金超过了农户从原广种薄收的耕地中获得的收益，成为他们重要的经济收入来源。目前，退耕还林种植的核桃、茶叶、花椒、竹子等树种已开始产生经济效益，成为退耕农户稳定的收入来源。通过工程实施，有效推动了农村剩余劳动力向城镇和二、三产业的转移，促进了退耕农户生产经营由原来以种植、养殖为主向多元化格局的转变，拓宽了增收渠道。

3. **粮食生产能力明显提高**

云南省委、省政府认真贯彻落实党中央、国务院耕地保护的有关政策，在确保退耕农户人均留足1亩口粮田的基础上，加大了对退耕还林区基本农田建设的投入。虽然工程的实施减少了部分陡坡耕地面积，但通过实施巩固退耕还林成果专项规划基本口粮田建设，推进中低产田改造，加上农业生态环境的改善，农业实用技术的推广，全省粮食连续多年增产。事实证明，退耕还林不仅没有影响全省粮食生产，而且还促进了粮食增产。

4. **产业结构调整明显加快与优化**

各地按照省委、省政府提出的“生态建设产业化，产业发展生态化”的发展思路，紧紧抓住国家实施退耕还林的机遇，结合林产业发展，充分利用退耕还林补助期长、投资高、涉及农户多的特点，引导和带动广大农户大力培植特色经济林，努力扩大种植面积，推动林产业大发展，增强脱贫致富的后劲。全省大力开展退耕还林工程和巩固成果种植业，广泛种植云南松、思茅松、桉树、竹子等用材林，同时积极种植核桃、油茶等木本油料林，八角、茶叶、桃李等其他特色经济林，为调整农村产业结构，促进经济社会健康发展奠定了良好基础。

5. **退耕还林成果得到切实巩固**

通过巩固退耕还林成果专项规划建设，退耕农户人均口粮田达到了1.3亩，口粮自给能力增强。退耕农户中新建沼气池10.3万户，改建节柴灶10.2万户，安装太阳能15万户，改善了生活方式和生活环境，有效提升了生活质量。通过引导退耕农户开展补植补造林地140.5万亩，优化树种75.5万亩，发展林下种植37.8万亩，退耕还林成果得到了有效巩固，提高了退耕还林的质量和效益。国家核查表明，退耕地到期面积林木平均保存率达99.9%以上，成林率达到95.9%。

（三）启动新一轮退耕还林还草工程，加快推进“森林云南”建设

启动新一轮退耕还林还草工作，是党中央、国务院从中华民族生存和发展的战略高度，着眼经济社会可持续发展全局作出的重大决策，是建设生态文明和美丽中国的战略举措，是解决我国水土流失和风沙危害问题的必然选择，是促进农民脱贫致富和全面建成小康社会的客观要求，对全面推动生态林业发展、增加我国森林资源、应对全球气候变化具有重大意义。云南省委、省政府始终高度重视退耕还林还草工作，将退耕还林还草工程作为构建西南生态安全屏障的重要措施，争当生态文明建设排头兵的重要内容，深入推进脱贫攻坚的重要抓手。省委、省政府按照“生态建设产业化、产业发展生态化”的总体要求，将新一轮退耕还林还草列为年度重点工作和重点督查的20项重大建设项目。

1. 新一轮退耕还林还草工程建设规模

根据《云南省新一轮退耕还林还草实施方案》（以下简称《方案》），优先对全省25度以上非基本农田坡耕地实施退耕还林还草工程，积极争取国家支持，将25度以上基本农田可调整为非基本农田坡耕地、重要水源地。对15～25度非基本农田坡耕地和15～25度石漠化治理区非基本农田坡耕地等生态区位重要、生态状况脆弱、集中连片特殊困难地区实施有计划地退耕还林还草。根据《方案》云南省2014～2020年新一轮退耕还林还草工程实施规模为1300.00万亩，包括还林面积1170.0万亩及还草130.00万亩。其中：25度以上非基本农田坡耕地面积372.00万亩，占总规模的28.6%；25度以上原基本农田坡耕地面积650.00万亩，占总规模的50.0%；重要水源地15～25度非坡耕地面积208.00万亩，占总规模的16.0%；石漠化地区15～25度非基本农田坡耕地面积70.00万亩，占总规模的5.4%。

2. 新一轮退耕还林还草工程建设的主要内容

新一轮退耕还林还草工程建设主要从四个方面着手：

（1）人工造林根据新一轮退耕还林还草建设分区的立地条件，科学造

林，坚持因地制宜、适地适树的原则，同时考虑树种的生态防护效益和经济效益。营造混交林，实行多树种，乔、灌、草相结合，形成复层森林结构，减少地表冲刷，提高生物治理效果。对立地条件差的陡坡、侵蚀沟、干热河谷、水土流失严重的地方，可先植灌木，待环境得到一定程度的改善后再植乔木；对乔、灌造林成活困难的地段，可先种草或栽植草坪，提高治理的效果和成功率。

（2）人工种草根据实际需要和适宜的条件，同时兼顾当地畜牧产业，选择当地速生草种播种。在缓坡地段实行水平带状种植，坡度在25度以上土层较薄的陡坡地段，根据地势作水平带状处理或实行穴状点播，以利于人工草种的种植和防止新的水土流失。

（3）生态产业化建设新一轮退耕还林还草实施区按照“生态建设产业化、产业发展生态化”的总体要求，结合林业产业发展规划，优先选择适宜建设区自然条件、地方特色、农户种植积极性高、助农增收潜力较大的兼有生态和经济用途的树种开展植树造林，在开展生态建设的同时，进一步夯实山区产业发展基础，为实现山区产业结构调整、山区林农收入持续增长作出积极贡献。新一轮退耕还林还草实施工程在发展水源涵养林、防护林等生态公益林的同时，兼顾地方产业发展，种植一定规模的特色经济林树种和畜牧草种，促进当地产业转型升级。

（4）建立必要的科技支撑体系指导新一轮退耕还林还草工程的顺利进行，确保项目成果质量，取得预期效果。通过科技培训提高管理者和生产者的管理水平与技术素质，使广大人民群众真正成为懂管理、懂技术的人才；通过开展科学研究及技术推广，筛选、组装和配套一批生态效益、经济效益显著的技术新模式，研发治理工作中急需的林草植被恢复等技术，进而确保工程建设目标的实现；通过生态效益监测，提高工程营造林管理水平、森林资源监管及预防应急能力，科学、准确地评估工程实施效益。

3. 总结经验助推新一轮退耕还林还草工程建设

生态改善、林农林企受益、社会获益是推进退耕还林还草的目标和动力。只有让生态得到改善、林农林企得到实惠，对社会产生效益，才能让退耕还林还草工作在全社会引起共鸣、获得支持。

严密组织、强化领导是推进退耕还林还草的根本保障。只有强有力的组织领导，切实落实目标管理责任制，才能依法依规、科学规范、高效有序地推进退耕还林还草工作。

统筹兼顾、搞好结合是推进退耕还林还草的关键之举。只有坚持生态建设产业化、产业发展生态化，同时注重生态治理与产业发展、兴林与富民结合，才能确保生态治理、产业发展、农民增收目标的圆满实现。

拓宽渠道、多元投入是推进退耕还林还草的重要环节。只有多措并举、多方筹资，才能有效缓解退耕还林还草的资金短缺问题。

企业带动、市场运作是推进退耕还林还草的重要途径。只有广泛建立林农与企业的利益共享机制，真正形成企业与市场的发展联动机制，退耕还林还草才具有强大的生命力和广阔的发展空间。

注重民生、落实政策是推进退耕还林还草的必然选择。只有加强基本口粮田、农村能源、后续产业发展等项目建设，才能确保退耕还林还草成果巩固和退耕农户长远生计的解决。

创新机制、拓展模式是推进退耕还林还草的发展动力。只有不断创新投资主体多元化、植树造林专业化、经营管理规范化的机制和模式，才能确保退耕还林还草工程充满生机与活力。

五 森林云南建设的成功经验

（一）坚持绿色发展新理念

在森林云南建设过程中，认真贯彻习近平总书记系列重要讲话精神，以及“云南作为西南生态安全屏障，承担着维护区域、国家乃至国际生态安全的战略任务”的指示精神，实施“生态立省、环境优先”战略，推行绿色新政、促进绿色发展、再造绿水青山。同时在争当生态文明建设排头兵中，实施林业十项行动计划，以退耕还林还草、石漠化治理、森林抚育等国家重点生态工程为依托，大力推进国土绿化和生态修复，启动全省陡坡地治理，扩大森林植被，增加绿色资源总量，修复生态系统，夯实绿色发展的物质基础。

（二）坚持改革创新

围绕重点领域、关键环节，集中破解难题，推动转型升级，深挖林业发展潜力和活力坚持保护优先，同时注重生态修复与重建，整体盘活生态存量，不断提高生态系统的生产能力和公共服务能力。在森林建设过程中，一是抓重点领域专项改革。在全面启动国有林场改革和国有林区改革，深化集体林权制度改革的同时，深入推进自然保护区管理体制改革、林木采伐管理改革和林业行政审批制度改革，形成全方位、立体式改革格局，为推进林业发展注入源源动力。二是抓关键促落实。制订出台一系列改革方案，细化目标，明确责任领导、牵头单位，规划改革时间表和路线图，层层落实任务，确保各项改革思想认识、组织领导、任务分解、目标明确、推进措施责任到位。三是抓重点领域创新。积极开发适合林业特点的信贷产品。在全国率先开展经济林木和观赏苗木抵押贷款工作，完善林业综合保险制度等。

（三） 生态建设与经济效益有机结合

在生态建设过程中，坚持绿色惠民，生态、经济、社会效益有机结合，让绿水青山变为金山银山，让老百姓共享生态红利，从而调动和激发广大群众参与林业建设和生态保护的积极性和主动性。一是生态治理与保护、特色经济林基地建设和产业发展相结合，大力培育发展核桃、油橄榄、花椒、咖啡等特色经济林，积极扶持林副产品加工、森林旅游康养、林下经济等相关产业，使这些林地和产业成为群众致富的摇钱树，推动地方经济社会发展的动力源。二是把生态建设与保护同扶贫脱困相结合，推进生态治贫、绿色脱贫和精准扶贫。全面落实护林员精准脱贫项目。三是统筹推进城乡绿化一体化，为群众多谋生态福利。

（四） 强化宣传与科技兴林战略

在建设森林云南行动中，云南省注重加快林业现代化建设，保障林业持续、协调发展。一是大力强化全社会生态文明意识。加强宣传、教育与引导，深入开展生态文明教育基地创建工作。二是全力推进科技兴林、人才强林。各地都把科技驱动作为发展林业和建设生态文明的战略选择，改革科技兴林的体制机制，不断加大新技术新品种研发力度、成果转化力度、科技推广力度和人才培养力度，全面提高林业建设的效益。三是根据云南省林业资源多、涉及面广、生态保护任务重等实际，加快林业“互联网+”和基层站所建设，全面提升林业发展的基础保障能力。

第五节 绿色矿山建设

云南是矿业大省，地处我国著名的“三江”成矿带、扬子成矿区和华南成矿区三大成矿单元接合部，有着十分丰富的矿产资源，发展绿色矿业，建设绿色矿山，是云南争当全国生态文明建设排头兵背景下矿业开发的必然选择，也是建设美丽云南的时代要求。

一 生态文明建设背景下矿业发展走向

党的十九大从三个方面指出了加快生态文明体制改革，建设美丽中国的途径：一是推进绿色发展，构建市场导向的绿色技术创新体系；二是着力解决突出环境问题，构建政府为主导、企业为主体、社会组织和公众共同参与的环境治理体系；三是加大生态系统保护力度，建立市场化、多元化生态补偿机制。把生态文明建设提升到更高的战略层面，要求凝心聚力推进绿色发展，发展绿色矿山是加强生态文明建设的重要任务之一。

我国发展绿色矿业、建设绿色矿山的简要历程。2007 年中国国际矿业大会以“坚持科学发展，推进绿色矿业”为主题，标志着我国开始大力倡导发展绿色矿业、建设绿色矿山。《全国矿产资源规划（2008—2015 年）》明确提出，“大力推进绿色矿山建设，到 2020 年绿色矿山格局基本建立”的总体目标。2010 年，国土资源部发布《关于贯彻落实全国矿产资源规划，发展绿色矿业、建设绿色矿山工作的指导意见》，提出将发展绿色矿业、建设绿色矿山作为转变矿业发展方式、提升矿业整体形象、促进矿业健康持续发展的重要平台和抓手。2011 年，发展绿色矿业被纳入国家“十二五”规划，成为国家战略。2010 ~ 2013 年的四年间，国土资源部先后公布了四批“国家级绿色矿山”共 661 家试点单位，其要求包括依法办矿、规范管理、资源综合利用、技术创新、节能减排、环境保护、土地复垦、社区和谐、企业文化等九大方面。2016 年，国土资源部对国家第一批、第二批国家级绿色矿山试点单位建设进展情况进行了评估，有 187 家试点单位完成绿色矿山建设规划确定的目标任务，达到国家级绿色矿山基本条件。2017 年 5 月，国土资源部、财政部、环境保护部、国家质检总局、银监会、证监会六部门联合印发《关于加快建设绿色矿山的实施意见》（以下简称《意见》）指出，要加大政策支持力度，加快绿色矿山建设进程，力争到 2020 年形成符合生态文明建设要求的矿业发展新模式。该《意见》明确了绿色矿山三大建设目标：基本形成绿色矿山建设新格局；构建矿业发展方式转变新途径；建立绿色矿业发展工作新机制。生态文明建设背景下绿色矿山发展走向表现在以下几个方面。

（一）矿业政策

矿业政策是国家针对矿产资源勘查、开发、利用和保护所制定的产业政策。矿业政策制定的目的是实现某一时期的社会经济发展目标，要符合两个方面的基础要求：一方面，要为经济社会发展提供可靠的资源保障，确保国家资源能源安全；另一方面，要满足人民对于生活质量特别是环保的诉求。矿业政策的主要目标包括五点：一是促进有潜力的矿产储量增长与消耗速度保持在国民经济发展可接受的范围内，保证国土综合开发和社会经济发展对矿产资源的需求；二是建立矿产资源合理开发、有效保护、综合利用、节约使用机制，实现矿产资源的持续利用；三是建立合理的税赋、价格、社会负担机制，促进地勘业和矿产采掘业的健康有序发展；四是参与国际资源的合作开发，充分利用国外资金和资源；五是确定国家对矿产资源的合理储备，维护国家的经济安全。

矿业政策主要包括矿业资源开发利用政策、矿产资源保护政策、国际合作开发政策与小型矿山政策四个方面。我国宪法规定，矿产资源属于国家所有。开发政策主要包括：国家对全国的矿产勘查和开采实行统一规划、优化布局、有效保护、合理开采和综合利用。矿产勘查和开采实行许可证制度，允许探矿权、采矿权流转；资源开发与节约并举、节约为先；综合勘察、开采和利用，并有优惠政策；投资主体多元化；战略性资源国有矿山开采；鼓励某种矿产开发的优惠政策。矿产资源保护政策主要包括：国家根据各种资源的稀缺、贵重程度，将某些资源列为实行保护性开采的特定矿种。目前包括：黄金、钨、锡、锑、离子型稀土、石油、天然气、放射性矿。申请开采须经国务院报批。对矿产储量变化实行报批、登记和注销制度，对矿山企业的“三率”指标实行监督考核。鼓励矿山企业贫富兼采、大小兼采，对利用表外矿、尾矿和矸石予以优惠。关闭矿山非保安矿柱残留矿体免交资源补偿税；低品位尾矿及水体下、建筑物下、交通要道下矿体，减交资源补偿税。国际合作开发政策主要包括引进外资和对外投资两种形式，其中以引进外资为主，如天然气、石油等。国家规定，对于黄金、金刚石、有色金属等矿产的开发，不允许外商独资经营，金矿的对外合资开采只限于低品位、难选矿，硼镁石、天青石禁止外商开采。对外投资矿产资源开发，可以建立我国某些短缺矿产的稳定供给基地，如澳大利亚 Cadia 铜金矿等。小型矿山政策主要是对于集体企业、私营企业开采范围的规定：不适合国家建设大、中型矿山的矿床及矿点；经国有矿山企业同意，并经上级主管部门批准，在其矿区范围内可划出边缘零星矿产；矿山闭坑后，经原矿山企业主管部门确认可以安全开采并不会引起严重环境后果的残留矿体。对于个体采矿者规定：只能开挖零星分散的小矿体或者矿点，只能用作普遍建筑材料的砂、石、黏土等。

随着绿色矿业的不断发展，矿业政策也须不断调整，主要包括：地质矿产管理行政法规和部门规章要不断修改完善；加大地矿领域简政放权、放管结合、优化服务改革力度，全面取消非行政许可事项；矿产资源权益金制度不断改革。有关地质勘查的政策趋向：停止境外项目的申报；划清市场与政府的边界，政府从商业性地质领域退出；正式取消地质勘查资质。近几年我国矿业发展呈现新迹象、新趋势、新特点，具体包括以下方面：矿业法规、政策正在或将进行调整和修改；地质工作结构将发生深刻变化；煤炭的高效、清洁利用将成为我国能源革命的方向；绿色发展将成为矿山的最基本要求；战略性矿产将成为新兴战略性产业的支撑；矿山数字化、智能化步伐将加快；“三深”科技创新战略将不断拓展资源开发的空间；中国的跨国矿业企业将活跃在世界的舞台上；共享理念将贯穿矿业开发的始终，矿业文化会越来越受到重视。

（二）绿色矿山建设规范

绿色矿山是指在矿产资源开发全过程中，实施科学有序开采，对矿区及周边生态环境扰动在可控制范围内，实现环境生态化、开采方式科学化、资源利用高效化、管理信息数字化和矿区社区和谐化。其定义分别从环境、经济、社会等角度提出了要求，环境生态化理念贯穿于整个矿产资源的探采选冶中，将资源利用和环境保护结合起来，是生态文明建设的重要体现。资源高效利用、科学开采、数字化管理直接推动矿产经济的转型升级。矿区社区和谐发展对于矿地关系提出更高要求，和谐的矿地关系不仅能更好地促进矿山企业的发展，也有利于周边居民生活的改善，社会的整体福利提升。

2018 年，国家自然资源部发布 9 项行业建设规范，它们是：《非金属矿行业绿色矿山建设规范》（DZ/T0312—2018）、《化工行业绿色矿山建设规范》（DZ/T0313—2018）、《黄金行业绿色矿山建设规范》（DZ/T0314—2018）、《煤炭行业绿色矿山建设规范》（DZ/T0315—2018）、《砂石行业绿色矿山建设规范》（DZ/T0316—2018）、《陆上石油天然气开采业绿色矿山建设规范》（DZ/T0317—2018）、《水泥灰岩绿色矿山建设规范》（DZ/T0318—2018）、《冶金行业绿色矿山建设规范》（DZ/T0319—2018）、《有色金属行业绿色矿山建设规范》（DZ/T0320—2018）。国家级绿色矿山建设行业标准的发布，标志着我国的绿色矿山建设进入了“有法可依”的新阶段，将对我国矿业行业的绿色发展起到有力的支撑和保障作用。

九项规范主要涉及矿区环境、资源开发方式、资源综合利用、节能减排、科技创新与数字化矿山、企业管理与企业形象等几个方面，根据各个行业的特点作出相应要求。标准的制定与生产实践相结合，充分体现其科学性与先进性，同时考虑到现阶段我国绿色矿山建设实际情况与发展水平，保证标准的可操作性。

九大绿色矿山建设规范的编制原则是以促进资源合理利用、节能减排、保护生态环境和矿地和谐为主要目标，最终实现资源开发的经济效益、生态效益和社会效益协调统一，为发展绿色矿业、建设绿色矿山提供技术和管理支撑。同时，通过标准的制定，充分调动矿山企业的积极性，加强行业自律，使矿山企业将高效利用资源、保护环境、促进矿地和谐的外在要求转化为企业发展的内在动力，自觉承担起节约集约利用资源、节能减排、环境重建、土地复垦、带动地方经济社会发展的企业责任。规范贯穿了矿产资源开发的整个周期，在矿山设计、建设、采矿、选矿、闭坑全过程树立了绿色发展理念，严格规范管理，推进科技创新，实现资源节约集约、节能减排、保护环境，促进矿地和谐共荣，为加强矿业领域生态文明建设，提高矿产资源开发利用效率，加快矿业转型与绿色发展，构建矿地和谐、人与自然和谐发展的矿业经济新格局奠定了坚实的基础。

（三）绿色矿业发展示范区建设

2009 年，国土资源部正式发布《全国矿产资源规划（2008—2015）》，将绿色矿山工作列入其中，标志着在我国建设绿色矿山被正式提上日程。我国国家级绿色矿山建设试点工作得到不断推进，陆续有 4 批次 661 家矿山企业荣获“国家级绿色矿山试点单位”称号。2011 年，“发展绿色矿业”被纳入《国民经济和社会发展第十二个五年规划纲要》，一跃成为国家战略。2013 年，在国家发改委会同国土资源部等起草的拟报中共中央和国务院印发的《加快推进生态文明建设的意见》中，明确将发展绿色矿业、建设绿色矿山作为生态文明建设的一项重要内容。同时绿色矿山建设得到地方政府部门的积极响应和支持，各地通过矿山布局优化调整、资源高效利用和矿山环境恢复治理等措施有序推进绿色矿山建设，树立了一批先进典型彰显引领示范作用，取得了可复制、可推广的成功经验。绿色矿山建设已经成为促进资源高效利用以及加强生态文明建设的重要平台和抓手。为大力推广试点成熟经验，在绿色矿山建设试点基础上，我国拟选择矿产资源和矿山企业相对集中、矿业秩序良好、管理创新能力强的地区，建设一批绿色矿业发展示范区，集中连片推进绿色矿山建设，由点到面地整体推动绿色矿业发展，通过典型示范和辐射带动，引领传统矿业转型升级。

建设绿色矿山，实现资源的全面节约与高效利用是其基本条件之一。因此，绿色矿业的发展必将促进矿产资源节约与综合利用的规模、水平和质量。截至 2019 年，共建成 661 家国家级绿色矿山试点单位，涉及能源、冶金、有色、黄金、化工、非金属及建材等行业。2017 年,《关于加快绿色矿山建设的实施意见》下发,对建设绿色矿山、绿色矿业发展示范区进行了要求与部署,其中特别强调标准的领跑作用。目前,初步形成了 10 项绿色矿山建设相关的行业标准征求意见稿,一些绿色矿山建设的地方标准已经发布实施。

绿色矿业发展示范区作为矿产资源管理制度改革创新平台,应着力发挥政府引导作用,推动技术创新、管理创新和制度创新,集中连片、整体推动全域绿色矿山建设。力争 1 ~3 年完成一批示范试点矿山建设工作,建立完善的绿色矿山标准体系和管理制度,研究形成配套绿色矿山建设的激励政策。到 2020 年,全国绿色矿山格局基本形成,大中型矿山基本达到绿色矿山标准,小型矿山企业按照绿色矿山条件严格规范管理。资源集约节约利用水平显著提高,矿山环境得到有效保护,矿区土地复垦水平全面提升,矿山企业与地方和谐发展。其建设要求主要包括:优化勘查开发布局;促进矿业产业结构调整;整体提升资源开发利用效率;加强矿山地质环境保护和治理恢复;积极探索矿地和谐发展新途径;建立发展绿色矿业工作新机制。

二　云南绿色矿山建设及生产实践

云南发展绿色矿业、建设绿色矿山的进程与全国同步。云南是矿业大省,全国四批 661 个国家级绿色矿山试点单位中,云南有 28 个(金属矿山 17 个,非金属矿山 11 个),其中第一批 2 个(全国有 38 个),第二批 7 个(全国 183 个),第三批 10 个(全国有 239 个),第四批 9 个(全国有 201 个)。按区域分布,云南 28 个国家级绿色矿山试点单位分布在 11 个地州市,其中昆明市 7 个、红河州 5 个、玉溪市 3 个、楚雄州 3 个、曲靖市 2 个、临沧市 2 个、文山州 2 个、迪庆州 1 个、昭通市 1 个、保山市 1 个、普洱市 1 个;按企业分布,这 28 个矿山主要集中在大企业集团,其中云南铜业集团 7 个、云南磷化集团 4 个、云南锡业集团 4 个、东源煤电集团 3 个、云南冶金集团 3 个、云南省小龙潭矿务局 2 个、云南澜沧铅矿有限公司 1 个、云南金山矿业有限公司 1 个、临沧韭菜坝煤业有限公司 1 个、中化云龙有限公司 1 个、砚山县阿舍楠木矿业有限公司 1 个。[①]

通过试点建设，这些矿山增强了依法办矿的自觉性，实现了矿山管理的科学化、规范化，激发了矿山的科技创新动力和能力，提高了矿产资源综合利用率，节能减排见到成效，土地复垦和环境保护意识进一步增强，积极履行社会责任，矿地和谐社区建设成效明显，创立了一套符合企业特点、助推企业发展的企业文化，涌现出一批科技引领、创新驱动型绿色矿山典范，初步形成了一批可复制、能推广的新模式、新机制和新制度。

当前是云南省城镇化加速发展的关键时期，资源刚性需求加剧，环境压力日益增大。云南省推行循环经济发展模式，实现矿产资源开发的经济效益、生态效益和社会效益协调统一，转变传统的单纯以消耗资源、破坏生态为代价的开发利用方式为生态和谐环保的方式，以资源合理利用、节能减排、保护生态环境和促进矿山和谐为主要目标，以开采方式科学化、生产工艺环保化、资源利用高效化、矿山环境生态化为基本要求，将绿色矿业理念贯穿于矿产资源开发利用全过程。

（一） 开采方式科学化

绿色开采是一种以资源利用最大化，环境破坏最小化为目的，安全、高效且利于可持续发展的开采技术体系，对绿色矿山建设的发展具有重要意义。针对矿山开采，云南省按照统一规划、有序接替、战略储备的原则，组织实施矿产资源开发利用。目前，云南省具有一定的矿采技术储备，已拥有胶磷矿浮选工艺技术、浮选药剂、尾水处理等一批技术专利，为云南中低品位磷矿产业化开发提供了决策和工程设计依据。

从集约土地利用出发，云南省在采矿作业过程中表土实施独立堆放，剥离的废弃物集中向采空区进行充填、表土铺设和植被种植与恢复，形成“剥离—采矿—土地复垦”有序对接。复垦后的土地基本用于植树造林，恢复生态，改善环境；部分土地经过继续改造甚至可作为耕地使用。例如，云南省采用自主研发、获得国家科技进步一等奖的“露天长壁式”采

---

① 黄发梅、刘振兴、周吉红：《云南省绿色矿山建设试点中的作用和存在问题》，《云南地质》2018 年第 4 期。

矿方法进行采剥生产作业，与传统采矿方法相比，此采矿方法使矿山开采强度提高了70%，贫化率降低了68%，损失率降低了11%。云南省经过选矿小试、扩大试验与工业试验研究，首次开发出了“正浮—粗联合反浮—粗—扫”的常温正—反浮选工艺；通过药剂分子设计理论与技术，首次合成具有常温下溶解性和分散性好、捕收性和选择性强等特点的高效无毒系列浮选药剂，并成功实现了云南中低品位胶磷矿常温正—反浮选成套技术产业化、工业化生产，产品质量达到了Ⅰ级磷精矿标准。

基于生态破坏最小原则，云南普朗铜矿将露天开采转为全井下自然崩落法开采，整个开采作业都在井下完成，并通过在矿体或某个矿段底部进行拉底，上部的矿岩不需借助强制爆破，在自重和应力的作用下即可持续稳定崩落。为提高采矿安全性，该矿运用智能装备与控制技术，建立采选全流程的在线监测智能系统、无人驾驶运输系统、无人驾驶铲运机系统、选矿全流程智能无人操作系统、长距离智能化尾矿输送监控系统，实现覆盖地质、采矿、选矿动力、生产管理全过程的智能化生产线。在采矿过程中，该矿还引入具有环境监理、水土保持监理相应资质的第三方单位参与项目建设监督管理，为矿山绿色开采提供专业的技术支持和监督管理保障。相比传统露天开采，全井下自然崩落法整个采切工程量、炸药单耗都大幅减少，有效降低了矿山开采过程对矿区生态系统的影响。由于炸药使用量的减少，单位矿石排放的一氧化碳、氮氧化物等废气量减少。

（二）生产工艺环保化

云南省生态环境较脆弱敏感，其特殊的地质构造、地形地貌和复杂的气候环境导致地质灾害多发，生态植被恢复的过程较为缓慢，一旦遭到破坏难以恢复。因此，在对矿产资源进行开发利用时，生产工艺环保化具有重要意义。低碳环保、生态绿色健康理念已经深入人心，在整个生产过程中始终坚持低碳环保、生态绿色的基本原则，注重环境的保护，针对存在的问题进行及时治理，并在此基础上采取现代化的绿色生态、高效环保的工艺设备和技术。

设计采选工艺从开路工艺流程到闭路采选工艺流程的转变。许多矿山原有设计采选工艺采用开路工艺流程，即井下矿石提升到地表后，先进行堆存，再用装载设备倒入矿仓。尾矿采用汽车运输到尾砂仓，或采用开放式尾砂仓，遇风时，满天沙尘，遍地尾砂，严重污染厂区及周边环境。而采用闭路式采选工艺流程方案能彻底防止尘砂的污染。矿山提升主井设置与选矿破碎系统紧密相连，井下提升上来的矿石，直接进入选矿厂破碎仓内，提高了生产效率；冶炼水淬渣经自卸卡车运输，自卸进入水淬渣仓，防止倒运造成的泄漏污染；尾矿库取砂采用采砂船、输送泵两级泵送到老选厂砂仓，有效地防止采用卧式砂仓堆存导致的遍地流沙。

云南铜业（集团）有限公司致力于全过程管理打造绿色矿山标杆，普朗铜矿采用全自动智能生产线，有效提升了劳动生产率，采选生产流程的生产效率达到国际领先、国内一流，矿山开采成本下降。与同规模传统矿山用工数量相比从业人员数量大幅下降，在降低用工成本的同时极大地减少了事故发生率，提高了矿山作业的安全性。废石加工厂将开采废石进行加工，废弃物变身高端建筑材料，创造了巨大的经济价值。

云南驰宏锌锗股份有限公司将生产过程向数字化发展。矿山建立了自动化选矿 DCS 控制系统、膏体充填 DCS 控制系统、废水处理控制系统、井下通风远程控制系统等，采用井下人机定位泄漏通信系统、生产过程数据采集系统、地表井下远程监控系统，实现了全矿语音、数据、图像三位一体的集中控制，矿山的生产效率提高了 3 倍，生产能力由 500 吨/天增加到 2000 吨/天，未新增 1 名员工。利用 MapGis、Surpac 等建立了矿山数字化模型，指导矿山地质找矿、矿山设计和矿山生产。

（三） 资源利用高效化

开展矿产资源节约与综合利用是云南省矿业实现高质量发展的关键环节。矿产资源是不可再生的，最大限度地利用矿产资源关系到矿业的可持续发展，关系到子孙后代的生存发展。为实现资源的高效回收利用，云南矿山积极开展采矿选矿工艺技术的研究。

为不断提高矿产资源综合利用水平，首先，要提高共生、伴生矿的综合利用率，提高综合矿床的资源效益和经济效益。一方面，通过进一步加大矿业开发的科技投入，提高云南矿业的整体科技水平，不断发展采选冶新工艺、新技术，扩大资源开发利用的广度和深度。另一方面，尽可能地利用质量较差的资源，扩大原材料来源；积极开展新能源、新材料、替代能源和替代资源的研究，不断开发矿产代用品，扩大其应用领域，以最小的资源消耗、最轻的环境负担、去发挥最大效能并产生最大的经济效益。

其次，要大力开展二次资源的开发利用。对于在生产过程中产生的尾矿、废渣、废液、废气、余热以及社会生活产生的废弃物，要进行回收再利用和循环使用，使“三废”资源化，二次资源开发产业化。矿山开采生产中，产生的废弃物有固体废物（废石、尾砂等）、废水（井下涌水、选矿废水、生活污水等）、废气（井下废风、粉尘等），实现废弃物的资源化利用，矿山在设计时，就对废弃物的处理进行了系统研究，研究开发了膏体充填、废水循环利用和废气净化处理等技术，实现了无废开采。部分矿区采用了膏体废石充填采矿技术，全尾砂加冶炼炉渣的膏体充填工艺，采出废石不出井，全部回填到采空区，全面解决了尾砂、废石、冶炼炉渣的存放问题。不建尾矿库、不建废石场，现有尾矿库将随尾砂的减少而缩小，实现矿山无废开采的目标。利用井下坑内排水作为选厂及辅助设施的生产用水，同时最大限度地利用生产回水以满足生产需要，解决废水问题。为减少坑内大气的含尘量，采场、卸矿站、皮带受料点等采矿生产主要产尘点均采取了降尘措施：主要包括湿式凿岩捕尘，向爆堆喷雾洒水降尘，在装矿、卸矿站采用喷雾及水帘降尘等。

最后，要明确矿产资源开发利用的循环经济实施途径。循环经济实施途径就是矿产资源最合理有效的综合利用。矿产资源的综合利用应该集中在提高回采率、资源综合利用率和再生资源回收上，提高生产消费各环节的资源化程度，实现矿产资源的循环使用，从而减少经济发展对环境造成的压力，并缓解资源短缺的现状，实现经济的平稳可持续发展。发展循环经济，摆脱低效、高耗、重污染经营的开发利用模式；同时，矿产资源的共伴生矿物、生产排放的固体废弃物，矿坑水、废水、废气以及因开采受损的土地、生态环境都存在着可观的经济价值，具有提高资源利用效率的巨大潜力；通过实施循环经济，矿产资源开发利用的产业链每延伸一步，矿产资源加工转化带来的附加值就会增加，并相应减少“三废”排放，从而为矿山企业和社会产生显著的经济、社会和环境效益，对经济持续发展有着深远意义和积极作用。

大红山铁矿和大红山铜矿的典型案例。大红山铁铜矿区位于新平县嘎洒镇，是黑色金属与有色金属共生的矿山，是“滇中铜业基地及昆明钢铁基地”的重要组成部分。根据矿种的不同，大红山铁铜矿区由昆钢集团玉溪大红山矿业有限公司（简称大红山铁矿）开发铁矿，由云南铜业（集团）公司玉溪矿业公司大红山铜矿（简称大红山铜矿）开发铜矿。两座矿山以曼岗河为界，曼岗河以东为大红山铁矿，以西则是大红山铜矿，共用一个尾矿库。大红山铜矿着力发展循环经济，推行“清洁生产”，本着产能最优、持续发展的原则，通过技术攻关和努力实践，实现了“铜铁合采”“废石充填”“废水回收再利用”“尾砂回填”，完善了生活区污水排水管网，建成了1000吨/天的生活污水处理站和重金属污染源在线监测系统，实施了尾矿库回水再利用项目，开展了“废石临界资源再利用”和“中等稳固缓倾斜厚大矿体连续开采”等项目，使环境污染明显减少。

（四）矿山环境生态化

云南省绿色矿山建设的过程中注重矿山环境的生态建设。云南省通过制定相应的规章制度和方案不断恢复和整治矿山周边的生态环境，采用积极有效手段和措施进行恢复整治，取得显著效果。

一般认为，露天采矿造成矿山表皮土壤剥离，开采出来的废石尾矿等堆积使原本在土层表面的植被遭到破坏，植被无法正常生长。矿山露天的矿产资源开采直接污染了矿山周边的原生态环境，使土壤、植被和水源都遭到破坏。采矿过程中排放出的废渣和废石随意堆积侵占大量的土地，使土壤内含有大量重金属，使用率严重下降甚至无法使用。开采过程中排出大量的废水液体对土壤造成溶侵，同时排放出来的烟尘，造成矿山周边区域和周边农田的土壤严重污染。地下的开采会造成地下空虚，易引发地面大面积坍塌事故，也会造成对地下岩层结构和水循环系统的破坏，一些矿坑为了疏干排水会使一些地下水源断流。造成大量的水井枯干，水资源面临枯竭，原本地下水源丰富区变成了缺水区。矿山矿产资源开采过程中出现的“三废”，还使矿山区域周边的河道出现废渣污水淤积现象，水质发生大面积的工业污染，造成水质型缺水。

因此，对矿区生态环境的恢复主要涉及矿区土壤的恢复、植被的恢复、水土的治理等方面。矿区土壤的恢复，主要是利用化学、物理和生物技术进行恢复。因为矿山区域的土壤污染比较严重，所以采用生物技术进行恢复最合理。这种治理的方式设备简单，投资小，对环境的影响小但恢复作用强，是一种富有生命力的生物治理技术。植被的恢复，在考虑矿山区域的气候和土壤条件的前提下，不仅要关注所要选取种植植物的近期表现，也要兼顾植物品种的长期生长趋势，综合植物的生长优势选取植物品种。最适合种植的应该是根系发达，成活率高，巩固土源能力强，可以快速生长的植物。水土的治理，矿山区域的水源关系到整个区域的生态平衡，因此对矿山区域的水源恢复要从矿产资源开采时就要落到实处。开采前，要在准备堆放残渣和废石处建设挡渣墙、拦污水坝等工程，防止开采时废弃物进入水源区污染水源，同时建立排水工程进行水资源的防漏处理。

为使矿山开采的生态环境保护意识不断提高，云南省政府组织专家对开采企业的领导人和项目负责人进行专门的生态环境保护意识培训，主动去开采企业内开展生态环境保护的新闻宣传和舆论监督活动，提高采矿企业工作人员的环保责任意识，使开采单位最大限度配合政府搞好矿山生态环境的恢复和保护工作。

云南驰宏锌锗股份有限公司重视矿区生态环境的保护与恢复建设，并取得较好效果。首先，推行现场5S管理，即整理、整顿、清扫、清洁和素养，及时将不必要的东西清除掉，确保需要的东西在必要的时候能够立即使用，把物品和场所清扫干净，不留下垃圾和脏物，使员工保持良好的习惯，遵守规则，保持设备设施的本色，保证厂内厂外环境清洁整齐。其次，部分矿区在厂内，改进完善设备，降低粉尘溢出，确保除尘设备的完备，保证厂内空气清新。破碎机、振筛、球磨机等设备采取降噪及隔音措施，有效地防止了粉尘、噪音等对员工及周边居民的危害。再次，对厂区及工业设施周边进行了绿化，建立完善的水土保持系统，沿厂区公路两侧种植了乔木及草皮，边坡进行了固化处理，设置完善的挡土墙、水沟，对裸露的土地种植草皮，尾矿库周边铺植了草皮，美化了环境，固实了尾矿库坝体。坚持水土保持、环境保护，实现“花园式”现代化工厂建设的目标，做到人与自然和谐发展。最后，认真进行水土保持，根据厂区地理地形特点、工艺设施功能、环境美化要求，体现环保理念，体现出人、自然、技术的高度融合，营造出驰宏公司积极向上的企业文化。办公楼前广场，以雕塑作为广场的中心，宽阔的草坪和规则种植的常绿树木，体现了依托矿山资源、重视生态环境、奋进向上的企业精神。

第四章

建设绿色家园，打造宜居边疆

良好的生态环境是人类生存和发展的条件，而把这种条件保护好、改善好使之能够满足人们物质和精神生活需求，适宜人类居住生活和从事各种经济社会活动，是建设美丽中国、打造宜居边疆的应有之义。中共十九大报告在总结十八大以来取得的历史性成就的基础上，从战略上全面部署了党决战全面建成小康社会和推进社会主义现代化建设的重大任务，其中实施乡村振兴战略和坚决打赢脱贫攻坚战成为新时期党的两大中心工作。对于社会经济发育程度比较低的边疆云南，需要打赢脱贫攻坚战，才能夯实美丽云南建设的经济基础。把乡村振兴战略实施好，把城市品质提升起来，把山水林田湖草全面系统地保护好，使人们具有良好的安居环境、多元的人文社会环境、清新的自然环境，描绘美丽中国的云南篇章。

第一节　打赢脱贫攻坚战，夯实美丽云南建设的经济社会基础

习近平总书记指出："切实贯彻绿色发展理念，把脱贫攻坚与建设美丽中国结合起来。着力推进人与自然和谐共生，像保护眼睛一样保护生态环境，像对待生命一样对待生态环境，推动贫困地区形成绿色发展方式和生活方式，协同推进人民富裕、国家富强、中国美丽。"通过经济发展扶贫工程建设，民生发展扶贫工程建设和生态建设系列工程促进贫困地区经济活力增强，社会稳定和谐以及积累生态新财富，以此夯实美丽云南建设的基础，并实施极具针对性的生态扶贫培育产业新业态，推进生态村落建设，重构农村的美与新，实现美丽云南建设的"农村美"。

把云南建设成为中国最美丽省份已成为云南新时代的新命题。脱贫攻坚是建设美丽云南的一个重要环节，根据云南省委省政府《关于打赢精准脱贫攻坚战三年行动的实施意见（2018—2020年）》，深入推进深度贫困地区脱贫攻坚，改善深度贫困地区发展条件，解决深度贫困地区群众特殊困难，加大深度贫困地区政策倾斜力度，全省一定能如期实现73个贫困县摘帽，476个贫困乡、5732个贫困村、332万农村贫困人口脱贫，为美丽云南建设创造更好的基础和条件。

一　扶贫攻坚夯实美丽云南建设的基础

2014年开始实施精准扶贫精准脱贫并始终坚持这一方略，聚焦包括迪庆州、怒江州在内的深度贫困州、深度贫困县和深度贫困村，通过实施产业发展扶贫、转移就业扶贫、易地搬迁扶贫、教育支持扶贫、健康扶贫、生态保护脱贫、兜底保障扶贫、社会帮扶扶贫等扶贫系统工程向贫困发起总攻，创造性地将云南生态文明建设与扶贫开发相结合，在全国较先提出"生态扶贫"新思路，开创了云南精准扶贫新局面，并在绿色山水的建设中实现了贫困县经济增长，贫困农村和贫困群众生产生活水平快速提高的良好趋势。

（一）实施经济发展扶贫工程　促进贫困地区经济活力增强

通过实施产业发展扶贫、易地搬迁扶贫、转移就业扶贫以及生态扶贫等促进贫困地区经济发展，推动贫困地区逐步实现产业竞争力增强、扩大贫困地区经济发展空间、贫困农户参与能力提高、贫困地区经济积累加大的可喜局面。

1. 产业扶贫工程全面提升贫困地区产业竞争力

发展产业是实现脱贫的根本之策，2017年12月30日，省政府办公厅印发了《关于加快推进产业扶贫的指导意见》（云政办发〔2017〕139号），围绕精准扶贫精准脱贫基本方略和乡村振兴战略，把产业扶贫作为稳定脱贫的主要依托和根本措施，坚持产业进村、扶持到户，找准优势主导产业，政府、基层组织、社会各界、新型经营主体、贫困户合力推进，基地建设、精深加工、品牌培育、市场开拓等全产业链打造，实施贫困地区“一村一品”“一乡一业”“一县一特”产业推进行动，夯实了贫困地区经济发展的基础和提升了产业竞争力。

2. 异地搬迁扶贫工程扩大贫困地区经济发展空间

坚持“挪穷窝”与“换穷业”并举，到2020年，云南30.9万贫困人口将全部完成异地扶贫搬迁。以红河州为引领的一些深度贫困县，采取“政府+公司+基地+贫困户”的模式，积极引入农业公司探索“产业易地集中式扶贫”，打破行政区划，聚集发展资源要素，实行生产、田间管理、销售委托管理或集中管理，动员贫困户以自筹资金、产业发展扶持资金和信贷资金入股，享受收益分成，获得稳定收入。研究发现，“产业易地集中式扶贫”促进土地向带动企业集中，增强了企业长期经营的信心，贫困户资金注入激发了农户参与经营的潜力，农民合作组织在产业发展中获得壮大，产业经营主体联盟促进了农村集体经济的增加，从根本上改变了长期以来贫困农村集体经济空白的现象。

3. 转移就业扶贫工程促进贫困农户经济参与能力提高

就业既是扶贫工作的基础，又是贫困人口实现脱贫的重要途径，它能够增强贫困地区的“造血功能”和内生动力，有效解决贫困代际传递问题。截至2018年年底，全省通过“技能扶贫”和“农村劳动力转移就业扶贫”两个专项行动，当年转移贫困劳动力63万人，完成建档立卡贫困劳动力培训100.44万人次，其中包括直过民族[①] 19.84万人次，2018年完成建档立卡贫困劳动力转移就业1.6万人、技能培训1.6万人。研究发现，贫困居民收入来源中，就业收入是其中占比例较大和较为稳定的部分，昆明市东川区和寻甸县通过积极探索与转移目的地和用工单位建立长效机制，促进贫困群众拔掉“穷根”，不仅让贫困群众实现快速增收，还使他们增长见识、开阔视野，获得更多的生产和生活技能，即使回乡也能为家乡做贡献。

4. 生态扶贫工程闯出贫困地区可持续发展新路子

牢固树立“保护生态就是保护生产力、改善生态环境就是发展生产

---

① 直过民族特指新中国成立后，未经民主改革，直接由原始社会跨越几种社会形态过渡到社会主义社会的民族。

力”的绿色发展理念，云南省委省政府坚持绿水青山就是金山银山，一是以绿色发展理念推动生态保护与建设向贫困农村集中，推进生态保护建设项目向贫困地区集中，加大重点生态脆弱地区保护工程建设。加大对贫困农村环境综合整治，推进连片特殊困难地区建设国家公园，快速推进山水林田村综合建设。二是以绿色富民举措推动生态资源与生态产业融合发展，生态移民释放出大量生态资源，退耕还林促使贫困地区林业资源快速积累，生态补偿机制增强贫困居民的经济基础，产业扶贫项目促进生态资源与生态产业纵深融合。三是在生态产业扶贫实践中不断开创精准扶贫新局面，在生态产业结构调整中精准扶贫，在生态产业经营组织中精准扶贫，在生态产业拓展中精准帮扶、在生态产业现代化转型中精准扶持，率先在全国开创了一条“生态保护+产业发展”的生态精准扶贫精准脱贫、促进贫困地区彻底摆脱脆弱性走上可持续发展的“云南路径”。

（二）实施民生扶贫工程　促进贫困地区社会稳定和谐

1. 健康扶贫工程促进贫困地区融入健康云南建设

实施健康扶贫工程是“十三五”时期打赢脱贫攻坚战、实现农村贫困人口脱贫的一项重要举措，按照十八届五中全会作出的“推进健康中国建设”决策部署，云南把推进健康云南建设上升为省级重要战略，以《关于实施健康扶贫工程的指导意见》（国卫财务发〔2016〕26号）精神为指导，努力让建档立卡贫困人口看得起病、方便看病、看得好病、尽量少生病，有效防止因病致贫、因病返贫，结合云南实际，制定健康扶贫30条措施。到2020年，全省贫困县人人能享有基本医疗卫生服务，基本公共卫生指标力争达到全国平均水平，人均预期寿命进一步提高，医疗卫生服务条件明显改善，服务能力和可及性显著提升，实现大病基本不出县，建档立卡贫困人口个人就医费用负担大幅减轻，因病致贫、因病返贫问题得到有效解决。

2. 教育扶贫工程推动贫困地区扶贫与扶智共见成效

教育是扶贫的先导，是最有效最直接的精准扶贫。云南实施《教育扶贫实施方案》以保障义务教育为核心，全面落实教育扶贫政策。一是实行贫困学生台账化管理精准控辍，确保适龄学生不因贫失学辍学；二是全面推进贫困地区义务教育薄弱学校改造工作，重点加强乡镇寄宿制学校和乡村小规模学校建设，确保所有义务教育学校达到基本办学条件；三是实施农村义务教育学生营养改善计划；四是在贫困地区优先实施教育信息化2.0行动计划，加强学校网络教学环境建设，共享优质教育资源；五是改善贫困地区乡村教师待遇，落实教师生活补助政策，均衡配置城乡教师资源。聚焦“直过民族”和人口较少民族贫困群体，利用手机APP自主学习平台，采取线上自学、线下帮扶、送教到人的培训模式，实施好“直过民族”和人口较少民族推普（推广普通话）攻坚工程。

2019年，包括所有贫困县在内的县市区实现县域义务教育基本均衡。迪庆、怒江州全境和“镇彝威”地区，建档立卡贫困户子女实现14年免费教育，在实施九年义务教育的基础上，对上述地区学前2年和普通高中3年在校（园）学生免除学杂费，并给予生活费补助。现在，以怒江州为代表的深度贫困地区彻底告别了九年义务教育巩固率65.82%、高中阶段毛入学率46.2%、近35%的孩子辍学、不到50%的孩子接受高中阶段（含中职）教育的历史。

3. 兜底保障扶贫工程推进社会救助与扶贫开发有效衔接

社会救助作为兜底线、救急难、保民生的基本制度，在云南脱贫攻坚中肩负着不可替代的责任。云南在实施《社会保障精准扶贫行动计划》中，使农村低保户与扶贫开发在政策、对象、标准、管理等方面有效对接，统筹各类保障措施，建立以社会保险、社会救助、社会福利制度为主体，以社会帮扶、社工助力为辅助的综合保障体系，为完全丧失劳动能力和部分丧失劳动能力且无法依靠产业就业帮扶脱贫的贫困人口提供兜底保障。建立贫困家庭“三留守”关爱服务体系，落实家庭赡养、监护照料法定义务，建立信息台账和定期探访制度。开展贫困残疾人脱贫行动，实施统筹社会救助体系，完善农村低保、特困人员救助供养等社会救助制度，健全农村“三留守”人员和残疾人关爱服务体系，实现社会保障兜底。

4. 社会帮扶扶贫工程着力向扶志转变

截至2018年，共有47家中央单位、2个省市、2000多家企业对云南贫困地区开展了多种方式的帮扶，同时实行“一个民族一个集团帮扶”，争取到长江三峡集团等5家中央企业支持投入64.5亿元资金，对43万深度贫困人口开展全面帮扶。2015 年开始，全省 213 家国家机关、企事业单位启动扶贫攻坚“挂包帮”“转走访”工作，普洱全市 2386 家单位（其中，中央级 5 家、省级 31 家、市级 147 家），2018 年就有 5.9 万名干部职工挂包帮 10 个县（区）103 个乡镇 368 个贫困村及 38.3 万贫困人口，做到了“挂包帮”全面覆盖。各帮扶单位改变单纯给钱、给物的帮扶方式，在注重资金和项目扶持的基础上，大力加强扶志，开展各类实用技术培训和组织村干部、群众代表参观学习，鼓励各地总结推广脱贫典型，宣传表彰自强不息、自力更生脱贫致富的先进事迹和先进典型，用身边人身边事示范带动贫困群众。

（三）生态建设系列工程促进贫困地区积累新财富

过去的扶贫开发只注重短期效益，不注重生态环境保护，大干快上了很多森林矿产资源开发等环境污染项目，付出了自然资源环境遭到破坏的沉重代价。党的十九大以来，云南贫困地区的扶贫开发更加注重把生态成本纳入商品价值、注重把生态效益纳入经济核算、注重把经济活动和社会生活中不可缺少的生态因素纳入财富之内，一系列的生态修复和建设工程使贫困地区突破了“要温饱”和“要环保”的艰难选择，真正做到产业发展与环境保护相互促进，经济效益与生态效益有机统一，实现了贫困地区可持续发展、财富积累不断增长。

1. 生态保护建设项目促进贫困地区再造生态发展空间

国家实施新一轮退耕还林还草、天然林保护、防护林建设、石漠化治理、坡耕地综合整治、退牧还草、水生态治理、生态移民等重大生态工程建设，加快了贫困地区生态恢复和保持良好的力度，独龙江森林覆盖率达到 93%，成为我国生态资源最丰富的一个民族乡；怒江、迪庆森林覆盖率均超过 70%，对我国构筑生态安全屏障意义重大。从 2016 年开始，用三年时间完成生态移民 100 万人的目标，不仅使贫困群众实现了“安居”的愿望，并在确保省级耕地保有量和基本农田保护任务前提下，将 25 度以上坡耕地、重要水源地 15～25 度坡耕地、陡坡梯田、严重石漠化耕地、严重污染耕地、移民搬迁撂荒耕地近 1000 万亩纳入新一轮退耕还林还草工程范围，全面扩大了以林草为主的自然资源积累空间。

2. **重点生态脆弱地区保护工程建设创造贫困地区物质财富和精神财富**

实施石漠化综合治理重点工程，把文山、红河等石漠化问题突出的县、乡村整体纳入国家规划治理范围，开展石漠化监测治理。实施水土流失防治重点工程，重点推动怒江州、迪庆州、昭通市等州市坡耕地、泥石流多发地、山洪易发地水土流失防治工程，巩固提高水土治理成果，向包括村民在内的生产单位和生产个人征收水土流失防治费和水土保持设施补偿费，不仅改善生态环境，还改善了当地生产条件，据2018年统计数据显示，通过“山、水、林、田、路、村”的石漠化治理，仅西畴县在“三光片区”就造田地9500亩，人均可耕地面积从0.6亩增加到0.8亩。搬走的群众回来了，跑光的姑娘回来了，劳动力资源得到增加，这是云南以“西畴精神”创造生态财富和精神财富的真实写照。

3. **国家公园建设助力贫困群众收入稳定增长**

到2020年，云南将有包括独龙江、怒江大峡谷在内的13个国家公园，是全国拥有国家公园最多、保护面积最大的省份。国家公园建设，一是扩大了区域内生态保护的空间和面积，更大范围保护了森林、湿地和野生动植物，仅森林生态功能服务价值每年可达797亿元。二是居民过度放牧、旅游无序开发、生态退化的现象基本消除，扩大的生态空间和面积持续产出质优量大的生态资源和生态公共产品，为进一步发展特色生态产业打下了坚实基础，也使保护地居民共享绿色福利并积极参与保护工作。三是稳定了居民收入来源和提高了收入水平。国家公园设立生态补偿金，让几乎所有的保护地农村家庭能获得每年户均10000元左右的收入。优先向居民提供护林、导游、环保等就业岗位，人均月收入可以达到2000元左右，农民变成国家公园管理人员，在收入稳定增加的同时也提升了保护地居民的自豪感，促进社区和谐稳定。国家公园还通过免费技能培训提高居民的保护意识和经营理念，在保护地适度发展生产，经营民宿、农家乐等，获得更多的收入。

4. **环境综合治理促使贫困农村变得富饶又美丽**

2017年开始，云南推出“重大工程包”建设工程，涵盖生态保护和修复工程、生物多样性保护工程、生态产业化工程、生产清洁化工程、资源循环化工程、清澈水质工程、清新空气工程、清洁土壤工程、清美家园工程等九大重点工程，220 个项目。其中通过生态保护和修复工程结合实施“森林云南”建设工程，至 2018 年全省森林覆盖率为 59.7%，位列全国第 7。通过“清新空气工程”“清洁土壤工程”“清澈水质工程”，巩固了农村环境连片整治和环境“问题村”整治成果，贫困农村生活垃圾得到有效管理，集中式饮水使水源地得到保护，贫困地区农村开发利用沼气、太阳能等清洁能源从根本上改变了贫困农村的安居环境，一个个贫困村正在变得富饶又美丽。

二 搞好生态扶贫，培育产业新业态

针对贫困地区资源环境的现实，生态精准扶贫坚持“生态产业化、产业生态化”发展理念，从“推动资源的合理流动”出发，通过外部支持和内生能力的提高，使贫困农村的生态资源正在向生态农业、生态林业和生态旅游业三大产业汇集，生态产业融合度大，集群效益显著，使贫困地区经济类别和产业形态更加丰富多样。

（一）生态农业促进农业从传统经营走向现代经营

按照现代农业走“适度规模化、标准化、专业化、生态化及市场化”发展道路的要求，云南生态农业从积极探索发展山区生态创意农业出发，以创意产业的思路把科技和人文要素融入农业生产，依托贫困地区丰富的资源、宜人的气候，民族农耕文化多姿多彩的特征，将小规模的特色农业生产与全域乡村休闲旅游密切结合，从而增强乡村特色农业的经济附加值和文化附加值，形成一种新型农业产业形态。

（1）促进传统农业形成开放的农业系统。生态农业的发展模式，要求农业的生产是可持续性的、社会效益最大化的，云南以创意农业和休闲农业为引领的生态农业促使当地农民从封闭的自给自足、小富即安的小农心态中跳出来，从环境恶性循环中跳出来，将生产和流通环节有效疏通，扩大农业系统的物流和信息沟通，强化农业生产的外部环境与之相互交换，促进农业商品化和农业系统的有序性，最终实现农产品商品率的提高，农业体系的优化和新的业态。

（2）贫困地区发展生态农业的区域优势更加显著。生态农业明显的区域性特点主要体现在区域性的生态结构、生态功能和生态农业经营模式上。2017 年，云南省《关于创新体制机制推进农业绿色发展的实施意见》明确指出，要通过提高化肥和农药利用率、秸秆综合利用率、畜禽养殖废弃物利用率、农膜回收率和山水再造，使田园、草原、森林、湿地、水域生态系统进一步改善。脱贫攻坚的生态建设工程以及产业发展工程在贫困地区再造绿色山水，优化生态环境，在有限的土地上最大效用地发挥其生态系统的整体功能，特色优势生态产业进村入户，围绕所有涉及的生态农业产业，促使环境与物质产出、经济效益、综合社会效益等在内的效益最大化。

（3）贫困地区农业系统整体性作用开始体现。生态农业带动贫困地区摆脱单纯的“小农业”经营，可以涉及农林牧副渔等多种产业以及农业配套服务设施生产、建设和服务的综合经营体系。其所涉及的方方面面已并非单指向以农村、农民、农业为基础的三农，而是一种范围更加宽泛，效益最大化，辐射面扩展到与农业、农工、农商息息相关的大农业系统。

（二）生态林业促进林业从消耗型走向全产业链型

云南现存的深度贫困地区 100% 处于山区，山区林地林木等生态资源是贫困农村及贫困户最重要的生产资料和最主要的资产。全省通过林业深化改革，林业修复建设，林业法制体系建设，林业投融资体系完善，不断破解传统林业产业结构中依赖木材生产加剧森林资源危机、初级产品多经济效益差的问题，在森林资源得到有效保护的前提下，林业产业发展实现新跨越，产业集群逐渐形成，并在纵向推进林业全产业链建设发展，横向上林业第一产业联动发展第二产业和第三产业效益明显，在促进贫困山区“一方水土养富一方人”中发挥关键性作用。

（1）林业产业向全产业链集聚发展。按照全省林业发展规划，着力发展木本油料、林浆纸、林化工、竹藤、野生动物驯养繁殖、木材加工及人造板、观赏苗木、林下资源等特色林产业，形成全省林业大产业发展的集中规划、统一部署、统筹资金。针对发展潜力大，优势明显的各类林木产业，推动建设产业基地，扶持龙头企业、林农专业合作社、种植大户、行业协会，建设林业产业园区、林产品交易市场，打造集基地、产品加工、品牌创建以及市场营销为一体的林业全产业链。在林业产业经营中，直接或间接与农户共建人工用材林基地、纸浆原料林基地、竹藤基地，共建以核桃、油茶为主的木本油料种植基地等，截至2019年上半年，全省林业产业总产值2221亿元，同比增长14.7%，林区群众来自林业的收入稳步提高，其中林业绿色优势和作用越来越明显。

（2）发挥林业优势精准帮扶林区群众。深度贫困地区广大群众靠山吃山、靠林吃林是必然选择，鉴于此，在省林业厅牵头带动下，全省以绿色引领产业发展，以提供更多优质生态产品为目标，深化林业供给侧结构性改革，着力构建现代化林业产业体系、生产体系、经营体系和林产品质量检验检测体系，实施规模化、标准化、品牌化的产业发展战略。重点推进木本油料、观赏苗木、林下经济、野生动物人工繁育、森林生态旅游、森林康养等林业特色产业，目前，云南核桃、云南野生菌、云南竹子、花椒等已成为很多贫困农村群众依托山区林业资源脱贫致富的主要产业，为回应全省旅游与康养产业大发展，在科技支撑示范下，林木、林果、林花、林茶、林药、林粮、林菜、林畜、林菌等林下、林上“微产”不断形成，该产业投资小、上手快，增加劳动报酬的机会多，是使贫困农户能广泛参与的微产业，2018年数据显示，农户参与的林业专业合作社达4553家，林农月平均收入已突破2000元。

（三）生态牧业促进畜牧业从污染型走向循环型

2017年，《云南省推进畜禽养殖废弃物资源化利用工作方案》明确指出：到2020年，建立科学规范、权责清晰、约束有力的畜禽养殖环境保护和畜禽养殖废弃物资源化利用制度，构建种养结合产业发展机制，全省畜禽粪污综合利用率达到75%以上，规模养殖场粪污处理设施装备配套率达到95%以上，大型规模养殖场粪污处理设施装备配套率提前一年达到100%。

（1）推动贫困地区实现经济循环发展。脱贫攻坚的关键就是要推动贫困地区通过发展资源节约型、环境友好型的循环经济走上可持续发展道路。云南开展养殖场进果园、进菜园、进茶园、进林地的“四进”行动，并配合沼气工程大力发展“畜—沼—果”“畜—沼—蔬”“畜—沼—茶”

“畜—沼—林”等适度规模养殖、小区域循环利用模式，实现畜禽粪污低成本利用，在田间地头配套建设的管网和储粪（液）池等设施，解决了粪肥还田“最后一公里”的问题。曲靖市积极实践以畜禽粪污为主要原料的能源化、规模化、专业化沼气工程建设，促进农村能源发展和环境保护，生态牧业已成为该地区资源充分利用、循环利用的核心产业。

（2）促进贫困地区更大范围的资源整合。生态畜牧业通过延伸生态产业链，一方面增加了畜产品的附加值，另一方面推动了种植业产业升级，因为畜牧业所产生的粪便尿液是生态种植业必要的营养成分，从某种意义上说，生态畜牧业是生态农业重要的组成部分。2018 年 7 月，课题组对包括临沧镇康县、保山龙陵县的 50 户猪、牛养殖户进行跟踪问卷调查，发现养殖模式为山地放养，粪污物自然还林、还草利用的规模养殖场为 38 户，占比 76%，较之 2016 年的 42% 占比有了大幅度的提高，采用农牧结合型的生态养殖，不仅减少了畜牧业对大自然的依赖，优化了贫困地区的产业结构，也提高了贫困地区资源利用的整体循环效益。

（四）生态旅游业促进三产全面联动共荣

云南省人民政府办公厅《关于加快乡村旅游扶贫开发的意见》指出：旅游扶贫要坚持旅游开发与农村生态环境建设、群众生产生活相结合的同时，要倡导低碳旅游和文明旅游，发展旅游循环经济，营造良好的乡村旅游环境，促进乡村旅游可持续发展。《云南省旅游文化产业发展规划（2016—2020 年）》和《云南省旅游文化产业发展规划实施方案（2016—2020 年）》提出，要在迪庆普达措、怒江大峡谷等地重点建设发展一批生态旅游区，全面提升生态旅游文化内涵和品质，这对全省深度贫困地区开发生态旅游新型产业作出了很好的示范。

（1）提高贫困地区生态资源转化效应。一是可以把包括自然资源、民族文化资源、村落社会资源、劳动力资源等在内的资源转化成高价值的旅游产品；二是可以把旅游产品转化成市场的有效需求，更能突出旅游产品的典型性和唯一性；三是可以把供给与需求转化为更大范围的经营效益，比如“微林”资源及其产品，可能在其他产业的发展中作用不明显，但在特色餐饮中就是旅游产品及其服务的重要组成部分，对发展旅游循环经济，营造良好的农村居民参与氛围，满足旅游消费者回归自然、体验乡愁等新的需求具有较强的推动作用。云南持续开展的生态产业扶贫为发展生态旅游业打下了坚实的基础，贫困地区的乡村旅游已从新的产业形态成长为支柱产业。

（2）助力全域旅游进入更广阔的市场。人们的生活水平越高，旅游市场越兴旺，这是一个不变的旅游产业发展趋势。旅游涉及“行游住食购娱”六个要素，延伸下来涉及社会经济活动门类可达100多个行业，使旅游所带来的产品提供和服务提供在一、二、三产业之间进行交融，在贫困地区主要的表现，一是被视为短板的基础设施也因旅游产业的推动而获得飞速发展，建设了一批旅游小城镇、旅游特色村、民族特色村寨、休闲农业与乡村旅游点，保护了一批传统村落，培育打造了一批旅游商品和农副产品加工基地。二是实现了又一次国民收入再分配。全省推动旅游富民工程产生的溢出效应将不断向贫困农村传导，群众钱袋子鼓了起来，让地方居民的生活水平快速提高。三是结合全省实施的“宽带乡村”工程，推动物联网、云计算、新一代移动互联网等新兴信息技术在生态休闲旅游开发和管理服务中的创新应用，加快了与国内国际旅游大市场对接的步伐。

（3）拓宽贫困农村参与经营的新业态。以乡村休闲旅游为载体的生态旅游要让游客易于进入、住得舒适、吃得爽口，或徜徉森林草原，或置身温煦阳光下，身心完全放松，这就需要由农村居民深度挖掘乡村本土资源，提供层次丰富、内涵深刻的旅游产品。通过“政府+公司+贫困户”“专业合作社+贫困户”，综合开发、整村推进等多种方式，广泛调动贫困地区干部、群众参与发展乡村休闲旅游的主动性、积极性和创造性，不仅提高旅游服务质量和水平，也增强贫困地区和群众的收入来源，提高农户自发投入资金建客栈、开办农家乐的积极性。过去以农业种养经营为主的家庭和农户也有了多样的经营，增强了乡村发展的内生动力。

三 推进村落生态建设，重构农村的美与新

《国家乡村振兴战略规划（2018—2022年）》指出：乡村是生态涵养的主体区，生态是乡村最大的发展优势。云南按照习近平总书记考察云南时的重要指示，把攻坚脱贫与贫困农村实现绿色发展、美丽发展结合起

来，念好“山字经”、做好“水文章”、打好“生态牌”；把贫困农村的“绿色财富”变成“金色财富”，勇闯环境优美、村庄美丽、居民富裕、宜居宜业可持续发展的新路。

（一）优质生态资源形成各美其美的美丽农村

贫困地区的很多农村是自然历史文化资源丰富的村寨，村民们世世代代依赖良好的生态环境维护了村落几百上千年的发展，积淀了独特而唯一的村落民族文化。生态精准扶贫使我们对贫困农村的规划建设思路更加清晰，在保持村寨的完整性、真实性和延续性的基础上，历史文化村、传统村、少数民族特色村、特色景观村等逐渐形成，为云南实现分类推进乡村振兴发展奠定了基础。

（1）更加注重生态村落建设的和美。2016 年以来，云南实施的施甸县布朗族整乡推进整族帮扶、德宏州阿昌族整乡推进整族帮扶、西盟孟连两县边境民族特困地区农村安居工程建设、怒江州整州扶贫攻坚、宁蒗扶贫大会战、澜沧县拉祜族综合扶贫开发、红河南部山区综合开发等顺利完成，其中涉及的美丽乡村建设不再是一张图纸走天下，而是更加注重贫困农村的地理环境、资源禀赋和文化底蕴，顺应地形、植被、水体等自然因素，建成小规模、组团式、微田园等地理生态标识明显的村寨，更加体现农村生态空间的自然属性，更加拓展了以提供生态产品和生态服务为主体功能的保护性生产、保护性生活空间。截至 2018 年，云南 6 个行政村入选“全国生态文化村”，其中的师宗县竹基镇淑基村、永仁县诸葛营村、丘北县双龙营镇普者黑村、景洪市勐龙镇曼飞龙村、双江自治县勐库镇冰岛村都曾经是贫困村，如今成为国家层面上“生态环境良好、生态文化繁荣、生态产业兴旺、村民生活富裕、人与自然和谐、典型示范作用突出的行政村”。

（2）更加注重村落生态文化的和谐。很多农村虽然现在还较贫困，但从历史上延续下来的自然生态观使村寨居民们对山、水、林、田等自然神灵的崇拜像保护自己生命一样保护着生态环境和资源，建村落必定是依山傍水、要有良田，要建成花果园，建庭院必定是房后栽培修竹、榕树、荔枝、芒果、槟榔树等。因此，不断挖掘贫困地区民族聚居村寨民族的自然生态观和传统生态保护观，在生态宜居美丽农村建设中加强保护传统村落、传统民居、古树名木及古建筑、民俗文化等历史文化遗迹遗存，以民族传统文化符号建设公共设施，优化院落布局，融合传统农耕文化、山水文化、人居文化为一体的生态村落渐成主流。

（二）良好生态环境可提升农村居民的生活品质

按照《云南省美丽乡村行动计划（2016—2020年）》以及“清美家园工程”分解任务，全省贫困县纳入实施计划，围绕“建设新村寨，发展新产业，过上新生活，形成新环境，实现新发展”的目标任务，以产业提升行动、村寨建设行动、环境整治行动、脱贫攻坚行动、公共服务行动、素质提升行动和乡村治理行动等七大行动，全省创建出一个又一个天蓝、山青、水碧的亮丽农村和清美家园。

（1）村落居住条件和环境全面改善。截至2018年，全省已有约30万贫困人口从处于生存条件恶劣、生态环境脆弱、自然灾害频发等地区的农村搬出来并实现了脱贫，生产生活条件得到显著改善，2020年建档立卡贫困人口通过搬迁将彻底摆脱贫困。整村搬迁与城镇化、农业现代化相结合，依托适宜区域进行安置，让很多身居大山深处的村寨将告别发展的窘境，将建设发展成为有宜居适度生活空间、有保护山青水秀生态空间，有山水相通命运相连城乡空间关系的新型移民社区。推进宜居乡村建设的同时也加快农村环境综合治理，开展改路、改房、改水、改电、改圈、改厕、改灶、清洁水源、清洁田园、清洁家园“七改三清”综合行动，实行人畜分离、厨卫入户，推进贫困农村从形态美到内涵美，从一时美到永久美将加速实现。

（2）村落环境基础设施普惠全民。全省按照村庄布局优化、道路硬化、村庄绿化、路灯亮化、卫生洁化、河道净化、环境美化和服务强化的“八化标准”推进美丽乡村建设，大力实施具有普惠性的环境设施补漏和提升建设，重点发展集中连片规模化供水工程配套、改造、联网，完善净化消毒设施，加强水源保护和节约用水，在实现建制村100%通硬化路的同时，加快了通村组为重点的农村公路建设，优化农班线路网络，确保“路、站、运、管、安”协调发展，新型农村电网实现了城乡各类用电同网同价。加强广播、电视、电话、网络、邮政等公共通信设施建设，绝大部分农村已实现了通电、通路，广电网、电信网、互联网通村到户，农村人居环境得到极大改善。此外，“厕所革命”“人畜分离”“雨污分流”“庭院绿化”从村寨与农户庭院两个层面齐头推进，积极建设，一些村寨提出“村落环境全村管”的口号，动员群众卫生分段管理、垃圾集中清理、管理村中绿化区，倡导绿色健康生活新方式，农村讲卫生、护绿化、促文明的氛围越来越好，从生态环境的健康到人的健康，农村的品位提升了，农村居民生活的品质也随之提高了。

（三）生态宜居的农村是新生活开始的地方

生态脱贫攻坚已释放云南农村整体发展的新资源、新活力，已创建全省整体农村生态宜居的良好局面。按照云南省委省政府关于贯彻乡村振兴战略的实施意见，全省农村科学有序推动乡村产业、人才、文化、生态和组织振兴，按照产业兴旺、生态宜居、乡风文明、治理有效、生活富裕的总要求，以生态文明建设和打好“三张牌”为主攻方向，压实脱贫攻坚的生态内涵，构建人与自然和谐共生的乡村发展新格局，把生态新活力有效转化成生态新动力，从生态中创造的财富要有利于全省实现百姓富、生态美的统一。

1. 生态宜居农村提升农村持续发展的认同观

贫困治理研究认为，即使是那些已跃出了传统意义上“贫困陷阱”（收入与储蓄提高、健康、教育、家庭人口计划改善）的地方，也会遇到另外的陷阱，最严重的陷阱是生态陷阱和生计脆弱陷阱，而生计脆弱陷阱显著的特征就是生态资源难以转化为资本投入再生产中，农村持续健康的发展将会中断。2018 年开始在全省范围内开展“美丽乡村 +”试点工作，探索发展农村新业态，建立农村可持续发展、农民持续增收的长效机制，进一步打造美丽乡村升级版。美丽乡村升级版就是全面建设生态宜居农村，生态村寨不仅可以依托丰富的生态资源形成大量城乡对接的新经济门类，创造农村活跃的经济，还可以通过健全村民自治机制，提升村民民主决策参与能力，宜居的优美环境还是外部援助进入创业和实现抱负的地方，也为城乡的年轻人提供更多的就业选择。在具体的合作机制建立后，农民居民的认同感和归属感得到提升，公民社会弘扬传承乡村文化，提升精神家园魅力合力增强了。

2. **生态宜居推动农村脱贫实现振兴**

《国家乡村振兴战略规划（2018—2022 年）》强调：乡村振兴，生态宜居是关键！生态宜居对统筹治理贫困农村山水林田湖草系统更显成效，对促进贫困农村绿水青山变金山银山的目标更加明确，对推进贫困农村尽快补齐农业发展的短板更具有加速器的作用，促使贫困乡村的生产空间、生活空间和生态空间得到科学规划和利用。云南省《关于贯彻乡村振兴战略的实施意见》结合推进高原特色农业现代化，大力打造世界一流“绿色食品牌”，开发生态产品，促进乡村生态资源转化为生态经济，发展森林草原旅游、河湖湿地观光、高山草甸运动、林下种养殖、野生动物驯养观赏等产业，开发观光农业、游憩休闲、健康养生、生态教育等服务，建设全国森林康养目的地和森林康养产业大省，不仅能巩固摘帽农村的脱贫效果，也将使剩余 27 个深度贫困县和 3539 个深度贫困村摆脱贫困，与全省乡村一道走上振兴发展的道路。

3. **脱贫农村以崭新的面貌融入美丽云南“乡村美”建设**

美丽云南建设通过生态美、环境美、山水美、城市美、乡村美“五美”建设，既要创造更多物质财富和精神财富以满足人民日益增长的优美生态环境需要，也要提供更多优质生态产品以满足人民日益增长的美好生活需要。美丽乡村是美丽云南最重要的组成部分！只有使所有的农村走上致富奔小康的道路，才能促进“乡村美”建设更好地挖掘农村的物质与精神财富，形成特色，处理好乡村规划建设与资源环境的关系，传承乡风文明，充实乡村文化，构建形态优美、特色鲜明、魅力独具的美丽乡村；才能增强“乡村美”建设的内生新动力转换，尽快建立绿色生产和消费的制度和政策体系，建立和完善绿色低碳循环发展的经济体系，因地制宜发展有技术含量、就业容量、环境质量的高原特色农业，让农业成为最有奔头的产业，让农民成为最有吸引力的职业，让农村成为安居乐业的美丽家园，实现产业、生态和文化的纵深融合；才能更加充满活力融入大美云南建设，积极参与创建环境之美、提升城市之美和涵养山水之美，牢固树立社会主义生态文明观，形成人与自然和谐发展的新格局。

第二节 实施乡村振兴战略，建设美丽富裕田园

党的十九大提出实施乡村振兴战略，是以习近平同志为核心的党中央着眼党和国家事业全局，深刻把握现代化建设规律和城乡关系变化特征，顺应亿万农民对美好生活的向往，对“三农”工作作出的重大决策部署，是决胜全面建成小康社会、全面建设社会主义现代化国家的重大历史任务，是中国特色社会主义进入新时代做好“三农”工作的总抓手。云南坚持以习近平新时代中国特色社会主义思想为指导，牢固树立新发展理念，坚持农业农村优先发展，按照“产业兴旺、生态宜居、乡风文明、治理有效、生活富裕”总要求，全面统筹推进农村经济建设、政治建设、文化建设、社会建设、生态文明建设和党的建设，大力实施乡村振兴战略，为建设美丽富裕田园奠定坚实基础。

一 立足产业兴旺，切实保障农产品有效供给

“产业兴旺”是农业农村现代化的基本前提。重点以推进农业供给侧结构性改革为主线，优化农业产业体系、生产体系、经营体系，着力构建优质高效、绿色安全农业供给体系，不断培育壮大新产业新业态，推动农村一二三产业融合发展，着力增强农村经济发展活力。

（一）深入推进农业供给侧结构性改革

一是以打造世界一流“绿色食品牌”[①] 为目标，构建云南现代农业产业体系。按照“大产业 + 新主体 + 新平台”发展模式和“科研 + 种养 + 加工 + 流通”全产业链发展思路，围绕茶叶、花卉、蔬菜、水果、坚果、中药材、肉牛、咖啡等八个重点产业，突出有机化、规模化、商品化、名牌化，着力打好世界一流“绿色食品牌”。到 2020 年，力争形成若干个综合产值千亿元级的大产业，八个重点产业国际国内影响力进一步提升。深入

① “绿色食品牌”是云南省农业农村厅于 2019 年提出的云南农业高质量发展的目标。

实施“藏粮于地、藏粮于技”战略，加快划定粮食生产功能区，切实将国家粮食安全战略落到实处，把中国人的饭碗牢牢端在自己手中，饭碗内主要装中国粮。开展重要农产品生产保护区划定，促进天然橡胶、糖料蔗等重要农产品提档升级。加快划定特色农产品优势区，全产业链打造特色优势突出、比较效益明显、带动面广的茶叶、花卉、核桃、中药材、咖啡等优势产业。大力开展产业兴村强县行动，以国家级和省级现代农业产业园创建为抓手，打造形成一批特色鲜明、主导突出、效益良好的产业兴村示范村、产业强县示范县，示范带动全省产业兴村强县行动向纵深推进，着力打造“一村一品”“一县一业”新格局。二是以推进绿色发展为核心，构建现代农业生产体系。加强以水利为重点的基础设施建设，提高农业装备水平，强化耕地保护与质量建设。大力发展农产品产地初加工、精深加工和综合利用加工，提升农产品加工转化率，每年新增100户规模以上农产品加工企业。加快建设一批规模适度、特色鲜明、功能完善的农产品加工园区，打造一批十亿元级、百亿元级农产品加工集中区。实施“百县百园”工程，分期分批建设现代农业产业园、科技园、创业园。支持优势产业基地县实施山水林田湖草生态保护和修复工程，大力发展高效节水农业和生态循环农业。深入推进“互联网+”现代农业行动，全面实施信息进村入户工程建设，扎实推进云南农业农村大数据及农业物联网建设。三是以提高组织化程度为手段，构建现代农业新型经营体系。巩固和完善农村基本经营制度，落实农村土地承包关系稳定并长久不变的政策。全面完成农村承包地确权登记颁证，完善承包地“三权”分置制度，在依法保护集体所有权和农户承包权前提下，平等保护土地经营权。实施新型经营主体培育工程，支持新型经营主体成为建设现代农业的骨干力量，鼓励通过土地经营权流转、股份合作、代耕代种、土地托管等多种形式开展适度规模经营。强化农民合作社和家庭农场基础作用，培育发展家庭农场，提升农民合作社规范化水平，积极发展生产、供销、信用“三位一体”综合合作。不断壮大农业产业化龙头企业，鼓励龙头企业建立现代企业制度，通过兼并重组等方式，实行全产业链经营，支持符合条件的龙头企业创建农业高新技术企业。深入推进农村集体产权制度改革，全面开展农村集体资产清产核资和集体成员身份确定，推动资源变资本、资金变股金、农民变股东，鼓励发展多种形式的股份合作。

（二） 全力打好世界一流“绿色食品牌”

按照质量兴农、绿色兴农的发展思路，紧盯世界一流目标大力打造“绿色食品牌”，提高农业创新力、竞争力和全要素生产率，促进云南由农业大省向农业强省转变。继续实施产业兴村强县行动，巩固提升云南烟叶领先优势地位，将茶叶、花卉、蔬菜、水果、坚果、咖啡、中药材、肉牛等产业打造成世界一流的大产业。加快培育农业“小巨人”，大力引进国内外知名企业，集中扶持发展一批年销售收入 10 亿元以上的龙头企业。规范发展农民合作社，培育发展规模适度的家庭农场。加快农业科技创新，建设 20 个现代农业产业技术体系。优化农业生产结构和区域布局，推动农业由增产导向转为提质导向，加快农业绿色化、优质化、特色化、品牌化发展。创建高原特色农产品优势区，建设一批现代农业产业园、农业科技园、产业融合发展示范园、生态原产地保护示范区。健全农业科技成果转化转移和推广服务体系。加强农产品产后分级、包装、营销，建设现代农产品冷链仓储物流体系。改造提升一批区域性、田头等产地市场。推进县级物流集散中心建设，加快实现县、乡、村三级物流服务网络全覆盖。加快发展农村电子商务，构建覆盖全省的农村电子商务公共服务体系。

（三） 着力夯实产业发展基础条件

一是推进高标准农田建设。严守耕地红线，全面落实永久基本农田特殊保护政策措施，确保 7348 万亩永久基本农田红线数量不减少、质量进一步提升。全面划定和建设粮食生产功能区和重要农产品生产保护区，将 3750 万亩水稻、小麦、玉米生产功能区和 1450 万亩油菜籽、糖料蔗、天然橡胶生产保护区细化落实到具体地块，实现精准化管理，予以重点保护。大规模推进高标准农田建设，统筹各类农田建设资金，做好项目衔接配套，形成高标准农田建设合力，确保建成 2400 万亩高标准农田。加强高标准农田信息化管理，实施耕地质量保护和提升行动，加大中低产田地改造力度；大力发展数字农业，开展智能农业示范基地创建。到 2020 年，新增农田有效灌溉面积 500 万亩。二是推进“三区一园”建设。深入推进农业产业结构调整和实施产业兴村强县行动，扎实抓好粮食生产功能区、重要农产品生产保护区和特色农产品优势区建设工作，出台系列指导意见和实施细则，落实好工作经费，争取特色农产品优势区建设取得重大进展。按照“一年有起色、两年见成效、四年成体系”的总体安排，坚持提升与新建相结合，到 2020 年，全省力争建成覆盖不同产业类型、不同地域特色、不同发展层次的现代农业产业园。打造“园区 + 新型经营主体 + 贫困户”的产业扶贫综合体，探索现代农业产业园推动创新创业的体制机制。三是强化农业科技支撑。推进现代种业发展，深入实施现代种业提升工程，开展良种重大科技攻关，培育壮大育繁推一体化的种业龙头企业。推进农业高新技术产业示范园建设，促进农业高新技术成果转化，加快产业化进程。健全基层农技推广网络，创新公益性农技推广服务方式，支持各类社会力量广泛参与农业科技推广，促进公益性农技推广机构与经营性服务组织融合发展。四是提升农业装备和信息化水平。推进农机装备产业转型升级，推进主要作物生产全程机械化，加快研发适宜山区、半山区的农机装备。积极推进作物品种、栽培技术和机械装备集成配套，促进农机农艺融合，提高农机装备智能化水平。加强农业信息化建设，全面实施信息进村入户，鼓励互联网企业建立产销衔接的农业服务平台。实施“互联网 +”现代农业行动，提升农业信息化技术服务和装备制造能力，对大田作物和经济林木种植、畜禽养殖、渔业生产等进行数字化改造，推广农业物联网应用，提升农业精准化水平。

（四） 切实强化产业发展保障

一是保障农产品质量安全。实施食品安全战略，加快完善农产品质量和食品安全标准体系，推进农产品生产投入品使用规范化，构建农兽药残留限量标准体系。加快国家追溯平台推广应用，将农产品质量安全追溯与农业项目安排、品牌认定等挂钩，率先将绿色食品、有机食品、地理标志农产品纳入追溯管理。加快健全从农田到餐桌的农产品质量和食品安全监管体系，完善农产品质量安全监管追溯系统，提高基层监管能力。落实生产经营主体责任，强化农业生产者的质量安全意识，农业产业化龙头企业、“三品一标”获证企业、农业示范基地强制实行农产品和农业投入品可追溯。二是培育提升农业品牌。实施农业品牌提升行动，使品牌发展成为提高农业效益、提升农产品市场竞争力的关键因素。探索建立农业品牌目录制度，优化品牌标识，加快形成区域公用品牌、大宗农产品品牌、企业和合作社品牌、特色农产品品牌为核心的农业品牌格局。推进区域农产品公共品牌建设，支持地方以优势企业和行业协会为依托打造区域品牌，提升“三品一标”的影响力，擦亮老品牌，塑造新品牌，引入现代要素改造提升传统名优品牌，努力打造一批国际国内知名的农业品牌。做好品牌宣传，借助农产品博览会、农贸会、展销会等平台，充分利用电商平台、线上线下融合、“互联网＋”等新兴手段，加强品牌市场营销，讲好品牌故事，扩大品牌的影响力和传播力。三是构建农业对外开放新格局。统筹利用好国际国内两个市场、两种资源，积极扩大特色农产品出口，积极开展农业对外合作。实施特色农产品出口提升行动，扩大高附加值农产品出口。积极支持农业走出去，深度融入“一带一路”建设、长江经济带发展等国家战略，积极主动参与“孟中印缅经济走廊”建设，以及中国东盟自贸区、澜湄合作机制建设，支持农业企业开展跨国全产业链布局。

二　立足生态宜居，建设宜居宜业的美丽乡村

“生态宜居”是农业农村现代化的核心和关键。全面推进社会主义新农村建设，开展农村人居环境整治行动，加强生态环境建设，加快补齐基础设施和公共服务短板，治理环境突出问题，提升村庄绿化美化建设水平，建设生态宜居新农村。

（一）推进农业绿色发展

以生态环境友好和资源永续利用为导向，推动形成农业绿色生产方式，实现投入品减量化、生产清洁化、废弃物资源化、产业模式生态化，提高农业可持续发展能力。一是强化资源保护与节约利用。实施国家农业节水行动，建设节水型农村。降低耕地强度，扩大轮作休耕制度试点，制订轮作休耕计划，聚焦重点区域、重点品种有序推进。全面开展农作物种质资源普查，加强动植物种质资源保护利用，推进种质资源收集保存、鉴定和利用。强化渔业资源管控与养护，科学划定江河湖海限捕、禁捕区

域，在长江流域水生生物保护区实施全面禁捕，扩大水生生物增殖放流规模。二是推进农业清洁生产。加强农业投入品规范化管理，全面实现农业废弃物无害化处理，提高资源化利用水平，切实保护产地环境。健全农药、兽药、饲料添加剂等投入品追溯系统，推行高毒农药定点经营和实名购买，严格饲料质量安全管理。实施化肥、农药零增长行动，全面推广测土配方施肥技术，推进有机肥替代化肥和病虫害绿色防控，完善农药风险评估技术标准体系。规范限量使用饲料添加剂，推广健康养殖和高效低毒兽药，减量使用兽用抗菌药物。加快推进农业废弃物资源化利用，深入实施秸秆禁烧制度和全量化综合利用，整县推进畜禽粪污资源化利用，推动规模化大型沼气健康发展。推进废旧地膜和包装废弃物等回收处理，开展地膜使用全回收试点。推行水产健康养殖，逐步减少河流湖库投饵网箱养殖。三是集中治理农业环境突出问题。深入实施土壤污染防治行动计划，开展土壤污染状况详查，严格监测产地污染，大力推进重金属污染耕地修复和种植结构调整，鼓励改种非食用农作物及苗木等。加强农业面源污染治理，实施源头控制、过程拦截、末端治理与循环利用相结合的综合防治。

（二） 持续改善农村人居环境

以建设美丽宜居村庄为导向，扎实开展好农村人居环境整治行动，全面提升农村人居环境质量。一是加快补齐突出短板。推进农村生活垃圾治理，建立健全符合农村实际、方式多样的生活垃圾收运处置体系。到2020年，90%以上村庄的生活垃圾得到有效治理；实施厕所革命，推进厕所粪污无害化处理和资源化利用。到2020年，农村卫生厕所普及率达到90%；梯次推进农村生活污水治理，积极推广低成本、低能耗、易维护、高效率的污水处理技术。到2020年，农村生活污水乱排乱放问题得到管控，生活污水治理率显著提高。二是积极推进美丽乡村建设。全面推进乡村绿化，充分利用闲置土地组织开展各种形式的农村义务植树等活动，建设具有乡村特色的绿化景观。鼓励具备条件的地区集中连片建设美丽宜居乡村，促进村庄形态与自然环境相得益彰。三是建立健全整治长效机制。完善农村人居环境建设和管护机制，发挥村民主体作用，鼓励专业化、市场化建设和运行管护。依法简化农村人居环境整治建设项目审批程序和招投标程序，降低建设成本，确保工程质量。全面推行河长制，鼓励将河长体系延伸至村一级，实现河长制全覆盖。

（三）加强乡村生态保护与修复力度

大力实施乡村生态保护与修复力度，促进乡村生产生活环境稳步改善，自然生态系统功能和稳定性全面提升，生态产品供给能力进一步增强。一是建设健康稳定田园生态系统。开展田园生态系统示范区创建，推动农林牧渔融合循环发展。统筹建立健全草原、河湖等乡村重要生态系统监测网络和耕地质量、水质等重要农业资源环境监测网络，定期发布生态系统和农业资源环境监测报告。二是实施生态修复重大工程。稳步扩大退耕还林还草工程实施范围，全面完成新一轮退耕还林还草任务，具备条件的25度以上坡耕地全部退耕还林还草。继续推进草原防灾减灾、严重退化沙化草原治理等工程，落实草原生态保护补助奖励政策。到2020年，草原综合植被盖度达到87.81%，草群平均高度28.31厘米。实施生物多样性保护重大工程，提升各类重要保护地保护管理能力。三是健全重要生态保护制度。健全草原产权制度，建立全民所有草原资源有偿使用和分级行使所有权制度。严格落实草原禁牧和草畜平衡制度，建立草原资源定期调查制度，强化草原征占及草原地下资源开发审批管理。

（四）推动实现生态资源价值

进一步健全生态保护补偿机制，切实提高生态保护与修复综合效益，让保护生态环境得到实实在在的收益。一是健全生态保护补偿机制。完善森林、草原、湿地等重点领域生态保护补偿机制，落实草原生态保护补助奖励办法。加快探索市场化生态保护补偿机制，形成草原等生态修复工程参与碳汇交易的有效途径。二是积极发展生态产业。大力发展生态旅游业，加强配套基础设施建设，打造多元的生态旅游产品，推进生态保护与旅游、教育、文化、康养等产业深度融合，因地制宜创建一批特色生态旅游示范村镇和精品路线。三是发挥自然资源多重效益。鼓励各类企业、个人、社会团体通过工程建设、认养树木、亲子活动、生态教育等多种方式参与生态保护修复工作。进一步健全自然资源有偿使用制度，完善草原、渔业等资源收费及资源有偿使用办法，扩大资源税征收范围。

三 立足乡风文明，支持乡村文化建设

“乡风文明”是农业农村现代化的题中之义和重要任务。持之以恒加强乡风文明建设，将农村精神文明建设贯穿各项工作的始终，培育新型农民、优良家风、文明乡风和新乡贤文化，加快构建农村公共文化服务体系，努力提升农民文明素质和农村文明程度。

（一）加强农村思想道德建设

践行社会主义核心价值观，坚持教育引导、实践养成、制度保障“三管”齐下，把社会主义核心价值观融入农村发展各方面，转化为村民的情感认同和行为习惯。大力弘扬民族精神和时代精神，加强爱国主义、集体主义、社会主义教育。推动乡村社会治理体现社会主义核心价值观要求。加强农村思想文化阵地建设，加强对农村社会热点难点问题的应对解读，合理引导社会预期。在农村地区深入开展文明家庭、五好家庭、星级文明户和寻找“最美家庭”等活动。完善农业科技“三下乡”长效机制。

（二）大力实施农耕文化保护

实施农耕文化传承保护工程，深入挖掘农耕文化中蕴含的优秀思想观念、人文精神、道德规范，充分发挥其在凝聚人心、教化群众、淳化民风中的重要作用。划定乡村建设的历史文化保护县，保护好历史文化名镇名村、文物古迹、农业遗迹，推动农耕文化遗产合理适度保护。持续开展好“农民丰收节”主题活动，传承好农耕文明、分享和感受农耕文化丰富内涵，弘扬中华农耕文明和优秀文化传统，提升亿万农民的荣誉感、幸福感、获得感。

（三）发展乡村特色农业文化产业

重塑乡村文化生态，紧密结合特色小镇、美丽乡村建设，深入挖掘乡村特色农业文化符号，盘活地方和民族特色文化资源，保护传承各具特色

的民居、民宿原生态，走特色化、差异化发展之路。加强规划引导、典型示范，挖掘培养乡土文化本土人才，建设一批特色鲜明、优势突出的农耕文化产业示范区，创建一批特色农业文化产业乡镇、农业文化特色村和文化产业群。

四 立足治理有效，加快乡村治理体系建设

“治理有效”是农业农村现代化的基础和保障。不断强化农村基层组织建设，提升基层党组织领导治理能力，夯实党在基层的执政基础，建立法治为本、德治为先、自治为基的基层治理机制，推进社会治理重心下移，发挥村民理事会、村务监督委员会等自治组织的积极作用。

（一）加强和创新乡村治理机制

加强农村基层党组织建设，健全和创新村民自治有效实现形式，完善农村法治服务体系，加强乡村道德建设，传承发展提升农村优秀传统文化，不断提高乡村社会文明程度。加快建立健全自治、法治、德治相结合的乡村治理体系，充分发挥农村基层党组织战斗堡垒作用，创新村民自治有效实现形式，建设充满活力、和谐有序、民族团结的乡村社会，发挥自治“消化矛盾”、法治“定分止争”、德治“春风化雨”的作用，走乡村善治之路。坚持以政治领导力为统领、以提升组织力为重点、以增强凝聚力为基础、以发展推动力为目标，全面落实“基层党建巩固年”各项重点任务。深入推进基层党建与脱贫攻坚“双推进”，努力把农村基层党组织建设成为宣传党的主张、贯彻党的决定、领导基层治理、团结动员群众、推动改革发展的坚强战斗堡垒。

（二）实施农村带头人队伍整体优化提升行动

实施农村“领头雁”培养工程，抓好村“两委”干部队伍建设，发挥好第一书记和贫困村驻村工作队作用，为实施乡村振兴战略提供坚强支撑。加强农村思想道德建设，坚持以社会主义核心价值观引领，深化中国特色社会主义和中国梦宣传教育，弘扬民族精神和时代精神。加强农村公共文化建设，实施云南省现代公共文化服务体系三年行动计划，开展“一

县一特色”民族艺术之乡建设。

（三）促进乡村移风易俗

推动党风廉政建设向基层延伸和促进农村移风易俗，扎实推进云南省出台的《关于规范农村操办婚丧喜庆事宜的通知》的贯彻落实，规范农村婚丧喜庆活动，营造节俭文明办客、廉洁公正办事的良好乡村新风。全面贯彻落实党中央、国务院关于开展扫黑除恶专项斗争的重大部署，着力深化“恐爆枪”、“盗抢骗”、“黄赌毒”、校园暴力、传销、拐卖等突出问题专项治理，深入开展“村霸”和庸、懒、滑、贪“四类村官”专项治理，依法加大对农村非法宗教活动和境外渗透活动打击力度，严打整治突出违法犯罪活动，维护基层群众合法权益，建设平安乡村。

五 立足生活富裕，着力抓好农民增收

“生活富裕”是农业农村现代化的目的所在和衡量标准。结合产业发展、农村改革、新农村建设等，积极拓宽农民增收渠道，努力增加就业岗位和创业机会，建立健全有利于农民增收的体制机制，提升公共服务水平，提升农民生活质量，努力实现经济发展和农民收入同步增长。

（一）坚决打赢产业扶贫攻坚战

以提高组织化程度为核心，以“双绑”利益联结机制为主线，聚焦建档立卡贫困户发展扶贫产业。继续贯彻落实《打赢精准脱贫攻坚战三年行动计划》《云南省特色产业扶贫三年行动计划（2018—2020 年）》，推动贫困地区因地制宜发展特色产业。扎实推动“双绑”工作，加快企业、新型经营主体带动建档立卡贫困户全覆盖。持续推进全省产业扶贫动态监测，加强产业扶贫信息统计、分析工作。组织开展贫困地区农产品产销对接活动，加强产地市场和仓储冷链物流体系建设，打造特色品牌，提升产销信息服务水平。加强贫困地区特色产业发展的财政资金投入、金融保险扶持、科技推广服务、风险防范等支撑保障能力。

（二）深化农村土地制度改革

以完善产权制度和要素市场化配置为重点，深化农村土地制度、农村集体产权制度等改革。严格落实第二轮土地承包到期后再延长30年的政策，全面完成全省农村土地承包经营权确权登记颁证成果上图入库，加快承包土地信息联通共享。贯彻农业农村部和全省农村集体产权制度改革会议精神，稳步有序推进农村集体产权制度改革工作。统筹协调好涉农领域改革，积极主动统筹协调好粮食收储、集体产权、集体林权、国有林区林场、农垦、供销社等改革。依法保障农民宅基地权益，改革农民住宅地取得方式，探索宅基地资源有偿退出新机制。赋予农村集体经营性建设用地出让、租赁、入股权能，明确入市范围和途径。扎实推进房地一体的农村集体建设用地和宅基地使用权确权登记发证。统筹农业农村各项土地活动，优化耕地保护、村庄建设、产业发展、生态保护等用地布局，乡（镇）土地利用总体规划可以预留一定比例的规划建设用地指标，用于农业农村发展。根据规划确定的用地结构和布局，年度土地利用计划分配中可安排一定比例新增建设用地指标，专项支持农业农村发展。

（三）显著提升农村民生保障水平

进一步完善统一的城乡居民基本医疗保险制度和大病保险制度，做好城乡居民基本医疗保险转移接续和异地就医联网直接结算工作，落实城乡居民基本养老保险待遇和基础养老金标准正常调整政策，落实社保扶贫政策，确保符合条件的建档立卡贫困户家庭成员全部参加城乡居民基本养老保险、城乡居民基本医疗保险和大病保险。统筹城乡社会救助体系，完善最低生活保障制度，做好农村社会救助兜底工作，完善被征地农民养老保障政策，推进全民参保计划，将进城落户农业转移人口全部纳入城镇住房保障体系，推进农村养老服务体系建设，健全农村留守儿童和妇女、老年人、残疾人以及困境儿童关爱服务体系。实施农村饮水安全巩固提升工程，实施撤并建制村、“直过民族”地区20户以上自然村和沿边地区较大规模自然村通硬化路工程，推进“四好农村路”建设。坚持优先发展农村教育事业，强化农村公共卫生服务，推进农村“健康云南”行动。

（四）千方百计提高农村居民收入

促进农民就业创业，保持农村居民收入增速快于经济增速和城镇居民收入增速，贫困人口收入增速快于全体农民收入增速，加强职业技能培训，推进农村劳动力转移就业扶贫行动，加大推动农业转移人口和其他常住人口城镇落户方案的落实力度，促进农业转移人口在城镇有序落户，依法平等享受城镇公共服务，大力发展特色手工业和文化创意产业，培育家庭工场、手工作坊、乡村车间，促进更多农民就业。将大力开发农业多种功能，延长产业链、提升价值链、完善利益链，采取就业带动、保底分红、股份合作、利润返还等多种形式，让农民合理分享全产业链增值收益。实施休闲农业和乡村旅游提质升级行动，建设一批特色旅游示范村镇和精品线路，打造乡村健康生活目的地，到 2020 年全省乡村旅游总收入达到 2500 亿元以上。大力开展产业扶贫行动，坚持产业进村、扶持到户，实施贫困地区“一村一品、一县一业”产业推进行动，建立完善企业、合作社与贫困户联动发展机制，到 2020 年新型农业经营主体对以建档立卡贫困户为重点的农户覆盖率达 90% 以上。

第三节 建设美丽城市，提升城市品质

城市是一个地区的形象和名片，是反映地区经济社会发展的标志。让城市生活更美好，是城市建设、发展、治理的价值所在和终极追求。联合国人类住区规划署（United Nations Human Settlements Programme）在《伊斯坦布尔宣言》中强调：“我们的城市必须成为人类能够过上有尊严、健康、安全、幸福和充满希望的美好生活的地方”，对美丽城市的建设，不仅仅是字面上的城市建设，必须将“美丽”考虑进来，从城市品质方面进行提升建设，从而打造新时代不一样的美丽城市。加快提升云南省城市品质，建设美丽城市，把城市发展得更有特色、更有品位，让云南成为旅游者、投资者的向往之地。

一　以生态环境承载力引导城市规划管理

城市规划是一项系统性、科学性，政策性和区域性很强的工作，必须能够预见并合理地确定城市的发展方向、规模和布局，做好环境预测和评价，协调城市组成中各方面在发展中的关系，统筹安排各项建设，使整个城市的建设和发展，达到经济合理、环境宜人的综合效果，为城市人民的居住、学习、休息及各种社会活动创造良好条件。而生态环境承载力是指在可持续状态下，一定时间空间范围内，生态系统所能承受的最大资源消耗量、所能消纳的废弃物最大量，以及所能生存的最大人口数量。生态环境的可持续发展与社会经济发展息息相关。目前，我国处于全面建设小康社会的关键时期，资源与环境的制约成为我国现如今面临的最突出的挑战。云南城市化程度低，但发展速度快，抓住这个特殊有利阶段以生态环境承载力引导城市规划管理，有利于处理好边疆地区人口、资源、环境、经济发展之间的关系，从而实现城市化的高质量发展。

（一）强化以城市规划引领城市发展的理念

城市规划是城市建设发展的蓝图和管理城市的依据。城市规划是一项科学性、应用性和综合性很强的工作，通过规划，可以合理确定城市的发展方向、规模和布局，统筹安排各项建设，协调各方面在建设中的矛盾，使之逐步发展成为设施比较完善、环境优美，有利生产、方便生活，以及适应人们日益增长的物质和文化需要的现代化新型城市。因此，城市规划对于城市经济的发展，特别是对于城市合理布局及城市的经济效益、社会效益和环境效益等的相互协调具有极其重要的意义，这也是当前城市建设的重点。

1. 城市规划的作用

一是调控宏观经济条件的手段。由于城市中各项建设活动和土地使用活动具有极强的外部性，使得城市的建设和发展需要政府的宏观干预。特别是城市建设中，私人开发往往将外部经济性利用到极致，将自身产生的外部不经济性潜移默化地推给社会，从而造成周边地区受到不良影响的后果。外部不经济性是由经济活动本身所产生，并且对活动本身并不构成危害，但却对外界产生不利影响，由其活动效率提高所直接产生的对外界经济活动的不良影响，在没有外在干预的情况下，活动者为了自身的收益而不断提高活动的效率，从而导致外部不经济发生，由此而产生的矛盾和利益关系是市场本身所无法进行调整的。二是保障社会公共利益。城市规划对社会、文明、经济、自然环境等进行分析，在地区总体规划发展的指导下，从社会需要角度对各类公共设施的设置进行设计，并通过土地利用的现状为公共利益的实现提供了基础，通过开放控制保障公共利益不受损害。比如根据人口的分布等进行学校、公园、游憩场所，以及基础设施等的布局，满足居民的生活需要并且使用方便，创造适宜的居住环境质量，同时能使设施的运营相对经济、节约公共投资，从而达到社会公众利益相对最大化。三是改善人居环境。人居环境不同于自然环境、社会环境、经济环境等，它是一个多环境综合体，既包括城市与区域的关系、城乡关系、各类聚居区与自然环境之间的关系，也涉及城市与城市之间的关系，同时还涉及各级聚居点内部的各类要素之间的相互关系等。规划制订者在进行城市规划时必须综合考虑社会、经济、环境等发展的各个方面，以城市和区域的关系为切入点，合理布局各项生产和生活设施，完善生活、学习、工作等设施的配套，使城市的各个发展要素在未来发展过程中相互协调，满足生产和生活各个方面的需要，提高城乡环境的品质，为未来的建设活动提供统一的框架。

2. 城市规划的任务

根据国际惯例，一个国家和地区发展到一定阶段，大多数人将移居到城市生活，即使边疆地区的云南也要做好这种准备。城市规划是对城市的未来发展、城市的合理布局和安排城市各项工程建设的综合部署，是一定时期内城市发展的蓝图，是城市管理的重要组成部分，是城市建设和管理的重要依据。在以国家城市发展和建设方针、经济技术政策、国民经济和社会发展长远计划、区域规划，以及城市所在地区的社会现状、经济发展状况、自然条件、历史情况和建设条件等为参考依据，针对城市的发展需求来布置城市体系。首先，必须确定城市性质、规模和布局；其次，统一规划、合理利用城市土地；最后，在前面基础上，再综合部署城市社会、经济、文化、基础设施等各项建设，使城市有秩序、协调发展，进而使城市发展建设获得良好的经济效益、社会效益和环境效益。

3. **城市规划的原则**

一要坚持整合原则。城市规划不是随心所欲地进行规划制订，而应该使城市的总体发展规模、建设标准、相关定额指标，以及程序同本地区的社会经济技术发展水平相适应。要正确处理好城市局部建设和整体发展的辩证关系；要从全局出发，使城市的各个组成部分在空间布局上做到职能明确、主次分明、互相衔接等科学地衡量城市各类建设用地之间的内在联系，合理安排城市生活区、工业区、商业区、文教区等，形成统一协调的有机整体；正确处理好城市规划，必须对21世纪中近期建设与远期发展关系进行辩证分析。任何城市都有一个形成发展、改造更新的过程，城市的近短期建设是长期发展的一个重要组成部分，既要保持建设的相对完整，又要科学预测城市远景发展的需要，不能只顾眼前利益而忽视长远发展，要为远期发展留有余地，所以必须对城市规划进行整合，不可分散规划。二要注重经济原则。要科学合理地确定城市各项建设用地类型及其定额指标，对一些重大问题和决策必须进行经济综合论证，切忌仓促拍板，造成不良后果。我国城市在发展过程中，资源占用与能源消耗过大，建设行为过于分散，浪费了大量宝贵的土地资源。城市发展中应把集约建设放在首位，形成合理的功能与布局结构，加大投资密度；改革土地使用制度，实行有偿使用和有偿转让；处理好土地批租单元的改进、产权分割下成片开发的组织形式，提高对城市发展中可能出现矛盾的预见性，为城市更新预留政府控制用地，以实现城市的可持续发展。三要落实安全原则。城市规划不仅要注重其经济性、发展性、预见性，而且要注重安全性。因为人作为城市的主体，城市规划应当符合城市防火、防爆、抗震、防洪、防泥石流等要求。在可能发生强烈地震和严重洪水灾害的地区，必须在规划中采取相应的抗震、防洪措施，特别注意高层建设的防火防风问题；基于地质地貌的状况，必须结合地质灾害规程的相关规定，以城市土地利用现状及其发展，对城市规划必须严格执行。四要守住社会原则。城市规划要注重人与环境的和谐。人是环境的主角，让建筑与人对话，引入公园、广场成为市民交流联系的空间，使市民享受充分的阳光、绿地、清新的空气、现代化的公共设施、舒适安全的居住环境。要大力推广无障碍环境设计。城市设施不仅要为健康成年人提供方便，而且要为老、弱、病、残、幼着想，在建筑出入口、街道商店、娱乐场所设置无障碍通道，体现社会文明。

4. 城市规划应遵循可持续发展原则

可持续发展是指经济、社会、人口与资源和环境的协调发展，既满足当代人不断增长的物质文化生活需要，又不损害满足子孙后代生存发展对大气、淡水、海洋、土地、森林、矿产等自然资源和环境需求的能力。我国大中城市人口高度集中，社会活动、经济活动等高度集中，城市建设与管理的任务繁重，因此，城市规划不能只顾眼前利益而不考虑长远发展，在城市规划中贯彻可持续发展思想尤为重要。

规划内容不局限于城市本身的发展，而是将与之关联的人口、经济、社会、资源、环境等诸多因素纳入规划过程，在保证上述因素相互协调、促进的前提下，寻求城市适宜的发展规模、发展速度与发展方式；特别是在规划的初期，把城市的环境分析和资源分析及城市发展的需求分析进行综合考量，由此得出平衡城市发展的总体规划初步方案。

规划的出发点不仅是以往的城市社会经济发展与城市土地及空间资源的关系，而且要特别强调城市环境承载力和资源供给力。随着社会的持续发展，科技的不断进步，环境污染的排放因子和经济发展的资源消耗特性发生相应变化，不再是以前单一的简单变化，而是结合了飞速发展的社会多样的复杂变化，这可能导致环境承载力不断增大和资源供给力的加大，以及城市系统允许发展规模上限的扩大。这就要求城市规划必须坚持可持续发展，考虑资源利用的延续性，不可一味地只顾眼前利益，忽略城市发展进步的长远利益。

（二）加强城市设计和边疆民族特色风貌塑造

未来城市规划，应该将重心放在城市建筑设计以及城市建筑整体风格的统一上。规划新城建设的战略和步骤，必须遵循城市成长规律，有重点地推进而不是遍地开花；有序推进新城开发和建设，而不是短时间快速制造城市。城市新建的每一栋建筑，以及新规划的每一条街道，都应该以百年千年这样长远的眼光看待，都应该以对待艺术品的眼光来看待，每一栋建筑都应该具有经得起时间考验的艺术价值。

云南省重视对城市设计和特色风貌的塑造，并且结合省内各城市的政治、经济、文化、环境、民俗等方面，进行城市建设设计，参考历史文化资料，积极打造具有当地特色的城市。要求认真落实《云南省城市设计编制导则与审查要点》《云南省城市第五立面及太阳能景观化设计技术导则》《云南省城市特色要素规划编制导则与审查要点——历史文化特色要素、民族特色要素、田园景观要素、山水景观要素、特色产业要素》，加强对城市形态肌理、高度体量、风格景观、建筑界面及色彩等要素的控制引导，完善城市滨水空间、历史文化街区、特色风貌地区、城市中心的设计，强化对城市空间格局、界面退让、高度体量、建筑风格、色彩材质以及绿化景观、环境设施等要素控制，抓好城市核心地段风貌管控，实现对城市空间立体性、平面协调性、风貌整体性、文脉延续性的有效管控，充分体现云南城市地域特征、民族特色、文化底蕴和时代风貌。以昆明市为例，昆明市近年来开展了一系列工作，提高城市建筑设计与规划水平，改善和提升了昆明的城市形象。

1. 编制相关规划，塑造城市特色

昆明市已组织编制《昆明市环滇池空间形态与城市天际线控制规划》《昆明街道设计导则》等，这是基于昆明市城市的发展现状以及地区的自然地理条件，通过规划管理手段，从而达到加强昆明城市空间管控的目的。通过对城市建设空间的合理布局和统筹，彰显城市山水环境特征，塑造地方城市建筑特色，为美丽城市的构建添砖加瓦。

2. 开展城市设计，优化城市空间形态

昆明市已经由自然地理环境的核实归纳到了城市设计工作这一阶段。其相关规则旨在推进重点地区城市设计编制，以城市市区聚集地、特色风貌区及重要功能区为重点编制城市设计，以期达到通过建设项目设计来对城市空间技术管理的目的。比如组织《昆明市北京路、人民路沿线商业商务集中区城市设计》编制工作，对北京路、人民路沿线今后新建建筑设计方案在城市设计阶段提出街巷公共空间、建筑平面布局、建筑高度、色彩控制等方面的规划管理要求。

3. 加强建筑设计方案审查，提高建筑单体设计水平

在建设项目设计方案审查方面，市规划局依据昆明市《昆明城市风貌景观与建筑色彩研究》《昆明城市建筑特色导引》等规划成果，对新建建筑项目设计方案的色彩、外立面、材料和高度等要素进行规划审查。同时为提高建筑方案设计水平，不定期邀请规划、建筑行业专家进行专题论证，对建筑方案提出优化及调整建议和意见。通过以上工作，力争新建项目建筑形式、风格、色彩、材质充分体现地方特色、民族文化和现代技术，使之与城市整体风格相协调，进一步改善和提升昆明的城市形象。

（三） 提高城市建筑水平

一座城市的建筑水平对一座城市的发展起着不可忽略的推动作用。一座城市，包含了人与物，其中建筑作为城市的载体，对其进行规划设计是推动城市发展的重点。按照生态、现代、文明、宜居的要求，昆明市 2017 年以来坚持高标准、高水平、高品质，从大局着眼，从细节着手，切实加强城市规划、建设和管理。全面部署城市规划编制审批，推动实现城乡统筹，全域覆盖、多规合一。组织编制《昆明城市建筑色彩控制导则》等，进一步凸显昆明城市建筑色彩与昆明城市山水环境的协调性。

1. 从设计入手

城市建筑水平的提升，首先应从提高建筑设计水平入手。建筑设计主要体现在以下几个方面：突出建筑群体及单体的设计艺术水平，改变城市建筑群呆板的布局，充分运用参差有度，高低错落，前后辉映等规划设计手法，从而确定合理的空间尺度和空间构图；突出建筑物与绿化、道路、广场、小品的有机结合，使城市建筑不仅是单一的红砖绿瓦与混凝土，还有生态环境的绿色植物、绿色设计等交相辉映，从而创造富有建筑艺术、环境宜人特色的空间；城市建筑物的设计，不仅在于空间布局的设计，还要重视建筑物屋顶和沿街山墙的设计，可以提高建筑物外形和屋面设计水平，从而达到建筑群设计错落有致，建筑物与自然地貌相互映衬，达到精致建筑的目的；积极推行无障碍建设，确保新建工程达到无障碍建设标准。

2. 从提高营造水平入手

建筑企业应抓住城市建设进入新时期这一历史性机遇，加快结构调整，提高技术水平和管理水平。随着城市经济实力的增强，建筑结构体系逐步由砖混和砼框架结构向钢结构发展，要加快培育一批钢结构安装企业、钢制品生产企业，以适应城市建筑结构体系转变的需要，同时还要培育和发展一批高水平的深基础、美装饰、强设备安装等专业化施工企业。鼓励企业多建标志工程、优质工程，创建企业信誉和工程品牌。

3. 从提高建设技术标准入手

按照建设现代化大都市要求，在国家标准的基础上，以提高城市建设水平的要求为目标，适当提高城市有关的技术标准，修订城市建设方面的技术规定和操作规程。抓紧制定推广新技术、新工艺和新材料使用的技术标准，尤其要制定住宅中水利用、精装修、节能型等技术标准，及时废止一批不符合建设行业发展的规定、规程，只有这样，才能提高城市建筑水平，从而提升城市品质。

4. 从提高城建信息化水平入手

集中力量重点建设三个应用系统：一是城市动态管理系统，建立城市建设综合评价体系，对城市建设的全过程实施动态管理；二是城市应急抢险指挥系统，建立道路及地下综合管网地理信息平台，对城市燃气、城市防汛、城市供热等实现实时监控；三是城市公众服务系统，建立以计算机、电话集成为技术平台的客户服务中心，为城市居民提供信息披露、故障抢修、投诉举报等服务，并实施市政公用服务一卡通工程。

二　完善城市生态环境功能，提升城市生态品质

城市功能亦称“城市职能”，通常理解为城市在国家和地区范围内的社会经济生活中所能发挥的作用，一个综合性的大中城市一般具有行政、经济、文化、交通等多方面的功能。在经济功能中按作用发生的领域不同，又可细分为生产功能、流通功能和旅游功能等。在多种功能中，对整个国民经济以及周围地区产生突出影响，反映城市本质特征并对城市经济自身起导向作用的是城市的主要功能，其他称为辅助功能。凡是一般城市都应具备的功能，是城市的普遍性功能。

（一）城市功能的生态化提升

为提升城市的生态品质，云南省从以下四个方面采取了行动。

1. 积极开展“城市双修”

云南省《实施生态修复城市修补工作方案》系统梳理、总体统筹，指导各地制订“城市双修”实施方案，将“城市双修”细化为系统性强、操作性强的建设项目，提升城市特色风貌及空间品质，打造宜居城市环境。推进实施城市生态修复工程，加快修复被破坏的山体、湖岸、河流，恢复并提升城市生态系统功能。开展城市山体、水体及废弃地生态修复，强化城市湿地及生物多样性保护。修补城市空间环境，积极推动城市违规广告牌匾整治、园林绿化改造、城市色彩协调、城市亮化改造、城市天际线和街道立面改造。把拆除违章建筑作为“城市双修”的突破口，坚持“严查存量、严禁增量”，突出重点、改拆结合、以拆为主，完善城市拆违程序和工作模式，建立健全拆除违章建筑的问责办法、奖励机制。通过拆违还路、拆违治乱、拆违增绿、拆违添景，有效治理城市建设中的各种乱象。

2. 着力推动园林城市建设

采取有效措施规划建绿、拆违增绿、破硬增绿、见缝插绿，构建城市绿色空间网络，完善城市生态功能。推进城市型、郊野型、滨水型、山地型绿道建设，构建生态优良、功能显著、惠民便民的城市绿色开放空间。加大城市老旧公园改造力度，强化老旧城区绿化格局打造，推广立体绿化，竖向拓展绿色空间，增加社区公园、街头游园绿地，建设“小、多、匀”公园绿地体系，提高城市人均公园绿地覆盖率。加强自然山水、风景名胜与城市布局形态的有机融合，与城市文化的有机衔接，构建城市生态廊道，创建更多园林城市。到 2020 年，城市建成区绿地率不低于 33%，绿化覆盖率不低于 38%，人均公园绿地面积不低于 10 平方米，公园绿地服务半径覆盖率不低于 90%，防护绿地实施率不低于 90%，道路绿化达标率不低于 80%，河道绿化普及率不低于 80%。全省 23 个城市达到国家园林城市标准，80% 以上县城达到国家园林县城标准。

3. 统筹推进城市面貌更新

分类推进城市新区、老区和历史文化街区景观风貌改造提升，创新城市存量空间再开发措施，妥善处理自然与人工、保护与发展、传统与现代、局部与整体的关系。加快推进城市中心城区有机更新和环境品质提升，实施建筑风貌整治及其夜景工程、交通市政工程、公园广场工程、店铺门头工程、户外广告及公共标识工程、城市雕塑工程等建设项目全过程管理。有序推进城市老旧住宅区改造，重点抓好老城区内脏乱差的棚户区改造，把城市老旧住宅区和棚户区改造成为房屋质量优良、功能完善、设施齐全、生活便利、环境优美、宜居宜业、传统文化特色突出的新型社区。大力推进美丽县城建设，将地域特色、历史文化与时代特征融为一体，科学确定县城特色定位，充分体现云南丰富多彩的民族特色，改善基础设施、公共服务设施和生活居住环境，建设一批具有历史记忆、文化脉络、地域特征、民族风情的特色风貌县城。

4. 推进城市精细化管理

按照以人为本、政府主导、社会参与的原则，找准云南城市管理问题短板，完善城管协同共治机制，加强城乡市容环境整治，补齐市政公用设施短板、规范公共空间秩序管理，加大违法建设治理力度，加强城市垃圾治理，推进住宅小区综合治理；以推进智慧城管建设、基层自治、网格管理、城管考评标准建设为抓手，推进城市管理科学化、精细化、智能化；探索建立城市管理、公安交警、交通运输等部门联合执法模式，认真落实“强基础转作风树形象”的工作要求，规范执法程序，严格规范公正文明执法；力争经过3~5年的努力，各州（市）、县（市、区）实现城市管理标准体系基本完善，执法体制机制基本理顺、城管机构和执法队伍建设明显加强，保障机制初步完善，城市管理效能大幅提升、市容环境整洁清新，城市运行规范有序，违法建设得到遏制，生态环境持续改善，城市管理水平大幅提高，人民群众满意度显著提升。

（二）实施城市基础设施“补短板”工程

“补短板”是深化供给侧结构性改革的重点任务。为贯彻落实党中央、国务院决策部署，深化供给侧结构性改革，进一步增强基础设施对促进城乡和区域协调发展、改善民生等方面的支撑作用，在国务院相关文件的指导下，云南省在实施基础设施领域补短板方面，主要取得了以下几方面的成就。

1. 铁路领域

云南省在《国务院办公厅关于保持基础设施领域补短板力度的指导意见》的指导下，积极展开铁路的建设工程。文件明确指出：以中西部为重点，加快推进高速铁路“八纵八横”主通道项目，拓展区域铁路连接线，进一步完善铁路骨干网络；加快推动一批战略性、标志性重大铁路项目开工建设；推进京津冀、长三角、粤港澳大湾区等地区城际铁路规划建设；加快国土开发性铁路建设；实施一批集疏港铁路、铁路专用线建设和枢纽改造工程。

2018 年，连接云南省红河哈尼族彝族自治州弥勒市与蒙自市的弥蒙铁路，作为云南省《中长期及“十三五”铁路网规划》的重要交通运输线，是我国西南地区出境至越南及东盟国家的泛亚铁路东通道的重要组成部分，是铁路运输、货物沟通、文化传播的重要铁路之一。弥蒙铁路正线长约 107 公里，设计速度为每小时 250 公里，全线新建车站 4 座，桥梁 46 座、隧道 11 座，桥隧比达 45.09%。弥蒙铁路建成通车后，昆明至蒙自 2 小时内可达。该铁路北起云桂铁路弥勒站，向南途经红河弥勒、开远，止于蒙自，与中越国际通道昆玉河铁路相衔接，融入以昆明为中心的铁路枢纽。该铁路将成为滇中、滇东南两大城市群间便捷的旅客运输通道，不仅可以在一定程度上促进旅游资源开发，更为重要的是可以帮助少数民族地区脱贫致富，最关键的是可以进一步增强云南铁路辐射南亚东南亚能力，促进中国与南亚、东南亚地区的经贸联系和人员往来。

2. 公路领域

云南省在《国务院办公厅关于保持基础设施领域补短板力度的指导意见》的指导下，积极展开公路的建设工程。文件明确指出：加快启动一批国家高速公路网待贯通路段项目和对“一带一路”建设、京津冀协同发展、长江经济带发展、粤港澳大湾区建设等重大战略有重要支撑作用的地方高速公路项目，加快推进重点省区沿边公路建设。加快推进三峡枢纽水运新通道和葛洲坝航运扩能工程前期工作，加快启动长江干线、京杭运河等一批干线航道整治工程，同步推动实施一批支线航道整治工程。

佤乡临沧，地处祖国西南边陲，边境线长 290.8 公里，境内有 3 个国家级开放口岸、19条边贸通道，是云南通往印度洋的门户和陆路通道，也是中国陆地连接太平洋和印度洋东西国际大通道上的关键节点。然而，S形山路一直制约着当地的经济社会发展。综合交通基础设施建设滞后，是制约临沧发展和区位优势发挥的最大瓶颈。近年来，临沧市始终把交通基础设施建设放在优先发展的位置，全市上下牢固树立“一盘棋”的思想和只争朝夕的机遇意识，真抓实干，奋力赶超，着力加快交通基础设施建设。截至2017年10月底，全市公路通车里程达16432公里，比2013年增加1577公里，增长9%；建制村公路通畅率达99%，比2013年增加42%。未来五年，临沧市将全力构建内畅外通的公路网络，全力打通经昆明—临沧—清水河的高速公路，贯通经攀枝花—大理—清水河“一带一路”与“长江经济带”战略通道连接线。至2020年，全面完成“十三五”规划建设的12条（段）高速公路，使全市公路总里程达1.7万公里以上，高速公路通车里程达700公里以上，实现县县通高速，形成互联互通“两小时经济圈”。同时，加快推进云县—昔归、双江—澜沧、大理巍山—凤庆—永德—镇康、孟定清水河—沧源4条高速公路建设，构建起以昆明（玉溪）—清水河通道为燕躯，大理—临沧通道、临沧—普洱通道为燕翼，沿边通道为燕首，由昆明向着南亚东南亚和印度洋展翅飞翔的“燕形”综合交通网络。

3. 机场领域

在《国务院办公厅关于保持基础设施领域补短板力度的指导意见》的指导下，云南省从扩大西部地区航空运输覆盖范围出发，着力于云南省内机场的选址与修建。文件明确指出：重点推进一批国际枢纽机场和中西部支线机场新建、迁建、改扩建项目前期工作，力争尽早启动建设，提升国际枢纽机场竞争力，扩大中西部地区航空运输覆盖范围。

根据2017年3月国家发改委和中国民用航空局联合发布的《全国民用运输机场布局规划》，到2025年，云南将在现有15个机场的基础上再新增红河、元阳、丘北、宣威、楚雄、玉溪、勐腊、永善、景东、怒江10个机场。

4. 生态环保领域

全面推进城市垃圾清理。启动城市环境提质行动，完善环卫设施配套，整治沿街界面，优化环境薄弱区域功能。加快建设城市垃圾分类收集、转运和处置体系，推行生活垃圾全量焚烧，逐步减少原生垃圾填埋。加快建设城市餐厨废弃物和建筑垃圾集中处理设施，建立餐厨废弃物、建筑垃圾、园林废弃物回收和再利用体系，实现县以上城市餐厨废弃物处理设施全覆盖，设区城市全面建成建筑垃圾资源化处理设施。实施城市洁净工程，推进生活垃圾分类收集处理、就地减量和资源化利用，加强垃圾处理设施运行监管。

集中整治城市黑臭水体。开展城市黑臭水体整治行动，全面落实城市生活污水收集处理、入河排污口整治、削减溢流污染、农业农村污染控制等控源截污措施。实施清淤疏浚、水体及其岸线垃圾治理等内源治理措施。加强水体生态修复、海绵城市建设等生态修复措施。推进实施恢复生态流量、再生水、雨水用于生态补水等活水保质措施。完善城市污水整治长效机制，严格落实河长制、湖长制，强化执法检查，加强巡河管理，强化运营维护。加强城市水环境监督检查，加大水质监测力度。

推进污水处理设施提标改造。深化重点流域敏感区域污水处理设施提标改造三年行动，全面排查居民小区及单位内部管网混错接情况；加快生活污水收集处理设施建设，强化规划统筹引领、生活污水管网建设、生活污水处理设施提标改造、健全质量管控等机制。健全排水管理长效机制，加强生活污水接入服务以及防止河湖水、施工用水进入污水管网、严格污水直排的环境综合执法。加强污水处理专业化运行维护管理，推进“厂—网—受纳水体”一体化运行维护，健全污水处理管网运行维护管理机制。

（三）提高城市综合承载能力，改善优化人居环境

城市综合承载能力是指城市的资源禀赋、生态环境、基础设施、就业岗位和公共服务对城市人口及经济社会活动的承载能力。云南省住房城市建设处按照“生态立省、环境优先”战略，坚持以完善城市功能，改善人居环境，服务经济建设为目标，扎实抓好城市基础设施建设的“短板”，提升城市综合承载能力。

人居环境是人类工作劳动、生活居住、休息游乐和社会交往的空间场所。人居环境科学是以包括乡村、城镇、城市等在内的所有人类聚居形式

为研究对象的科学，它着重研究人与环境之间的相互关系，强调把人类聚居作为一个整体，从政治、社会、文化、技术等各个方面，全面地、系统地、综合地加以研究，其目的是要了解、掌握人类聚居发生、发展的客观规律，从而更好地建设符合人类理想的聚居环境。建设美丽城市是地方深入贯彻十八大提出的推进生态文明建设，努力建设美丽中国的重要举措，也是提升经济发展的质量和效益、提高人民群众生活水平、增强可持续发展能力的必然要求，具有重大现实意义。根据对党的十八大提出的“美丽中国”的理解，美丽城市应是生态环境健康宜人、人居功能完善便捷、生态产业蓬勃高效、城市文明先进开放、人民生活和谐幸福的现代城市典范。

深入实施城乡人居环境提升行动，是云南省与全国同步全面建成小康社会的推进器。“十三五”时期，云南将坚持问题导向，着眼城乡人居环境中的“堵点”、“痛点”和“盲点”，继续深入推进城乡人居环境提升行动。借鉴和学习沪、浙、苏三省市大力整治城乡人居环境的做法，通过在城市全面实施“四治三改一拆一增”，在农村全面实施“七改三清”环境整治行动，把城乡建设成为环境优美、生活舒适的居住地，使人民群众的生活环境、生活质量、生活水平和幸福指数有较大的改善和提升，绝不把污泥浊水、脏乱差的环境带入小康社会。2016 年 8 月，云南省省委、省政府研究出台了《进一步提升城乡人居环境五年行动计划（2016－2020年)》，提出以建设“七彩云南、宜居胜境、美丽家园”为主题，着力改善城乡环境质量、承载功能、居住条件、特色风貌，努力建设生态宜居、美丽幸福家园，让人民生活更健康、更美好。2017 年 2 月，省委、省政府进一步明确，当前提升城乡人居环境行动重点为城乡治污治乱治脏、拆违和增绿提质五项重点工作。其中，“十三五”总体目标之一是“增绿提质”。2020 年年底前云南省城市（县城）建成区绿地率达 32%，绿化覆盖率达 37%，人均公园绿地面积 10 平方米。

城市“四治三改一拆一增”中的“四治”指的是：“治乱”，重点整治社会治安秩序，建设安全城市，保障市民安全，加大力度整治乱摆乱设、乱贴乱画、乱吐乱扔、乱排乱倒、乱搭乱建、乱停乱行等市容环境乱象，给广大市民创造一个安全、稳定、有序、祥和的城市环境；“治脏”，重点治理车站广场脏、公共厕所脏、饮食摊点脏、集贸市场脏、街巷院落脏等；“治污”，重点治理大气污染、水污染、噪声污染、废渣污染等；“治堵”，重点治理城市交通拥堵，解决行车难、停车难、行路难问题。“三改”指改造旧住宅区，改造旧厂区，改造城中村；“一拆”就是拆除违法违章建筑；“一增”就是大面积增加城市绿化。充分利用一切可能的空间开展绿化建设，多种本地树种，宜树则树、宜灌则灌、宜草则草、宜花则花、宜林则林，提高绿化覆盖率和人均公共绿地面积，打造一批森林城市、园林城市、绿化模范城市。省委、省政府提出，“四治三改一拆一增”要做到一年重点治理，两年初见成效，三年巩固提高，四年规范管理，五年大见成效，努力拓展城市发展新空间、规范城市建设新秩序、开创城市管理新面貌、提升城市生活新品质。到2020年，使城市人居环境实现根本性改变。

第四节　山水林田湖草系统保护，乡村城市协同融合发展

云南省位于长江经济带上游，是长江经济带重要组成部分，是我国重要的生物多样性宝库和生态安全屏障。但由于云南环境敏感区与资源富集区高度重叠，生态空间被挤占，山水林田湖草统筹保护不足，乡村城市协同融合发展不高，环境压力仍然很大。在新形势下，以习近平新时代生态文明思想为指导，基于“绿水青山就是金山银山”的绿色发展理念与“山水林田湖草是生命共同体”的整体系统观，云南省全面确定“三线一单”，推进环境污染治理，打造宜居城乡环境。

一　把山水林田湖草作为生命共同体进行全系统保护

生态是统一的自然系统，是各种自然要素相互依存而实现循环的自然链条。按照自然生态的整体性、系统性及其内在规律，统筹考虑自然生态各要素以及山上山下、地上地下、陆地海洋、流域上下游，进行生态环境系统保护、宏观管控、综合治理，增强生态系统循环能力，维护生态平衡。

生态修复与环境保护是生态系统的“康复所”，以生态良知与生态正义为导向，坚持保护优先和自然恢复为主，实施重要山水林田湖草系统保护和修复重大工程，健全耕地、草原、森林、河流、湖泊休养生息制度，优化生态安全屏障体系，构建生态廊道和生物多样性保护网络，提升生态系统的质量和稳定性，构建健康安全友好的自然生态格局。

（一）山水林田湖草系统保护的新要求

中共十八大以来，习近平总书记从生态文明建设的宏观视野提出山水林田湖草是一个生命共同体的理念，在《关于〈中共中央关于全面深化改革若干重大问题的决定〉的说明》中强调：“人的命脉在田，田的命脉在水，水的命脉在山，山的命脉在土，土的命脉在树。用途管制和生态修复必须遵循自然规律”，“对山水林田湖进行统一保护、统一修复是十分必要的”。按照国家统一部署，2016 年 10 月，财政部、国土资源部、环境保护部联合印发了《关于推进山水林田湖生态保护修复工作的通知》，对各地开展山水林田湖生态保护修复提出了明确要求。2017 年 8 月，中央全面深化改革领导小组第三十七次会议又将“草”纳入山水林田湖同一个生命共同体。党的十九大报告中指出，“统筹山水林田湖草系统治理，实行最严格的生态环境保护制度，形成绿色发展方式和生活方式，坚定走生产发展、生活富裕、生态良好的文明发展道路”。

人类是自然界的重要组成部分，自然界先于人类而存在，自然界具有不依赖于人类的内在创造力，它创造了地球上适合于生命生存的环境和条件，创造了各种生物物种以及整个生态系统。“生命共同体”理念科学界定了人与自然的内在联系和内生关系，对协调人与生态环境关系及推动人与自然和谐共生提供了重要的理论依据。因此，要把土壤、水体、大气、农田、城市和乡村等不同环境要素与载体的生物多样性作为山水林田湖草综合整治和系统管护的评价指标，减少硬质基础设施建设、单一化植被建设等“有生态之名，无生态之实”的工程项目，推进生态环境项目，防止出现“寂静的春天”。通过生物生境修复和国土空间优化，实现生物多样性保护和提高。

统筹山水林田湖草系统保护，牢固树立“山水林田湖草是一个生命共同体”的理念，打破行政区划、部门管理和生态要素界限，实施以生态系统服务功能提升为导向的保护修复，以解决生态保护与修复工程缺乏整体统筹、生态要素分割管理的问题；健全完善山水林田湖草系统治理和保护管理制度，实现体制机制创新，以生态系统治理体系和治理能力现代化提升生态系统健康与永续发展水平，提高生态系统生态产品供给能力，不断满足人民日益增长的优美生态环境需要。

云南省以习近平新时代中国特色社会主义思想为指导，统筹推进“五位一体”总体布局和协调推进“四个全面”战略布局，统筹山水林田湖草系统治理，以长江、珠江及西南诸河干支流为经脉，以山水林田湖草为有机整体，统筹水陆、城乡、河湖，统筹水资源、水环境、水生态，统筹产业布局、资源开发与生态环境保护，构建一体化生态环境保护格局，系统推进大保护。

（二） 山水林田湖草生态保护修复的思路

把握山水林田湖草是生命共同体的系统思想，采用“系统修复、整体推进，统筹布局、分区实施，因地制宜、突出特色与创新制度、长效管理”的思路，推进山水林田湖草生态系统保护，树立生态系统服务功能价值观、自然价值观、生态文明价值观等，提高生态环境保护工作的科学性、有效性、系统性与持续性。

1. 树立“山水林田湖草生命共同体”的生态系统服务功能价值观

生态系统服务是指生态系统与生态过程所形成及所维持的人类赖以生存的自然环境条件与效用。进行山水林田湖草生态保护修复过程中，统筹自然资源利用与环境规划管理，污染防治与生态保护，水、气、土、生物要素综合管理等多方面，实现保护生态系统原真性、完整性、系统性与平衡性，实现生态服务功能与价值，权衡生态环境保护与经济发展、资源利用之间的关系，达到统一协调发展的目标。研究者提出了“山水林田湖草”生态系统服务功能的核心理念包括四个方面：第一，生态系统具有生态产品供给、净化调节、旅游康养、文化美学、科研教育等多重服务价值，需进行多目标、全要素综合统筹管理；第二，水、气、土、生物等各生态要素之间是一个普遍联系的“生命共同体”，构成生态系统，不能实施分割式与碎片化管理；第三，生态系统保护修复的核心是修复“人与自然的关系”，遵循自然规律最大限度地采用自然修复和生态化技术；第四，生态系统保护修复要秉持系统工程思想，结合社会、经济、生态环境因素多维度、多尺度、多层次有序推进[①]。还有研究者就“山水林田湖草生命共同体”理念提出系统观与生命观两个指导思想，采用景观方法和绿色基础设施建设的生态景观化工程技术提高以“命脉”为核心的生态景观服务功能[②]。

2. 树立“山水林田湖草生命共同体”的自然价值观

自然资源价值争论的核心包括自然资源是否具有价值、自然资源价值的源泉是什么这两方面。自然资源价值来源于自然资源本身的属性及人们对这种属性的需求，自然资源具有明显稀缺性，即自然资源的数量有限，且与人类社会不断增长的需求相矛盾。从经济学上讲，对自然资源的促进合理开发和保护的最重要手段就是让开发利用者支付一定的价格。自然生态系统的长期演化创造出人类可以生存的环境条件，自然资源的价值从人类存在于地球之日就存在了，且自然资源的多种功能属性决定了自然资源价值的多元性，如生态价值、栖息价值、审美价值、文化价值、经济价值、科研价值等。因此，树立“山水林田湖草生命共同体”的自然价值观，合理开发利用与保护自然资源，确保生态系统健康和可持续发展，从过去的单一要素保护修复转变为以多要素构成的生态系统服务功能提升为导向的保护修复，且具有尺度性（农田、村庄、城镇、流域等）、系统性、整体性、特色性、功能性、均衡性等6个特征[③]，将正确的自然价值观与山水林田湖草生态系统保护与修复有机结合起来，转化为建设社会主义生态文明的重要战略思想与政策措施。

3. 树立“山水林田湖草生命共同体”的生态文明价值观

生态价值观是处理生态与人之间关系的价值观，分生态的经济价值、

---

① 王夏晖、何军、饶胜等：《山水林田湖草生态保护修复思路与实践》，《环境保护》2018年第3~4期。

② 刘威尔、宇振荣：《山水林田湖生命共同体生态保护和修复》，《国土资源情报》2016年第10期。

③ 王夏晖、何军、饶胜等：《山水林田湖草生态保护修复思路与实践》。

生态的伦理价值和生态的功能价值三个方面，是生态文明建设的价值论基础；是生态文明“制度建设”的基本原则，生态文明建设的文化基础。山水林田湖草生态系统保护，必须强化生态文明意识，树立生态文明价值观，以建设区域间生态屏障为重点，切实把生态修复与环境治理放在十分重要的地位。

（三）山水林田湖草生态保护与修复的实践

针对我国部分地区生态系统退化区域开展了一系列生态学保护与建设重大工程，在提高区域内林草植被、森林覆盖率等方面取得了积极成效。但由于没有贯穿全要素整体保护修复与“山水林田湖草是一个生命共同体”的理念，工程间缺乏系统性、整体性、综合性等，存在着各自为战、要素分割、局地效果较好但整体效应弱的突出问题，存在制度建设、机制体制与科技支撑能力等难点，生态系统服务结构与功能没有得到有效恢复和提升。

1. 山水林田湖草生态保护与修复试点工程状况

国家分批遴选陕西黄土高原、青海祁连山等工程纳入山水林田湖草生态保护修复工程试点支持范围，试点工程主要选择关系国家生态安全格局和永续发展的重点核心区域，基本涵盖青藏高原、黄土高原、川滇生态屏障，以及东北森林带、北方防沙带、南方丘陵山地带的生态功能区块，与国家“两屏三带”生态安全战略格局相契合，充分体现保障国家生态安全的基本要求。

首批列入国家试点的陕西黄土高原山水林田湖草生态保护修复工程，已实施黄河上中游水土保持、三北防护林体系建设、退耕还林、退牧还草等一系列工程，进行延河流域水土流失和长城沿线荒漠化治理、解决石川河水资源短缺问题及综合治理废弃矿产地，通过创新黄土高原生态保护修复投入机制、重点生态区域保护与补偿机制，以及黄土高原生态保护修复监督考核机制三项机制，着力打造包括杏子河流域水土共保共治工程、石川河流域上下游水生态协同保护修复工程、照金废弃煤矿生态修复与遗址公园建设等亮点工程。通过实施水土流失综合整治与区域生态保护修复、水资源保护与综合利用、废弃矿山综合整治与生态修复、荒漠化土地生态修复、农村面源污染综合整治、农田生态功能提升、能力建设七大工程，有效改善了试点区域生态环境。

2017 年 9 月，玉溪市被列为全国第二批山水林田湖草生态保护修复工程试点，项目包括调田节水、生境修复、矿山修复与水源涵养、控污治河、湖泊保育与综合管理五大类 47 项工程，通过试点项目建设运行，将全面修复抚仙湖流域退化生态功能，有力提升流域生态环境承载力，保障湖泊“水体洁净”和流域整体的生态安全，实现流域社会、经济、生态的和谐发展，最终实现流域内“生态好、产业优、城乡美、百姓富、体制顺”的目标。

湖南省入围全国第三批山水林田湖草生态保护修复工程试点省，将对湘江流域和洞庭湖系统开展山水林田湖草生态保护修复试点，以“一江清流、一湖碧水”为主线，以自然恢复、绿色修复为方法，通过源头控制、过程拦截、末端修复和区域综治，实施水环境、农业与农村环境、矿区生态环境和生物多样性四大工程，打造“清水长廊”，实现清水入湖、清流出湘，在长江经济带的龙腰上，在祖国中部构筑起坚实厚重的生态安全屏障。

2. 山水林田湖草生态保护与修复试点工程取得成效

实施山水林田湖草生态保护与修复工程，必须深刻理解山水林田湖草是一个生命共同体的内涵，了解国家生态安全战略格局、科学诊断生态环境问题，必须因地制宜、分类施策、标本兼治，涵盖矿山地质环境问题治理、河流与湖泊等综合治理、土壤污染综合治理、土地荒漠化（石漠化）与水土流失治理、生物多样性保护等方面。

在已实施山水林田湖草生态保护与修复工程试点中，国家层面取得了一些良好的经验。

（1）生态理念融合。河北省承德市强调采用世界一流、国内领先、符合承德的生态设计理念、技术和模式，高起点、高标准、高水平推进试点工作，通过有机整合矿山修复规划、水源涵养规划、林地发展规划、旅游发展规划，重点打造“环北京潮河流域生态保护修复、坝上及滦河流域湿地草地生态保护修复、重要交通沿线损毁矿山治理修复”三个重点片区，着力实现多规合一、协同发展、全面保护，努力打造全国试点标杆。青海省基于生态系统整体性、系统性及其内在规律编制了《青海省山水林田湖草生态保护与修复规划（2018—2035）》，涵盖了青海省山水林田湖草生态保护与修复问题分析，生态保护与修复分区，生态保护与修复重大工程布局，生态保护与修复工程技术及模式以及政策与机制等，强调要用生态的办法来解决生态的问题，用环保的思维来解决环保问题。

（2）片区谋划设计。陕西黄土高原山水林田湖草生态保护修复试点工程按照整体保护、系统修复、综合治理、试点先行的原则，分为南北两大片区，北部片区以延安延河流域为骨架（涉及延安市 6 个县区），南部片区以铜川富平石川河流域为骨架（涉及铜川市 4 个区县和富平县），探索解决两大片区水土流失、水资源短缺和废弃矿山等生态问题新模式。河北省承德市按照成片区谋划、点线面结合、全要素融合的要求，将全市划分为环北京潮河流域、坝上及滦河流域、损毁矿山治理三大片区，以片区为单元，统筹谋划设计项目。青海省祁连山地区按照黑河流域河源区、青海湖北岸汇水区、大通河流域、疏勒河—哈拉湖汇水区 4 个片区整体推进。在十三届全国人大一次会议上，青海代表团建议青海省三江源地区、祁连山地区、柴达木盆地、青海湖流域和黄河上游谷地“五大生态板块”共同构成了青藏高原独特的“山水林田湖草生命体”，建议进一步扩大山水林田湖草试点范围，将青海省“五大生态板块”全部纳入国家山水林田湖草生态保护和修复试点。

（3）整合专项资金。青海省海北州按照渠道不乱、用途不变、集中投入、各负其责、各记其功、形成合力的原则，整合各类专项资金。江西省赣州市创新举措，龙南县和定南县的稀土矿区小流域尾水收集处理利用项目采取 EPC 模式，运用治理新技术，把政府治理目标与市场机制有机结合起来。云南省玉溪市澄江县充分利用山水林田湖草中央专项资金的带动作用，进一步整合地方资金，加大融资力度，通过 PPP 等方式引进社会资本加大抚仙湖生态环境保护治理投入。陕西省黄土高原山水林田湖草生态保护修复工程试点整合财政资金，积极吸引社会资本，参与项目建设，铜川市与西安银行合作设立铜川市山水林田湖草基金，并积极申请国际金融组织贷款，大力推进各区县的 PPP 模式项目。

（4）体制机制创新。河北省承德市政府成立了由常务副市长为组长的领导小组，并组建领导小组办公室，从生态环境、国土、发改等部门抽调人员集中办公。江西赣州市成立了以市政府主要领导为组长、市政府分管领导为副组长的领导小组，并创新管理体制，设立市府直属正处级单位山水林田湖草生态保护中心。陕西铜川市成立了由市委书记任第一组长、市长任组长、分管副市长任副组长的全市山水林田湖草生态保护修复试点工作领导小组。云南省玉溪市政府成立了以市长为组长的“玉溪市抚仙湖山水林田湖草生态保护修复试点工作领导小组”，全面负责山水林田湖草生态保护修复试点组织协调工作。

（5）绿色发展模式。河北省承德市提出了“6 +3”生态保护修复承德模式，即统筹考虑“山 + 水 + 林 + 田 + 湖 + 草”6 个要素，注重“管理 + 技术 + 产业”3 个方面。青海省海北州依托优美自然环境、民族特色和文化资源等优势，统筹推进生态建设、脱贫攻坚、生态产业深度融合发展，打造海北“绿色 + ”生态脱贫模式。广东韶关市山水林田湖草生态保护修复工程试点履行“生态韶关，绿色发展”理念，实现“山青水秀、林带环绕、碧湖青田、城美人和”的生态保护修复目标，建立资源枯竭型城市和生态发展区高质量发展模式。

二　乡村城市协同融合发展，构建人与自然共生发展新格局

中国人口众多，农村底子薄、农业基础差、城乡差距大，城市乡村关系与发展问题制约与阻碍中国可持续发展和现代化建设。党的十九大明确提出了“乡村振兴战略”，建立健全城乡融合发展体制机制和政策体系，加快推进农业农村现代化。把城乡融合发展放到整个现代化建设的大格局中，在推进全面建成小康社会进程中，明确中国乡村与城市的发展方向，表明中国城乡关系发生了历史性变革，城乡发展进入了新的发展阶段。

乡村城市关系是最基本的经济社会关系。乡村一般指城市之外的地理空间，城市指以非农人口为主的人类聚居地。乡村生态系统中，消费者少，分解者和生产者比例大，对于资源消耗与环境变化具有更强的承载力与还原能力；城市生态系统是人为改变了的自然结构、物质循环流动及能量转化的生态系统，只有消费者，缺少生产者与分解者，生产者与分解者的缺失造成城市生态系统的不平衡，为了维持生态平衡，在物质的循环过程中就需要有大量的人工措施。因此，城市从一开始就是依托乡村发展起

来的，当然应为乡村发展提供资金、机会与平台。乡村不但为城市提供生产原料（产品）与分解废物垃圾场所（服务），其剩余积累还为城市发展作出了贡献。

城市与乡村是一个有机体，只有二者可持续发展，才能相互支撑。正如马克思、恩格斯预言，城市与农村从分离最终会走向融合。马克思认为，“城乡融合”，使城乡成为更高级的社会综合体，是城乡发展的终极目标，是社会发展的高级阶段，是社会和谐的最佳状态。

（一）乡村城市协同融合发展存在的问题

城乡融合体就是由城镇地域系统和乡村地域系统相互交叉、渗透、融合而成的一个城乡交错系统，具体由中小城市、小城镇、城郊社区及乡村空间等构成。融合包含着融洽、渗透之意，是不同对象事物相互交叉、相互渗透、融为一体的状态。

世界城市化推进过程中存在一个普遍现象，出现乡村“空心化”与城市“贫民窟”并存，在城镇化达到一定程度后就进入城市一体化发展。目前，中国在城乡协同融合发展进程中存在如下问题。

1. 乡村城市发展不平衡，城乡差距巨大

目前，我国最不平衡的发展就是城乡发展，最不充分的发展就是农村发展，全面建成小康社会进程中受发展不平衡、不充分、影响最大的群体是农民。1978 年以来，改革开放有效推进了中国经济发展。1978～2016 年，人均 GDP 由 385 元增至 53980 元，年均增长 13.9%。但受城乡二元结构体制和制度约束，城乡发展不平衡、城乡差距巨大，成为制约城乡融合与一体化发展的主要瓶颈。同期，城镇居民人均可支配收入从 343 元增至 33616 元，年均增长 12.8%；农民人均可支配收入从 133.6 元增至 12363 元，年均增长 12.6%，此增长率均低于人均 GDP 增速和城镇居民人均可支配收入增速。同时，1978～2016 年，中国城乡收入差距从 209.4 元扩大到 21253 元，收入比从 2.57 倍扩大到 2.72 倍，2009 年最高时为 3.33 倍，从这些数据可以看出中国城乡经济收入差异巨大[①]。

---

① 刘彦随：《中国新时代城乡融合与乡村振兴》，《地理学报》2018 年第 4 期。

中国长期以来“重城轻乡”，近些年来，虽然国家出台了一系列支农惠农政策，中西部地区脱贫攻坚取得显著成效，但主要解决的是农户增收和“两不愁、三保障”问题，仍需从教育、文化、政治等多角度全方位统筹区域城乡总体布局，加大力度补齐乡村发展短板，加快推进城乡协调与乡村可持续发展。在新时代，我们要如同在工业化进程中始终没有忽视农业在国民经济中的基础地位那样，始终将乡村发展作为党和政府工作的重中之重，统筹处理好城镇化和乡村振兴，加快城乡融合发展，这是中国现代化的大方向。

2. 乡村城市资源分配不平衡，农业基础较差

中国是一个人口大国、农业大国，农业、农村、农民问题是关系国计民生的根本性问题，但农业基础不牢固，农业基础设施薄弱，科技支撑能力不足，农机装备水平较低，抗灾减灾能力不强，严重制约着中国农业可持续发展。同时，农业资源开发利用与生态环境问题突出。全国耕地退化面积超过耕地总面积的40%，农业污染排放量约占全国总量的50%，乡村地区面源污染严重、林地退化程度锐增，农业生产、乡村发展和城乡转型面临诸多方面的严峻挑战①。此外，城乡教育资源配置、教育事业发展、公共资金投入、政策支持等不平衡，因此导致乡村发展的“五化”难题，导致特定区域乡村要素短缺、结构失调、能力衰弱。

党的十八大以来，乡村发展取得了历史性成就，但由于城乡二元结构没有得到根本改变，导致城乡资源流动不顺畅和流向不合理，城乡生产要素交换不平等，城乡公共资源配置不均衡，城乡基本公共服务不均等，农村发展严重滞后于城镇，城乡发展的融合水平不高、城乡二元分割的结构仍是当前社会突出的特征。农村贫困人多、面广、量大、程度深，是乡村可持续发展的最大短板②。推动乡村的精准扶贫、脱贫攻坚，成为新时代乡村振兴的首要任务，也是推动城乡一体化发展的重要任务。

---

① Wang Yanfei, Liu Yansui, Li Yuheng, et al., “The spatio－temporal patterns of urban－rural development transformation in China since 1990,” *Habitat International*, 2016, 53: 178－187.

② 刘彦随、李进涛：《中国县域农村贫困化分异机制的地理探测与优化决策》，《地理学报》2017年第1期。

3. 乡村城市协同融合发展的体制机制问题突出

长期以来中国城乡二元体制下城市偏向的发展战略、市民偏向的分配制度、重工业偏向的产业结构，进一步加深了中国城乡分割、土地分治、人地分离的“三分”矛盾，制约了当代中国经济发展方式转变、城乡发展转型、体制机制转换的“三转”进程，并成为当前中国“城进村衰”、农村空心化和日趋严峻的“乡村病”问题的根源所在。进入21世纪以来，破解“三农”问题、缩小城乡差距，中国相继实施了统筹城乡发展、新农村建设、城乡一体化和新型城镇化等宏观战略①，但总体进展和成效仍不明显，有些矛盾和问题仍在加剧。主要在农村土地制度、投融资体制、人才引进制度、户籍制度、农村工作领导体制等方面存在障碍，因此，只有健全城乡融合发展体制机制和政策体系，才能实现城市乡村协同融合发展的目标。

第一，深化改革农村土地制度。土地是最基本的生产资料。土地制度是国家基础性制度之一，事关农民权益保护、新型城乡关系构建与社会和谐稳定大局。土地制度的改革牵涉面广、影响大、引领性强，离不开法治的引领与保障。计划经济时期没有根本改变城乡二元体制问题，因此，必须坚持通过全面深化改革破解城乡二元体制，构建顺应新常态下市场经济规律的土地制度。根据2018年中央一号文件，完善农民闲置宅基地和闲置农房政策，探索宅基地所有权、资格权、使用权“三权分置”改革。适度放活宅基地和农民房屋使用权，不是让城里人到农村买房置地，而是吸引资金、技术、人才等要素流向农村，使农民闲置住房成为发展乡村旅游、养老、文化、教育等产业的有效载体。

第二，健全乡村发展的投融资体制。推进乡村快速发展，加快形成财政优先保障、金融重点倾斜、社会积极参与的多元投入格局，解决好“钱从哪里来”的问题。公共财政要以更大力度向“三农”倾斜，确保财政投入与乡村振兴目标任务相适应；要调整完善土地出让收入使用范围，进一步提高农业农村投入比例；要提高金融服务水平，推动农村金融机构回归

① 李裕瑞、王婧、刘彦随等：《中国“四化”协调发展的区域格局及其影响因素》，《地理学报》2014年第2期。

本源，把普惠金融重点放在农村，把更多金融资源配置到农村经济社会发展的重点领域和薄弱环节，确保投入力度不断增强、总量持续增加。根据中央一号文件精神，确保财政投入持续增长，提高金融服务水平，拓宽资金筹集渠道。改进耕地占补平衡管理办法，建立高标准农田建设等新增耕地指标和城乡建设用地增减挂钩节余指标跨省域调剂机制。

第三，全面建立职业农民制度。人是乡村振兴的最核心因素。由于城乡二元结构导致城乡居民收入差距巨大，使农村优秀人才单方向流向城市、流向非农产业，造成农村严重“失血”“贫血”，成为发展短板。因此必须破解人才瓶颈制约，强化人才支撑，畅通智力、技术、管理下乡通道，创新乡村人才培育引进使用机制，大力培育新型职业农民，加强农村专业人才队伍建设等优惠政策吸引和培育优秀人才服务乡村振兴工作。根据2018年财政重点强农惠农政策，我国将全面建立职业农民制度，加强农村专业人才队伍建设。一方面要加强新型农民培育，培养一批农业职业经理人、经纪人、乡村工匠、文化能人和非遗传承人；另一方面也要全面建立高等院校、科研院所的专业技术人员到乡村和企业挂职、兼职和离岗创新创业制度。此外，还将建立有效激励机制，研究制定管理办法，允许符合要求的公职人员回乡任职，制定政策鼓励引导工商资本参与乡村振兴，落实和完善融资贷款、配套设施建设补助、税费减免、用地等扶持政策，吸引支持企业家、专家学者、技能人才等下乡担任志愿者和投资兴业。

第四，推进户籍制度改革。目前中国有“农业户口”和“非农业户口”，实行城乡分割的户籍管理二元结构，阻碍了人力资源的优化配置和合理流动，不利于城市化推进、农村建设与城乡融合协同发展，滞后的城乡户籍制度已成为制约中国城乡经济发展不平衡的重要因素，且对于当前我国加快城镇化进程、破解城乡二元结构具有重大意义。随着城乡社会经济的不断发展，城乡之间的户籍制度壁垒已经严重阻碍了城乡之间资源的相互流动，实行城乡户籍制度改革完全符合经济发展的根本需要，顺应了改革的潮流[①]。根据《国务院关于进一步推进户籍制度改革的意见》规定，

① 白云朴、惠宁：《从城乡分离走向城乡融合发展》，《生产力研究》2013年第5期。

进一步调整户口迁移政策，统一城乡户口登记制度，全面实施居住证制度，加快建设和共享国家人口基础信息库，稳步推进义务教育、就业服务、基本养老、基本医疗卫生、住房保障等城镇基本公共服务覆盖全部常住人口。在考虑户籍制度改革时，应充分体现以人为本的理念，平等地对待城市与农村居民，给予同等的机会。在加强城市与农村之间的交流时，不仅是实现人口在城乡之间的相互流动，还应该包括技术、资金、资源、人才、政策制度等要素的相互融合，逐步达到城乡社会的全面协调发展。目前，全面推进户籍管理制度改革将从严格户口登记、建立城乡统一的户口登记制度、积极调整户口迁移政策、加快户籍管理立法、加快人口信息计算机管理系统建设等五个方面着手。

第五，完善农村工作领导体制机制。健全党委统一领导、政府负责、党委农村工作部门统筹协调的农村工作领导体制。省市（地）县乡村五级书记抓乡村振兴，各省区市党委政府每年要向党中央、国务院报告推进实施乡村振兴战略进展情况。建立市县党政领导班子和领导干部推进乡村振兴战略的实绩考核机制，将考核结果作为选拔任用领导干部的重要依据。另外，根据中央一号文件精神，研究制定乡村振兴法制的有关工作，把行之有效的乡村振兴政策法定化。

（二）乡村城市协同融合的一体化发展模式

1. 乡村城市协同融合发展要求

城乡融合发展涉及社会经济、生态环境、文化生活、人口分布、地理区位、空间景观等多方面，关联领域很广，因此在推进城乡融合发展过程中面临新的挑战，提出了新的发展要求。

（1）要更新发展理念。处理好城乡新关系，走好城乡融合发展新道路，必须打破城乡分割发展旧思维，树立城乡融合发展新理念。只有践行生态文明价值观，依靠绿色技术提升产业层次，走低碳、绿色、循环发展之路，才能实现经济持续健康与乡村城市协同融合发展。

（2）要激活内生动力。乡村振兴靠农民，实现乡村城市协同融合的一体化发展，农民是决定成败的内因，因此要激活内生动力，提高农民参与的积极性、主动性和创造性。从根本上增强农村自我发展能力，激发亿万农民积极性和主动性，一要靠教育引导，让农民增长真本领，提升进步致富能力，让他们认识到幸福都是奋斗出来的，从而不等不靠，主动谋发展，勤劳奔致富。二要发挥乡土人才和乡土资源优势，借助榜样力量，带着群众干，形成和传承文明乡风、优良家风、淳朴民风。三要结合农村本土资源，“靠山吃山靠水吃水”，因地制宜，精准施策，实现村里有产业，农民能就业，从根本上解决空心村、三留守现象。

（3）要健全体制机制和政策体系。区域协调融合发展是一项世界性的大课题。由于政治考量、经济实力、产业层次、资源环境、社会发展等若干差异因素存在，城乡协同融合发展存在体制机制障碍。坚持按照“重中之重”推进“三农”乃至经济社会发展的政策转型，发挥规划对城乡融合发展的引领作用，高度重视并科学对待进城农民工融入城市问题①，打破城乡二元结构，做好“三农”工作，健全城乡融合发展体制机制和政策体系，加速推进农村现代化。

（4）要唤醒乡村潜能。唤醒农村社会里的巨大潜能，包括乡村沉睡资产、智力资源、文化资源、自治意识、自保意识、学习提升意识、社会自我调节功能等实现乡村的可持续健康发展。

（5）要建构融合支撑。城乡融合就是结合城市和乡村生活方式的优点而避免二者的偏颇和缺点，最终形成彼此不可分割的共同体。城乡协同融合发展，不能就农村而谈农村，就城市而谈城市，也不是简单的“城市反哺农村”，而是要把乡村和城市对接融合起来。城市与乡村是一个有机体，只有二者可持续发展，才能相互支撑。树立城市带动乡村、工业反哺农业的观念，实现双向互利共赢。

2. 乡村城市协同融合的一体化发展模式

不同国家城乡一体化模式的选择都决定于当地的资源禀赋、经济水平、制度环境等多种要素，如德国城乡均衡发展模式、法国城乡环境一体化的模式、日本以城促乡发展模式、韩国新村运动发展模式②。西方国家的发展历程基本上是一种“先城市化，再逆城市化，然后再城市化”的波

---

① 姜长云：《建立健全城乡融合发展的体制机制和政策体系》，《区域经济评论》2018 年第 3 期。

② 辛江：《国内外城乡一体化发展模式研究》，《经济与社会发展研究》2015 年第 4 期。

动性的城乡发展模式。但由于中国社会经济发展的不平衡性，推进城乡一体化所具备的基础条件也不尽相同，因此中国城乡融合发展，不再是一个单向过程，既不是从乡村到城市的过程，也不是从城市到乡村的过程，而是双向互动、互促互进，是作为一个国家、一个区域整体的发展过程，形成城乡一体化的不同实践模式。

改革开放以后，我国的城市化得到了迅速的发展。2008 年我国城镇人口为 6.0667 亿，占全国总人口的 45.7%。城市化是城乡一体化的基础，中国城市化的快速发展极大地促进了城乡一体化的发展。从经济最发达的东部地区，开始了各具特色的城乡一体化实践，其中比较有影响的有珠江三角洲“以城带乡”的城乡一体化发展模式，上海的“城乡统筹规划”模式，浙江及长江三角洲的城乡一体化模式以及成都“以城带乡、城乡互动”的城乡一体化模式①。

党的十八大报告中指出，解决“三农”问题的根本途径在于城乡发展一体化，必须加大统筹城乡发展力度，着力促进城乡共同繁荣。从全国各地统筹城乡发展的具体实践来看，“互联网 +”、旅游、物流等具有资源消耗低、带动系数大、综合效益好、适用范围广等优势，成为近年来拉动城乡经济快速增长的重要力量。

首先，“互联网 +”的城乡一体化发展模式。近年来，互联网、物联网、云计算等现代信息技术逐步应用到农业农村信息化和城乡一体化发展中，我国农业农村信息化建设取得显著成效，政府部门从顶层规划设计、政策资金支持、资源共享建设、技术推广示范，到实用人才培训和基层信息服务等方面进行了积极探索；我国大部分地区如北京、上海、天津、安徽等地区逐步开展“互联网 +”农业实践，并在实践过程中促进了城乡一体化的发展。但由于农村网络基础设施建设差，城乡数字鸿沟依然较大。截至 2016 年 6 月，农村互联网普及率为 31.7%，城镇地区互联网普及率超过农村地区 35.6 个百分点，城乡差距仍然较大②。

---

① 李一文：《我国城乡一体化发展的实践模式及经验启示》，《甘肃理论学刊》2010 年第 5 期。

② 郭美荣、李瑾、冯献：《基于“互联网 +”的城乡一体化发展模式探究》，《中国软科学》2017 年第 9 期。

其次，城乡旅游一体化发展模式。2013 年，国务院《国民旅游休闲纲要（2013－2020 年）》中，把“统筹城乡旅游协调发展”作为重要内容。由此可见，统筹城乡旅游一体化发展已经成为未来我国旅游发展的必然趋势和现实要求。旅游在城乡统筹当中起到了诸多积极作用，首先在就业机会的创造上比较显著，能够对农村富余的劳动力得到有效吸纳。

我国城乡面积广阔、地理空间差异大，不同区域的旅游资源丰度不同，社会经济发展程度也存在着较明显的差异，因此旅游接待人数与收入存在很大差异。据人民网的相关报道，在产业规模上，2014 年全国城市旅游接待游客人数为 28 亿人次，旅游收入为 2.93 万亿元，分别占全国总量的 70% 和 90%，而乡村旅游游客接待量和收入分别为 12 亿人次和 3200 亿元，仅占到总量的约 40% 和 10%。城乡旅游一体化发展是一个复杂的系统工程，需培育、完善、协调和创新其系统内部的运行与实现机制，保障城乡旅游业的协调发展。城乡旅游一体化发展模式既是一种利用资源、优化配置的有效方式，又是促进城乡统筹、社会和谐的战略选择。伴随着我国交通网络的快速推进，以及大旅游、大数据时代的到来，城乡旅游一体化模式将成为我国统筹城乡协调发展的重要方式①。

最后，城乡物流一体化发展模式。城乡物流是指在城乡范围内，物资、信息、资金、技术等要素的流动过程，根据特定流通内容和流通方向，对运输、储存、搬运、包装、流通加工、配送、信息处理等物流基本功能实施有机结合。城乡物流一体化是在城乡二元结构阻碍城乡和谐发展的背景下提出的，基于“相互竞争—相互协商—通力合作”的协同机制，消除城乡“孤岛”现象和“断篇”现象，实现城市与农村的协同发展，以获取全域物流系统整体效益最大化②。

在城乡协同融合一体化发展实践推进与模式探讨过程中，必须把生态文明作为一个重要因素贯彻到整个发展过程，逐步实现城乡居民基本权益平等化、城乡公共服务均等化、城乡居民收入均衡化、城乡要素配置合理化，以及城乡产业发展融合化，推进社会生产方式和生活方式的变革，实

---

① 王爱忠、牟华清：《城乡旅游一体化发展模式及其实现机制——基于核心—边缘视角》，《技术经济与管理研究》2016 年第 5 期。

② 刘燕：《基于协同创新的城乡物流运营网络一体化研究》，济南大学硕士学位论文，2014。

现从“小康社会”到“美好社会”的新跨越。

（三） 乡村城市协同融合发展的实践

为加快云南城镇化健康发展，努力走出一条以人为本、四化同步、优化布局、生态文明、文化传承的云南特色新型城镇化道路。《云南省新型城镇化规划（2014—2020年）》从规划背景、发展思路与目标、优化城镇化布局和形态、深入推进农业转移人口市民化、强化城镇建设空间管控、积极推进产城融合发展、提高城镇规划建设与治理水平、强化特色城镇建设、推动城乡发展一体化、改革完善体制机制保障规划实施10个方面，对云南省新型城镇化发展进行了宏观性、战略性、基础性规划。

1. 昆明市

昆明市城乡二元结构明显，城乡差距较大，全市城乡居民收入比为2.97∶1，城乡发展不平衡。“十二五”期间，昆明市积极推进城乡统筹，以城镇体系为载体，以基础设施为支撑，推进有条件的农民向城镇集中。2015年，昆明市常住人口城镇化率为70.05%，其中以户籍制度改革为切入点推动城乡统筹发展，实现统筹城乡转户104.7万人，建成社会主义新农村和美丽乡村634个；不断改善农村基础设施，城乡差距进一步缩小，通乡油路率和行政村公路通畅率均达到100%；城乡公共服务设施不断完善；开展了城乡清洁工程，实施城乡环境卫生综合整治和交通秩序整治，城乡“脏、乱、差”得到有效遏制，全面改善城乡人居环境。根据《昆明市“十三五”城乡发展规划》，昆明市加强城乡间的资源整合、产业互动，通过实施产业发展、基础设施、社会实验、政策制度一体化，统筹城乡发展，不断缩小城乡差距，使乡村和城市共享现代文明，实现城市与乡村之间的互动发展。到2020年，全市40%以上的中心村、特色村达到美丽乡村建设要求，100%的村庄环境得到整治，村容村貌明显改观。根据《云南省昆明市美丽宜居乡村建设行动计划（2016—2020年）》，到2020年，建设1000个以上美丽宜居乡村，带动村庄人居环境明显改善，农民生活质量明显提高，促进全市新农村建设整体提挡升级，加快形成城乡一体化发展新格局。因此，围绕目标，昆明深入推进农业供给侧结构性改革，推进高原特色都市农业现代化。大力发展特色农业产业，推动花卉、蔬菜、中药材等重点特色产业转型升级、提质增效。打造“绿色食品牌”，实施产业兴村强县行动，深入推进“一县一示范”工程，推动一村一品、一县一业发展，建设现代农业重点县、林业重点县。实施质量兴农战略，将昆明打造为全国特色农产品生产标准化示范区。推动一二三产业融合发展，实施农产品加工业提升行动，扶持打造一批销售超亿元的农产品加工领军龙头企业。发展现代农业经营模式，继续推进斗南国际花卉产业园、石林台湾农民创业园、嵩明现代农业科技园等10个重点现代农业园区建设，集中扶持发展一批年销售收入达10亿元的农业龙头企业。增强农业现代化发展能力，推进生物农业、生态农业、智慧农业等重点领域科技研发和技术创新。提升农业对外开放水平，实施昆明特色农产品“出滇工程”，与特大城市建立健全特色农产品“直通车”，建设辐射南亚东南亚的农业产业中心。

昆明市按照“选好一个项目、建设一个体系、形成一个龙头、创立一个品牌、致富一方百姓”的原则，采用“公司+基地+农户+标准化”“龙头企业+合作社+农户”“农民专业合作组织+农户+标准化”等生产组织模式，推动农产品加工业向主产区“三区三园”集聚发展，截至2016年，建成27个国家级农业标准化示范区，制定了167项标准；建成了6个省级农业标准化示范区，制定了39项标准。目前，还拥有5个高原特色农业示范企业和1个高原特色农业示范县。昆明市将继续推动农业与互联网融合，大力发展农产品电子商务，深化禄劝县、寻甸县、东川区电子商务进农村综合示范建设，实施快递下乡工程和农产品出村工程，畅通村到乡镇的双向物流通道，确保农村电商乡、镇服务站全覆盖，农产品流通无障碍。

2. 保山市

云南省保山市、隆阳区重塑城乡关系，按照“产业兴旺、生态宜居、乡风文明、治理有效、生活富裕”总要求，以实施“三个万亩”（万亩生态观光农业园、万亩青华海生态湿地恢复工程、万亩东山生态恢复工程）建设为载体，系统谋划、集聚要素、叠加功能；基于“中心城区+功能园区+特色小镇+美丽乡村”促进城乡融合发展；基于“大产业+新主体+新平台”的建设思路振兴城乡产业；基于“空间功能管控+人居环境整治+基层综合治理”对策达到城乡协同，推动城乡接合部农村全面振兴。

3. **大理市**

云南省大理市针对市域城乡发展具体问题，进一步优化区域空间格局，提出统筹全域、生态文明、产城融合、城镇上山、智慧城市的城乡总体发展战略，建立了以“四区九线”为基础的全市空间管理体系，划定禁建区、适建区、已建区和重要规划控制线，科学管控全市域城乡空间资源，在城乡总体规划一张蓝图的指导下，统一划定底图、坐标体系，编制完善一系列片区规划、专项规划、村庄规划。

4. **丽江市**

丽江市坚持保护优先、绿色发展的理念及农旅结合、三产融合的思路，充分发挥金沙江沿岸农村绿水青山、田园风光、乡土文化等各类物质与非物质资源富集的独特优势，以100个沿江村庄改造提升为切入点，美丽乡村建设与城乡环境提升相结合，力推传承传统文化、突出民族地域特色，传统与现代结合，保护与开发并重，改造提升人居环境，建设一村一品、一村一景、一村一韵的美丽村庄，使之成为乡村振兴示范点、新农村建设示范点、美丽乡村示范点、环境保护和绿色发展示范点、全域旅游示范点、特色小镇和特色名村示范点。

第五章

构建绿色产业体系，把绿水青山变成金山银山

党的十九大报告提出要“建立健全绿色低碳循环发展的经济体系”。绿色发展的核心是构建绿色产业体系，绿色产业体系的本质是根据区域生态资源禀赋、生态环境承载力和产业分工的特点，合理选择适合市场需要和自身特点的生态型产业，并通过优化布局努力打造成优势产业，把生态环境资源优势转化为产业发展优势，实现绿水青山向金山银山的转化。为此，云南全面审视自己的生态优势和发展空间，提出全力打造世界一流的“绿色能源”“绿色食品”“健康生活目的地”三张牌，大力发展生物医药、新材料产业、高原特色农业，包括文化旅游和健康休养、现代服务业特别是现代跨境物流，包括绿色食品等，这些方面的产业都是基于云南的优势、云南的资源和云南经济发展所需确定的。这些属于环境友好型、资源节约型和效益优良型产业，符合未来产业发展趋势，有利于改善云南产业结构，促进经济绿色化转型。

第一节　发展高原特色现代农业，确保绿色食品体系

云南拥有良好的生态环境，是生产绿色食品的天然基地，打造“绿色食品牌”，突出绿色化、优质化、特色化、品牌化，走质量兴农、绿色兴农之路，把产业兴旺作为乡村振兴的重点方向，把高起点发展高原特色现代农业作为今后一个时期传统产业优化升级的战略重点。

一 全力打造世界一流“绿色食品牌”，确保政策支撑体系更加系统完备

建立健全“绿色食品牌”相关政策支持体系。围绕“新平台、新主体、大产业”和有机化、商品化、规模化、名牌化的建设思路，突出招大引强、品牌引领、市场拓展、冷链物流、科技支撑等关键环节，按照“成熟一个、上会一个、审定一个”的方式，在前期出台《云南省培育绿色食品产业龙头企业鼓励投资办法（试行)》《云南省“绿色食品牌”招商引资大行动工作方案》《关于创新体制机制推进农业绿色发展的实施意见》等系列文件的基础上，印发《打造世界一流“绿色食品牌”政策措施意见》，作为统领整个“绿色食品牌”打造工作的纲领性文件。

统筹推进各项重点工作落地见效。持续推进新型经营主体培育和招大引强，组织开展系列“绿色食品牌”宣传活动，全产业链、全方位、立体化推介云南绿色食品。着力开展冷链物流体系和追溯体系建设，构建绿色、优质、高效、完备的流通体系和质量安全追溯体系。大力推进农产品绿色有机认证和绿色有机基地打造，深入推进农业绿色发展实施意见落实。狠抓“一县一业”示范县建设、粮食生产功能区和重要农产品生产保护区划建、特色农产品优势区创建，推进“绿色食品品牌”重点产业区域化聚集发展。

二 优化农业主体功能与空间布局，确保绿色供给能力明显增强

优化农业产业布局。定期开展主要农产品生产监测，调整优化农业生产力布局，推动农业由增产导向转为提质导向。立足云南自然资源条件，将农业发展区域细划为优先发展区、适度发展区和保护发展区，加快形成布局合理、产业集中、优势突出，市场需求与资源稀缺程度相匹配的农业生产布局。滇中地区重点发挥城市经济圈的核心和龙头作用，全产业链打造果蔬、花卉等产业。滇东北地区重点发展中药材、水果、生猪、牛羊、蔬菜、花卉、冷水鱼等产业。滇东南地区重点发展中药材、蔬菜、水果、生猪、牛羊、茶叶等产业。滇西地区重点发展坚果、牛羊、生猪、蔬菜、

中药材、水果、食用菌等产业。滇西北地区重点发展牛羊、生猪、中药材、坚果、水果、食用菌、冷水鱼等产业。滇西南地区重点发展茶叶、咖啡、热带水果、坚果、中药材、食用菌等产业。

加快重点优势产业发展。以各地资源禀赋和独特的人文历史为基础，有序开发优势特色资源，做大做强优势特色产业。吸引现代农业各项要素不断注入，加快形成科学合理的特色农业产业区域布局。重点围绕特色粮经作物、特色畜产品、特色水产品等五大类特色农产品，创建特色鲜明、优势聚集、市场竞争力强的特色农产品优势区。支持特色农产品优势区建设标准化生产基地、加工基地、仓储物流基地，完善科技支撑体系、品牌建设与市场营销体系、质量控制体系，建立利益联结紧密的建设运行机制，区内形成以特色农产品生产、加工、流通、销售产业链为基础，集科技创新、休闲观光、配套农资生产和制造融合发展的特色农业产业集群。

推进农业新产业新业态建设。强化生产性服务业对现代农业产业链的引领支撑作用，构建全程覆盖、区域集成的新型农业社会化服务体系，带动农业产业链全面升级。实施农产品加工业提升行动，支持主产区发展畜牧业、粮食加工业和农产品精深加工。推进农业与旅游、教育、文化、健康养老等产业深度融合，充分开发农业多种功能与多重价值。开展生态文化产业园、田园综合体、农村一二三产融合发展先导区、现代农业庄园和特色小镇等示范创建，推进休闲农业和乡村旅游发展。充分发挥乡村特色资源富集、生态环境优美的优势，推动乡村资源全域化整合、多元化增值，形成新的消费热点。实施农产品电商工程，形成线上线下融合，农产品进城和农资、消费品下乡双向流通格局，推动农村电子商务成为农村经济社会发展新引擎。

三　提升农业资源保护和利用水平，确保资源利用更加节约高效

其一，加强耕地土壤管理。开展土壤污染状况详查，定期开展土壤环境质量状况调查，查明农用地土壤污染面积和分布，划定农用地土壤环境质量类别。开展耕地土壤和农产品协同监测，科学评价污染状况对农产品质量安全的影响，制订实施受污染耕地安全利用方案，采取农艺调控、结

构调整、替代种植等措施，最大限度降低农产品重金属超标风险。实施土地整治，推进高标准农田建设和中低产田地改造。以粮食生产功能区、重要农产品生产保护区和特色农产品优势区为重点，建立农业生态环境保护综合协调机制。在石漠化地区和重要湖泊、水源地及水资源匮乏地区，稳步推进耕地轮作休耕制度试点，积极探索推广用地与养地相结合、降低耕地利用强度。到2020年，全省耕地保有量保持在8768万亩以上，耕地质量平均比2015年提高0.5个等级。到2030年，全省耕地质量水平和农业用水效率进一步提高。

其二，严格水资源管理。开展取用水总量全面调查，健全取用水总量控制指标体系。对取用水总量已达到或超过控制指标的地区，暂停审批建设项目新增取水许可，对用水大户实行计划用水管理。全面推进农业水价综合改革，按照总体不增加农民负担的原则，加快建立合理农业水价形成机制和节水激励机制。健全基层节水农业技术推广服务体系，完善灌溉用水计量设施，推进规模化高效节水灌溉，推广农作物节水抗旱技术。严格控制地下水利用，在地质灾害易发区开发利用地下水，要进行地质灾害风险评估；在地下水易受污染地区，优先种植需肥需药量低、环境效益突出的农作物；在水资源问题突出的地区，适当减少用水量较大的农作物种植面积，改种耐旱作物和经济林。到2020年，农田灌溉水有效利用系数达到0.55以上。到2030年，全省农业用水效率进一步提高。

其三，加强农业资源环境管控。坚持最严格的耕地保护制度，落实占补平衡等政策措施，强化耕地、草原、渔业水域、湿地等用途管控，严控围湖造田、滥垦滥占草原等不合理开发建设活动。以县为单位，因地制宜制定禁止和限制发展产业目录，明确种养业发展方向和开发强度。落实畜禽规模养殖环境影响评价制度，加强畜禽污染防治配套设施建设，加大对畜禽污染企业的依法查处力度。开展农产品产地环境监测评价，探索实施绿色有机农产品产地挂牌保护制度。适时执行高风险水体污染物特别排放限值，推进重点流域农业面源污染防治工作。

其四，保护和合理开发利用种质资源。全面普查农作物种质资源，加快省级农业种质资源数据库建设。加快国家级和省级种质资源库、畜禽水产基因库和资源保护场（区、圃）规划建设，推进种质资源收集保存、鉴定和育种。加强野生动植物自然保护区建设，推进濒危野生植物资源原生境保护、移植保存和人工繁育。实施生物多样性保护重大工程，开展濒危野生动植物物种调查和专项救护。加强外来物种风险监测评估和防控，建设生物天敌繁育基地和关键区域生物入侵阻隔带，扩大生物替代防治示范技术试点规模。

四　加强农业生态环境保护和治理，确保产地环境更加生态环保

第一，防控工业和城镇污染向农业转移。严格执行农田污染控制标准，依法禁止未经处理达标的工业和城镇污染物进入农田、养殖水域等农业区域。严格控制在优先保护类耕地集中区域新建有环境污染风险的工业企业。依法取缔不符合国家产业政策、环境污染严重的生产项目。开展重污染行业专项环境治理，实行建设项目主要污染物排放总量指标等量或减量替代。加大对破坏农业资源环境违法行为的查处力度，强化经常性执法监督管理制度建设。严格执行耕地土壤污染治理及效果评价标准，开展污染耕地分类治理。划定云南省土壤环境保护优先区，开展土壤污染有关因子的检测分析。

第二，推进农业投入品减量使用。制订云南省化肥农药减量增效三年行动方案，继续实施化肥农药使用量负增长行动。依法规范化肥、农药、兽药、饲料及饲料添加剂等农业投入品市场秩序，严厉打击非法制售和使用违禁农（兽）药的行为。加强农药风险监测，推广使用高效低毒低残留农药和生物源农药。规范限量使用饲料添加剂，减量使用兽用抗菌药物。开展有害生物预警监测。示范推广绿色防控、统防统治和科学用药技术。推进农作物病虫害专业化统防统治与绿色防控综合示范，分区域、分作物优化集成农作物病虫害绿色防控配套技术。到 2020 年，主要农作物化肥、农药使用量实现负增长。到 2030 年，化肥、农药利用率进一步改善。

第三，推进秸秆和畜禽养殖粪污资源化利用。严格依法落实秸秆禁烧制度，积极推广农作物秸秆机械化还田和“一翻两免”耕作模式，鼓励整乡、整村开展农作物秸秆还田。完善秸秆收储利用体系，发展高附加值利用产业，提高农作物秸秆肥料化、饲料化、基料化、原料化、燃料化等综

合利用水平。加强畜禽粪污收集、储存、处理、利用设施建设，全力推进畜禽养殖粪污资源化利用，大力推广畜禽粪污、沼渣、沼液还田综合化利用技术。加快推进病死畜禽无害化处理体系建设。依法落实规模养殖场环境评价准入制度，明确各级政府属地责任和规模养殖场主体责任。到2020年，秸秆综合利用率达到85%。

第四，推进废旧地膜和包装废弃物回收处理。建立以“市场主体回收、专业机构处置、公共财政扶持”为主要模式的农膜、农药废弃包装物回收和集中处置体系。在大田作物、设施农业等推广加厚地膜应用，开展可降解地膜应用示范。严格执行国家农用地膜标准，依法强制生产、销售、使用符合国家标准的地膜。探索地膜使用量控制机制。推行使用易于回收处理和再生利用的包装材料，鼓励使用大容量包装、水溶性包装，探索建立农药包装回收追溯体系。到2020年，农膜回收率达到80%。

五　加强生态系统养护与修复，确保产地生态更加稳定持续

首先，发展生态循环农业。以现代农业示范区和现代农业产业园为重点，集成推广应用农业绿色发展技术，探索区域农业循环利用机制。推进全省茶园全部绿色化。引导畜牧业生产向环境容量大的地区转移，支持种养结合型循环农业试点和生态循环养殖小区建设。因地制宜发展“猪、沼、果”、林下经济等生态循环产业模式，构建种养结合、环境优美的田园生态系统。开展畜牧业绿色发展示范县建设，推行种养结合农牧循环生产模式。推行渔业健康生态养殖模式，合理确定湖泊、水库、滩涂等养殖规模和养殖密度，加强水产健康养殖示范场和示范县建设，强化水产养殖污染防控。加快推进跨境动物疫病区域化管理试点。推广低碳、低耗、循环、高效的加工流通技术模式。

其次，加强草原管理和保护。加强对全省草原面积、等级、产草量、载畜量等情况的调查，强化草原征占用审核审批管理，规范草原经营权流转。以5年为1个周期，对生存环境恶劣、退化严重、不宜放牧以及位于大江大河水源涵养区的草原实行禁牧补助，对禁牧区域以外的草原实施草畜平衡奖励，引导鼓励牧民在草畜平衡的基础上实施季节性休牧和划区轮

牧，形成草原合理利用的长效机制。到 2020 年，草原综合植被盖度达到 87.81%；到 2030 年，草原生态系统进一步改善，努力把云南草原打造成南方草原的“标杆”。

再次，加强水生生态保护和修复。在珍稀濒危水生野生动植物物种的天然集中分布区建立水生动植物自然保护区、保护站和救护站。加大对土著鱼类人工驯养繁育技术研究力度，促进水产种质资源可持续利用。在滇池、抚仙湖、洱海等九大高原湖泊，金沙江、珠江、澜沧江、红河流域等重点水域加大水生生物增殖放流力度，增加滤食性鱼类和土著鱼类投放数量，改善水域生态环境、恢复渔业资源种群。坚持和完善禁渔区、禁渔期制度，在重点湖泊、大型水库建设渔港码头，建立健全捕捞量和渔船数量“双控”制度。严厉打击“电、毒、炸”“绝户网”等非法捕捞行为。严格涉渔工程水生生物资源保护和补偿监督管理，落实水生生物资源及其水域环境损害补偿制度。完善水生野生动植物经营利用管理制度。

最后，加强林业和湿地养护。推进湿地认定工作，构建湿地分级管理制度，严格保护省级以上重要湿地、湿地自然保护区和湿地公园。开展退化湿地恢复和修复，严格控制开发利用和围垦强度。扩大新一轮退耕还林还草规模，实施天然林保护全覆盖政策，完善全面停止天然林商业性采伐补助政策。加快构建退耕还林还草、退耕还湿，以及石漠化、水土流失综合防治长效机制。

六　健全创新驱动与约束激励机制，确保绿色供给能力明显提升

一是创新科技支撑体系。组建云南绿色食品国际合作研究中心，建立符合国际惯例的高效科研创新机制与组织模式，吸引全球顶尖人才和创新团队，搭建一流科技创新平台。完善科研单位、高校、企业等各类创新主体协同攻关机制，引导扶持高校、科研院所与农业产业化龙头企业建立紧密联结的科技创新联合体，围绕农业绿色生态、提质增效开展联合攻关。完善农业绿色科技创新成果评价和转化机制，探索建立农业技术环境风险评估体系，支持科研院所开展自主新品种研发，以及国际优良品种的引进、试验、示范、推广和应用工作。支持经营主

体建设一批规模化、标准化、集约化、机械化的种子、种苗和种畜禽繁育基地。

二是落实生态补贴制度。推进以绿色生态为导向的农业补贴制度建设。逐步建立与耕地地力提升和责任落实相挂钩的耕地地力保护补贴机制，完善机械化深松整地补助政策，落实国家渔业补贴政策。完善耕地、草原、森林、湿地、水生生物等生态补偿制度，支持退耕还林还草。鼓励金融机构积极创新绿色金融产品，拓展企业抵押担保物种类，推广生产设备等动产抵押业务，推行产业链金融。支持发展绿色生态农业保险产品，建立保贷联动机制。引导社会资本投向农业资源节约、废弃物资源化利用、动物疫病净化和生态保护修复等农业绿色发展领域。

三是建立健全绿色农业标准体系。贯彻落实国家绿色农业标准，严格执行农兽药残留、畜禽屠宰、饲料卫生安全、冷链物流、畜禽粪污资源化利用、水产养殖尾水排放等国家标准和行业标准，鼓励采用高于国家标准的行业标准、地方标准、团体标准和企业标准。开展绿色生态农业地方标准修订工作，构建具有云南特色的绿色农业地方标准体系。实施农业绿色品牌战略，培育具有区域优势特色及国际竞争力的农产品区域公用品牌、企业品牌和产品品牌。加强农产品质量安全全程监管，建立健全食用农产品产地准出与市场准入衔接机制。制订食品可追溯体系建设实施方案，加快全省农产品质量安全追溯体系建设，逐步推进省级平台与国家农产品质量安全追溯平台无缝对接。

四是完善绿色农业法规体系。严格执行国家推进农业绿色发展的有关法律法规，研究制定完善全省耕地保护、农业污染防治、农业生态保护、农业投入品管理等方面的法规制度。加大执法和监督力度，依法打击破坏农业资源环境的违法行为。健全重大环境事件和污染事故责任追究制度及损害赔偿制度，提高违法成本和惩罚标准。

五是建立健全农业资源环境生态监测预警体系。依托国家农业农村大数据中心云南分中心和云南农业大数据应用与推广中心构建重点产业智慧云平台，完善农业绿色生产、加工、质量、品牌、市场等方面的社会化服务功能。建立耕地、草原、渔业水域、生物资源、产地环境以及农产品生产、市场、消费信息监测体系。以农业主体功能区保护为重点，建立农业生态环境保护综合协调机制。加强基础设施建设，统一标准方法，实时监测报告，科学分析评价，及时发布预警和通报监测信息。启动重要农业资源台账制度试点，探索建立有关部门协同合作的农业资源台账数据共建共享机制，推进耕地、水、气候、农业生产废弃物等农业资源台账数据采集、更新工作，健全完善农业资源监测体系。

第二节　打造绿色能源样板

云南水能、风能、太阳能资源丰富，做优做强绿色能源产业，打造“绿色能源牌”，加快建设干流水电基地，加强省内电网、西电东送通道、境外输电项目建设，在保护环境的前提下，推进水电铝材、水电硅材一体化发展，加快发展新能源汽车产业，形成完整的产业链，把绿色清洁能源优势转化为经济优势。

一　云南清洁能源丰富，具有发展绿色能源基础

云南位于我国西南部，独特的气候和地理环境形成了得天独厚的清洁能源资源。清洁资源中尤以水能资源储量较大，开发条件优越；地热能、太阳能、风能、生物能也具有较好的开发前景。云南作为水电、风电、光伏发电等清洁能源大省，已成为中国清洁能源生产的重要基地，成为响应国际、国家应对气候变化战略的重要省份。

（一）水能资源

水能是一种可再生清洁能源，是指水体的动能、势能和压力能等能量资源。水能资源在电力工业发展中的战略地位和作用极为重要，是其他能源无法替代的，可实现能源开发利用与环境保护同步协调发展。

云南是我国水力资源富集的省区，理论蕴藏量10兆瓦及以上的河流有373条，理论蕴藏量平均功率104386兆瓦，年发电量9144.21亿千瓦时，占全国的15%，仅次于西藏、四川，居全国第3位。水能资源理论蕴藏量10兆瓦及以上的河流中，装机容量0.5兆瓦及以上技术可开发水电站总装

机容量101939兆瓦，年发电量4919兆瓦，占全国的18.8%，其中经济可开发的水电站总装机容量97950兆瓦，年发电量4712.83亿千瓦时，占全国的24.4%。

全国规划有十三大水电基地，分别为金沙江水电基地、雅砻江水电基地、大渡河水电基地、乌江水电基地、长江上游水电基地、南盘江—红水河水电基地、澜沧江干流水电基地、黄河上游水电基地、黄河中游水电基地、湘西水电基地、闽浙赣水电基地、东北水电基地、怒江水电基地，其中有4个全部或部分位于云南省境内。近十年来，云南中小水电快速发展，在一系列的招商引资优惠政策下，经过多年的开发建设，全省中小水电资源开发率已超过80%，覆盖了90%以上的边远贫困民族地区，为地方增强了发展的造血功能。

云南水能资源在开发上具有干流开发价值大于支流、可开发的大型和特大型水电站比例高、水能资源分布比较集中、可开发的水能资源工程量相对较小、水库淹没损失少，技术经济指标优越等特点。

2015年全年，云南省全省发电量2553.11亿千瓦时，其中水电2177.32亿千瓦时，占全省发电量的83.1%，占全国发电量56045亿千瓦时的3.9%，占全国水电发电量11143亿千瓦时的19.5%，相当于每年节约7700万吨标准煤，减少排放二氧化碳1.97亿吨，二氧化硫67.4万吨，氮氧化物57万吨。

（二）风能资源

风能是重要的气候资源之一，是大气运动产生的能量，由太阳辐射能转换而来。云南多数山区风能分布广泛，冬春季极具开发价值，风能地形效应显著，风向稳定。

云南地形复杂，风能分布受地形影响大，风能资源虽然总体不如“三北”地区和沿海地区，但许多高度不同的山顶、垭口、峡谷等地，风能资源较好，尤其是云南离海较远，不受台风影响，位于低纬高原的特殊地理位置，使其气候四季如春，冬夏温差小，对降低风力机成本，对风力机的安装和安全性，都极为有利。云南多数山区风能分布广泛，在冬春季风能极具开发价值，并且在云岭哀牢山以东的滇中许多地方的山区，风能的地形效应显著，风能已接近或达到我国最大风能区的水平，且风向稳定，风力机安全性高，风力机成本低。

根据全省气象站30年10米高测风数据统计分析，云南省风能资源总储量为12291万千瓦，全省10米高年平均风功率密度大于50瓦/平方米的风能资源可开发区面积约4.52万平方公里，占全省国土面积的11.5%，对应的全省技术可开发风能资源储量为2832万千瓦；而对云南省70米高测风数据统计分析，云南省风能资源总储量为36430万千瓦，全省70米高平均风功率密度大于150瓦/平方米的技术可开发风能资源储量为14157万千瓦。

2015年全年，云南省全省发电量2553.11亿千瓦时，其中风电93.6亿千瓦时，占全省发电量的3.7%，占全国风电发电量1863亿千瓦时的5%，相当于每年节约334万吨标准煤，减少排放二氧化碳847万吨、二氧化硫2.9万吨、氮氧化物2.5万吨。

（三）太阳能

云南地处低纬度高原，北回归线贯穿于省内南部，各地海拔相对较高，空气稀薄、清新，大气层密度小，阳光透过率高，使得全年可接受的太阳辐射能比较充裕，全年太阳高度角变化幅度不大，冬夏半年太阳可照时数差别较小，一年中太阳辐射能量差异不大，季节分配比较均匀，四季温暖，年温差较小。全省年太阳总辐射量3620兆~6682兆焦耳/平方米，年日照射数960~2840小时。全省太阳能资源总储量为2.14×10^{15}兆焦/年。

云南省94%是高原山区，平均日照时数超过2000小时的县就达94个，占全省总数的74.6%；太阳辐照度大于5000兆焦耳/平方米·年的地域占全省面积的90%。太阳能资源丰富区在楚雄州、大理州、德宏州、红河州的中北部、保山地区、丽江地区等地，年太阳总辐射量在5800兆焦耳/平方米以上，最高值在楚雄州永仁县达6240兆焦耳/平方米·年。

由于丰富稳定的太阳能资源，云南省光伏产业未来具有很大的发展潜力，发展重点主要在光伏农（林、牧、渔）业、光伏提水、光伏制冷（脱水、保鲜）、户用光伏扶贫及城市、工业园区的屋顶分布式光伏领域。2015 年，云南省光伏电站发电量 6.36 亿千瓦时，比 2014 年增长 117.71%，占全国光伏年发电量 392 亿千瓦时的 1.62%，相当于每年节约 22.7 万吨标准煤，减少排放二氧化碳 57.5 万吨、二氧化硫 0.2 万吨、氮氧化物 0.17 万吨。

二 开发与保护并重，建设绿色生态能源基地

（一）合理布局能源开发格局，实施能源开发生态优先战略

云南省水电能源建设过程中，一直坚持“生态优先、统筹考虑、适度开发、确保底线”的水电开发建设方针。按照国家能源开发战略部署，云南省积极支持国家水电能源基地建设，有序建设金沙江和澜沧江水电基地。

金沙江（含通天河）水力资源理论蕴藏量 121022.9 兆瓦，约占全国水力资源理论蕴藏量的 1/6。金沙江水电能源基地按照上游、中游和下游规划进行开发。2003 年国家对金沙江中游水电规划进行批复，规划河段为金沙江干流石鼓至雅砻江汇口的中游，规划有龙盘、两家人、梨园、阿海、金安桥、龙开口、鲁地拉、观音岩 8 个水电站，总装机容量 20580 兆瓦，年均发电量 883 亿千瓦时。龙盘和两家人水电站位于金沙江的虎跳峡河段，涉及自然保护区、风景名胜区等生态较为敏感区域，云南省与相关部门正在对两个水电站的可行性做更加深入的研究，体现了“生态优先、统筹考虑、适度开发、确保底线”的水电开发建设方针。

1986 年及 2004 年，国家对澜沧江云南省境内的中下游河段及上游段进行了规划，共规划有古水、果念、乌弄龙、里底、托巴、黄登、大华桥、苗尾、功果桥、小湾、漫湾、大朝山、糯扎渡、景洪、橄榄坝、勐松 16 个电站，总装机容量 23100 兆瓦，年平均发电量 1167.2 亿千瓦时。2012 年，为保护澜沧江生态环境、统筹整个澜沧江的水电开发，云南省对澜沧江水电规划进行了重新研究，提出了新的方案：对处于“三江并流”世界自然遗产腹地的果念水电站予以取消；对可能影响鱼类洄游通道的勐松水电站予以取消；对可能影响自然保护区和重要植被资源的古水、乌弄

龙水电站降低其水库水位。新的规划调整后，电站装机容量约减少1000多兆瓦，开发河段不到整个规划河段的80%，并且避开了世界自然遗产地、自然保护区、风景名胜区等流域内重要的生态敏感区。

自2015年以来，为落实国家生态文明建设要求，云南省统筹全流域、干支流开发与保护工作，按照流域内干流开发优先、支流保护优先的原则，严格控制中小流域、中小水电开发，保留流域必要生境，维护流域生态健康。2016年7月，云南省人民政府发布了《关于加强中小水电开发利用管理的意见》，明确提出转变中小水电发展方式，把生态环境保护放在更加重要的位置，不再开发建设250兆瓦以下的中小水电站，突出中小型电站服务于改善农村生活生产、保护生态环境和地方经济发展的属性。

在风电开发中，坚持生态优先的方针，充分考虑云南省规划风电场所在区域的主体功能区划、生态功能区划、土地利用规划、生物多样性保护区划、鸟类迁徙通道、森林植被质量、景观等因素，将规划的风电场分为优先开发、限制开发、禁止开发及待确定四个类别。在风电规划中将不涉及世界自然遗产地、自然保护区、风景名胜区等生态环境敏感区，同时对生物多样性影响较小的风电场列为优先开发类。在对迁徙候鸟影响较大的区域、生物多样性保护重要区域、生物走廊带内、重要湿地区域、热带雨林生态系统及高寒草甸生态系统分布区、饮用水水源保护区、准保护区及汇水范围、具有重要文化价值的区域、景观影响较大区域、主体功能区划限制开发区，限制建设风电场。在自然保护区规划范围、世界文化和自然遗产地规划范围、饮用水水源保护一级及二级保护区、风景名胜区、森林公园、国家湿地公园、国家地质公园、文物保护单位、九大高原湖泊保护地等涉及相关法律法规和政策禁止的区域禁止建设风电场。规划中不能完全识别其建设对周边生态的影响，随工程深入详细论证，不符合生态保护要求的风电场一律不得开工建设。在云南省规划的265个风电场中有101个属于限制开发类别，总装机容量为11937.75兆瓦，占总装机容量的40.69%；有20个属于禁止开发类别，类别总装机容量为1800兆瓦，占总装机容量的6.14%；有45个属于待论证类别，装机容量为5685兆瓦，占总装机容量的19.38%。

2009年12月28日，云南昆明石林太阳能光伏示范项目首个发电单元成功并网发电，填补了云南地面大型太阳能光伏电站并网发电为零的空白，云南太阳能光伏电站也迎来了快速发展。按照“生态优先、社会优先”的原则，严格贯彻“在开发中保护，在保护中开发”的方针，在生态保护基础上进一步提升光伏电站生态环境质量。光伏电站建设坚决避开生物多样性富集区、特殊生态环境及特有物种、鸟类通道、自然保护区、湿地、风景名胜区、民俗保护区等区域。由于太阳能光伏电站占地较多，云南在太阳能光伏电站建设中，一直坚持规划先行、注重环保、开拓创新的原则，高效稳步推进光伏发电开发利用，开创了石漠化土地利用新模式，实现了绿色农业与现代化工业和谐发展。目前，云南省光伏电站大多选择在石漠化、荒山地区，如昆明石林光伏电站、红河建水南庄光伏电站。

（二） 能源开发中加大保护力度，守住绿水青山

为减缓水电站建设对鱼类的影响，通过建设过鱼设施、鱼类增殖放流站、河流生境修复、划定栖息地保护等措施，以缓解水电建设对水生生态的影响。澜沧江糯扎渡功果桥站、黄登水电站，金沙江梨园、阿海、金安桥、龙开口、鲁地拉、观音岩、溪洛渡、乌东德、向家坝水电站，红河戛洒江一级水电站、南沙水电站，其他如李仙江、阿墨江、龙江、大盈江等中小河流也统筹规划建设鱼类增殖放流站。云南省水电站鱼类增殖放流站放流鱼类对象包括重要的珍稀濒危鱼类和当地受人为捕捞严重的土著鱼类，放流范围几乎包括所有水电工程建设影响区。在鱼类重要的栖息地，结合干流开发优先、支流保护优先的原则，建设鱼类栖息地或开展生境修复，保护鱼类的生存空间。在澜沧江、金沙江、南盘江、红河等大江干流水电建设中，均明确提出需要保护的支流或河段。如澜沧江已经建立了罗梭江鱼类自然保护区，同时提出需要保护的 115 公里的干流河段及 9 条支流；金沙江也提出 18 公里的干流及 7 条支流进行栖息地保护。

在水电站建设中，牢记树立“绿水青山就是金山银山”的观念。水电规划布局，坚决避让自然保护区、珍稀物种集中分布地等生态敏感区域，减小流域生物多样性和重要生态功能的损失。对受水电站建设影响的珍稀特有植物或古树名木，采取异地移栽、苗木繁育或种质资源保存等方式进行保护，如糯扎渡、黄登、梨园、阿海、观音岩、向家坝等电站建设珍稀

植物园，将受影响的珍稀保护植物进行移栽保护。对栖息地淹没影响的珍稀动物，通过修建动物廊道、构建类似生境等方式予以保护，如糯扎渡水电站建设珍稀动物园，对野生珍稀濒危动物进行保护或暂养、野化并放归自然；戛洒江一级水电站正研究并建设绿孔雀生境。

云南省要求水电站把发电效益和生态效益放在同等重要位置。2016 年 7 月，省人民政府发文要求电站运行必须考虑河道的水生生态、水环境、景观等生态用水需求，严格落实生态流量泄放措施，安装生态流量在线监控装置，保障生态下泄流量，特别针对引水式电站，明确当天然来水量小于河道需要下泄的最小流量时，天然来水全部下泄，不进行发电。

自 2008 年 12 月云南大理者摩山风电场并网发电以来，云南省风电进入较快发展期，全省风电场大都位于 2000 米以上的高海拔区域，这些区域由于人类活动扰动比较小，生物多样性比较丰富、生态环境质量较好，环境较为敏感脆弱。为制止一些不当开发活动，2013 年 3 月，云南省发改委下发《关于暂缓建设在建风电项目的通知》以及《关于对全省投产风电场进行综合评估的通知》，要求全省 11 个州市共 41 个项目、总装机 1953.5 兆瓦的在建风电项目暂缓建设。经过清理整顿，提出了更高标准、更严要求，从风电建设源头着手，按照“生态优先、科学有序”的原则，坚决避让各类生态环境敏感区域，并采取“高标准环境保护及生态修复”的原则，建设原生态特色风电场。

光伏电站建设占用土地较多，光伏电站建设与土地、林地使用矛盾突出。根据云南耕地较少，生态敏感性较高的特点，在推进光伏发电过程中，不再发展纯地面光伏电站，而是结合云南省高原特色农产品开发，支持云南省现代化农业发展，推进太阳能多元利用，发展光伏农业和光伏扶贫。通过市场导向，引导企业利用荒漠化土地适度开发地面并网光伏发电，与“大生物产业”和高原特色农业相结合，与农民脱贫致富相结合的光伏发展模式。云南省在具备开发条件的工业园区、经济开发区、大型工矿企业以及商场学校医院等公共建筑，采取“政府引导、企业自愿、金融支持、社会参与”的方式，组织实施屋顶光伏工程。结合荒山荒地、采矿等废弃土地治理、设施农业、渔业养殖等方式，开展各类“光伏 +”应用工程，促进光伏发电与其他产业有机融合，通过光伏发电为土地增值利用开拓新途径。探索各类提升农业效益的光伏农业融合发展模式，鼓励结合现代高效农业设施建设光伏电站；结合中药材种植、植被保护、生态治理工程，合理配建光伏电站。

三 聚力创新，延伸绿色能源产业链

截至2018年5月，云南全省电力装机总容量为8969万千瓦，居全国第6位，清洁能源装机占比82%，远高于全国平均水平的29%。随着云南省内电力产业大规模集中投产，同期省内用电需求增速显著放缓，电力消纳问题凸显，为促进云南水电等清洁能源消纳，云南省正聚力创新，延伸绿色能源产业链。

（一）大力发展新能源汽车

为将绿色清洁能源优势转化为发展优势，云南省将把握新能源汽车发展趋势，科学规划布局，大力引进新能源汽车整车和电池、电机、电控等关键配套产业，形成完整产业链，同时加快建设充电基础设施，加快推广应用和示范带动，更好地保护生态环境。根据云南省人民政府办公厅《关于印发云南省加快新能源汽车推广应用工作方案的通知》，到2020年，全省形成年产50万辆新能源汽车生产能力，推广新能源汽车20万辆，主要在昆明、曲靖、玉溪、楚雄、红河、大理、丽江等7州市进行推广；全省规划建成350座集中式充换电站、16.3万个以上分散式充电桩，全省高速公路实现全覆盖，全省县级城市、骨干道路、主要旅游景区等实现基本覆盖。

（二）大力推进水电铝材、水电硅材一体化发展

云南结合自身实际，利用能源和资源等优势，着力打造绿色、低碳、清洁、可持续的水电铝材一体化、水电硅材一体化发展。

水电铝材一体化依托云南省能源资源和环境承载优势，主动谋划和推动水电和铝产业深度融合。根据《云南省新材料产业发展三年行动计划（2018—2020年）》，预计到2020年，在云南省打造5个左右水电铝材一体化重点产业园区，水电铝总产能达到600万吨，就地消纳水电800亿千瓦时以上。

水电铝材一体化将有利于推动清洁能源与铝产业深度融合，将绿色能

源优势转化为经济优势。云南省通过抓住国家“北铝南移”产业转移的有利时机，主动承接电解铝产能转移，将绿色水电优势转化为经济优势，有效消纳富余水电电量，实现水电与铝产业融合共赢发展。至2018年上半年，云南省“水电铝材一体化工程”已引进及待落地电解铝产能达600万吨，在铝基新材料下游布局方面也取得较大进展。其中，红河州围绕“碳素（源鑫碳素）—电解铝（云铝涌鑫铝业）—铝型材（红河马腾新型材料）—铝箔（云南涌顺铝业，待建）”等项目基本形成铝产业集聚；大理鹤庆县通过引进“碳素（四川其亚铝业）—电解铝（四川其亚铝业、溢鑫铝业）—铝型材/制品（溢鑫铝业、九鼎铝制品）—客车制造（云南力帆骏马，待建）”等项目形成具备一定竞争力的铝产业集群。

云南省将依托丰富的硅矿资源、水电清洁能源，推动水电优势与工业硅产业深度融合，以调整优化工业硅产业为基础，以硅材加工一体化建设为核心，构筑硅光伏、硅电子、硅化工和碳化硅产业链，努力将云南省打造成面向南亚、东南亚的中国绿色“水电硅”制造基地、光电子材料及有机硅产业基地、光伏产业制造基地。根据《云南省新材料产业发展三年行动计划(2018—2020年)》，预计到2020年，云南省实现工业硅总产能控制在130万吨以内，建成7万吨多晶硅、8.8万吨单晶硅及“切片加工—15GW电池组装—太阳能发电”硅光伏产业链，全产业力争消纳水电300亿千瓦时。加快推动水电硅材加工一体化中的硅光伏产业发展，不仅能够持续提供绿色低碳的太阳能光伏能源，而且对进一步改善能源结构、减少环境污染、促进可持续发展具有重要意义。

第三节　营造健康生活目的地

围绕云南生态环境的高度宜居性和宜人性，发展全域休闲度假和旅游，发展从“现代中药、疫苗、干细胞应用”到“医学科研、诊疗”，再到“康养、休闲”全产业链的“大健康产业”，打造“健康生活目的地牌”，使云南的蓝天白云、青山绿水、特色文化转化为发展优势，成为世人健康生活的向往之地。

一　背景和理论基础

（一）背景

在2017年的“7·26”重要讲话中，习近平总书记明确指出，人民群众期盼有更好的教育、更稳定的工作、更满意的收入、更可靠的社会保障、更高水平的医疗卫生服务、更舒适的居住条件、更优美的环境、更丰富的精神文化生活。在党的十九大报告中，习近平总书记强调不能把GDP作为衡量经济发展的唯一指标，要树立绿色发展理念；报告提出，要完善国民健康政策，为人民群众提供全方位全周期健康服务。

2017年，为全面贯彻落实全国卫生与健康大会精神和《“健康中国2030”规划纲要》目标任务，云南省委、省政府作出《关于进一步加快卫生与健康事业改革发展的决定》，强调要进一步推进“健康云南”建设，把人民健康放在优先发展的战略地位，遵循“以基层为重点，以改革创新为动力，预防为主、中西医并重，将健康融入所有政策，人民共建共享”的新时期卫生与健康工作方针，实施大数据促进大产业，大产业助力大健康的发展策略，以普及健康生活、优化健康服务、完善健康保障、建设健康环境、发展健康产业为重点，把全面推进“健康云南”建设贯穿云南改革发展和社会主义现代化建设全过程，加快推动全省卫生与健康事业跨越式发展，不断增进全省各族人民健康福祉，为谱写好中国梦的云南篇章提供更加坚实的健康保障。

2018年1月25日，云南省第十三届人民代表大会第一次会议开幕式上，省长阮成发的政府工作报告提出，捏紧拳头、聚焦重点、扬长避短、彰显特色，全力打造世界一流的“绿色能源”“绿色食品”“健康生活目的地”这“三张牌”，形成几个新的千亿元产业。打造宜居环境才能起到吸引人才的作用①。全国政协委员、云南省卫计委主任杨洋认为，打造“健康生活目的地牌”，包含两个目标体系：一个是要让云南人健康起来，另外一个就是让想健康的人到云南来。

---

① 朱建军、祝艳春：《城市宜居环境对人才聚集影响研究》，《科技资讯》2017年第23期。

（二）理论基础

1. 健康影响因素及其宜居环境的系统观

联合国卫生组织及美国、加拿大卫生部门发表的报告指出，遗传、环境、医疗和个人生活方式是影响健康的四大因素①。与此同时，人们对健康的需求变化发生转变：从“治疗”向“预防”转变，重视调理、养生和“治未病”；对疾病，尤其是慢性病的预防，从大医院主导的医疗向基层医疗机构、医联体等形式转变，从卫生部门为主转变为全社会共同合作。因此，如何实现谋求健康的目标，不能拘泥于单个学科，需要打破传统的学科限制，站在系统论的高度上进行多学科的整合②。

2. 通过宜居环境设计促成健康的大众行为

国际组织研究报告指出，对健康的四大影响因素中，个人生活方式、遗传、环境和医疗分别占50%、占20%、20%和10%③。也就是说，日常生活行为与公众的健康状况有着密切的关系，超过了基因、社会因素、环境，甚至卫生保健对于健康的影响。健康生活方式是人们根据自己生活中可供挑选的方案所选择的与健康相关行为的一些集合模式，包括膳食选择，锻炼和娱乐形式，个人卫生，以及意外风险、紧张、吸烟、酗酒和药物的处理和体检等④。采取针对性的饮食和运动干预，约80%的心血管疾病、糖尿病和40%的肿瘤可以预防，可有效地改善高尿酸血症患者疾病的康复⑤。调查显示，中国城乡居民在吸烟、过度饮酒、运动不足和睡眠方面的生活方式还普遍存在问题，且影响因素各异⑥。

---

① 张铁梅、曾平：《成人保健及健康教育指南》，三联书店，2004。

② 余庄、李鹍：《城市规划中宜居环境设计策略》，《建设科技》2008年第9期。

③ 张铁梅、曾平：《成人保健及健康教育指南》，三联书店，2004。

④ 〔美〕威廉·科克汉姆：《医学社会学》，北京大学出版社，2005，第94～115页。

⑤ 韩丹、杨士宝：《关于“全民健身”纳入“全民健康生活方式”的思考》，《体育与科学》2008年第1期；陈丽婵、何艳春等：《饮食和运动干预在改善高尿酸血症患者不健康生活方式中的作用》，《现代临床护理》2012年第5期。

⑥ 石立江：《休闲体育与健康生活方式》，《湖北体育科技》2007年第3期；张刚、李英华、聂雪琼等：《我国城乡居民健康生活方式现状调查及影响因素分析》，《中国健康教育》2013年第6期。

近年来，人们越来越意识到建筑的设计对公众健康的影响。研究发现，不同的社区规划带来不同的出行方式和儿童户外运动的安全性；安全的绿荫人行道、宜人的密度、美的楼梯设计和适宜的区位等具良好感知质量的活动场所条件，与步行、骑行相关联，具有鼓励作用；社区中的公园、商店、学校和不同年龄段的聚会点等公共场所，都会对人产生积极的社会和心理作用①。

3. 宜居环境设计中地域性和传统经验体现生态理念

人居环境设计通常从绿化、气候、空气质量、噪声防治、采光和社会环境等方面探讨宜居要求②，建设生态社区是营建一种自然、和谐、健康、舒适的人类聚居环境的重要途径③。强调融于自然的宜居，人与自然的和谐统一和可持续发展，满足人们的多样性需求④。同时，宜居环境设计应该具有地域性，用生态理念指导城市绿化，避免种植品种的单一化和常绿林的偏好，突出地方植物特色，减少一年生植物，降低维护成本，注重绿化效果的可持续性⑤。我国传统人居环境与生态社区有很多共同之处，不仅通过水文、气候、动植物与地形地貌、地质、土壤资源构成等来暗示特定场地“固有适应性”⑥。因此，应从我国古典传统宜居环境和生态理论中汲取设计灵感和营养，以建设真正具有我国特色的现代生态型社区⑦。

---

① 〔美〕帕垂克·米勒：《为了健康生活的设计——美国风景园林规划设计新趋势》，王敏、刘滨谊编译，《中国园林》2005 年第 6 期。

② 范祥清、刘少文：《人居环境》，中国轻工业出版社，2003，第 196 ~ 425 页；吴宇：《环境噪声污染与健康生活》，《环境教育》2008 年第 10 期。

③ 翁奕城：《国外生态社区的发展趋势及对我国的启示》，《建筑学报》2006 年第 4 期，第 32 ~ 35 页。

④ 陈福江：《关于生态社区建设的思考》，《特区经济》2006 年第 10 期；徐慧：《可持续发展生态社区建设研究》，《科技广场》2006 年第 9 期；陈玉飞：《宜居环境设计与地域生态趋向性研究》，《美苑》2013 年第 1 期。

⑤ 姜夕奎、孙淑君等：《建设生态园林，创建宜居环境——用生态的理念指导城市绿化》，《科技创新导报》2009 年第 6 期。

⑥ 高吉喜、田美荣：《城市社区可持续发展模式——“生态社区”探讨》，《中国发展》2007 年第 4 期。

⑦ 魏胜林、徐梦萤、张辉：《中国古典园林宜居环境和生态理论与现代生态住区规划设计》，《安徽农业科学》2010 年第 19 期。

4. **旅游吸引力及其产业融合与升级**

在辨析旅游资源、旅游产品和旅游吸引力的概念及其关系时，有学者强调将旅游产品划分为旅游吸引物、旅游设施、旅游服务和可进入性①。但是，不同学者对旅游核心的认知存在差异，有的强调旅游吸引物②，有的学者更强调旅游服务和服务设施作为旅游产品的吸引力③，认为旅游服务是旅游产品的核心④，如饮食、保健养生等都属于旅游服务类。综上所述，从宽泛的角度看，旅游吸引物除地方优势资源、环境和传统旅游产品外，还有旅游服务等能从老的设施上拓展出新的功能。

5. **特色小镇建设及其产业支撑**

随着生活水平的提高，健康生活不仅要求山青、水秀、气候宜人、空气质量好、交通便捷、卫生绿化、网络通信等作为基础条件，还对绿色食品、环境宜人、居住景观特色、日常公共活动空间提供的休闲娱乐和强身健体条件，以及医疗服务条件有更高的要求。然而，国家发改委测算数据显示，对房产企业转向特色小镇认知不够，特色小镇建设成为房地产开发项目，滋生出低质量的规划风险，可持续运营风险和金融风险。国家四部委发布的《关于规范推进特色小镇和特色小城镇建设的若干意见》（2017）提出，地方小镇建设要坚持特色优先、产业为重，整合优化自然、区位、人文、生态、民族风情等资源，主攻最有基础、最有优势的特色产业，坚持差异定位、细分领域、错位发展，突出特色小镇的唯一性、独特性和差异性，把文化基因植入产业发展全过程，形成独特的区域特色文化，促进特色产业和特色小城镇的人文融合发展。

因此，营造“健康生活目的地”的建设，一方面在生活空间规划设计上体现和促成“健康生活”；另一方面，以地方优势为基础，形成特色拳头产品和服务，构建地区“大健康产业”，吸引人们前来消费服务和购买

---

① 保继刚、楚义芳：《旅游地理学》，高等教育出版社，1993，第 52 ~ 53 页；林南枝主编《旅游市场学》，南开大学出版社，2000。陈才、王海利、贾鸿：《对旅游吸引物、旅游资源和旅游产品关系的思考》，《桂林旅游高等专科学校学报》2007 年第 1 期。

② 张勇：《旅游资源、旅游吸引物、旅游产品、旅游商品的概念及关系辨析》，《重庆文理学院学报》（社会科学版）2010 年第 4 期。

③ 杨振之：《旅游资源的系统论分析》，《旅游学刊》1997 年第 3 期。

④ 林南枝主编《旅游市场学》，南开大学出版社，2000。

健康、养生产业系列产品，吸引人才来云南安家立业，并把相关产品和服务输送和出口到国内外其他地区。

二 作为旅居地吸引力的地方优势

（一）丰富多彩的自然资源与环境

云南是青藏高原的南延部分，拥有独特的高原风光，从海拔最低的76.4米到最高的6740米，海拔高低悬殊达6663米，又处在我国的低纬度地区，拥有中国稀少的热区环境，从热带、亚热带到高寒地区丰富的物产资源，复杂的地质构造和地貌、气候，带来不同区域资源环境差异，以及自然景观的丰富多彩。省内各地自然环境存在较大的区际差异，为健康目的地和旅游业的发展提供克服产业同构和旅游产品单一的基础和机遇。

1. 蓝天白云，气候宜人，空气质量好

中国中高纬度面积约占国土面积的4/5，而低纬度地区仅占1/5，避暑型和避寒型比较，避寒型气候属稀缺资源，具有垄断性特征；而避暑型气候资源较为丰富，是一种相对遍在性资源，具有可替代性，避寒型气候的竞争力优于避暑型气候。通过气候舒适日数分布，对中国南方11座旅游名城的避寒气候作了横向分析比较研究，得出西双版纳是中国最适合冬季避寒旅游目的地之一①。

低纬度高原特殊区位和地形使云南省大多数地区冬暖夏凉；冬夏温差不大，干湿两季分明。并且，气候随海拔高度不同而呈明显的垂直差异。与此同时，云南省18个主要城市空气质量优良率达90%以上，大理、丽江等城市优良率近100%；普洱市森林覆盖率达68.7%，空气质量良好，成为2017年全国绿色发展与生态建设优秀城市；滇东高原气候温和，素有“四季如春”的美誉，省会昆明被称为“春城”，是全国最适宜人居的城市之一。与东南亚邻近的区位优势比较，作为北方避寒地的同时，也可以成

---

① 林锦屏、陈丽晖、徐旌：《消费需求驱动下的特定区域发展机遇探析——西双版纳的避寒旅游潜力》，《云南地理环境研究》2013年第1期；保继刚、邓粒子：《气候因素对度假地型第二居所需求的影响——基于云南腾冲与西双版纳的比较研究》，《热带地理》2018年第5期。

为东南亚、南亚的避暑最佳潜在地。

2. 拥有多功能的高原湖泊和湿地资源

云贵高原湖区是我国五大湖区之一，该湖区绝大多数湖泊均集中在云南省。其中，面积在30平方公里以上的湖泊有滇池、阳宗海、抚仙湖、星云湖等9个，简称“九湖”。海拔较高、湖盆较深，且均在石灰岩、砂岩地区，故其湖泊特色与长江中下游浅水湖群迥异，与分布在我国西北、东北者更不相同[①]。《云南省第二次湿地资源调查公报（2013年）》显示，在我国分布的4类14型（不包括水稻田）内陆淡水湿地在云南省都有分布。目前，昭通大山包、蒙自长桥海、丽江拉市海、香格里拉碧塔海和纳帕海被联合国湿地公约秘书局列为4处国际重要湿地；滇池、抚仙湖、异龙湖、洱海等7处为国家重要湿地；各级湿地类自然保护区16处；普者黑喀斯特、红河哈尼梯田和晋宁南滇池等国家湿地公园12个。高原湖泊及其周边湿地鱼类种类特殊，对区域水资源平衡、物种保护、局部小气候和候鸟迁徙等影响显著，具有“基因库”、“碳库”和“水塔”等生态服务功能，且多风景秀丽，具美学和文化价值，是非常难得的稀缺宝贵资源，为水上运动提供良好环境。

3. 富有名山大川和特色地质公园

云南是我国地质构造最复杂、新构造运动最活跃的地区，地形地貌多样。高黎贡山、怒山和云岭山脉绵延，轿子雪山、哀牢山、苍山、鸡足山、玉龙雪山、白马雪山、老君山、无量山和梅里雪山等山峰散落各地，一般海拔2500～3000米，一些山峰超过4000米；长江、珠江、红河、澜沧江、怒江、伊洛瓦底江六大水系及其支流600多条，与山脉一起构成不同地域复杂的山水景观，名山大川成为吸引国内外旅游者的地方优势。

这里有举世闻名的“三江并流”高山峡谷、怒江大峡谷、“长江第一湾”、虎跳峡和明永冰川等，滇西南腾冲90多座火山堆和星罗棋布的170余处天然温泉；滇东南的石林、九乡、燕子洞、阿庐古洞、广南坝美、普者黑、罗平九龙瀑布等喀斯特地质奇观；还有滇中澄江古生物化石群、禄

---

① 黎尚豪、俞敏娟等：《云南高原湖泊调查》，《海洋与湖沼》1963年第2期。

丰恐龙等为代表的地质遗迹。

依据《云南省旅游发展总体规划》《云南省省志》，以及《旅游资源分类、调查与评价》（国标 GB/T18972—2003），云南有主要生态旅游资源 4 个主类（生物景观、地文景观、水域风光、人文活动分别占比 45%、22%、17% 和 16%），14 个亚类，26 个基本类型，涵盖了除海滨和沙漠之外的所有生态旅游资源类型，雄、险、秀、奇、幽、奥等各类景观，被赞誉为世界“生态微缩景观”①，为各种生态旅游和体验旅游提供不同的地域条件。

4. 生物和水资源丰富

云南省因其位于青藏高原东南横断山区，低纬度季风带，受第四纪冰川影响弱，境内的陆地生态系统几乎包括了地球上森林、灌丛、草甸、沼泽和荒漠所有的生态系统类型。保存许多古老的、衍生的、外来的珍稀、特有植物种类和类群，生物物种及特有物种均居全国之首，是我国 17 个生物多样性关键地区和全球 34 个物种最丰富的热点地区之一，是我国乃至世界生物遗传物种极为丰富的天然基因库之一②，素有“动物王国”“植物王国”“药物宝库”“香料之乡”“天然花园”之称。

多年的森林保护和恢复已见成效，2019 年全省森林覆盖率 60.3%，拥有国家 56% 以上的动植物资源，呈现青山绿水的良好生态景观，拥有著名的高黎贡山、西双版纳热带雨林、屏边大围山和永德大雪山等自然保护区。其中，普洱太阳河国家森林公园当选为“中国最具网络人气最佳野生鸟类观赏地”，高黎贡山国家级自然保护区当选为“中国最具网络人气最佳温泉度假地”。这些既是旅游资源，也是“大健康产业”生物资源开发的基础。

作为大江大河的上游，分布着湍急的小溪和瀑布景观，如，滇东北红土地上的瀑布群和喀斯特地区的瀑布。同时，也蕴藏着丰富的水电清洁能源资源，经过近三十年的持续开发，水电装机容量已达 6076 万千瓦、占全省电力装机总量的 71%、居全国第 2 位。与此相伴的，还有云南省境内分

---

① 王薇：《基于生态旅游资源优势的云南生态旅游业发展研究》，《旅游研究》2010 年第 2 期。

② 杨宇明等：《云南生物多样性及其保护研究》，科学出版社，2008。

布成串的梯级水库即人工湖泊。这些既为观光、漂流、库区垂钓等旅游资源，也为“大健康产业”的制造和加工业提供能源基础。

（二）多元民族文化健康生活

作为旅居地吸引力的地方优势，一方面表现为“七彩云南”中丰富多彩的自然资源与环境，另一方面表现为适应于不同自然环境所积累下来的多元地方文化，尤其是多元民族文化。云南是汉、藏、纳西、巴蜀、南诏大理白族等多民族、多文化的交流走廊和交会地①，25个少数民族因居住地不同，适应不同环境、利用不同资源的生产生活习俗，形成各具特色的民族文化，不同的饮食、建筑风格、乡村生态景观、人居环境、礼仪和民俗风情，成为云南省作为健康生活目的地的吸引力和潜在发展基础。

1. 多元特色饮食文化和民族医药

横断山区是历史上印度与中国栽培植物的汇集地，同时，因地质险峻带来的交通不便与相对封闭，有保持较好的民族传统文化，农业现代化规模种植进程和工业化起步晚，“地理和生态隔离”的生境成为漆树、大豆、木豆、芋头、南方油白菜、山药、靛青、巴豆、薏苡、茶和大麻等栽培植物的起源中心或变种起源中心，其中，云南省主要栽培植物有500余种，占全国的80%②，是中国栽培物种最具代表性的核心区，为健康饮食提供深厚的资源和传统知识基础。

云南是我国重要的中药资源大省，共有6559种，占全国中药材资源的51.2%，《云南中药资源名录》记载了药用植物315科、184属、6157种；药用动物148科、266属、372种；药用矿物30种③。人工种植品种145种，占全国常规种植品种的48%。

---

① 王薇：《基于生态旅游资源优势的云南生态旅游业发展研究》，《旅游研究》2010年第2期。

② 黄兴奇主编《云南作物种质资源》，云南科技出版社。这是一套丛书，2005年出版《稻作篇、玉米篇、麦作篇、薯作篇》，2007年出版《食用菌篇、桑树篇、烟草篇、茶叶篇》，2008年出版《果树篇、油料篇、小宗作物篇、蔬菜篇》。

③ 高丽：《云南天然药物资源的保护、利用和可持续发展》，《云南中医中药杂志》2006年第3期；郑进、张超、马伟光等：《云南民族医药是天然药物发现性研究的摇篮》，《中国民族医药杂志》2007年第10期。

云南民族医药资源丰富，中医药发展有鲜明的民族特色。傣医药、藏医药和彝医药具有比较完整的理论体系，形成了以傣、彝、藏医药为主，苗、壮、白、纳西、佤等民族医药并存，多元一体的云南民族医药体系，具有鲜明的民族文化特色，为“大健康产业”的医疗业提供特色优势。兰茂所著的《滇南本草》流传至今已有500多年历史，比《本草纲目》还早140多年，是我国一部较早、较完整，集彝族、哈尼族、壮族、汉族等多民族智慧的云南地方性药物典籍，该书共记载云南地方药物508种，占《本草纲目》中植物药物1094种的43%。云南各少数民族使用约1300多种不同种类的传统药物，占全国民族药物品种的近30%。《哀牢本草》《玉龙本草》《中国哈尼族医药》《西双版纳哈尼族医药》《元江哈尼族药》《怒江中草药》《拉祜族常用药》《中国拉祜族医药》《彝族医药荟萃》《藏医精要》《佤族药名录》《德昂族药集》等总结了不同民族的医药经验①。

2. 风格迥异的人居环境

中国几千年漫长的农业史，“天人合一”思想，广阔的国土和多民族传统文化，形成不同地域特色的农业生态系统和生产生活习俗，以及相应的生态景观、文化景观差异。如西双版纳北部山区混农林轮歇模式、南部的水稻栽培为主固定耕作模式、“森林—村寨—家庭庭院—水田”等是农业循环经济的体现②。生活上最直接的表现还有不同风格的传统民居。如云南一颗印、傣家竹楼、彝族平掌房、白族“三坊一照壁”和“四合五天井”等。这些传统建筑本身与具有地方特色的农业生产系统相联系，形成适应于不同生态环境的传统地域文化特征。

传统农耕系统中，农田、山林、灌溉系统、农作物、传统民居和聚落形式等，这些不同尺度的传统地域标志性元素，以及与地域环境相适应的空间格局所体现的“天人合一”观和特色乡村景观美，其价值在国际和国家层面都得到肯定。联合国粮农组织（FAO）选择了一些作为“全球重要

---

① 郑进：《云南民族医药发展概述》，《云南中医学院学报》2006年第29期；陈海玉：《西南少数民族医药古籍文献的发掘利用研究》，民族出版社，2011，第55页；刘斌、陈眉、骆始华等：《云南民族医药文献收集整理研究概述》，《云南中医学院学报》2012年第1期。

② 李庆雷：《边疆民族地区旅游循环经济发展的战略、模式与对策研究——以云南省西双版纳傣族自治州为例》，《旅游研究》2009年第1期。

农业文化遗产”保护项目，中国已入选 11 个，是该保护项目中数量最多的国家，其中，2 个是云南省的，即普洱古茶园与茶文化系统、红河哈尼稻作梯田系统。入选中国重要农业文化遗产的 62 个名单中，云南有 6 个，包括云南红河哈尼稻作梯田系统、云南普洱古茶园与茶文化系统、云南漾濞核桃—作物复合系统、云南广南八宝稻作生态系统、云南剑川稻麦复种系统、云南双江勐库古茶园与茶文化系统。2014 年，农业部评选的 140 个“中国美丽田园”农事景观中，云南的腾冲县万亩油菜花、云龙县检槽稻田、元阳县哈尼梯田、勐海县贺开古茶园、会泽县大海草原和弥勒市葡萄 6 处入选。2014 ~2018 年，农业部评选的“中国最美休闲乡村”中，云南的巍山县东莲花村、弥勒县可邑村、武定县狮山村等 19 个乡村入选。

3. 多彩的社区娱乐生活

近年来，云南依托自然环境优势，在各个景区内建立了一定数量的与体育旅游有关的水上中心、保龄球馆、棋牌室、射击馆、射箭馆等娱乐设施，野外露营、攀岩、蹦极等刺激类体育活动项目开始发展，在昆明春城、昆明滇池湖畔、抚仙湖希尔顿、昆明乡村、昆明阳光、丽江玉龙雪山、丽江古城有高尔夫球场和嘉丽泽、呈贡和石咀赛马场等贵族类体育活动场。

25 个少数民族的生活丰富多彩，除密枝节、彝族火把节、白族三月街、哈尼长街宴、苗族花山节、傣族泼水节、基诺新节、玉溪新平花腰傣花街节、景颇族目脑纵歌、纳西古乐和七月会、绕三灵、藏历新年、端午节、三朵节、转山节、阔时节、澡堂会、葫芦节、母亲节、木鼓节、开斋节和古尔邦节等民族节庆活动外，近年来新的特色节庆活动不断涌现，如曲靖罗平油菜花节、沧源佤族摸你黑、澄江荷花节和鹤庆马厂洋芋花节等；野生菌美食节已经从易门扩散到楚雄南华晋宁、宜良、石林、禄丰等地；除表演、美食、特产现场体验和实物展演传统推介形式，还有武术、陀螺、秋千、民族式摔跤、抢花炮、赛龙舟、斗鸡、剽牛、荡秋千、射弩、吹枪、双拐、霸王鞭、耍狮、舞虎、花灯等体育项目。这些项目多数带有浓郁的地方特色，是民族节日中当地人参与度较高的活动内容①。丰富的地方

① 温和琼：《云南开展体育旅游的现状及优势分析》，《科技信息》2009 年第 14 期。

娱乐生活和文体活动，可以增强云南“健康生活目的地”中的地域特征，形成差异化的健康产品和服务。

三 “大健康”对一二三产业的融合和潜力挖掘

2016年云南省政府制订了《云南省生物医药和大健康产业发展规划（2016—2020年）》，当年云南省生物医药和大健康产业就实现主营业务收入2090亿元（占全省GDP比重达5.15%），首次发展成为云南省支柱产业。按照“十三五”发展规划，到2020年云南全省生物医药和大健康产业要实现主营业务收入3800亿元的目标。省委和省政府把大健康产业作为优先发展的重点产业，提出要“大力发展从‘现代中药、疫苗、干细胞应用’到‘医学科研、诊疗’，再到‘康养、休闲’全产业链的‘大健康产业’，聚焦‘健康食品、健康医药、健康运动、健康旅游’四大产业，以‘大健康’促进一二三产业融合，使康体、养生、休闲、度假多种产业融合的康养文化产业向高质量发展”，推动经济社会转型升级使其转化为“大健康产业”优势和地方综合优势，让更多想健康的人到云南来。

（一）传统中医药、民族医药的医疗产业升级和综合体发展

与“健康生活目的地”直接相关的就是通过医疗产业的升级和综合体发展，使全省的医疗设施和服务有整体的提高，防止农户因病致贫和返贫，通过努力，提高寿命期望指标，让云南人健康起来。这些在省委省政府《关于进一步加快卫生与健康事业改革发展的决定》中有非常具体的指标。然而，“健康生活目的地”建设还要关注吸引力，不能停留在一般意义上的医疗卫生工作，需要发挥地方优势，突出医疗产业的特色。

1. 特色中医药的开发和着重防治的中医特色疗法普及、推广

根据《云南省加快中医药发展行动计划（2014—2020年）》，应发挥云南中药材品种优势，与扶贫相结合，扩大珍稀药材的培育和种植规模，围绕“名药、名品、名典、名企、名医、名方”，通过科技创新，加大中医药的新药物开发力度。如三七、天麻、重楼、铁皮石斛、灯盏细辛、茯苓、当归、木香、草果、白芨被评为云南省2018年绿色食品“10大名药材”，以推动品牌的培育和提高声誉。利用云南特有名贵中草药制成的

“云南白药”“血竭”“青蒿素”“灯盏花”等系列产品驰名中外。

针对云南省中医发展的浓厚氛围，在全省范围推广中医康复技术，增加中医特色康复服务和中医专科专病施治。针对现代人治未病的康养观念，挖掘整理针灸、推拿、康复、药浴、足浴、蜡疗、熏蒸、中药灌肠、贴敷、导引养生、药膳等传统中医特色疗法，制定中医特色外治疗法规范和流程，开设名医馆和中医综合治疗区，开展针对老年病、慢性病、美容养颜和食疗防治等不同人群需求的特色中医服务。并且，配合中药材开发和特色治疗，开发相应的医药产品和医疗设备。

2. 民族医学的潜力挖掘

作为中国民族医药多样性最丰富的省份，多元化、多层次的少数民族医药体系蕴含了丰富的各民族养生防病和治疗疾病的方法①。2011 年，彝族医药学经国务院批准列入第三批国家级非物质文化遗产名录。2017 年，建立全国首个彝族医药“侯惠民院士工作站”。目前，各民族医院自主研发民族药制剂达到 400 多种。云南省食品药品监管局正式颁布了 50 个彝族医药和 54 个傣族药标准②。

伴随各民族之间文化交流，云南的不同民族医学之间，以及与中医、印度佛教医学、波斯医学等之间相互融合互进③，各民族用药普遍存在交叉现象④。有学者指出：民族医药与中医药学存在“大同小异”的现象⑤。“大同”指的是哲学观点相同，基础理论相似；“小异”指的是基于民族分布存在大分散小聚居的情况，认为不同地域民族的基础理论、用药经验具有本民族特色。因此，云南应发挥民族医学优势，与中医学相结合，将民族医学中的传统经验提炼，完善相关医药和诊治的理论和方法，并通过政府、企业、相关学会、行业协会等社会组织多元主体的合作，在中药材种

---

① 戴翥、周红黎、岳崇俊：《云南少数民族医药口述文献研究探讨》，《云南中医学院学报》2012 年第 5 期；张强、江南等：《云南民族医药特色诊疗技术保护传承方法研究》，《中国民族民间医药》2015 年第 16 期。

② 罗朝淑：《云南：民族医药迎来发展黄金期》，《科技日报》2015 年 1 月 22 日。

③ 郑进：《试论云南中医药与民族医药之关系》，《云南中医学院学报》2007 年第 5 期。

④ 王雪梅、陈清华等：《论云南民族医药与中医学交融发展》，《中国民族民间医药》2017 年第 3 期。

⑤ 薛达元：《民族地区医药传统知识传承与惠益分享》，中国环境出版社，2009，第 87 页。

植、加工、生物医药、医疗器械、保健品、养老养生及健康休闲等领域开发更多的产品与服务。

（二）与“绿色食品牌”相融合

1. 长期积累的一批特、优、高品质食品口碑

2011年，云南省第九次党代会立足充分发挥云南地理多样性、气候多样性、物种多样性的比较优势，提出大力发展高原特色农业。据2015年初的统计：云南烟叶、茶叶、花卉、咖啡、核桃、膏桐、橡胶等7种作物种植面积居全国第一，烟叶、鲜切花、咖啡、核桃、橡胶、野胶、野生菌等多个农产品产量居全国第一。农产品也跃升为云南第一类出口商品，出口量连续多年位居西部省区第一位，国家驰名商标农产品有21个，2016年，云南认证的“三品一标”（无公害农产品、绿色食品、有机农产品和农产品地理标志）农业企业119家、产品336个，创历史之最。鲜花饼、普洱茶、咖啡、蜂蜜、干巴等各式各样的“云南味道”，伴随旅游市场不断扩大。2016年，云南省农产品出口额达44.7亿美元，远销110多个国家和地区，连续数年居西部第一。高原特色农产品开发升级，带动当地经济的发展和农民致富，2016年云南农村居民人均可支配收入突破9000元关口，增速高于全国平均水平。由于长期不断地将高原特色农产品生产的多样而良好生态背景，以及产品的绿色、健康和高品质特征，作为赢得市场的坚实基础，云南高原特色农产品以“丰富多样、生态环保、安全优质、四季飘香”声名远扬，已经形成一批品牌和潜在品牌的地理标志性特色农产品。特色优势农业的发展将有利于提高农民收入和促进地区经济发展①。

2. 食药同源的传统饮食业潜力挖掘和升级

从大量的民族志材料看，药食同源是云南各民族医药普遍经历过并逐渐得到认可的结论，如佤族作为日常饮料的水酒，有生津止渴、健脾消

---

① 郭京福、张楠：《西部民族地区特色农业发展对策研究》，《农业经济》2004年第12期；李金叶：《新疆农业优势特色产业选择研究》，《农业现代化研究》2007年第2期；李文庆、张东祥：《西北民族地区特色农业与生态可持续发展探析》，《宁夏社会科学》2009年第6期。

肿、强肾利尿、舒筋活络、助消化的作用；还有鸡肉稀饭是病后体虚、脾虚纳呆及消化道溃疡等有效的食疗康复方；科学研究发现，佤族爱吃的苦瓜、刺五加、苦凉菜之类苦味食物富含氨基酸、维生素、生物碱、苦味质、微量元素等，具有抗菌消炎、解热祛暑，增进食欲、帮助消化、提神醒脑、消除疲劳等作用，现在还发现其具有抗癌作用①。

因此，有学者建议将“大健康”产业的医疗产业拓展到传统饮食业，以康养为主题，与“绿色食品”行动相融合，挖掘药食同源的传统知识，加强药食同用中药材的种植、产品研发与应用开发适合云南环境和生活习惯的保健养生产品和旅游产品。种植有关中药材，研发保健酒、保健菜肴、食品（如漆油鸡汤、天麻鸡、石斛菜系）等，建议在当地卫生医疗机构中设立民族医药“食疗中心”，在民族医药理论指导下，为病人提供个性化的配餐方案，从而达到防病治病的目的②。在制度上和政策上争取支持，将云南很多药食同源的产品，如三七纳入国家《按照传统既是食品又是中药材的物质目录》以拓展食品开发领域，扩大市场范围。也就是说，将康养延伸到健康饮食、保健饮食、绿色饮食和食疗。

以绿色高原特色农产品为代表，云南省探索出好资源变成好产品、好产品开辟大市场的新路子。通过“旅游+餐饮”意在进一步通过餐饮业带动云菜、云果、云茶、云花、云菌、云咖、云畜、云鱼、云粮等多种特色食品加工、林果加工的旅游商品开发，使农业种植、农产品加工，饮食业，以及乡村旅游在“大健康”理论下，发挥地方农业特色、饮食特色、民族医药特色和文化特色，实现一、二、三产业的融合发展。

（三）与体育产业的融合

1. 重视并将体育产业纳入“健康生活目的地”建设

自20世纪70年代以来，国家体育产业发展呈现快速化、国际化趋势。随着我国综合国力和人民生活水平的不断提高，体育不仅是提高全民族健

① 龙鳞：《医学人类学视野中的云南民族医药》，《云南民族大学学报》（哲学社会科学版）2008年第4期。

② 李媛、陈清华、张超：《基于云南民族医药资源发展健康服务业的对策探析》，《中国民族民间医药》2015年第1期。

康水平与生活质量的必然要求，受国际体育商业化的冲击，体育也开始向产业化方向发展，成为我国新型的朝阳产业和现代服务业。自国务院《关于加快发展体育产业促进体育消费的若干意见》（2014）颁布以来，又相继颁布《健康中国 2030 规划纲要》和《关于加快发展健身休闲产业的指导意见》等文件，为我国体育产业创造了前所未有的发展环境。很多地方都意识到体育产业可以扩大内需、增加就业、调整产业结构、培育新的经济增长点，也能起到促进区域经济快速发展的作用。由于经济发展不平衡的原因，导致体育产业发展不平衡，沿海地区和北方地区发展相对较快，中部地区次之，西部地区发展滞后。

云南的体育旅游业有着特殊的自然环境资源、社会人文资源、民族体育资源与探险运动资源等良好的资源配置①，发展潜力巨大。然而，2016 年云南省委、省政府出台的《关于着力推进重点产业发展的若干意见》中既没有提及体育产业，也没有将体育产业列入“旅游文化产业”与“大健康产业”的部署之中，《云南省体育产业“十三五”发展规划》和《云南省人民政府关于加快发展体育产业促进体育消费的实施意见》的起步和落实较慢。2016 年，国家体育总局与国家旅游局联合发布《关于推进体育旅游融合发展的合作协议》，2017 年省旅游发展委员会、省体育局才启动了《云南省户外运动旅游专项规划》《云南省低空旅游专项规划》编制工作，健康、运动、康体、教育、培训和装备制造业等多个领域纳入户外运动旅游和低空旅游等新产品、新业态，构建大旅游产业链，作为云南旅游转型升级的有力抓手。当今人们对健康的认知理念转向预防、治未病和调养等，而有规律的身体活动作为改善健康的有效方式，体育运动成为云南“大健康”产业不可忽视的重要内容。

2. 发挥自然环境和文化独特资源优势，挖掘体育产业潜力

高原低纬度使云南成为多种运动项目体能训练和耐力训练的最佳基地，昆明海埂训练基地、红塔训练基地、呈贡田径训练基地、昆明松茂水库水上训练基地都颇具规模和影响力，在世界各国也享有很高知名度，应

---

① 饶远、赵敏敏、杨刚：《云南体育旅游业可持续发展对策研究》，《发展问题研究》2008 年第 1 期。

当利用现有的场地、场馆开办国内、国际赛事推动云南体育产业的快速发展。

针对云南特色自然环境和区位优势、高原训练基地、少数民族传统体育项目、云南—东盟“大通道”建设带来的便捷，吸取其他省市资助和培育体育俱乐部的经验，使原有的骑行、自驾、保龄、攀岩、漂流、探洞、登山、垂钓、越野、赛马、马拉松、航空体验和高尔夫等有一定群众基础，具有地方特色的体育项目有更多的对外交流机会，鼓励并带动云南及周边省份、东南亚和南亚更广泛的群众参与，优化现有硬件和软件设施，使体育项目赛事常规化、多样化。

据统计，云南省民族体育总项数合计有237项，占全国民族体育资源的1/3，高居全国第一。许多传统节庆文体活动和民族体育项目集健身、艺术、娱乐参与等多功能于一体，具有广泛的民俗性、显著的健身性、良好的观赏性和娱乐性、丰富的文化内涵性，具备形成产业的功能条件，作为一种稀缺要素在市场竞争中居于垄断地位，可以学习新加坡和马来西亚将“舞狮”发展为职业俱乐部的产业形式，需要寻求突破口，从自娱自乐转向满足市场需求和社会需求，通过对传统赛马、斗牛、斗鸡、斗羊、赛龙舟等民族特色体育项目改进、形变、雅化和包装，使这些民族体育恢复、扩大和产业化[①]，树立“运动云南”“健康云南”“幸福云南”“快乐云南”的体育形象。

（四）旅游业中“大健康产业”的体现及其产业融合

旅游是一种综合性社会经济活动，必然带来交通运输业、金融保险业、邮电通信业、餐饮娱乐业、酒店宾馆业、旅游商品业相关产业的全面发展，使当地更多的参与者获得利益。体验、休闲、康养、度假、避寒、避暑、体育和探险等成为当今旅游发展的新趋势，旅游业已成为云南重要的支柱产业，要实现旅游业的“国际化、高端化、特色化、智慧化”发展目标，从旅游吸引物和旅游产品理论视角，应体现“大健康产业”的特色

---

① 沈阳：《试论云南体育产业的支柱及其发展》，《经济问题探索》1999年第7期；沈阳：《云南少数民族体育产业发展进程探索》，《云南民族学院学报》（哲学社会科学版）2001年第3期。

活动，强调各区域健康、养生、休闲和体育等体验性活动内容，将旅游景点、旅游乡镇的“大健康产业”潜力作为地域文化和产业特色的突破口，避免如“花海”季节性极强带来的负面影响，形成全年具有吸引力的产业支撑，将“大健康”相关的一、二、三产业融合，吸引旅游者前来旅游和居住。

1. 绿色食品和地方特色农业的潜力挖掘和升级

餐饮业作为我国第三产业的支柱产业之一，不仅直接关系城市居民生活质量，影响内需和就业，而且，餐饮是旅游业传统的“六要素”之一，成为21世纪兴起的文化旅游重要分支[①]。云南各地州县，各个民族都有自己的特色菜肴和特色小吃，旅游安排中应充分凸显这一优势。可以借鉴东南亚与南亚国际旅游热点的生态体验旅游经验，与传统农耕生态系统物种保护基地建设相结合，以环境改善为基础，以民族特色旅游村、旅游古村落、旅游扶贫村村容村貌美化为重点，在传统“农家乐”形式基础上，把旅游发展与培育特色产业，带动农民增收，改善民生等紧密结合，大力发展乡村旅游产品，实现云南省的旅游产品升级，通过乡村农事体验（倒芝麻、挖洋芋、拔花生等）、农品采摘（采茶、草莓采摘、樱桃采摘、桃子采摘等）、饮食文化体验（蜂蜜、茶叶的制作、地方烹饪技术）、特色集市（端午药市、春夏野生蔬菜与野生食用菌集市）和居住体验等，让旅游者体验食物来源的生态农业环境、食源同用等相关知识、生产加工过程和就餐环境的不同特色，使旅游者高兴而来，满意而去。

高原特色农产品的开发不仅促进和带动农业的发展，而且，由于相关的加工、物流和包装等需求，带动这些辅助关联产业发展，为“生态、绿色、健康、文明”的餐饮品牌创建，深入挖掘民族风味和地方小吃提供厚实的基础。

2. 融入医疗保健活动，丰富康养、休闲旅游产业内容

云南具有山地森林资源优势、独特的立体气候、优美的生态环境，以

---

① 管婧婧：《国外美食与旅游研究述评——兼谈美食旅游概念泛化现象》，《旅游学刊》2012年第10期。

及丰富的中医药、民族医药、生物保健、温泉康疗等特色旅游资源。顺应现代休闲度假、康体养生旅游发展的大趋势，《云南省旅游产业“十三五”发展规划》提出，到2020年，全省启动建设100个养老养生旅游项目，巩固提升现有100多个温泉休闲度假旅游区点基础上，重点培育昆明安宁—富民温泉群、大理洱源温泉群、红河弥勒温泉群、保山腾冲—龙陵温泉群、昭通水富温泉群等20个左右的温泉康养度假区，改造提升和新建50个以上的温泉综合度假旅游产品，推动全省传统休闲度假旅游产品向高端休闲疗养和康体养生方向转型发展。在规划期内基本建成环滇池、环阳宗海、环抚仙湖、环洱海4个国际著名综合康体养生旅游区，腾冲温泉养生、昆明北部康体运动、西双版纳和普洱生态养生4个国内一流的区域性旅游区。

在2013年首届和2015年第二届中国温泉“金汤奖”评选中，云南分别获得9项、37项，成为获奖项最多的省份。2016年，昆明获“第十三届中外避暑旅游口碑金榜”第三位，并获评全国“最佳避暑旅游城市”。昆明滇池、阳宗海和西双版纳旅游度假区与国内其他16个度假区一起，被正式授牌为首批“国家级旅游度假区”，标志着旅游业由观光向休闲度假转型升级。在西双版纳、大理、抚仙湖等地，不少外地退休的中老年朋友或者休假的上班族在此停留栖息。与旅游短期停留相比，康养、休闲的停留时间较长，目的是追求健康的生活环境，提升生活品质。打造健康生活目的地，云南的优势在于自然环境，短板在于服务水平。因此，必须以满足人们的健康需求为核心，从健康管理入手，强化旅游服务水平。

3. 突出体验旅游和体育旅游内容

云南省在原有观光、登山和徒步等传统旅游活动基础上，开发新的旅游休闲线路、产品和活动项目，形成观光、认知和体验不同深度的旅游产品，如环洱海、环滇池和环抚仙湖的自行车道已经成为深受人们热爱的旅游线路；丽江老君山、昆明西山、建水燕子洞、武定水城等设置有攀岩地点；野营地有师宗菌子山、沾益海峰湿地、云龙天池、龙陵蚌渺湖、石林长湖等20多处；漂流圣地有凤凰谷、多依河、虎跳峡和南腊河等；还有古茶园、茶树王考察和高黎贡山生物多样性科考；昆明红嘴鸥、小勐养野象谷、金平和剑川的蝴蝶谷，昆明、香格里拉纳帕海、鹤庆草海、昭通大山包等黑颈鹤观鸟地；滇西金丝猴等野生动物科考和溶洞知识科普活动等。普者黑因“世间罕见、国内独一无二的喀斯特山水田园风光”，先后被批准为国家级风景名胜区、国家4A级旅游区，入选中国旅游总评榜云南分榜“年度最受游客欢迎景区”，其中不仅因为喀斯特湖的荷花景观，更因为有划船和探洞等体验活动。

云南举办过格兰芬多国际自行车节、环抚仙湖国际自行车赛、昆明高原半程马拉松赛、东川泥石流越野赛、大山包翼装飞行、“大理100越野赛”、梅里雪山越野跑、丽江武术节、“长安福特杯”国际青年足球锦标赛、史迪威公路汽车拉力赛等体育赛事和节庆活动①。近年，云南省内快速成立的多家旅游房车公司和兴起的自驾旅游房车营地，8家俱乐部进入中国自驾游俱乐部百强榜，形成“一程多站”式多条跨境旅游线路。2015中国自驾线路评选报告和榜单中，云南省共有37条自驾游线路入围，荣获11个奖项，再次蝉联榜首。2016年中国自驾游大会在上海举行，云南再度荣膺“最佳目的地省”。

四 健康生活地域特色及区际关系协调

习近平总书记指出：“良好生态环境是最公平的公共产品，是最为普惠的民生福祉。”云南着力营造“健康生活目的地”的建设，一方面在生活空间规划设计上体现和促成“健康生活”，拥有健康生活；另一方面，还具有特殊吸引力的地方优势，形成差异性特色拳头产品和服务，吸引人们到云南来旅游和居住。

（一）城乡宜居环境改造和升级

1. 配合全域旅游的城乡住房、饮水和环境等基本功能保障

国务院办公厅印发的《关于改善农村人居环境的指导意见》（2014）提出，到2020年，全国农村住房、饮水和出行等基本条件明显改善，人居环境基本实现干净、整洁、便捷，建成一批各具特色的美丽宜居村庄。

① 孟成才、白银龙：《云南高原特色体育产业开发研究》，《当代体育科技》2017年第7期。

2016年，国家旅游局局长李金早在全国旅游工作会议上表示，必须从三十多年来的“景点旅游”模式转变为“全域旅游”模式，进行旅游发展的战略再定位。

云南省制订相应的规划和计划，除《生态文明建设林业行动计划》(2014)、《云南省“十三五”农村环境综合整治工作方案》《云南省全面深化生态文明体制改革总体实施方案》(2016)、《云南省水污染防治工作方案》(2016)、《云南省生态保护红线划定工作方案》(2016)、《云南省地表水环境功能区划（2010—2020年)》《云南省新一轮退耕还林还草工程实施方案（2014—2020)》等生态文明建设和生态保护等相关行动计划和实施方案外，还包括《云南省进一步提升城乡人居环境五年行动计划(2016—2020年)》、《云南省住房和城乡建设厅关于推进全省县（市）域乡村建设规划编制工作的通知》(2016)、《云南省旅游扶贫专项规划(2016—2020年)》、《云南省“十三五”城镇（处理）污水、垃圾规划》、《云南省城乡违法违规建筑治理行动方案》、《云南省农村生活垃圾治理及公厕建设行动方案》、《云南省农村污水治理及乡镇供水设施建设行动方案》和《关于进一步加强城乡人居环境提升工作的通知》(2017）等城乡建设方案，提出以城乡规划为引领，以提升居民生活品质为核心，明确涵盖城乡区域的“四治三改一拆一增”等具体措施；配合高起点规划，“十三五”期间，加强铁路、公路、航空、市政、水利、资源、信息通信七大现代基础设施网络体系建设；将旅游小镇建设作为“十三五”云南旅游产业规划的重要组成部分重点推进。按照“项目整合、资金捆绑、渠道不乱、用途不变、集中使用、各计其功”的原则，多方合力，积极指导和鼓励各地整合各部门资源，加大对城乡环境建设的投入，力争到“十三五”末，全省建设1000个左右的富有云南特色的“宜居、宜业、宜游”美丽乡村。

目前，初步建成150个民族特色旅游村，200个旅游特色村，带动建成18个国家园林城镇、51个省级园林城镇。太阳能热水器、沼气池、节能灶和小水窑等被引入乡村建设，与传统农耕系统的生产生活融合，形成与旅游相结合的农耕文化继承与调适模式，如西双版纳的傣族园村寨文化生态休闲型旅游村寨、易武特色农产品产销型旅游小城镇，以及勐仑集合热带雨林、热带植物园、漂流等环境友好体验型旅游小城镇[①]。

《云南省旅游产业“十三五”发展规划》提出以旅游市场需求为导向，以优势旅游资源为依托，以全域旅游发展为方向的原则，遵循城市景观化、旅游全域化要求，推进旅游开发与城镇建设融合，努力构建城市建设与旅游发展功能互补、互为支撑的新模式。除“吃、住、行、游、娱、购”六要素体现生态理念，生态旅游环境（自然和人文）体验和建设成为其更为重要的内容，提高游客休息站点、旅游厕所的接待能力和清洁水平，规范设置旅游交通标识和广告牌，控制噪声污染，保障社会治安和接待设施的运营，挂牌介绍动植物、景观类型和成因，作为科普认知自然的特色内容。目前，昆明有翠湖公园、西华园、月牙塘公园、莲花池公园、龟龙湖公园、海埂公园和滇池沿岸的多个生态湿地公园免费开放。大理市、腾冲市、建水县、石林县、罗平县、新平县等12个地方先后入围国家旅游局公布的国家“全域旅游示范区”创建名录，云南全省范围呈现从“景点旅游”向“全域旅游”转变的发展势头。

就全域旅游视角而言，除高速公路、旅游干线、旅游专线和景区道路的绿化建设外，沿着城市河流、小溪和城市交通干线建立包括步行道、骑行道、水体、河滩、湿地、植被等建设绿色廊道。针对“健康生活目的地”建设，为满足人民群众对高水平、高质量医疗服务的需求，应避免将医疗资源集中于少数大城市，可以将大健康产业涉及医疗服务、健康管理、医药产品、医疗器械、康复养老等多个与健康息息相关的服务和生产领域纳入特色旅游居住地进行配套建设，完善医疗、体育和休闲设施，实现“公共服务不出小镇”的初步目标。

另外，在社区和城镇布局中，增加休闲、运动场所，与自然和社会交流的公共场所。针对健身操、交谊舞、武术、羽毛球、乒乓球、网球和游泳等群众性运动项目，根据人口密度，将相应运动场地类型密度纳入规划中，为满足日常生活中一定频率活动提供方便；借鉴新加坡的经验，将各公园内的骑行道与城市绿色廊道衔接成为整体，提供更自由、良好的步行

---

① 李庆雷：《边疆民族地区旅游循环经济发展的战略、模式与对策研究——以云南省西双版纳傣族自治州为例》，《旅游研究》2009年第1期；徐孟志、陈丽晖：《新形势下傣族文化调适——以西双版纳傣族园庭院为例》，《园林》2014年第12期。

和骑行运动场所。对于养老避寒、避暑等人群，门球、保龄球等也应提高布局的密度。

2. 注重交通和通信提升带来“健康目的地”吸引力

交通通达是现代宜居环境中的必要条件。根据《云南省国民经济和社会发展第十三个五年规划纲要》确定的目标，发挥省级政府对航空线路的调控与增设的能动作用，充分考虑高铁与其他交通工具的衔接，打造公路、铁路、航空有机结合的立体交通网络，使旅居地点的吸引力，通过交通线路的可达性提升得到实现。目前，云南省正积极增加与周边国家重要城市和旅游景点的航空线路连接。机场集团已经在云南建成一个以昆明机场枢纽为中心的机场群，将在现有 15 个机场的基础上，八年再新增红河、元阳、丘北、宣威、楚雄、玉溪、勐腊、永善、景东和怒江 10 个机场，力争到 2020 年全省累计开通始发航线 460 条以上，其中国际和港澳台地区航线累计达 90 条以上，重点开辟南亚东南亚航线。近年，泛亚铁路、高铁和亚洲公路网的覆盖非常迅速，有 8 条国内铁路交会，5 条国际铁路出境，开通中欧、中亚等多条联运国际货运班列，昆明南站成为全国站线规模前三的高铁枢纽站，也是中国唯一通往南亚、东南亚的高铁枢纽站，有 7 条出入昆明高速公路通往北京、上海、重庆、成都、杭州、广州、汕头等地，5 条国道通向越南、老挝、缅甸。与此同时，地铁线路也有望不久得到改善。

随着 2016 年沧源佤山机场通航，机票供不应求；沪昆、云桂高铁的建成通车，对昆明、曲靖、红河、文山等沿线州市乃至全省旅游的拉动作用明显；昆玉河铁路通道方向，中越口岸河口“一城两国”边境游成为云南旅游的新热点。2017 年春节黄金周，首先开通高铁的昆明、红河、玉溪等州市接待游客增幅位于云南省前三位。其中，昆明石林、罗平九龙瀑布、弥勒湖泉生态园、丘北普者黑等景区游人络绎不绝，屡屡上榜春节期间云南最热门景区。新开通的昆明至丽江高铁，第一天就出现 112% 的乘客率。伴随中国电信基站建设，网络覆盖范围扩大到周边国家，相关医疗和康养的设备资源、药材资源和专家知识技术等数据库，可以较好地满足人们养生中对医学知识的需求，提供普及、咨询和宣传服务，尤其是云南特色中医学、民族医药学等。配合交通的提升，可以弥补云南省目前高端医疗资源匮乏、医疗设施欠缺、医学研发投入不足等问题，学习广州和珠海的经验，通过大数据和云管理，让省内外专家、名医和保健医生服务与患者需求的对接不被地方空间所限制，实现服务衔接的灵活、及时和流动机制。

改变云南与周边国家农产品为主的贸易格局。云南山地自然风光、山珍与东南亚、南亚国家的海岸、海岛景观、海味之间有着巨大的自然和文化差异，互补性强，通过交通提升，促进物流、贸易和旅游。而且，可以将云南省的康养产品和服务范围拓展到可达性改善的邻近国家和地区，服务于国家“一带一路”倡议目标。

（二）区别于其他“健康生活目的地”的云南特色

近年来，云南省显示出“健康生活目的地”的吸引力，外省（区、市）来滇购房人群比重逐年增加，2016 年，云南省有约 41% 新建商品房被外省客户购买。昆明因地铁和高铁建设，滇池周边湿地与新规划实施，2017 年，呈贡新区和南市区成为外地人购房热选的区域；大理、丽江、版纳、腾冲等因气候、自然风光和文化特色，以及机场建设，也成为省外购房人群热点。然而，“健康生活目的地”建设是全国性的行动，因此，与周边的四川、重庆、贵州和广西，以及境外的东南亚、南亚各国之间存在着竞争合作关系，应突出地方优势，形成差异性产品①。

“健康生活目的地”的建设中，吸引力的关键和难点在于产业特色和居住地特色如何体现，两者都应以自然环境生态为基础，充分挖掘地方特色健康环境潜力，发展集体育、医疗、文化教育、康养等产业链为一体的“大健康产业”。这涉及两个层面的地域特色关系：一方面是与省外的区别；另一方面是省内各地州、县、市、镇的差异性体现。

1. 食材的特优品质及其丰富的传统饮食文化

从饮食业和食品加工业方面而言，将旅游作为彰显云南食材的新鲜、野生、食药同用的良好生态环境，体现就地消费的生态环境体验、食材的

---

① 周娅：《论云南旅游资源的核心优势》，《云南民族大学学报》（哲学社会科学版）2003 年第 3 期；余庄、李鹍：《城市规划中宜居环境设计策略》，《建设科技》2008 年第 9 期。

加工体验、就餐的环境体验，打造国际接待和服务水平的饮食点和餐馆，将饮食环节作为旅游吸引环节，作为旅游服务环节和体验环节来打造，转型传统旅游餐饮和农家乐餐饮的大众、简陋、快速和低成本模式；以及相应的土特产稀缺性和高品质保证，将土特产食用环节纳入餐饮体验和培训内容，拓展、放慢和细化旅游服务。

2. 宜居地不同尺度的“天人合一”体验感受

宜居地必须有配套的社区运动空间，而且，需要通过与国际赛事相结合来提升建设标准，突出地方自然资源与环境的比较优势。以湖泊和湿地为例，城市滨水空间通常是一座城市独特的魅力风景线，是城市蓝色、绿色生态空间及其服务功能的承载地，是市民户外休闲与体育健身的最佳运动场所。由于其使用人群的多样化、活动内容的丰富度、社会效益的重要性，因而滨水空间运动景观的规划建设应具有极高的系统性①。因此，应发挥高原湖泊和湿地的特色。目前，由于几大湖泊及其周边环境的改善，洱海、滇池、抚仙湖等地自行车道和步行道建设，市政绿化建设、社区健身公共区的打造和创建卫生文明城市活动的推动，共享单车在生活中的日常化，为步行、慢跑、骑行和登山等提供较好条件，健康理念下的云南人户外运动复兴，环滇池路、团结乡、北京路延长线、广福路、环湖东路和彩云南路等林荫下，成为城市的健身场所。

未来还应针对以下问题加以改进。以环湖宜居地建设为例，湖光山色作为公共资源应减少被少数高层建筑遮挡的负面影响，保证环湖步行、骑行和自驾的良好视线；从骑行角度而言，应参考新加坡的骑行租车点、道路建设与其他交通方式的硬件和软件衔接，突出沿途的绿荫和绿化特色；作为群众性运动，学习杭州西湖周边整体设计，改善周边景点通达性和交通标识，区别于西湖城市的人口稠密，突出环湖道路的越野性，增设适于步行和骑行的碎石小路，在环湖沿途中配合补给服务，改造相应的乡村环境，对乡村体验和餐饮点进行升级；增设垂钓点定点体验、水上运动体验等项目和管理。

---

① 杨博、郑思俊、李晓策：《城市滨水空间运动景观的系统构建——以美国纽约和上海市黄浦江滨水空间规划建设为例》，《园林》2018 年第 8 期。

3. 适宜不同人群的康养活动及场所建设

我国学者引入国外对健康生活方式的评估方法和评估体系，并进行改进，对老年人、慢性病患者和学生等不同人群，建立包括不同生理维度、社会维度、精神维度、知识维度、情绪维度等评估方法和评估体系①。这些可以作为健康生活方式的构建切入点，从这些方面深入研究，为相关政府部门和个体提供实践参考，尤其考虑不同人群的差异性需求。

根据全国老龄办数据，2020 年全国 60 岁老年人口将达 2.48 亿，老龄化水平为 17%。据预测，到 2050 年，中国老龄人口将超过 4 亿，占世界老年人总人口的 1/3，成为世界上老年人口最多的国家。目前，国家已批准在云南昆明建设国家植物博物馆，设立中国昆明大健康产业示范区。异质宜人气候是人们购置度假地型第二居所的重要影响因素。中高纬度的欧美日各国，冬季异地避寒已成为规模化“候鸟式旅游”，尤其是当老龄化社会来临，为了安度晚年，增进健康，延长寿命，减轻气候季节病的危害，每年冬季有数以万计的人群奔赴热带地区进行异地避寒，气候资源的非移动性和空间异质性导致了不同度假地第二居所的发展差异②。昆明市、曲靖市、西双版纳州被国家卫计委确定为国家级医疗卫生与养老服务结合的试点地区，滇池国际养生养老度假区建成运营，已引起养老者和避寒者的关注。有学者针对养老开展相关研究，如根据老年人生理、心理特征、特有疾病，从住房面积、结构、医疗设施、购物场所、出行安全、健身场地、设施、治安状况、无障碍通道、出行工具、医疗保健服务、休闲娱乐场所、防灾防盗防骗、冬季供暖、生活照顾、紧急求助、就餐状况、标

---

① 王艳娟、武丽杰、夏薇等：《中学生健康促进生活方式问卷中文版信效度分析》，《中国学校卫生》2007 年第 10 期；王陇德：《健康生活方式与健康中国之 2020》，《北京大学学报》（医学版）2010 年第 3 期；李世明、部义峰等：《健康生活方式评价体系的理论与实证研究》，《上海体育学院学报》2010 年第 2 期；陈杰、张秀玲：《体质健康与体育生活方式和健康生活方式的相关分析研究》，《南京体育学院学报》（自然科学版）2011 年第 1 期；于文彬、杜融、肖龙等：《老年人宜居环境体系的系统设计与应用》，《河北省科学院学报》2011 年第 3 期；赵东霞、孙俊龄：《我国城市老年人宜居环境评价指标体系研究》，《环境保护与循环经济》2013 年第 7 期；马亚、申俊龙、王高玲：《慢性病患者健康生活方式评价指标体系的构建》，《医学与社会》2014 年第 10 期。

② 保继刚、邓粒子：《气候因素对度假地型第二居所需求的影响——基于云南腾冲与西双版纳的比较研究》，《热带地理》2018 年第 5 期。

识、步行道、社区养老院、日托所等方面，从家到小区，到与外界的社会联系不同视角构建老年人宜居环境指标体系[①]。

4. 特色体育训练和培训基地的多赢设计与管理

海埂基地如今已经成为集多种体育项目综合一体的多功能高原体育训练基地，其中，足球、游泳、马拉松和竞走等已成为国家队的重点训练基地，培养后备人才[②]。应加大体育训练基地的建设，在建设和改造中，突出水上运动、游泳、保龄球、田径等特色项目，在同样的高原体育训练基地中，区别于青海多巴训练基地的夏季为最佳季节，云南省应突出全年，尤其是冬季的训练优势。

同时，学习省外经验管理，给予地方群众优惠政策，将训练基地建设与地方群众体育运动场地、体育旅游的需求结合起来，使设备和服务成为地方人的骄傲，也成为旅游者体验和前来居住的吸引力。这要求在规划阶段重视政府与专家智库的调控与企业意愿的协调，实现多赢格局，避免目前文化旅游地出现的公共场地利用率低而非赢利、高密度高层商住建筑布局舒适性差而销售难的困局。

（三）各地州、县市、乡镇和村寨的地域特色及其产品服务差异

1. 基于自然环境的地域产业特色定位

从“健康目的地”营建目标吸引力的视角，旅游业的总体空间布局一定程度上反映出地域特色及其产品服务的差异性。《云南省旅游产业“十三五”发展规划》立足不同区域的生态系统特征和资源禀赋优势、产业基础，面向南亚东南亚辐射中心的先导引领作用，着力建设昆明国际旅游城市核心和滇中国际旅游城市圈，使其成为云南旅游的中心区、面向南亚东南亚开放的区域性国际旅游目的地；以此为依托，重点建设沿边、沿金沙江、沿澜沧江和昆玉江等四大旅游经济带；打造国内外著名的滇西北香格

① 张帆、石文：《老年人宜居环境研究》，《城市规划》2010 年第 11 期；于文彬、杜融、肖龙等：《老年人宜居环境体系的系统设计与应用》，《河北省科学院学报》2011 年第 3 期；赵东霞、孙俊龄：《我国城市老年人宜居环境评价指标体系研究》，《环境保护与循环经济》2013 年第 7 期。

② 孟成才、白银龙：《云南高原特色体育产业开发研究》，《当代体育科技》2017 年第 7 期。

里拉生态文化旅游、滇东北高峡平湖旅游、面向南亚的滇西跨境旅游、面向中南半岛和东南亚的滇西南旅游，以及面向越南和东南亚的岩溶风光跨境旅游五大片区。各级中心和片区之间，连接有滇缅（孟中印缅）、昆曼（东南亚）、滇越和滇缅（中南半岛）四大跨境旅游走廊，以及滇川、滇藏、滇川渝和滇黔桂四大国内旅游走廊。在此基础上，可以对不同点、线、面的旅游吸引物层面，优选或叠加体现“大健康”产业的特色项目。根据所编制的《云南省康体养生旅游产业发展专项规划（2014—2020）》的“一心三带”空间布局，立足于各区域生态基础和资源优势，通过核心（滇中康体养生旅游核心）引领，轴带（滇西北文化养生、滇西温泉养生、滇西南生态养生三个旅游带）辐射，带动地方差异化发展旅游产品，将云南省打造成中国首个“自驾友好型旅游目的地”示范省，国际著名、国内一流的医疗健康旅游目的地。为此，将打造50个左右国内知名的体育旅游品牌，创建10个以上国家级和省级体育旅游基地；打造温泉养生（30个）、生态养生（19个）、康体运动（16个）三大国际著名品牌，文化养生（21个）、康体医疗（15个）、康体养老（17个）三大国内一流品牌。2017年5月17日，李克强总理正式批示同意建设中国昆明大健康产业示范区，成为国务院批准的全国三个示范区之一。

河口、版纳和几大干热河谷因冬季气候温暖，都可以侧重避寒旅居地建设；相反，广大的山区，则因海拔高、夏季温凉，可以侧重避暑的旅居地建设，将东南亚、南亚和国内的武汉、重庆、广州等夏季高温的地区作为客源地；思茅、大理和丽江等18个城市的空气质量优良，则可以将旅游客源地重点面向多雾霾的城市人群，针对年轻人，配合周边高山峡谷森林公园的科考和探险活动及文化旅游内容作为地方吸引力；对于滇池、抚仙湖、洱海等周边城镇，则不仅将湖区景观作为吸引物，更要着力于湖泊和湿地的体验式活动和体育项目，从沿岸观光、游船、休闲度假拓展到更多的亲水活动与水（渔）文化体验式旅游项目，包括观鸟、放鱼、捕鱼、垂钓、潜水、帆船和龙舟赛等培训基地建设，环湖骑行、徒步登山的小路建设和竞技比赛；喀斯特地区利用天然景观的奇异丰富，开发探洞、漂流、登山和攀岩等体育活动，设立培训基地和俱乐部，并带动相关装备的制造。

2. **基于农业优势资源的地域产业特色定位**

农业发展具有较为明显的地域特征与资源禀赋特征①，特有的光热水土等自然特征和生物资源是农业优势特色产业形成的自然基础。农业生产为主的区域，特色农业的产品差异或特色，具有弱替代性，可以增强经济主体对市场控制能力和增加经济收益，是竞争力的重要突破口，如果发展到在市场占有主导地位，则成为优势产业。另外，不同民族因居住地域差异，形成不同的医药分布范围，擅长针对不同地域的主要疾病防治方法。如傣医药主要分布在滇南地区，傣族人主要居住热带坝区，常年气温较高，湿度较大，擅长痢疾、疟疾和“转腰龙”（即“带状疱疹”）医治；藏医药分布在滇西北地区，传承了较多的藏族的医疗体系；彝医药在全省分布最广，彝族主要生活在山区小坝子或高寒的崇山峻岭中，对于跌打损伤有着独特的研究和治疗方法，以“云南白药”为代表②。因此，具有地域优势的食材、药材或林果，提供了特色产业定位的最佳选择机会。譬如，腾冲的茶叶、叶黄素等种植和特色的食品保健品加工和药品生产，配合地热温泉和旅游资源的开发，可打造全国一流的中医药温泉保健疗养品牌；昭通地区利用水电优势，对种植的苹果、天麻、马铃薯等农特产品进行加工，配合大峡谷温泉、大山包黑颈鹤观鸟，并在僰人悬棺、大关黄连河等自然人文景观中增加攀岩、越野等体育活动和生物科考类体验活动。

3. **村镇的特色定位及其差异化产业发展**

《云南省委、省政府关于加快特色小镇发展的意见》（2017）把特色小镇作为遍布全省的“小发动机”建设，助推云南经济实现跨越式发展。目前，全国特色小镇总计数量已超过1500个，国家住建部公布的全国特色小镇403个，云南有105个，“数量”上已经占有优势。然而，“城市更新、政策扶持、消费升级”使特色小镇成为吸引投资和扶持政策“洼地”的同时，存在同质化瓶颈问题。譬如，仅普洱茶文化小镇就有8个：分别为思茅普洱茶小镇、景谷普洱茶小镇、临沧双江勐库冰岛茶小镇、昔归普洱茶小镇、凤庆鲁史茶马古道文化小镇、凤庆滇红小镇、保山昌宁红茶小镇、

① 狄小龙、张根东：《区域经济主导产业选择的理性分析》，《发展》2005年第9期。

② 李秋心、尹记远：《浅析云南少数民族医药文化的特质》，《医学与哲学》2013年第4A期。

西双版纳易武古镇。因此，地产项目可能存在的风险，需要在自身已有的资源基础上，寻找比较优势，强化创意策划，赋予小镇差异化的主题概念，提升、强化、凸显小镇的竞争特色，特别需要关注在村镇建设中，尽可能保留、彰显传统特色建筑元素和景观，以及民族生产生活空间格局。在规划设计中要更多地体现康养主题，实现“内生、新奇、绿色、互补、体验”特色产业立镇。一方面，增加茶源、茶加工和茶产品的信息透明度，另一方面，普及茶知识是具有特优品质茶企业、茶商应对竞争的核心力。就地区而言，茶品牌并不意味着将产业缩小为茶叶单一产品，从旅居地而言，凸显更多的地方特色，可以增强吸引力，譬如，地方六大古茶山和新六大茶山，除普洱茶外，应分别增加更多的地方特色农产品和药材资源的开发，如勐腊的小耳猪、勐海的野菜、德宏的石斛等其他产品的开发吸引客源，也同样为地方茶产业和旅游等提供更大范围的消费人群和市场机会。

4. 体育训练基地的地域特色

云南省内具有立体型的海拔地理结构，本身能提供较好的区内差异产品与服务的关系协调基础。譬如，选择不同海拔设置不同类型的训练基地，实现“平原—中高原—高高原”配套的训练基地系统①，可以对原有的昆明中高原基地（海埂训练基地、呈贡体育训练基地、松茂水上训练基地），以及丽江的田径训练基地进行硬、软件升级改造；同时，在河口、文山或者德宏，选择低海拔适宜地区建设增加平原型训练基地。目前，在《2018 年全国优选体育产业项目名录》的 383 个体育产业项目中，云南省有 9 个项目位列其中，包括科化足球训练基地、嘉丽泽马术运动俱乐部、抚仙湖帆船基地、玉溪市红塔区体育综合体运营建设项目、大理苍山月季花田健身步道示范项目、弥勒太平湖体育运动板块、红河水乡—国际汽车运动区、永子围棋品牌生产基地建设、万亩田园通行系统及绿道建设工程。

云南省可以将不同交通方式开发出具有地域特色的体验性旅游项目，如滇越铁路的碧色火车站、旧的索道、公路、旧的茶马古道、旧的矿洞隧

---

① 丛湖平、郑芳：《我国西部体育产业区域发展的策略选择——以云南体育产业区域发展研究为例》，《中国体育科技》2002 年第 3 期。

道和红河大桥等的再利用；与登山、攀岩、越野跑、皮划艇、潜水、垂钓、帆船、自行车、骑马、骑象、探溶洞、游泳、溜索、跳水、跳伞、狩猎、划船、高尔夫球、保龄球、网球、滑翔伞、热气球、骑马等更多的户外运动项目加入康体生态旅游活动，促使相关旅游服务和培训服务的改进，以及相关产品的深度开发。

云南省虽然水电资源充沛，但是，绿色能源没有得到充分利用，在健康目的地的建设中，挖掘用电需求，在医药和医疗设备生产、食品加工、体育装备制造和旅游产品生产等方面可以增强制造业的升级与转型。譬如，通过创意产业，对传统食品和土特产、餐具和厨具等旅游产品发现、开发和升级；结合体验和体育活动项目，培训基地和训练基地建设，开发相关的运动装备的制造业，形成具有特色的“大健康”制造业。

第六章

弘扬优秀生态文化，丰富美丽云南建设新内涵

云南独特的生态文化是我国各民族优秀传统文化的重要组成部分，也是生态文明建设的人文基础，更是边疆民族地区和谐发展的精神源泉。保护和弘扬优秀的民族生态文化，挖掘民族生态知识和生态观念，融入现代生态文明建设的理念，以树立绿色政绩观、绿色发展观、绿色消费观为支点，开展“生态立省、环境优先”战略，坚持把生态文明建设示范区创建工作作为推进生态文明建设的重要载体和抓手，这种优秀传统生态文化与生态文明新思想的融合不仅将进一步丰富美丽云南建设的内涵，也将为云南生态文明建设提供强大的动力，对于云南生态文明建设排头兵的打造具有基础性的作用。

第一节　挖掘民族生态智慧，弘扬优秀生态文化

云南是全国民族成分最多、特有民族最多、跨境民族最多、世居民族最多、人口较少民族最多的省份，少数民族占全省总人口的1/3以上。云南的少数民族都拥有悠久的历史、独特的民族特色文化。在长期的人与自然和谐相生过程中，各个民族的生产生活方式中都蕴含着许多与绿色环保理念一脉相承的习俗、禁忌和生态智慧，形成了自己较为完整的道德观和生态伦理观。

近年来，在习近平新时代生态文明思想的引领下，云南省大力开展文化保护传承，弘扬光大民族生态文化。为使民族传统文化得以整体性保护，目前已有66个少数民族聚居村镇被云南省政府列为省级民族传统

文化生态保护区。2017 年全国共评出 116 个全国生态文化村，其中云南省宜良县狗街镇小哨村、曲靖市师宗县竹基镇淑基村、楚雄州永仁县诸葛营村、丘北县双龙营镇普者黑村、西双版纳傣族自治州景洪市勐龙镇曼飞龙村和双江自治县勐库镇冰岛村 6 个村入选。这些村落在民族文化、边疆文化、农耕文化、旅游文化中各有特色，而蕴含其中的生态文化更为人称道。

一 云南优秀民族生态文化是驱动和谐发展的思想基础

云南地处青藏高原东南至中南半岛大斜坡的中部地区，属于气候多样、地形复杂、海拔高差大的高原山地。水土资源、生物资源错综复杂，构成不同层次、不同特征的半封闭生态系统，养育着 26 个世居民族。这些民族在认识、利用、改造自然中，学习自然、师法自然，淀积了以依赖、保护、利用自然环境及资源为核心的民族生态文化，成为人类文明的重要组成部分。

（一）云南民族生态文化实例分析

1. 云南红河流域少数民族森林—村寨—梯田文化

红河为中国云南省—越南跨境水系，是唯一发源于云南境内的一条重要国际性河流，流经中国云南的大理、楚雄、玉溪、红河四个地州的 17 个县市和越南北部的 12 个省，全长 1280 公里。其中云南境内 695 公里，其流域地区山脉与河流支系纵横，红河沿岸都是高山峡谷地区，河底海拔数百米，峡谷顶端可高达 2000 余米。气候呈立体分布，河谷底端一般是热带气候，河谷中端是亚热带气候，而河谷的顶端则是寒带气候。在中国境内，红河数百公里的河谷地带，是多民族聚居地，有汉族、哈尼族、彝族、傣族、拉祜族等 10 个世居民族，他们在河谷两岸繁衍生息，在漫长的岁月里创造发展了红河流域较高的农业文明。

研究发现，红河流域沿岸居民大多数居住在海拔 400 ~ 1500 米之间的河谷山地上，红河流域的农业呈现出自然条件与人类智慧相结合的生态格局。红河流域的自然与人文生态系统由海拔 1600 米以上的森林地带、海拔

1000～1600米各民族村寨以及村落下方大片梯田三个有机部分组成[1]。在云南红河州元阳县的多依树村，我们就可以看到森林、村寨及梯田相结合的人文生态系统的完整图景。

在历史上，人们选择建村地点时都首先考虑到要有森林、有水源，同时在村寨的下方有平缓的坡地可以修建梯田，形成森林、村寨、梯田的自然和人文融为一体的生态景观。元阳县境内年雾日多达180天，山岭终年云雾缭绕，带来了丰沛的降水，长年有水源源不断地从高山流出，经人工修建的河沟流进村寨、梯田，人们巧妙地利用这一自然的功能，修筑了大量的水沟来满足梯田农业的灌溉。可以说水利灌溉是梯田文明的基础，梯田养育了红河沿岸人民。

郑晓云等[2]调查发现，梯田对水的需求量很大，仅依靠自然降水无法满足，根据自然地理特点修建的灌溉沟渠成为支撑梯田农业文明最重要的方式。红河流域灌溉系统庞大而复杂。溉灌系统随着梯田的修建而开挖，有多大的梯田面积，人们就修筑与之相适应的灌溉沟。因此红河流域灌溉系统的庞大与复杂是十分惊人的。以红河中游的红河县、元阳县、绿春县、金平县为例，在1949年这四县已经修建引水沟12350条，到1985年增加到24745条，灌溉面积近60万亩，其中流量在每秒0.3立方米以上的骨干沟渠就多达125条。在红河流域的上游元江县，至20世纪初全县修筑了大小水沟79条，灌溉面积4268亩，其他的小水沟达2000多条，灌溉农田58800多亩，到20世纪50年代有引水沟2600条，到80年代末已有6246条，可灌溉的农田更多。就红河流域来说，水沟数量惊人而且工程巨大，有的水沟长达二三十公里，有的用竹子相接成为引水管道的小水沟也长达二三公里。经过红河流域各民族人民数百年的努力，由几百米的小水沟到几十公里的大水沟筑成了一个庞大的支撑当地农业文明的灌溉系统，将水供给到数以百万亩计的农田中，哺育了红河沿岸上百万的民众。

---

① 郑晓云：《红河流域少数民族的水文化与农业文明》，《云南社会科学》2004年第6期；黄绍文、黄涵琪：《哈尼族传统村落的生态文化研究》，《遗产与保护研究》2017年第2期。

② 郑晓云：《红河流域少数民族的水文化与农业文明》；黄绍文、黄涵琪：《哈尼族传统村落的生态文化研究》。

根据黄绍文等对云南哈尼族传统村落生态文化研究，哈尼族的村落分布在海拔 1400 ~ 1800 米范围。在滇南哀牢山半山腰，村落环境的代表性景观是：村头森林密布，村边沟溪水长流，村脚层层梯田一直延伸到山脚河谷。村寨周边种植竹、棕榈、梨、李、桃等果木树。按当地传统习惯，竹子和棕榈必须从建寨之日起栽种在寨址周边。哈尼族把村头的森林作为寨神栖息的神林，是哈尼族崇拜森林的标志。村寨与竹林合二为一，村寨被竹林簇拥，有的村寨甚至以竹命名。据分析，哈尼族的祖先在从遥远的青藏高原向南迁入滇南哀牢山区的过程中，沿途为了适应云南高原坝子的自然环境，不断地完善稻作文化。但由于土地肥沃且灌溉条件良好的大小平坝地区均被原住民族占据，哈尼族作为后来者随时随地都处于被动地位，于是他们只好向人烟稀少、森林密布的滇南哀牢山区进发，采取“刀耕火种”的原始农业生产方式，在坡地上种植旱谷和其他旱地作物。为了保存肥力，保持水土，他们就把坡地劈成层层梯田种植水稻，力图适应、改变当地的自然条件。

哈尼族的自然村落大村达 800 多户，小村 20 户左右，其中 80 ~ 150 户之间的自然村落居多，大村和小村相互交错分布，村落分布点相距 1 ~ 3 公里不等。哈尼族梯田与村落协调布局反映出随着人口的增加，梯田从村寨周边自上而下不断往山脚河谷地带扩张，垦田的顺序也是自上而下。哈尼族村落文化的重要生态景观由森林—村寨—梯田—水系四位一体有序分布和协调发展。这种人与地的和谐布局，既有效地避免了因人多田少而可能引起纷争，又可防止因人少田多而造成土地荒芜，做到了人尽其能，地尽其力，人地相依，自然和谐。哈尼族利用自然建筑材料结合自然地形建造了土掌房、蘑菇房、瓦房、干栏房等 4 种类型的村落民居，生产、生活、自然有机融为一体，体现了对环境的适应性和保护性[①]。

2. 云南民族自然圣境文化

“自然圣境”（SNS，sacred natural sites）泛指由原住民族和当地人公认的赋有精神和信仰文化意义的自然地域。因此，自然圣境是建立在传统文化信仰基础上的民间自然保护地体系，在不同民族中有不同的自然圣境

① 黄绍文、黄涵琪：《哈尼族传统村落的生态文化研究》。

名称，如神山、圣山、圣湖、圣林、龙山、道教圣山、佛教圣山等。为此，国际上一般认为，自然圣境强调的是以传统文化为依托，以保护自然生态系统中的动植物及其生态服务功能为目的，建立在当地公众承认和尊重的赋有精神和文化信仰意义的特定自然地域，现代自然保护领域命名为：文化景观保护地①。

著名民族植物学家、中国科学院昆明植物研究所裴盛基研究员研究认为，由于自然圣境是建立在当地传统文化信仰基础之上，所以自然圣境文化源于民族传统生态学知识，体现了当地人对大自然的认知，并对自然圣境文化处境内的人类行为形成规范和约束。自然圣境的真谛是保护自然与社会发展相互协调的内源需求，是文化价值体系的重要组成；与自然圣境关系密切的传统生态学知识是人与生物多样性及其生态系统长期相互作用所积累的知识与实践。

自然圣境是不同文化中广泛存在的文化景观现象，具有起源、历史、形态、规模和管理方式的多样性与复杂性，对生物多样性的影响包括遗传水平、物种水平、群落水平、生态系统和景观系统不同层次，其影响的时间和空间分布格局表现程度和发生过程差异显著，值得深入研究，应作为民族生态学研究的一个主要课题。裴盛基认为，在研究自然圣境历史贡献的基础上，应当加强对自然圣境应用于现代生物多样性保护和生态文明建设中的作用进行研究，特别是自然圣境的现代管理方法、途径和如何建立民间自然保护体系的研究，并开展示范与推广。在生物多样性与文化多样性保护的理论与实践上，自然圣境研究具有十分重要的现实意义②。

中国科学院昆明植物研究所民族植物学团队从2014年至今，对云南省如下七个不同民族的自然圣境点进行了深入研究：（1）汉地佛教圣地点——大理白族自治州宾川县鸡足山镇寺前村；（2）滇东南壮族龙山调查点——文山州广南县者兔乡九龙山；（3）滇西南佤族色林调查点——临沧市耿马县勐简乡大寨村；（4）红河哈尼族龙山调查点——红河州元阳县新街镇大鱼塘村；（5）西双版纳傣族竜山调查点——景洪市勐罕镇曼远村竜勐；（6）滇

① 阎莉、余林媛：《自然圣境及其生态理念探析》，《自然辩证法研究》2012年第6期。
② 裴盛基：《自然圣境与生物多样性保护》，《中央民族大学学报》（自然科学版）2015年第4期。

南瑶族龙山调查点——红河州元阳县新街镇瑶人老寨；（7）滇西北藏区神山——迪庆藏族自治州维西县塔城镇巴珠村。研究获得一些重要发现，主要概括为以下五个方面。

第一，“文化物种”普遍存在。九龙山壮族龙山圣境景观系统中有“神田”，专门种植“神田稻”（至少300年以上）；哈尼族、傣族、佤族龙山中都有特定文化意义的树种，被严格保护和祭拜。

第二，自然圣境中生物多样性保护状况良好。每一调查点发现至少1种国家Ⅰ类或者Ⅱ类保护植物物种，最多的调查点发现了12种；在森林植被类型受到严重破坏的地区，自然圣境保护了重要的植被类型，如西双版纳的热带干性季节性雨林、滇东南地区的亚热带湿润季风常绿阔叶林、滇西北高原的亚高山针叶林等保存了较完好的森林植被类型。

第三，文化信仰与物种保护呈现协同进化的关系。如元阳哈尼梯田水源林；傣族竜山中的关键物种野芒果、箭毒木；鸡足山佛教圣地中特定的佛教植物如西康玉兰、银杏、云南山茶等。这表明自然圣境是当地社区和村民精神文化寄托与表达的重要场所，是不可或缺的传统习俗。自然圣境也是村民进行动植物保护教育的生动课堂，许多有关动植物和森林的知识是从自然圣境中获得的。

第四，自然圣境的生态服务功能随面积增大而显著，森林面积较大的圣境终年流水不断，动物栖息增多。自然圣境在生态恢复与森林重建中发挥着重要的“基因库”作用，有效保护了乡土树种和众多的药用植物，如西双版纳竜山中的野芒果、龙果、箭毒木、大叶白颜树等被用于竜山恢复；药用植物萝芙木、花叶九节木、箭根薯、缩砂密、龙血树、美登木等。

第五，自然圣境管理模式基本沿袭传统社区管理，由村民自治管护，有专职人员负责，每年定期举行祭祀活动等，管理投入很少，成效显著。同时，自然圣境文化传承普遍受到现代经济发展冲击，特别是在经济发展快的地方受影响较大，如傣族竜山原为佛教圣地，现改种橡胶。

历史上自然圣境以不同形式长期存在于世界各地原住民和当地民族社会之中，对生物多样性保护作出重要历史贡献。近半个世纪以来，自然圣境在经济发展、生态变化和环境变迁中不断受到冲击，因文化侵蚀和土地蚕食，自然圣境已所剩无几，亟待加强保护。以西双版纳州为例，自然圣境（傣名：竜山）在1960年前有1000处竜山林，森林总面积达150万亩，占全州土地面积的5%；2013年，自然圣境仅存250处竜山林，森林面积仅为1.5万~2.2万亩，其中95%竜山林改为橡胶林（西双版纳国家级自然保护区）。这样的改变并非特例，而是我国民族地区的一个具有代表性的现象。

3. 云南布朗族的传统自然文化

布朗族主要分布在云南南部热带与南亚热带地区，长期以来形成了适宜本民族发展的生产方式和生活方式。由于交通不便，地域封闭阻隔了布朗族与外界的交流，其民族文化较好地保留了下来。比如，新中国成立时，气候适宜、植被丰富的章朗村的农耕方式为“刀耕火种”，生产工具仍以竹木器、铁制农具为主；改革开放以后，人口外流，促进了章朗村与外界的接触，生产和生活方式逐渐发生转变。

布朗族是一个典型的山地民族，世代依山而居。在布朗族人眼中，由于其生产生活、生息繁衍完全依托于森林，山林就是大自然的赐予和恩惠，形成了布朗族与自然相处的一种独特的生态文化。杜香玉等人以西双版纳州勐海县章朗村为案例，研究和整理了布朗族有悠久历史的生态文化。

（1）尊重自然：依时令而采狩。例如，章朗村是一个布朗族的千年古寨，所属山区属南亚热带季风气候，寨子周围被茂密的原始森林所覆盖，野生植物资源丰富，为村民提供了良好的采集场所。章朗村周边森林中有多达数十种可采集的食用类野生植物，如芭蕉花、野荞菜、蕨菜、野芹菜、菌类、竹笋等；章朗村附近的森林之中栖息着多种飞禽走兽，山谷地带的河流中也有一些鱼虾虫蟹，村民经过长期积累，摸索出了动物的习性，狩猎一般不分时节，采用多种方式分地域有序捕获野兽、鸟类、鱼类。

（2）合理利用自然：据地势而耕。章朗村布朗族位于巴达山山区，长期从事山地农业，农耕方式主要是“刀耕火种，轮歇抛荒”。在人口规模较小、居住地周围土地资源充沛的条件下，这种生活方式与大自然保持了相对和谐的状态。长期的休耕轮作既维持了人们的生产生活，又在一定程度上保持了土壤肥力，维持了生态系统平衡。20 世纪 50 年代以前，章朗村的农作物种植以旱稻、玉米为主，辅以小麦、荞麦、瓜豆等，旱稻是主要的粮食作物，在山地农耕作业中有一套完整的耕作流程，整个过程中较好地遵循了自然规律。

（3）传统环境保护思想：祭祀礼仪。森林是布朗人所敬畏与崇拜的“鬼神”的住所，每一棵树上都依附着一个生灵。布朗族相信“万物有灵”，认为处处有鬼神，自然界中的一切，包括森林竹石、河流山川、日月星辰，生老病死等皆由鬼神主宰。据章朗村缅寺的佛爷讲：树木不能随意砍伐，如果所砍的树上有神灵居住，那神灵便会降祸于砍树之人。森林中一些年龄久远的树木是神灵的栖居之所，一旦要砍伐树木，布朗人便会带着一些祭品包括蜡条、茶叶、饭、米、点心等献祭，向树上居住的神灵祷告，说明砍伐树木的原因，并请求神灵谅解。

（4）传统环境保护法规：乡规民约。几千年来，章朗村附近植被茂密，归功于章朗村的森林保护规范及乡规民约、习惯法。章朗村周围分布着大片原始森林，其中位于村寨周边的坟山是村民祖祖辈辈死后的安葬之地，也是全村禁忌之地，不能随便进入，坟山中的树木禁止砍伐和采摘，即使是枯枝落叶也不能捡，狩猎更被禁止。每逢祭祀或过年、过节，族人去缅寺举行滴水仪式来祭拜祖先。村寨对于坟山的保护，利用人们对逝者的敬畏心理，来约束其行为，完整地保护了坟山的森林生态资源。

云南大学生态学与植物学研究所吴兆录教授对西双版纳勐养自然保护区的研究发现，位于保护区西部骑马山地区的布朗族村寨保存的龙山森林是中国面积最大的热带山地雨林。布朗族村寨均有各自耕种、采集的领地，即村寨之间有明显的界限。村寨使用的土地由村寨、龙山森林、坟山森林、轮歇旱作耕地等构成。旱地轮歇有利于森林更新，很少出现水土流失。在思想意识上，人们将人生存的空间看成一个由多元成分构成的自然整体。在这个整体中，神和灵魂是万能的，人只处于依附地位。为消灾获福，人在向自然索取的时候必须有所约束。具体操作上，人们建立龙山森林和坟山森林，并自觉地规范行为，养成了不轻易损害自然物的传统习惯。龙山森林生态文化具有重要的生态价值，一是有效地解决饮水、防火和减少水土流失；二是保存了少有的山地雨林和物种多样性。中国的山地森林主要分布在西双版纳海拔1000~1500米的湿润山地上，昆满、昆罕老寨、昆罕小寨3片龙山森林面积最大、保护最原始。在1800平方米的龙山森林里，共生长着包括热带和亚热带的179种植物，而附近天然森林里只有73种。

（二）云南边疆民族地区生态文化是人类生态文明的重要组成部分

从上述实例可以看出，云南边疆民族地区的民族生态文化有三个特质：一是认为自然环境和自然资源神圣不可侵犯，有崇拜自然、敬畏自然的理念；二是把崇拜自然、敬畏自然的理念贯穿到社会生产生活实践中，以规范自己的行为；三是人可以向自然索取但必须适可而止、自觉保护自然。

纵观人类发展历史长河，人类总是在特定的自然环境中生存与繁衍，从未间断地认识、利用、改造自然，也从未间断地学习、师法自然，积淀了对自然和对人类自身的认识，通常被概括为“人类文化”，人类文化，有的仅仅是为了人类自身而忽略对自身生存繁衍的自然的维持，为“腐朽文化”；有的则兼顾人类自身的生存繁衍和自然发展，为“先进文化”。[①] 按照文化生态学的观点，人类是人类—自然生态系统的一部分，人类与其他生物共同形成生物圈层，又因人类具有文化而在生物圈层上建立起一个文化圈层。生物圈层和文化圈层交互作用、交互影响、互利共生，影响着人类一般意义的生存繁衍，也影响着人类文化的产生和发展。

在人类—自然生态系统里，人类围绕着自然环境及资源这个中心展开各种活动，最直接的、关系最紧密的是科学技术，外层是经济体制和社会组织，最外层是要通过经济体制和社会组织等中间变量来实现的价值观念。价值观念是离开具体的自然环境及资源就难以持续存在的一种文化，但却能通过经济体制和社会组织来改变自然环境及资源。所以，人类发展过程中，通过生态文化的运作，逐渐摒弃那些仅仅为了人类自己的“文化”而发扬兼顾人类自身和维持自身生存繁衍的自然的“文化”，即摒弃

---

① 方湉：《坚决抵制腐朽文化，弘扬社会主义先进文化——〈划清“四个重大界限”学习读本〉学习心得》，《商情》2012年第44期。

“腐朽文化”和发扬“先进文化”，推动人类文明向前发展。

云南边疆民族地区的民族生态文化，正是围绕自然环境及资源这个中心产生、凝练和发展的，在崇拜自然、敬畏自然意识理念的约束下利用自然、保护自然，促成了人与自然的长期和谐，共同发展。

（三）生态建设促进了云南边疆民族地区生态文化的传承与发扬

云南民族优秀的传统文化较好地保护了生态环境，但是随着人口的剧增，经济社会快速发展对生态环境保护力度不够，特别是20世纪50～80年代各种政治运动，出现先破坏再重建、先污染再治理的发展思潮和行为，在很大程度上破坏了云南自然环境及资源，摧残了云南的民族生态文化。从90年代以来，尤其是中共十八大以来，国家大力开展生态文明建设，不仅有效地保护了遭受污染破坏的自然环境和资源，也促进了云南民族生态文化的传承和发扬。

1. 天然森林保护工程促进了云南边疆民族地区生态文化的传承与发扬

云南历史悠久，人们长期依赖自然环境和资源生息发展，由于拥有崇拜自然、敬畏自然、保护自然的民族生态文化，云南的自然环境和资源一直保存良好。其中，包括保护了丰富的矿产、广袤的森林和纯净的水资源。可惜人们一度藐视地方性民族自然生态文化、推崇不切实际的人定胜天观念，“大炼钢铁”、集团式的森林采伐，给云南的自然环境和资源带来巨大的破坏，也对民族生态文化带来摧残。有资料表明，在滇东、滇南、滇西北建立的森工企业的集团式采伐，是云南森林资源锐减的主要原因或导向原因。

20世纪末期开展的天然森林保护工程，是中国生态文明建设的重大创举，与云南民族地区传统的森林利用和保护思想意识和生产实践是完全一致的。有了国家的政策保障，依赖森林的生态文化得到了传承和发扬。例如前述法土林场建成之后，村民纠结于伐木分红还是维持青山常在的矛盾之中。国家实施森林保护政策，人们的民族自信心得到了认同和发扬，选择了维持森林，走向依赖森林综合发展的道路。彝族人民依赖森林、热爱森林、崇敬森林的传统使生态文化得到传承和发扬。有一个例子是西双版纳勐仑曼纳览哈尼族村寨的黄心树培植。当地哈尼人特别重视一种叫黄心树的大树，有自觉保护这种树木的传统，村民自发在村寨附近种植黄心树，形成了独特的人工乡土树种森林景观。

2. 强化自然保护地促进了云南边疆民族地区生态文化的传承与发扬

建立和管理神山、风景林等自然保护地是云南民族生态文化在实践方面的内涵之一。自然保护区、国家公园、世界遗产地等多种形式的国家自然保护地建设活动，多是以这些传统的自然保护地为基础建立的，促成了生态文化的传承和发扬。例如，在滇西北曾为藏族神山的白马雪山，西双版纳勐养骑马山一带的布朗族神山，成为国家级自然保护区得到有效保护，红河哈尼族传统耕作的元阳梯田成为世界遗产地后享誉世界，都是生态文明建设对云南民族生态文化的传承和发扬。

（四）现代旅游文化产业兴起助推了生态文化传承和发展：以丽江为例

丽江地处古滇文化、藏文化和巴蜀文化的交会点，各种文化在这里传播，儒释道三教同归，文化底蕴深厚。玉龙雪山是丽江文化重要承载体之一，与丽江三项世界遗产的文化大环境相辅相成。玉龙雪山以“圣山”“情山”“名山”文化奠定了旅游区文化产业的根基。近现代以来，国内和欧美学者到玉龙雪山科考、看山、咏雪的中西文著述甚丰，每年几百万游客来到玉龙雪山观光旅游，使玉龙雪山成为大香格里拉区域具有海洋性温带冰川资源、誉满神州的旅游胜地和天下名山。

生态文化旅游和产业关乎玉龙雪山科学发展和可持续发展的大局，做强玉龙雪山生态旅游文化产业，是景区能否在旅游经济建设中做到持续发展的关键。近年来，玉龙雪山旅游区逐步形成了以生态文化旅游提升景区品质，以资源整合促进景区升级，以知名企业入盟促进景区转型，以5A品牌引领景区建设的“玉龙雪山模式”，成功打造了景区发展的“三大体系”：旅游公共服务管理体系、企业经营发展体系、景区内社区农特产业发展体系，最终把玉龙雪山建成了精品景区，旅游区经济效益、社会效益、环境效益协调发展。建设玉龙雪山生态旅游文化经济，打造大型实景演出《印象丽江》生态旅游文化品牌，截至2012年12月31日共演出4669场，接待游客782万余人，实现营业收入8.93亿元，利润3.52亿元，确立了旅游文化品牌地位，为提升丽江旅游文化品质作出了重要贡献。

1. 把生态文明融入旅游全产业过程，打造雪山生态旅游区知名品牌

生态文明的理念贯穿在所有旅游活动中，游客乘坐的环保车的运行减少了旅游活动对环境的污染；旅游栈道的建设既让游客近距离接触自然又降低了徒步活动对自然生境的影响；旅游线路的设计和旅游产品的开发既向游客展示了冰川、各种植被生态系统、独特的少数民族传统文化等世界遗产的价值以及优良的水、空气等自然环境，让游客得到了良好的身心体验，又让游客了解到保护自然和传统文化的重要性，使游客受到了生动活泼和潜移默化的环境教育。玉龙雪山生态旅游区始终把生态保护、传统文化保护等生态文明的理念作为所有旅游活动的核心内容，并通过各种软硬件的建设，为生态文明的宣传教育提供强有力的支撑。旅游区建立了以宣传、教育、展示、服务等功能为一体的生态旅游区解说体系，包括了 2 个游客中心，遍布全区的解说系统标牌，一支解说员队伍，多种解说手册，照片，书籍，出版物，音像制品，大型实景演出（《印象丽江》），多种讲座，研讨会等完整的宣传教育系统。每天《印象丽江》的演出向游客展示了纳西族保护自然与自然和谐相处的悠久历史和文化。

玉龙雪山生态旅游区建立了自己的网站，出版了宣传读物和书籍，并通过举办研讨会，座谈会及其他活动宣传了丽江玉龙雪山生态旅游区的生态保护理念和人与自然和谐发展的观念，提升了玉龙雪山生态旅游区的品牌。通过“培训、活动、竞赛、执行”等宣传载体的应用，至 2018 年年底共组织生态旅游相关专题培训会议 30 场，实施应急演练 20 次，完成国标考核 1 万余份，审核归类文档 3000 余份，收集图片 5000 张，发放宣传资料万余份，使生态旅游的理念深入人心。

2. 用生态文化统领创建国家生态旅游示范区

玉龙雪山生态旅游区以深化生态文化为主线，建立高质量高标准的管理制度和体系作为保护和展示玉龙雪山世界遗产和世界级的生态旅游资源的重要保障，完成了玉龙雪山冰川国家地质公园建设项目。丽江成立了冰川国家地质公园管理局，投入资金 2340 万元，编制完成了《玉龙雪山冰川国家地质公园规划》、《玉龙雪山景区地质灾害防治总体规划》、《白水河流域泥石流地质灾害防治科研报告》和《玉龙雪山生物多样性保护实施方案》；完成了冰川地质博物馆陈展设计、野外地质遗迹展示点选址及文字编撰工作；编制了《白水河泥石流灾害专业监测系统实施方案》，并积极向省、国家国土部门申请白水河泥石流治理项目的立项工作。积极开展玉龙雪山冰川博物馆建设，使之成为对景区生态、地理、冰川等科普知识宣传的有效载体。又先后投入资金 1.2 亿元，对玉龙雪山索道、云杉坪索道进行技术改造，使改造后的索道达到了全国索道最高等级的“5S”标准。

秉承保护优先的原则，旅游设施的规划和建设充分考虑自然生态环境的保护和合理的展示，通过生态栈道，环保车辆，生态厕所，污水处理厂等的修建降低了游客和旅游活动对生态环境的影响，保护了自然景观，植被生态系统，动植物种类及其生境的原生性和完整性。植被恢复工程通过栽种乡土树种，促进了生态系统的恢复。完成森林消防工程并开创了林区森林保护的新模式，有效地保护了森林植被资源和生态环境。生态环境量化指标的制定使旅游区的环境保护工作有了科学依据，自然景观、植被生态系统、动植物及其生境得到有效保护。

旅游文化产业带动了社区与生态旅游区共同发展。通过旅游反哺社区，社区群众人均年纯收入已达到 9000 元以上；60% 以上的农户有家庭用车；在 580 多个农户中，存款和固定资产在 200 万元以上的有 50 多户，在城区购置房产的近 100 户。管委会还累计投入资金 1000 多万元，加大产业发展和基础设施建设，实施新农村示范村建设，发展畜牧业，扶持种植业。逐步解决了社区群众掠夺式无序参与旅游的状况，极大地恢复和改善了景区的生态环境，使 2400 多名社区群众直接受惠于生态旅游。景区管理秩序良好，民族团结，社会稳定和谐，社会、经济、生态效益逐年提高，游客投诉明显下降。曾经的丽江特贫村，如今已发展成为保护生态的典范、农民参与旅游的典范、民族团结进步的典范。

生态旅游区生态旅游品质的优化和提升也促进了多项荣誉的创建申报工作。2007 年 5 月，玉龙雪山被评定为国家首批 5A 级旅游景区。通过长期的游客问卷调查，游客综合满意率在 95% 以上，先后被日内瓦中欧合作论坛评为“欧洲人最喜爱的中国十大旅游景区”，被中共中央宣传部、中央文明办、共青团中央评为“西霞口 · 2008 中国青年最喜爱的旅游目的地”。2007 年、2008 年连续被云南省报业集团和省旅游局评为云南省“最具影响力老景区改造项目”。2008 年 4 月，被云南省委省政府授予“云南省文明风景旅游区”称号；2009 年 2 月，被中央文明办、住房和城乡建设部、国家旅游局授予“全国创建文明风景旅游区工作先进单位”称号。2009 年 8 月，国家地质公园评审委员会授予玉龙雪山冰川地质公园国家地质公园资格。2011 年，景区被中央文明指委评为“全国文明单位”，《印象丽江》旅游文化演出被国务院授予“全国民族团结进步模范集体”称号，被云南省人民政府授予“农民工工作先进集体”和“云南文化精品工程”称号，被中华文化促进会、中国旅游协会授予“首届中国文化旅游发展贡献奖”，被文化部、国家旅游局收入“国家文化旅游重点项目名录”。2012 年 3 月，旅游区被国家旅游局确定为首批“全国旅游标准化示范单位”。2012 年 9 月，被国家质检总局确定为“全国知名品牌创建示范区”。2013 年 1 月，被国家标准委确定为“全国服务行业标准化试点”。景区已经成为宣传丽江、云南、中国的一个重要窗口，集观光旅游、民俗旅游、生态旅游、康体休闲旅游、科学探险旅游等为一体，旅游区经济效益、社会效益和环境效益得到统一，在开发建设与环境保护方面均取得较好效果。

丽江旅游文化产业是云南生态文化保护与传承助推区域经济社会发展的一个成功案例。事实上，云南从 20 世纪 90 年代以后旅游兴滇、旅游强滇促进了全省边疆民族地区生态文化的传承与发扬，特别是生态旅游波及全球，云南作为生态文化大省，也成为中国生态旅游发展的弄潮儿。

向自然索取但必须适可而止、自觉保护自然的云南民族生态文化，促使各民族与其生息发展的自然环境及资源和谐共处，在全球化、城镇化可能带来均一化、趋同化的今天，这样的人类自然生态复合系统的保留及其文化传承就显得十分珍贵。但是，当这样的复合系统成为一种资源，并被更多人群享有、使用时，才能更有效地造福当地人民，才能得到当地人的保护和传承。云南实施旅游兴滇战略，利用云南独特的自然环境和资源，以及云南各民族独特的传统生态文化，在发展地方经济的同时维护云南人类—自然生态系统的原生性，实属云南民族生态文化的传承和发扬。红河哈尼族元阳梯田生产的红糙米营养丰富但产量不高，曾被高产品种代替，元阳梯田成为世界遗产地之后，旅游发展带动了红糙米传统稻谷品种的复兴。在石林县，以彝族密枝林为基础建立的圭山国家森林公园，游人如织，既从旅游发展中获益又保护了曾经的密枝林文化。以藏族神山梅里雪山、香格里拉人间仙境为核心的旅游发展，使滇西北名传四海。云南旅游产业的生态文明建设，极大地促进了民族传统生态文化的传承和发扬。

当然，现代旅游和文化开发也带来了一些负面的甚至破坏性的影响。一是不少景区的文化建设为猎奇制胜，挖掘文化要素过于渲染和夸张，这种商业文化与植根在生活中的文化具有很大的距离；二是简单迎合旅游开发，形成的建筑、生活场景服务和商业利用，与当地人的生活、生存条件关联度不高，事实上是一种伪文化；三是保留和维持了一些过于落后、没有存在必要的文化符号。例如有的婚姻、繁衍习俗在现代社会中已经缺乏存在的可能，也没有挖掘的必要性，属于要淘汰的文化现象，没有必要作为旅游开发的噱头予以维持。因此，在商业大潮中如何保护和维持真正有价值的生态文化，是边疆民族文化发展中亟须深入研究的课题。

二 保护和传承和谐文明的多元生态文化体系

云南重视充分挖掘、保护和弘扬民族优秀传统生态文化，推进生态文化创新，促进生态文化传播。云南各少数民族在长期与自然相依相存的发展过程中，形成了以“善待自然、和谐共生”为基本理念的朴素生态观，它在民族文化中占有重要地位，如傣族的“山林崇拜”，藏族的“圣境信仰”，纳西族的“人与自然是兄弟”观念，哈尼族梯田文化被誉为“山地农业文化的最高典范”，这些文化体现了人与自然和谐的伦理观、价值观与发展观的朴素思想。要加强对民族生态伦理道德观、地方性生态保护知识、社区生态环境和资源保护、管理的少数民族传统生态知识及行为的搜集、整理与研究，并与现代生态意识相结合，进行提炼和提升。

（一）利用现代媒体和传播技术保护和传承生态文化

云南积极开发体现自然山水、生态资源特色和倡导生态文明、普及生态知识的图书、音像、舞台艺术、影视剧等文化产品；加强自然保护区、森林公园、湿地公园、地质公园、植物园、动物园、民族生态博物馆、自然博物馆等生态文化平台的建设和管理；加快建设并形成一批以绿色学校、绿色企业、绿色社区、生态乡镇为主体的生态文化宣传教育基地。做大做强生态文化产业，丰富生态文化内涵，不断满足人民群众对生态文化的需求；充分利用各类媒体、图书馆、文化馆、科技馆、青少年活动中心、妇女儿童活动中心、老年活动中心、乡村文化站等传播生态文化，保护和开发生态文化资源，在生态文化遗产丰富、保持较完整的区域，建设一批生态文化保护区，维护生态文化多样化。

（二）创建民族生态文化保护区

建设各级传统文化生态保护区。开展云南省政府公布的66个少数民族聚居村镇省级民族传统文化生态保护区建设，保护好得天独厚的原生态民族传统文化资源。开展少数民族特色村寨保护与发展工作，注重少数民族生态旅游文化资源以及宗教文化资源的整理和保护，发掘传统民族生态文化特征，树立生态文化品牌，提升文化活动的品位，提高云南各少数民族特色生态文化的影响力。

创建民族多文化综合保护实验区。在迪庆、怒江、丽江、大理等藏族文化集中区域，建设以藏族文化为主体，融合傈僳、普米、纳西、白、彝、回、苗等多民族民间传统文化在内的集自然遗产、文化遗产于一体的文化生态保护区，充分保护好该区域独具特色的文化遗产，展示滇西北文化魅力。建设以大理洱海为中心的坝区白族民俗文化保护区，以云龙为代表的山地白族民俗文化保护区，以大理、巍山为中心的南诏、大理国历史文化保护区，以大理、宾川鸡足山为代表的佛教文化保护区，以大理喜洲为代表的白族建筑文化保护区，以巍山、南涧、漾濞为中心的彝族文化保护区，以各种文化艺术之乡为代表的民间艺术保护区，以白族本主文化为代表的民间宗教文化保护区。

三　积极实施生态文化建设工程

（一）实施生态意识提升工程

提升生态文明程度，要突出解决城乡环境、文明礼仪、公共秩序、社会服务等方面存在的问题，强力推进创建优美环境、优良秩序、优质服务

“三优”文明城市工程建设，既要切合实际，与生态文明建设水平相一致，又要力戒平庸，充分体现生态文明建设的前沿理念，让人耳目一新。要立足当前、着眼长远，紧扣生态文明建设的时代脉搏，紧跟生态文明建设的潮流趋势，前瞻性地思考生态文明建设，探索加快生态文明建设的有效途径。真正把云南省优良的生态环境、丰富的自然资源、深厚的文化底蕴充分展示出来，让更多的人了解云南、认知云南、宣传云南，提升云南省在国内外的知名度和美誉度。

（1）培育生态道德意识，普及生态文明理念。以政府、企业、公众为主线，全方位培育生态道德意识，通过绿色机关创建、引导培育企业生态文化、倡导公众绿色消费意识等手段，普及生态文明理念，进一步提高各级政府、企业、社区和公众的生态道德、环境责任和生态环境保护意识。

（2）深化生态创建活动，夯实生态文明基础。按照生态文明建设阶段目标要求，深入开展国家生态文明建设示范区等系列创建活动和绿色细胞工程建设，不断巩固和深化建设成果，为生态文明建设的阶段目标打下坚实基础。

（3）健全生态宣传教育，营造全民参与氛围。通过构建多层次、全范围的生态文明宣教体系，深入开展生态文明建设宣传教育活动，推动生态文明理念进机关、进企业、进学校、进农村，引导公众积极参与生态文明建设，不断提升生态文明理念的认知水平，营造全民参与生态文明建设的良好氛围。

（二）实施民族生态文化保护工程

（1）加强民族生态文化就地保护与建设，依托云南省民族传统文化保护区建设，选择有生态文化代表性的少数民族聚居自然村，实行民族生态文化原生地保护。以文化拥有者的自觉保护为中心，注重传统生态文化习俗、节庆、乡规民约等的保护与传承，加强对现代文明的吸收，重视经济发展、消除贫困。从民族生态文化保护村的建设，向文化相似地区的民族生态文化就地建设渗透，增强少数民族本土生态意识，推广现代生态保护和生态经济模式，提高生态文化素养，使民族传统生态文化得以良好传承与发扬。

（2）建设生态文化标志工程。民族生态文化是民族传统文化的有机组成部分，在实施民族传统生态文化保护工程的基础上，发掘特色生态文化底蕴，建设一批生态文化标志工程项目，促进生态文化氛围营造和生态文化熏陶，努力加强民族传统生态文化的保护与传承。发掘有代表性的民族特色生态文化符号，设计生态文化标志，融入地方城镇建设、形象设计、品牌打造等各个方面。依托群众喜闻乐见的文学、影视、戏曲、音乐、歌舞表演、摄影、绘画、雕塑等艺术形式，建设民族博物馆、主题公园，打造主题节日、创作主题文艺作品。树立“七彩云南”“三江并流世界自然遗产”“帽天山世界自然遗产”“禄丰恐龙主题公园”“元阳哈尼梯田文化”等一批生态文化品牌。

四 发展民族生态文化产业

立足本土文化根基，重点保护、传承和发扬历史文化和特色文化中符合生态文明建设要求的独特基因，加强乡土文化资源与文化创业产业的深度融合，推动文化创业产业大发展，努力打造独具乡土文化特色的生态文化品牌。

（一）传承特色生态文化，推动文化创意产业发展

发展与充分挖掘云南生态文化、少数民族文化、茶文化、花文化、森林文化、湿地文化、野生动植物文化等的发展潜力，发展地方特色民族生态文化产业，促进传统生态意识向现代生态意识转变。将云南的边疆民族文化、历史文化资源和自然资源与旅游振兴密切结合，促进生态旅游业和相关第三产业发展。依托云南丰富多彩的民族文化资源，举办各种类型的民族文化艺术节，以节扬文、以文促旅、以旅活市，并以生态文化为载体，提高知名度，促进对外合作与交流，繁荣经济文化事业。寻求带有生态文化符号的影视、艺术产业发展与基地建设等机遇，增强生态文化产业的活力与渗透力。

（二）在保护优秀生态文化中助推本地居民脱贫致富

云南民族传统工艺历史悠久，内容丰富多彩，许多工艺产品都是利用

自然资源就地取材加工制作的。这些传统技艺一般都有较长的传承历史，具有浓郁的地方和民族特色，对当地的生产生活发挥过重要影响。但是，在现代科技的强烈冲击下，云南许多民族传统工艺面临失传的危险，亟须进行抢救性保护。

加强对民族传统工艺的抢救保护和开发利用，尤其是应该把民间传统工艺作为非物质文化遗产进行重点保护和扶持。例如，将云南特有的濒临消亡的斑铜制作技艺、乌铜走银制作技艺、苗族服饰制作技艺等项目列入省级保护名录，进行重点抢救保护；对一些群众基础好、有市场前景的传统技艺，如木雕、石雕、土陶、金银器制作、织染刺绣等进行开发性保护，通过政策帮扶、资金补助、提升产品文化附加值等措施，使民间艺人成为当地依靠技艺致富的示范户和带头人，从而使这些民族传统手工艺获得新的生机与活力，并成为带动少数民族群众脱贫致富的产业。

第二节　树立绿色政绩观、绿色发展观、绿色消费观

党的十八大以来，生态文明建设在理论和实践上取得了突破性进展，由此带来的社会发展理念及方式转化，切实地改变着中国社会、生态、环保及人文思想的面貌。2015 年 1 月习近平总书记在洱海考察讲话后，“绿水青山就是金山银山”“山水林田湖是一个生命共同体”“要像保护眼睛一样保护生态环境，像对待生命一样对待生态环境”等系列新理念、新观点、新要求，就成为云南省绿色发展的号角及生态文明精神的目标。此后，云南省在建设美丽云南和发展经济中逐步树立了绿色政绩观、绿色发展观以及绿色消费观等绿色发展理念。

一　树立绿色政绩观

经济发展和环境保护并不是相互对立的关系，处理好经济发展和生态环境保护的关键在于指导发展的思想。经济的可持续发展离不开政策的指导，而正确的决策则是以绿色政绩观为导向。因此，为正确处理好经济发

展与生态环境保护的关系，必须坚持以习近平总书记“两山”理论为核心的绿色、循环、低碳的可持续发展的政绩观。牢固树立绿色政绩观是云南省努力争当生态文明建设排头兵的重要基础和客观要求。对此，云南在努力推动经济发展，建设美丽云南的行动中形成了独具特色的绿色政绩观的新理念、绿色政绩考核指标体系。

（一）绿色政绩观的新理念

改革开放以来，我国经济得到快速发展的同时，也带来了诸多的环境问题，如资源日益枯竭、环境污染严重、生态系统退化、生物多样性减少、人地关系紧张等。随着时间的推移，经济发展与环境保护之间的矛盾日益突出，而这些问题的产生一定程度上是由于地方官员长期重发展、轻保护的政绩观念导致。今天，面对诸多的环境问题，建立绿色政绩观的紧迫性和必要性比任何历史时期都更为重要。“政绩观是干部对如何履行职责、追求何种政绩的根本认识和态度，对干部如何从政、如何施政具有十分重要的导向作用。”近年来，云南省在美丽云南建设过程中，形成了许多具有云南特色的绿色政绩新理念。

首先是提倡亲近自然的生活理念。近年来，云南省积极倡导崇尚亲近自然的生活理念，并从社会公德、职业道德、家庭美德和个人品德等方面入手，深入社区、学校、单位等开展以亲近自然为主题的宣传教育活动。倡导人类应尊重自然、顺从自然、保护自然的人与自然和谐共处的生活理念，使各族人民将亲近自然、保护环境、节约资源内化为自觉行动，从而不断提高民众的生态文明素养，在全社会普遍树立亲近自然的生活理念。

其次是提倡绿色 GDP 理念。云南要全力打造世界一流的“绿色能源”“绿色食品牌”“健康生活目的地”这三张牌。发展绿色经济，不断提高绿色 GDP 比重，主要从以下三个方面入手。一是全力打造“绿色能源牌”，将绿色能源打造为第一大支柱产业。充分用好云南省境内得天独厚的水能资源优势，推进清洁能源产业与水电铝材、水电硅材一体化发展。做优做强绿色能源产业，不断将绿色清洁能源优势转化为经济发展优势。二是打造“绿色食品牌”。大力发展高原特色现代农业，集中力量打造优势产品，如茶叶、花卉、水果、蔬菜、咖啡、中药材等产业，既彰显特色、又聚焦绿色。三是打造“健康生活目的地”。充分依托云南省良好的生态环境和丰富的旅游资源，将云南打造成人们健康生活的首选之地。

最后是提倡“造福子孙”的绿色政绩理念。推动“森林云南”建设。坚持“生态立省，环境优先”的发展战略，近年来，云南省通过启动大规模的国土绿化行动，加强生态修复，加大荒漠治理，退耕还林还草，划定生态保护红线。“森林云南”建设深入推进，2018 年，森林覆盖率提高到 59.7%，全省 90% 以上的典型生态系统和 85% 以上的重要物种得到有效保护。除此以外，还有“蓝天保卫战”“高原湖泊治理”等“造福子孙”的绿色政绩工程也取得了显著成效。

（二）绿色政绩考核指标体系创新

政绩考核是政府部门对领导干部年度工作任务完成情况进行科学、公正、合理、客观的评价，是政府改进作风、提高效率的重要抓手和指导各级领导干部行为的“指挥棒”。考核指标的变化对领导干部的行政行为具有引导性和指向性作用。绿色政绩考核指标是指领导干部行政行为中的生态环境保护、清洁能源使用、绿色产品推广等行为指标，即从产出的总 GDP 中扣除生态、资源、环境成本和相应的社会成本后的 GDP，将其核算内容作为绿色政绩的考核指标。要建设好美丽云南，争当全国生态文明建设排头兵，就必须充分发挥好绿色政绩考核指标“指挥棒”的作用，并以此引导领导干部牢固树立绿色政绩观。

近年来，云南省对长期以来以 GDP 为核心内容的干部考核体系进行了改革，绿色政绩考核指标体系逐步建立健全，并不断丰富创新。2013 年 7 月 15 日，在“美丽云南绿色家园生态文明建设系列新闻发布会”之“美丽春城幸福昆明”专场发布会中，时任昆明市市长李文荣表示昆明市政府在实践中坚持“环保七优先”方针，其中之一就是“在考核发展政绩时、优先考核环保指标”。将绿色 GDP 作为官员绿色政绩考核的主要内容之一。其中包括年度环保投资占比、节能降耗总量、耕地保有量、森林覆盖率以及九大高原湖泊流域和其他重点地区水体治理情况等核心指标。在《云南省人民政府关于印发云南省“十三五”节能减排综合工作方案的通知》（云政发〔2017〕31 号）中明确提出：“加强目标责任评价考核，强化节能减排约束性指标考核，坚持总量减排和环境质量考核相结合，建立以环境质量考核为导向的减排考核制度。”在《云南省人民政府办公厅关于印发云南省州市级政府耕地保护责任目标考核办法的通知》（云政办规〔2018〕4号）中第二条同样指出：“各州、市人民政府应与省人民政府签订耕地保护目标责任书，对《云南省土地利用总体规划》确定本行政区域内的耕地保有量、永久基本农田保护面积，以及高标准农田建设任务负责，州长、市长为第一责任人，分管副州长、副市长为直接责任人。”把“州市级政府耕地保护责任目标考核结果，列为本级政府主要负责人综合考核评价的重要内容”。在《国家生态文明建设示范县、市指标（试行）》中，就包括政府绿色采购比例、生态文明建设工作占党政实绩考核的比例、自然资源资产负债表、实施强制性清洁生产企业通过审核的比例和生态环境损害责任追究制度等指标。此外，云南省还积极探索以万元GDP的能耗、水耗、污染排放量等作为考核指标。绿色政绩考核指标体系的不断丰富、创新，也正是积极践行绿色政绩观的体现。

探索建立绿色审计制度，为生态环境保驾护航。2018年，云南省普洱市完成了辖区内的生态系统服务价值评估工作。“将森林、湿地、农田、草地等生态系统为人类提供的服务和产品货币化。”这为进一步完善绿色政绩考核指标体系、健全生态环境损害责任追究制度、开展领导干部自然资源资产离任审计制度，也为建立和完善生态补偿制度提供科学依据，对推动领导干部牢固树立绿色政绩观具有重要意义。

（三）绿色政绩考核结果的运用

对领导干部的绿色政绩考核是发现人才、鼓励先进、鞭策后进的重要渠道，是干部选拔任用和问责问效的重要手段，同时也是领导班子与领导干部综合考核评价的重要内容。因此，对绿色政绩考核结果的合理运用，成为激发领导干部牢固树立绿色政绩观和积极践行绿色政绩观的主要因素。

近年来，云南省对领导干部绿色政绩考核结果的运用主要有以下几个方面。首先，由考核领导小组办公室将考核结果在全省范围内进行通报。建立健全举报制度，充分发挥举报热线和网络平台的作用，接受社会和民众的监督，限期办理群众举报投诉的问题，一经查实，对弄虚作假、欺上瞒下的领导干部依法依规进行处理。其次，将考核结果纳入领导班子和领导干部综合考核评价体系。对未完成绿色 GDP 年度任务的州、市，暂停新增排放重点污染物建设项目的环评审批，暂停或减少省级财政资金支持，必要时列入环境保护督查范围。对未完成省人民政府下达的年度目标任务的责任单位，根据问责程序进行问责，并予以通报批评和约谈，要求责任单位提出明确的整改措施，并限期整改。在云南省人民政府《关于印发云南省水污染防治工作方案的通知》（云政发〔2016〕3 号）中明确提出："对未通过年度考核的，要约谈州、市人民政府及其有关部门有关负责人，提出整改意见，予以督促。对未按时完成水质达标任务的区域实施挂牌督办，必要时采取区域限批等措施。对因工作不力、履职缺位等导致未能有效应对水环境污染事件的，以及干预、伪造数据的要依法依纪追究有关单位和人员责任。对不顾生态环境盲目决策，导致水环境质量恶化，造成严重后果的领导干部，要记录在案，视情节轻重，给予组织处理或党纪政纪处分，已经离任的也要终身追究责任。"对绿色政绩考核指标未完成或出现问题的领导干部，不但不得提拔重用，还要依据问题的性质，依法依规给予降、免职处分；对按期完成或超前完成各项考核指标的单位或个人以适当的方式给予奖励表彰。对于单位则将此考核结果作为资金分配的主要依据之一，对于个人，将考核结果作为提拔重用的依据之一。最后，将考核结果作为完善生态文明绩效评价考核和责任追究制度的依据，依据考核结果反映的问题，不断完善考核指标、考核机制以及考核办法，使考核体系更加科学合理。

正是各单位科学、公平、合理地运用绿色政绩的考核结果，从而进一步激发了各级领导干部树立和践行绿色政绩观的自觉性和主动性，为建设美丽云南，推进云南成为生态文明建设排头兵提供了保障。

二 厚植绿色发展观

云南省在"生态文明排头兵建设"的目标下，全面践行"走向生态文明新时代，建设美丽中国，实现中华民族伟大复兴的中国梦"的精神。云南省在建设美丽云南活动中明确以和谐共生、低碳循环，以及荫泽后人等绿色发展新理念为宗旨，以坚持保护好生态环境、发挥好生态优势为各项政策的基础，以生态文明建设力促转型升级为创新驱动力，积极发展绿色产业、生态经济，努力实现绿色崛起。

（一）和谐共生

“坚持人与自然和谐共生”纳入了党的十九大报告，成为新时代坚持和发展中国特色社会主义的基本方略，也是马克思主义生态观在当代中国的最新发展，是以习近平同志为核心的党中央深入把握经济社会发展规律、人与自然发展规律的重要理论创新。和谐共生是人与自然友好相处、和谐发展的核心，也是绿色发展观的重要组成部分，更是人类永续发展的唯一途径。

云南是一个多民族聚居的省份，人与自然和谐共生的发展理念在各民族的日常生活中得到充分体现。“各少数民族在长期与自然相依相存的发展过程中，形成了以‘善待自然、和谐共生’为基本理念的朴素生态观、生态伦理道德、传统生态知识及行为方式，如傣族的‘山林崇拜’、纳西族的‘人与自然是兄弟’、藏族的‘圣境信仰’等。”① 因此，关于人与自然和谐共生的绿色发展理念，云南要比其他省份具有更加丰富的思想渊源和操作路径。

积极挖掘云南各少数民族有关人与自然和谐共生的朴素生态观、自然观，对于充实、丰富绿色发展观的内涵具有重要价值，对自然生态环境的保护具有指导性意义。傣族的“山林崇拜”认为“没有森林就没有水，没有水就没有稻田，没有稻田就没有粮食，没有粮食就没有人类”。傣族人民正是尊崇这一朴素的生态观，所以他们历来爱护山林，保护山林，并因此形成了独具民族特色的森林文化禁忌系统，这种朴素的生态观已经内化为傣族人民的自觉行动，所以在傣族聚居区，这种观念对保护当地的自然生态和生物多样性发挥着极其重要的作用。再如纳西族的“人与自然是兄弟”的环境伦理观念，将自然界的山川河流、花鸟虫鱼、风雨雷电等称为

① 杨福泉：《藏族、纳西族的人与自然观以及神山崇拜的初步比较研究》，《西南民族大学学报》（人文社科版）2016 年第 12 期；何旅娜、李娅：《“一带一路”背景下云南省生态文明建设评价》，《可持续发展》2019 年第 4 期。

“孰”，并认为“孰”与人类是“同父异母”的兄弟关系，所以兄弟之间要和睦相处才能共生共荣，并在这种观念的基础上形成了较为稳定的、系统的且独具民族特色的环境保护习惯，纳西族的这一环境伦理观念更加生动地体现了人与自然你中有我、我中有你的和谐共生关系，所以纳西族聚居区的自然生态保存了较为完整的原始面貌，这在很大程度上要归功于纳西族的环境伦理观念。

云南各少数民族的朴素生态观是云南省特有的人与自然和谐共生的思想渊源和理论依据，因此，要充分发挥和利用好这一特有优势，可以通过文艺表演、宣传视频、宣传展览，以及专题讲座等各种形式和渠道深入学校、社区、公园等人员集中的地方做好宣传、教育，充分发挥和利用好这一特有优势，使这种朴素的生态观更加深入人心，从而引导人们尊重自然、保护自然、顺从自然，并逐渐转化为人们的自觉行动，在全社会树立起牢固的绿色发展理念，形成独具云南特色的人与自然和谐共生的绿色发展观。

（二）低碳循环

2003 年，英国政府发布的能源白皮书《我们能源的未来：创建低碳经济》中第一次提出“低碳经济”一词。低碳循环经济主要是指工业、企业通过技术革新、降低能耗、开发清洁能源、减少碳的排放量、提高资源能源的利用率，而获得经济产出的一种新的经济发展模式。现今，低碳循环经济已成为社会经济发展的热点，它不仅是绿色发展观的重要内容，同时也是可持续发展与生态文明建设的重要路径。

节能减排则是低碳循环经济发展的主要手段，同时也是可持续发展的重要基础和七彩云南生态文明建设的十大重点工程之一。因此，为了有效推进节能减排工作，发展绿色低碳经济。一方面，云南省遵循“节能、环保、低碳”的发展理念，并以“减量化、再利用、资源化”为主线，充分利用境内丰富的清洁水电能源和资源优势，大力发展水能、风能、太阳能等清洁能源，并积极鼓励开发利用新能源。如云南铝业股份有限公司（以下简称“云铝”）是我国西部省份工业企业中唯一一家“国家环境友好企业”，同时也是中国“绿色低碳水电铝”发展的践行者，多年来，云铝致力于绿色发展，充分利用云南省境内丰富的水能资源，打造绿色、低碳、清洁、可持续的“水电铝加工一体化”产业模式，且多年来，云铝不断完善“绿色低碳水电铝加工一体化产业链”，使用水电清洁能源100%，持续推动能源结构低碳化发展。因此，云铝也于2017年被列为国家第一批“绿色工厂”，荣获2017年全国电解铝行业能效“领跑者”称号。另一方面，云南省依法依规加快淘汰高能耗、高污染的落后产能，化解过剩产能，不断加大节能减排的实施力度，积极推广重大节能减排技术。如云南铜业（集团）有限公司（以下简称“云铜”）为了提升技术改造、促进节能减排，近年来，云铜投入大量资金改造生产技术、生产工艺，以降低能耗，减少二氧化硫、二氧化碳的排放量。2002年，云铜引进了国外先进的艾萨炉，替代传统高耗能、低效率的电炉熔炼流程。2015年，云铜蒸发节能技改项目也正式投产应用。再如云南锡业集团（控股）有限责任公司（以下简称“云锡”）是世界著名的锡生产、加工基地。近年来，云锡积极推广节能减排技术，不断加大对科技创新的投资力度，云锡科研项目《直流电炉处理含砷烟尘关键技术及产业化》荣获2016年中国有色金属工业科学技术奖二等奖，云锡双顶吹炼铜关键技术获2018年中国有色金属工业科学技术奖一等奖。这些节能减排新技术的研发、推广、应用，不仅节约了成本，提高了产值，同时也真正实现了经济效益、社会效益与环境效益相统一。

（三） 荫泽后人

荫泽后人要求我们在追求社会经济发展的过程中，要注重节约资源、保护生态，在满足当代人生存发展需要的同时，不能影响子孙后代满足其需要的能力，不能给子孙后代留生态账，断子孙路。同时，也要求我们既要着眼当下，更要立足长远，要有“功在当代，利在千秋”“前人种树，后人乘凉”“但存方寸土，留与子孙耕”的荫泽后人的发展意识，给子孙留下更多的生态资产，这样方能“造福子孙，造福人类”。

近年来，云南省在努力争当生态文明建设排头兵的实践中，充分体现了荫泽后人的绿色发展理念，如从1988年云南省作为天然林资源保护工程（以下简称天保工程）试点开始，2000年，国家全面启动天然林资源保护工程后，到2010年天保一期工程结束，12年中，云南省通过实施森林资源管护、封山育林、人工造林等建设项目，使“工程区森林覆盖率由原来的59.25%增加到64.69%”。从2011年开始，天保二期工程正式全面启动，其目标是“到2020年，云南天保工程区将新增森林面积1000万亩，净增森林蓄积1.7亿立方米，森林覆盖率提高到67%以上”。天保工程在云南启动实施20年来，不仅森林覆盖率大大增加，森林资源也得到有效恢复，生态环境明显改善，水土流失面积减少，稀有动植物得到保护，生物多样性增加，各方面都取得了显著的成效。

2018年，云南省普洱市在全国率先完成生物多样性和生态系统服务价值评估工作，“生态系统与生物多样性经济学（The Economics of Ecosystems and Biodiversity，TEEB）”是生物多样性与生态系统服务价值评估、示范和政策应用的综合方法体系，为生物多样性保护和可持续利用提供了新的思路和方法。TEEB在2007年被首次提出，自2008年以来得到了联合国环境规划署的支持”。我国于2014年正式启动了TEEB国家行动。云南省普洱市随后便在全市积极推进该项工作。仅一年后，“普洱市下辖的景东彝族自治县便与中国环境科学研究院合作开展了价值评估工作，并成为全国首个挂牌示范县，于2016年受邀在联合国《生物多样性公约》第十三次缔约方大会上介绍了景东县生物多样性保护的经验与成功案例”。至2018年，普洱市在全国率先完成了全市辖区内的生态系统服务价值评估工作。为生物多样性的保护和可持续利用提供了科学依据，对树立绿色发展观具有指导性意义。

此外，近年来云南省不断加大对滇池治理力度，加强滇池治理工作宣传力度，通过每年一次鱼类放生等活动，积极引导民众参与滇池治理。经过20年的努力，治理工作取得了良好成效，滇池水质明显改善。另外，云南省为打赢“蓝天保卫战”，不断调整优化产业结构，加快调整能源结构，淘汰低效落后产能，构建清洁低碳高效能源体系，大力开发清洁能源，推进产业绿色发展等措施，为打赢“蓝天保卫战”提供有力保障。这些实践都是对绿色发展观的积极践行，同时也充分体现了荫泽后人的绿色发展理念。

三 培育绿色消费观

消费是指人们为了满足日常生活需要，在吃、穿、住、行等方面对资源消耗的过程。而绿色消费观是指人们以节约资源、保护环境为主要目的的消费态度，这也是实现可持续发展的一条重要路径。在资源日益枯竭的今天，只有在全社会牢固树立绿色消费观，使绿色消费理念深入人心，人人自觉践行绿色消费，人类社会才能永续发展。而树立绿色消费观要求我们要选择适度消费、恒温安全消费以及不断优化消费需求。

（一）适度性消费

适度性消费是指以勤俭节约、减少浪费为目的的消费行为。消费涉及每个人生活的方方面面，一个人从出生到死亡的过程就是一个不停消费的过程。在经济日益发展的今天，各种商品琳琅满目，极大地丰富了人们的消费需求，人们的消费方式更是多种多样，不同的个体，或者同一个体，在不同阶段，其消费方式、消费结构以及消费数量都各不相同，但只有适度性的消费才是最佳消费。

党的十九大报告明确指出："倡导简约适度、绿色低碳的生活方式，反对奢侈浪费和不合理消费。"所以我们应追求理性、适度的消费，根据自己的能力和需要来消费，避免奢侈浪费。因为一个地区的消费量对这一地区的生态环境能够产生直接的影响，过度消费会加速资源的消耗和环境的破坏，尤其是面对当前环境恶化、资源枯竭、生物多样性减少等问题，更是要求我们必须尽快树立与践行适度的消费观。

即便如此，当前社会的过度消费现象仍然比较普遍，尤其是现在各地购物中心的激增以及像"双 11"等购物促销活动的增多，更是极大地刺激了人们的购物欲望，致使很多人购物成瘾，在购买某件商品前，根本不考虑这些商品是不是自己真的需要或者需要多少，就盲目地购买，最终导致很多商品根本就没有发挥其应有的作用，造成了大量的资源浪费。销量增加会刺激厂商扩大生产，从而进一步加速资源的消耗。对消费者来说，也许购买一件不必要的商品，只是一件极为普通的事。但这件商品在生产加工过程中需要消耗原料、能源和水等，同时还会排放污水、废气以及其他的固体废物。另外，在其包装、运输、投递过程中也会消耗资源和能源以及排放污染物，到最后这件商品可能并没有发挥其应有的作用就废弃，还会占用土地、造成污染。所以，可以看出，一件商品从其生产、加工、运输到最终废弃的整个过程都会消耗资源、污染环境。

因此，我们要尽快转变消费转念，树立“过度消费就是破坏环境、适度消费才是最佳消费”和“节约光荣，浪费可耻”的适度消费观。在消费过程中，做到适度消费、理性消费、勤俭节约，提高物品的利用率，做到物尽其用。另外，对一些以濒危物种为原料的产品，更是应该拒绝消费，并一经发现，要及时向有关部门举报。近年来，云南省积极培育节约型生活方式和消费模式，倡导适度消费理念，反对奢侈浪费的消费方式。如在《七彩云南生态文明建设规划纲要》中明确提出要倡导住房适度消费，鼓励使用环保装修材料；拒绝过度包装，提倡购买简装和大包装商品等。倡导绿色出行，做好“使用节水型洁具、使用节能型电器、使用无磷洗衣粉、使用布制购物袋、拒绝一次性日常用品、注意一水多用”等“家庭节能环保六件事”。深入开展反过度包装、反食品浪费、反过度消费行动，推动形成勤俭节约的社会风尚。

美丽云南建设更是需要每一个云南人自觉践行适度消费理念，让适度性消费成为一种主流的价值观。

（二） 恒温安全消费

恒温消费是指人们在消费过程中，温室气体排放量最低的一种消费方式，安全消费则是指消费结果对消费主体和生态环境造成的危害最小的一种消费方式。

近年来，全球变暖、环境恶化、生物锐减等已经成为全球性问题，因此，削减二氧化碳排放量，发展绿色低碳经济已成为世界各国的共识。而恒温安全消费是实现削减二氧化碳排放量、发展绿色低碳经济的重要途径之一，同时也是人类社会可持续发展的根本要求，更是当代消费者对子孙后代负责任的一种消费行为。我国是一个能源消耗大国，积极倡导恒温安全消费，坚持勤俭节约的传统美德，戒除以浪费资源、污染环境为代价的“面子消费”和“便利消费”等陋习，对可持续发展将起到巨大的促进作用。

近年来，为了引导民众恒温安全消费，对于企业，云南省政府先后出台了系列食品工业发展政策措施，并通过评选绿色食品 10 强企业和 20 佳创新企业等方式来支持和鼓励绿色低碳企业的发展，积极打造世界一流的

“绿色能源”“绿色食品”“健康生活目的地”三张牌，并不断加快推进云南产业绿色发展，加大绿色产品的开发力度，为绿色产品的流通打开绿色通道，扩大提升绿色食品加工业影响力，以绿色产品引导民众绿色恒温安全消费。

另外，对于市场，通过加大对绿色产品市场的监察力度，建立企业诚信档案，对假冒绿色产品行为予以严厉打击，鼓励和支持高效环保的绿色产品的流通，加大对绿色产品的认证和支持力度，鼓励消费者自觉抵制假冒伪劣的绿色产品，引导消费者在满足功效的前提下选择高效、环保的产品和服务。

最后，对于民众，政府通过借助多种媒体渠道深入学校、社区、单位等开展恒温安全消费宣传教育，并利用节水日、环境日、土地日等活动向民众宣传树立绿色消费观、践行恒温安全消费的重要性，积极引导公众更新消费观念。通过不断加强绿色家庭、绿色单位、绿色社区、绿色学校、绿色宾馆、绿色公交等的创建力度，鼓励和引导人们选择简约绿色的生活方式，自觉养成并践行恒温安全的消费理念，从而推动美丽云南建设。

（三）优化消费需求

消费需求是消费观形成的基础和内在动因，优化消费需求是树立绿色消费观的重要构成部分。伴随着人们收入水平的不断提高和物质生活的逐渐丰富以及产品总量的日益增长，人们的消费需求也日趋多样化。而消费需求的变化是导致资源重新配置的基础和动因，也是消费观念发生变化的内在诱因。因此，树立绿色消费观，优化消费需求是基础。

如今，面对环境日益恶化、资源日趋减少的严峻问题，优化消费需求是使有限的自然资源和社会资源更加合理配置并不断提高其利用效率的关键。以消费需求的优化引导供给优化和产业优化。近年来，云南省城乡居民消费水平显著提升，消费需求也日趋多样，“但总体看，我省生活性服务业发展不快、发展不平衡、有效供给不足、质量水平不高、消费环境有待改善等问题突出，拉动经济增长、促进消费升级的作用尚未充分发挥，迫切需要加快发展”。为此，云南省根据本省独有的区位、资源、开放优势及人们消费需求的变化，适时提出了“‘十三五’期间，重点发展旅游、健康、养老、文化、居民和家庭、批发零售、住宿餐饮、体育、教育培训等贴近服务人民群众生活、需求潜力大、带动作用强的生活性服务领域”（《云南省人民政府办公厅关于加快发展生活性服务业促进消费结构升级的实施意见》（云政办发〔2016〕30 号））。并对各项工作进行细化、具体化，明确各相关部门职责，确保各项工作有序推行。通过转变消费方式，达到不断优化消费需求，促进服务过程和消费方式的不断绿色化，使各种资源更加合理地配置，提高各种资源的利用率。

绿色产品的质量与价格是影响人民群众树立绿色消费观的重要因素。因此，近年来，为了不断优化消费环境，确保消费者的合法权益，云南省在积极鼓励绿色产品市场化的同时，也严厉打击各种假冒伪劣产品和各种价格不合理的现象，加强对绿色产品的专利、商标、版权等无形资产的保护力度，提高绿色产品的市场占有率和社会竞争力。从人民群众的衣食住行到身心健康等各个方面，从出生到终老的各个阶段、各个环节去积极倡导和鼓励消费需求绿色化，积极引导和培养民众的绿色消费需求。坚持以绿色需求引导绿色供给和绿色生产，从而在全社会各阶层牢固树立绿色消费观，促进社会的可持续发展。

扩大民众文化消费需求。要将云南省建设成为全国生态文明排头兵和中国最美丽省份，需要不断提高民众的综合素质，而丰富的精神文化生活是提高民众综合素质的有效途径。为此，近年来，云南省采取多举措、通过多渠道鼓励文化产业发展，以扩大民众的文化消费需求。“2013 年以来，省财政厅累计统筹安排 9540 万元文产资金，扶持全省文化产业园区项目 50 余个，支持引导我省文化产业园区健康快速发展。截至 2018 年 8 月底，我省省级文化产业园区达 33 家。”通过不断加大对文化产业的投资力度，积极打造文化产业聚集地，以推动云南文化产业快速发展。这在促进民族文化开发与保护的同时，也为民众打造了更加丰富多彩的文化产品，满足群众日益增长的文化消费需求。此外，通过优化消费需求，引导民众从追求物质消费转向追求精神文化消费。人们对精神文化的消费，不仅丰富了民众的精神文化生活，同时也提高了民众的综合素质，有利于培养民众的生态文明意识，促使人们自觉践行绿色消费理念，从而为建设美丽云南提供有力保障。

近年来，云南省通过积极树立和践行绿色政绩观、绿色发展观和绿色消费观，为云南省努力争当全国生态文明建设排头兵，建设中国最美丽省份，打赢蓝天保卫战，顺利完成天保二期工程以及滇池保护治理“三年攻坚”行动等伟大工程提供有力保障。把云南建设成中国最美丽省份，是云南省委、省政府立足云南省情实际和未来发展所作出的重大决策部署，要实现这一伟大目标，除了需要各级领导干部积极践行绿色政绩观、绿色发展观和绿色消费观外，也需要云南各族人民以及社会各单位的积极参与，共同努力，作出自己的贡献。

第三节　广泛开展生态文明创建活动

党的十九大对加强生态文明建设、打好污染防治攻坚战、建设美丽中国作出了全面部署。习近平总书记出席全国生态环境保护大会并发表了重要讲话，对全面加强生态环境保护、坚决打好污染防治攻坚战作出再部署，提出新要求。生态文明创建是回应群众对美好生态环境向往的重要举措，是践行习近平总书记提出的“良好生态环境是最普惠的民生福祉的基本民生观、全社会共同建设美丽中国的全民行动观”的具体行动。天蓝、地绿、水清，绿色是彩云之南最亮丽的一抹底色，近年来，云南省深入贯彻落实“生态立省、环境优先”战略，坚持把生态文明建设示范区创建工作作为推进生态文明建设的重要载体和抓手，在生态文明建设理论研究、制度建设方面做了大量工作，取得了丰硕成果。

一　云南生态文明创建的理论及方法探索

（一）在实践中丰富云南省生态文明创建理论

1. 省级生态文明州市、县创建

2015年1月，习近平总书记到云南视察工作的时候，对云南提出了建设生态文明排头兵的战略定位，习总书记指出，云南作为西南生态屏障，承担着维护区域、云南省乃至国家、国际的重要的生态安全战略任务，他特别指出，生态环境是云南的财富，也是全国的财富。但同时也面临着，云南生态环境也是一个比较敏感脆弱的地区，生态环境保护的任务十分繁重。嘱咐我们要像保护眼睛一样保护生态环境，保护好云南的绿水青山、蓝天白云。为突出云南西南生态屏障、森林保护、生物多样性保护的战略地位，《云南省生态文明州市县区申报管理规定（试行）》在指标中增加了森林覆盖率年增幅、林地面积年增幅、生态公益林地占林业用地面积比例等指标。

2. 省级生态文明乡镇、村创建

为实现“生产发展、生活宽裕、乡风文明、村容整洁、管理民主”的新农村总体目标，充分调动村民融入生态文明建设，在《云南省生态乡镇建设管理规定》中设立了“环保村规民约”这一指标。同时，云南有16个州（市）制定了州（市）级生态村的建设管理规定，每年由州（市）环保局组织对各州（市）生态村审查，县（市、区）环保局指导行政村申报州（市）生态村。州（市）环境保护局对已命名的生态村实行动态管理，每2年组织一次复查。复查采取县（区）环境保护局自查，州（市）环境保护局抽查的方式。

（二） 生态文明创建规范化研究

为指导生态文明建设申报材料，2015～2016年，云南省环境保护厅组织云南省环境保护科学研究院和云南省环境科学学会研究制定了《云南省生态文明州（市）申报指南（试行）》《云南省生态文明县（市、区）申报指南（试行）》《云南省省级生态乡镇申报指南（试行）》和《云南省省级生态村申报指南（试行）》，以上申报指南的研究和制定从技术层面规范了云南省开展生态文明系列创建的申报工作，并在实际创建中与《云南省生态文明州市县区申报管理规定（试行）》《云南省省级生态乡镇（街道）申报及管理规定（修订）》《云南省省级生态村申报及管理规定（试行）》一起成为云南开展生态文明系列创建活动的重要依据。

（三） 云南建立国家生态文明建设示范区战略研究

2014年，云南组织启动了建立国家生态文明建设示范区战略研究，该课题组由中国科学院院士许智宏任组长，中国科学院、北京大学、云南大学、云南省林业调查规划院、云南省生态环境科学研究院（原云南省环境科学研究院）共同参加，最终完成《云南省建立国家生态文明试验示范区战略研究报告》，并获云南省人民政府颁发的云南省第十九次哲学社会科学优秀成果一等奖。

《云南省建立国家生态文明试验示范区战略研究报告》由总报告和经济、环境、生态等三个专题报告组成，从机制体制上探索云南建设国家生态文明先行示范区的有效路径，提出了把云南列为国家生态文明试验示范区、支持云南率先建立国家公园体制等一系列具有前瞻性的意见建议。报告首次系统、全面分析论述了云南开展生态文明建设的重要性、必要性、基础条件、问题与困难，提出了云南省建立生态文明试验示范区的总体思路、建设内容、政策措施和向国家争取的政策和建议；从经济发展、环境保护、生态建设、生态补偿、考核评价五个方面提出了云南生态文明建设的优先重点政策措施：建议在云南设立国家生态屏障和产业生态化建设专项基金；建议支持云南改进完善节能降耗考核办法；建议加大对云南水资源保护的支持力度；建议建立云南跨境生态环境监测体系和全省生态定位监测网络体系；建议加大对云南省环境保护投资力度；建议国家加大对云南的财政转移支付及生态补偿力度；支持云南建立珠江、长江跨省流域生态补偿机制；支持云南建立水电开发生态补偿政策；支持云南率先建立对生态关键区域集体公益林的赎买制度；支持云南实施生态屏障建设工程；支持云南尽快实施滇中引水工程；支持云南实施干热河谷地区水利设施及生态修复工程；支持云南实施生态移民工程；支持云南实施扶贫攻坚工程。该研究成果对推动云南省列入全国生态文明建设先行示范区，促进云南的生态文明建设发挥了积极作用。

二　以制度建设为基石推进云南生态文明创建

（一）构建环境保护工作“八大体系”，助推生态文明建设

2016 年 12 月，云南印发了《云南省环境保护厅关于构建环境保护工作“八大体系”的实施意见》（简称“实施意见”），并将其作为全省环境保护工作创新发展、助推云南成为全国生态文明建设排头兵的行动指南。

“实施意见”明确提出全面构建环境质量目标、法规制度、风险防控、生态保护、综合治理、监管执法、保护责任和能力建设保障八大体系的总体目标，勾勒出了“十三五”时期云南环保工作的美好愿景，确定了云南环保工作的“路线图”和“任务书”，确立了到2020年初步形成现代环境治理体系的具体目标。

环境保护工作“八大体系”的具体内容包括以下几点。

1. 环境质量改善目标体系

科学确定环境质量改善、扎实开展自然生态保护、环境综合治理等工作主要目标。“十三五”末，《云南省水污染防治工作方案》增加的50个考核断面水质目标达标率100%，水环境质量得到阶段性改善。以六大水系和九大高原湖泊为主的地表水国控断面达到或优于Ⅲ类的比例不低于75%，劣于Ⅴ类的断面比例小于6%。县、州市级集中式饮用水水源水质达到或优于Ⅲ类的比例分别为95%、97%以上。大气环境质量持续优良，州（市）级城市空气质量优良率不低于92%，细颗粒物达标率100%。土壤环境质量等稳中向好，“十三五”期间，全省污染耕地安全利用率不低于85%，防止新增土壤污染。生态安全屏障功能继续稳定提升，环境风险防范能力持续加强。

2. 健全环境法规制度体系

落实云南省全面深化生态文明体制改革相关要求，着重在环境法规制度建设上取得重大突破。

主要目标任务：强化环境保护地方立法。积极推进环境保护地方立法，修订《云南省环境保护条例》和《云南省自然保护区管理条例》，制定《云南省生物多样性保护条例》和《云南省自然保护区调整管理规定》。开展《云南省辐射污染防治条例》立法前期工作。完善环境保护管理制度，建立环境管理长效机制。建立环境保护地方标准体系，为强化环境管理提供支撑。

3. 环境风险防控体系

合理划分生态保护空间，建立依法、科学、公开、廉洁、高效的环评管理体系。

主要目标任务：严守生态保护红线，逐步完善生态保护红线空间布局，筑牢生态安全屏障。严格环境准入、强化源头管控，严把环境准入关。完善环境应急体系和能力，建立环境监测应急预警系统，科学应对突发环境事件。防范重金属污染及有毒有害化学物质风险。

4. 自然生态保护体系

坚持保护优先、自然恢复为主的方针，推进自然生态系统休养生息；加大生态文明示范区创建力度，推进生态文明共建共享。

主要目标任务：加强重要生态功能区保护，推动生态补偿机制的建立。加强生态旅游示范区环境监管，确保生态保护与旅游发展协调共赢。加强生物多样性保护，探索生物多样性保护新模式。加强自然保护区监管。严格自然保护区功能、范围调整，鼓励具备重要生态保护价值的区域建立自然保护区。建立全省自然保护区监测预警平台，严格把控涉及自然保护区建设项目环评审批。整合生态文明建设示范区创建、环境保护模范城市创建，并以此为抓手助推生态文明建设，力争2020年前实现全省国家级环保模范城市“零突破”。加强生态环境保护合作，积极参与东盟、南盟、大湄公河次区域等区域环境交流与合作，组织实施一批跨境环保合作示范项目。不断提升沪滇、滇川、滇台、滇黔桂和泛珠等双边和多边区域环保合作水平。积极参与并加强长江经济带环境保护。

5. 环境综合治理体系

实行最严格的环境保护制度，源头严防、过程严管、后果严惩。分类制定重点区域、流域、行业污染物治理措施，构建重点突出的综合治理体系。

主要目标任务：全面加强水污染防治，强化高原湖泊水环境保护治理，突出“一湖一策”。稳定提升大气环境质量，着力解决个别区域大气污染问题。切实加强土壤污染防治。全面贯彻《土壤污染防治行动计划》，制订实施云南省工作方案。积极融入全省提升城乡人居环境行动，努力共建城乡优美环境。到2020年再完成3500个建制村环境综合治理任务。确保污染减排目标完成，推进市场化环境污染治理。坚持污染者付费、损害者担责的原则，不断完善环境治理社会化、专业化服务管理制度，鼓励工业污染源治理第三方运营。

6. 环境监管执法体系

完善环境行政执法和环境司法衔接，强化网格化管理，建立重心下移、力量下沉的环境监察执法体系。

主要目标任务：加快生态环境监测网络建设，加强环境监测信息公开，保障人民群众环境知情权，做到说得清环境质量状况及变化趋势、说得清污染源状况、说得清潜在环境风险。严格环境监管执法，充分发挥社会监管和舆论监督作用，维护人民群众的环境权益。深化职能部门间联动执法，实现行政处罚和刑事处罚无缝衔接。推动建立审判机关、检察机关、公安机关和环境资源保护行政执法机关之间的环境资源执法协调机制。

7. 环境保护责任体系

加强环境保护检查督察，逐步建立企业环境信用评价体系，激励和约束企业主动落实环境保护责任。建立公众参与环境保护决策制度，形成党委政府、各有关部门、企事业、公众齐抓共管的环保责任体系。

主要目标任务：建立健全环境保护督察机制，探索符合云南实际的环保督察工作机制。压实环境保护“党政同责”“一岗双责”，研究制定《环境保护工作责任规定问责办法》。落实环境保护“一票否决制”；严格落实云南省党政领导干部自然资源资产离任审计、生态环境损害责任追究等制度。推进生态环境损害赔偿制度改革，加快环境污染责任保险、排污权交易、绿色信贷等工作，健全市场引导机制。抓好环境政务信息公开和宣传教育，拓宽公众参与渠道，支持环保志愿者参与环保公益活动等。

8. 能力建设保障体系

抓好机构建设、人才队伍培养、科技人才支撑和职能职责调整优化，积极推进环境保护投融资平台建设，充分利用“互联网 + 绿色环保”，加快推进环境管理方式和工作方式转型。

主要目标任务：加强环保机构和人才队伍建设，努力建设开拓创新、勤政廉政、高效服务的环保队伍。建立资金支出责任与地方生态环境监管事权相一致的财政保障机制。做好重大项目储备，积极推进环保投融资平台建设，支持鼓励多元治理模式，充分发挥财政资金的杠杆作用，加快形成财政资金的放大效应，吸引更多的社会资本进入环保领域。加快推进生态环境大数据建设和应用，建立统一的环境监测、污染源监控、环境执法、环评管理、信息公开等平台。积极开展“互联网+绿色环保”建设，建设全省“智慧环保”体系。推进环保科技创新能力建设，努力推进云南生态环保智库建设和院士工作站等科研平台建设。推行环保领跑者制度，支持节能环保众创空间及产业园区建设，以低成本、便利化、开放式的优惠政策吸引广大企业入驻。

环境保护工作“八大体系”的构建，为云南省适应生态文明建设示范区，助推生态文明创建工作实现跨越式发展，发挥了重要指导作用。

（二）制定、推行省级生态文明创建系列管理制度

1. 省级生态文明州（市、县）创建制度

为深入贯彻落实党的十八大精神，大力推进云南省生态文明创建工作，2014年组织制定了《云南省生态文明州市县区申报管理规定（试行）》(2014年5月1日施行)。明确了云南省生态文明州（市）、生态文明县（市、区）申报范围、申报条件、申报内容与时间、技术评估与考核验收、监督管理等要求。规定的建设指标分为两大类，一为基本条件，二是建设指标。建设指标又分为三个方面，分别为经济发展、生态环境保护和社会发展。为响应云南省建设生态文明排头兵的战略定位及突出云南作为西南生态屏障、森林保护、生物多样性保护的战略地位，在指标中增加了森林覆盖率年增幅、林地面积年增幅、生态公益林地占林业用地面积比例等指标。自2014年推行至今，《云南省生态文明州市县区申报管理规定（试行）》为云南省开展生态文明州（市、县）创建发挥了重要的指导作用。

2. 省级生态文明乡镇创建制度

为加速推进云南省农村环境保护工作，建设农村生态文明，结合云南省实际，组织修订了《云南省生态乡镇建设管理规定》，并更名为《云南省省级生态乡镇（街道）申报及管理规定（修订）》，明确了云南省生态乡镇申报范围、申报条件、申报内容与时间、技术评估与考核验收、监督管理等要求；建设指标分为两大类，一为基本条件，二是建设指标。建设指标又分为三个方面，分别为环境质量、环境污染防治、生态保护和建设。“环保村规民约”指标又是云南省特色指标之一，该指标在充分调动

村民融入生态文明建设方面发挥了重要作用。

3. **绿色创建制度**

云南省从2000年绿色创建工作开展以来，相继组织制定了《云南省省级绿色学校创建标准》《云南省“绿色学校”评估标准及分值（试行）》《云南省省级绿色社区创建标准》《云南省“绿色社区”评估标准及分值（试行）》《云南省省级环境教育基地创建标准》《云南省“环境教育基地”评估标准及分值（试行）》等绿色创建系列标准，保障了云南省绿色创建工作的顺利推进。2017年充分结合了云南省实际情况，组织对以上原各标准进行了修订，使其能进一步突出云南绿色创建特色，并更具可操作性、适宜性、时效性及创新性。2017年，还组织编写了《云南省绿色创建工作指南》，指南介绍了绿色系列创建的基本内容、一般流程、创建标准及评审细则，是开展创建活动的基本框架。

4. **生态文明教育基地创建管理办法**

为使云南省生态文明教育基地创建和管理工作规范化、制度化、科学化，2013年，云南省组织制定了《生态文明教育基地创建管理办法》，明确了生态文明教育基地的申报范围、申报条件、申报内容、命名程序、后续管理等。云南省级生态文明教育基地的基本条件是，生态景观优美，人文景物集中，观赏、科学、文化价值较高，地理位置重要，具有一定的区域代表性，一定的服务接待能力，一定的社会知名度；或者具有一定的生态警示作用、较高的生态科技示范作用；或者拥有比较丰富的生态教育资源。该管理办法从2013年实施至今，有力地推动了云南省省级生态文明教育基地的创建评选工作，截至2018年年底，全省已命名“云南省生态文明教育基地”25个。

三　云南省生态文明创建的科学实践和丰硕成果

云南省先后出台了《关于加强环境保护重点工作的意见》《关于争当全国生态文明建设排头兵的决定》《关于努力成为生态文明建设排头兵的实施意见》等系列重要文件，并始终坚持严格标准，始终坚持把生态创建工作作为推进生态文明建设的重要载体，全面展开创建工作。截至2018年年底，全省16个州（市）129个县（市、区）都开展了生态创建工作，累计建成4个国家生态文明建设示范市县、2个“绿水青山就是金山银山”实践创新基地、10个国家级生态示范区、85个国家级生态乡镇、3个国家级生态村；1个省级生态文明州、21个省级生态文明县、276个省级生态文明乡镇、29个省级生态文明村。景洪市勐罕镇、昆明市石林县鹿阜街道办阿乌村党总支书记杨金富和勐海县环保局主任科员周坤获得首届中国生态文明奖。在生态创建中，不少地区都探索出符合当地实际的创建之路，积累了很多宝贵的经验。

（一）西双版纳州探索绿色崛起之路，成为云南省首批唯一的国家级“生态州”

西双版纳傣语为“勐巴拉那西”，意思是“理想而神奇的乐土”，在这片令世人向往的乐土上，早在2008年，州委、州政府就制定了生态立州的战略，尤其是自党的十八大以来，进一步坚持把创建国家生态文明建设示范州作为贯彻落实习近平新时代中国特色社会主义思想和总书记对云南“三个定位”的标杆，确立了“保护生态环境、发展生态经济、弘扬生态文化、建设生态文明”的思路，大力推进生态州建设，生态环境明显改善，生态文明建设成效显著，2017年9月，成功创建为首批国家生态文明建设示范州。

西双版纳州的生态文明创建走出了一条政府主导、全社会共同参与的示范之路。首先，傣族人民“有树才有水、有水才有山、有田才有粮、有粮人类才能生存”的朴素生态观使得这片热带雨林得以保存，为西双版纳赢得了“动植物王国”“种质资源库”“物种基因库”等一个又一个美誉，也造就了这里人与自然和谐共生的良好局面；州委、州政府坚持以生态制度建设为引领，多次召开州委会研究部署形成报告，制定发布《西双版纳生态立州战略行动方案》《西双版纳州生态州建设规划》《关于加强生态文明建设的实施意见》等一系列文件、成立生态文明建设领导小组及工作组，并进一步落实资金、机构及人员，为创建生态文明提供了坚实的组织、制度、资金、人员等保障。在州委、州政府大力主导及全社会共同参与下，西双版纳州于2017年7月创建成为云南省首批唯一的国家级“生态州”，为云南省生态文明创建提供了很好的示范。

（二）石林县推行“生态美县”战略，创建成为昆明市首个国家级“生态县”

2004年，石林县在全省率先实施生态美县发展战略，成立了由县政府主要领导任指挥长的生态文明创建工作领导小组，建立了旅游反哺机制，于2017年9月成功创建为全国第一批生态文明建设示范县。

石林县结合自身实际，不断推出新举措、实现新突破，取得了一个又一个可复制、可推广的生态文明建设新经验。首先，结合石林特有的地质地貌，打造成生态文明与旅游发展相融合的典范，建立了旅游反哺机制，建立了“以旅哺农”专项资金、“生态美县”专项资金、“集镇建设”专项资金，形成治理与开发，生态建设和旅游发展相互促进，相辅相成的保护模式。其次，结合石林特有的民族文化，打造生态文明与文化产业相融合的典型，包括充分发挥石林蕴涵传承生态保护理念的密枝文化优势，并依托丰富的民族文化资源，保护开发了一批传统文化保护区；同时，结合石林特有的农业品牌，打造生态文明与现代农业相融合的范例，采取了将石林台湾农民创业园打造为综合性高科技生态农业示范园、将石林县打造为国家级及省级优质粮食生产先进县、实施“国家无公害农产品的计划”，积极推进全县农业“三品”认证举措。最后，结合石林特有的能源优势，建成了亚洲第一大太阳能电站及云南省第一家县级开发风能的示范基地，并积极推广天然气和进行农村新能源普及，打造生态文明与新型能源相融合的示范县。通过生态文明创建工作持续推进，石林县城乡管理日趋规范，城乡环境面貌焕然一新，为云南省生态文明创建积累了经验。

（三）坚守初心，生态引领，腾冲县切实践行绿水青山就是金山银山

1. 不忘初心，守护绿水青山，着力建设生态腾冲

良好的生态环境是腾冲发展的基本依托和最大优势，腾冲市始终把“生态立市”作为城市发展首要战略，全面落实水、气、土污染防治三大行动计划，努力改善生态环境质量。守护河流：全面推行“河长制”“湖长制”，对污水“追根溯源”，以境内主要河流和重要水库整治为重点，实施河道生态修复与综合治理，全面绘就水清岸绿、鱼翔浅底的美丽景象。

守卫蓝天：全力抓好施工工地扬尘等整治，全面推行“绿色建造”和“绿色施工”，深入开展“森林腾冲”建设，大力实施天然林保护，让蓝天白云、繁星闪烁成为我们良好生态写照。守望乡村：深入开展城乡人居环境提升，大力开展城市“四治三改一拆一增”、农村“七改三清”整治①。全面实施生态环境综合整治，根治私挖滥采，规范企业排污，治理乡村脏乱，打造美丽乡村，鸟语花香的田园风光就是我们的乡愁。截至2019年年底，腾冲集中式饮用水源地水质、主要河流地表水水质、城区环境空气质量、重点污染企业污染源排放达标率均保持在100%，森林覆盖率73.9%，各类自然保护区面积432.71平方公里，占省域国土面积的7.6%，省县域生态环境质量监测评价与考核结果2016、2017年连续两年“轻微变好”，并于2017年3月被省政府命名为第二批生态文明市。2018年12月被生态环境部命名为第二批“绿水青山就是金山银山”实践创新基地。

2. 精准发力，践行“两山”理论，倾力建设财富腾冲

习近平总书记指出：保护生态环境就是保护生产力，改善生态环境就是发展生产力，要让良好生态环境成为人民生活的增长点、成为经济社会持续健康发展的支撑点。近年来，腾冲牢固树立绿色发展理念，着力把生态资源转化为产业资源和旅游资源，全力打造“四大健康产业”，加快推进产业转型升级，不断提高经济发展效益，把习总书记“绿水青山就是金山银山”的要求落到实处。发展健康食品产业：按照“绿色、生态、有机”理念，打造了茶叶等一批绿色食品，培植了三七鹿茸酒等一批药酒、药膳保健产品，推出了万寿菊等健康产品原料提取加工，研发了茶油等一批以植物为主的保健品。发展健康医药产业：依托腾冲中医药优势，培育了一批具有市场发展前景的地道中药材品种，打造了一个全国最优质的中草药种养植（殖）地道产区，建设了一个腾冲生物制药产业园区，引进了一批国内外知名优强企业。发展健康运动产业：加快建设门类齐全的健康

① 四治三改一拆一增（治“乱”、治“脏”、治“污”、治“堵”；改造旧住宅区、改造旧厂区、改造城中村；依法拆除违法违规建筑；增加城市绿化面积）、农村“七改三清”（改路——改造农村道路、改房——改造农村民房、改水——改造农村饮水、改电——改造农村用电、改圈——改造农村牲畜养殖圈舍、改厕——改造农村厕所、改灶——改造农村炉灶；清洁水源、清洁田园、清洁家园）。

俱乐部，培育壮大了户外山地运动俱乐部，规划建设了健身步道等基础设施，积极引进了高黎贡超级山径赛等精品赛事活动。发展健康旅游产业：以“旅游+”模式，实施全域旅游，建设了一批温泉养生基地、温泉小镇，推出了一批各具特色的旅游休闲观光景区，打造了全国一流的中医药温泉保健疗养品牌。2017年，实现生产总值176.83亿元，城镇、农村常住居民人均可支配收入分别为29245元、10331元，实现旅游总收入151亿元。在“两山”理论的实践创新中，涌现出一批具有代表性的示范点，探索出践行“两山”的六种模式：“保护银杏古树、控制村落风貌、发展观光旅游”的江东银杏村；“以林兴村、以林养农、以林富农、以林靓村”的中和新岐；“依托区位优势、发展健康有机食品”的马站乌龙茶；“三产融合、茶旅养生”的高黎贡山茶；“依托土地流转、实行规模套种、发展农业经济”的曲石公平；“四季花香、农旅结合”的界头生态旅游。这些模式，既增加了群众的经济收入，也为如何实现从绿水青山迈向金山银山提供了实践范例。

3. 砥砺奋进，谱写绿色华章，全力建设美丽腾冲

生态文明建设关系中华民族永续发展，生态环境保护功在当代、利在千秋。腾冲人民勠力同心、砥砺前行，抓好“两山”理论实践创新，谱好绿色发展篇章。用最严格制度保护生态环境，只有实行最严格的制度、最严密的法治，才能为生态文明建设提供可靠保障。坚决守住生态保护红线、环境质量底线、资源利用上线，严格落实国家环境保护“党政同责”“一岗双责”要求，制定执行生态文明建设目标评价考核办法，推进领导干部自然资源资产离任审计。用最广泛方式营造保护氛围：生态环境是最普惠的民生福祉，也需要全社会深度参与生态环境保护，生态文明建设同每个人息息相关，每个人都应该做践行者、推动者。持续强化生态文明价值观教育，广泛开展生态文明宣传教育，培育市民的环保意识、节约意识、生态意识，提高生态文明素养，营造爱护生态环境的良好风气。用最科学的方法开展环境治理：生态是统一的自然系统，是相互依存、紧密联系的有机链条，这就需要我们从系统工程和全局角度完善治理体系，寻求治理之道。积极发挥政府引导作用，完善企业、行业自律机制，构建“以政府为主导、企业为主体、社会组织和公众共同参与”的生态环境治理体系。用最科学的模式推行绿色生活：生产方式和生活方式是直接决定生态质量的人类行为，保护生态环境这两个方面必须有机配合、缺一不可。积极倡导简约适度，推进绿色低碳生活方式，实现生活方式和消费模式向勤俭节约、绿色低碳、文明健康方向转变，提升生态文明建设层次和水平。

（四）清泉红米幸福歌，绿水青山在元阳梯田上转化为金山银山的实践

1. 构建“四素同构”生态系统

元阳县是世界文化遗产红河哈尼梯田遗产区，在海拔 170 ~ 1980 米的山岭中，梯田级数最多的有 3700 多级，有 1300 多年的历史，呈现出特有的森林、村寨、梯田、水系“四素同构”生态系统，形成以梯田为核心的高原农耕技术、民俗节庆、宗教信仰、歌舞服饰、民居建筑等梯田文化，充分体现了人与自然、人与人以及人与自身之间“天人合一”的文化内涵，昭示了人与自然和谐相生的生存智慧，是哈尼族、彝族等先民农耕文明的智慧结晶和农业文明文化景观的杰出范例，是中国梯田的杰出代表，世界农耕文明的典范。2013 年 6 月 22 日，在柬埔寨金边举行的第 37 届世界遗产大会上，红河哈尼梯田遗产区被成功列入世界文化遗产名录，先后获得国家湿地公园、国家 4A 级旅游景区、全国重点文物保护单位、全球重要农业文化遗产保护试点和首批中国重要农业文化遗产。同时，哈尼四季生产调、乐作舞、哈尼哈巴等多项农耕文化项目也被列入国家级非物质文化遗产名录。2018 年 12 月，云南省红河州元阳哈尼梯田遗产区被生态环境部命名为第二批“绿水青山就是金山银山”实践创新基地。

2. 保护生态环境，守住绿水青山

元阳县始终坚持保护优先原则，着力保护好山、水、林、田、湖、草等自然生态环境，构筑生态家园。一是保护青山绿水。全面实施《哈尼梯田保护利用三年行动计划》，全面实施退耕还林、荒山造林、封山育林，完成生态植被恢复 25.6 万亩、退耕还林 28.1 万亩、荒山造林 17.1 万亩，东西观音山列入省级自然保护区，全县森林覆盖率由 2002 年的 26.7% 上升到 47.88%，遗产区森林覆盖率达 67%。元阳县制订了《全面推行河长制工作方案》，全面推行河长制，共设河长 211 名，其中县级河长 12 名、乡级河长 53 名、村级河长 146 名，县域河流管理全覆盖。严格保护饮用水

源，建立环境监测站每月检测水质的工作机制，及时掌握水质变化情况，全县地表水水质达标率100%，保障城镇居民饮用水安全。二是保护蓝天净土。元阳县又制订了《大气污染防治行动实施方案》《大气污染防治行动年度实施方案》《大气污染防治行动实施细则》《重污染天气应急预案》《大气污染防治联防联治工作方案》等文件，开展县城南沙环境空气质量联防联治，定期组织联合执法检查，形成联合执法合力，全县环境空气质量优良率达98.1%。元阳县编制《突发环境事件应急预案》《危险化学品事故灾难应急预案》《非煤矿山生产安全事故应急预案》《重大林业有害生物灾害应急预案》等，启动应急监控平台建设，坚持重点污染源现场监察每月不少于1次，一般污染源现场监察每季不少于1次，建设项目现场监察每季不少于1次，强化环境安全隐患排查整治，有效防范环境风险。

3. 发展生态产业，构建绿色体系

始终坚持发展优化原则，抓住世界文化遗产千年哈尼梯田品牌、红河谷经济开发开放带建设政策机遇，加快推进产业结构调整，全力打造绿色生态经济品牌。一是打造“绿色品牌”。成立县长任组长，相关部门主要负责人为成员的“绿色食品牌”工作领导小组，元阳县制定了《加强认证认可工作的实施意见》《有机产业发展扶持奖励办法》《有机农产品质量安全监管办法》等扶持政策，深入开展品牌标准化建设，实施梯田旅游景区服务、稻鱼鸭综合种养、红河谷特早熟水果种植等标准化建设，打造具有元阳特色、高品质、有口碑的“名特优产品”，推动农业生产方式“绿色革命”，形成品牌集群效应。截至2019年，全县认定无公害农产品产地33.48万亩，无公害农产品5个、绿色食品2个、有机产品7个，地理标志商标2个。二是发展生态农业。抓住红河谷经济开发开放带建设的历史机遇，元阳县编制了《红河谷经济开发开放带农业产业规划》《稻鱼鸭综合种养模式发展规划》，大力推进热区特色现代农业发展，引进企业18家，协议总投资12.3亿元，发展集中连片千亩果蔬产业带。累计发展经济作物28.88万亩、商品林29万亩、水果树14.15万亩、生物产业6.71万亩、蔬菜4.8万亩、稻鱼鸭综合种养5万亩，把生态优势转化为经济优势，着力打造“绿水青山就是金山银山”的生态文明建设典范。稻鱼鸭综合种养模式获全国创新大赛特等奖，元阳获批“国家有机产品认证示范创建区”，荣获“全国粮食生产先进县”“水稻绿色高产高效创建项目县”“中国红米之乡”称号。三是发展生态旅游业。依托千年哈尼梯田品牌，完善旅游基础设施，启动全域旅游规划、国家5A级景区创建、“一部手机游云南”元阳版块建设工作，编制《哈尼梯田文化旅游产品策划设计》，《哈尼古歌》实现常态化演出，成功举办梯田国际越野马拉松比赛、“开秧门”实景农耕文化节等节庆活动，文化旅游产品不断丰富。另外，攀枝花民族刺绣产品制作区、哈尼梯田小镇民族歌舞展示区和阿者科传统村落体验区基本形成，乡村旅游快速发展。加快推进“互联网+”三年行动计划，依托元阳红米销售移动微电商平台，大力销售梯田红米、梯田鸭、梯田蛋等原生态梯田农特产品，促进百姓增收致富。元阳县哈尼梯田获批筹建“全国哈尼梯田文化旅游知名品牌创建示范区”，先后入选“美丽中国十佳主题旅游线路”“中国美丽田园”“最受媒体青睐的旅游景区”“乡村旅游热门目的地”等，被中国旅游局总评榜评选为“年度最受旅客欢迎景区”。

4. 提升人居环境，打造美丽家园

坚持治污有效原则，元阳县制订了《提升城乡人居环境五年行动计划》《城乡整洁行动实施方案》，集中优势兵力，动员各方力量，开展城市“四治三改一拆一增”和农村“七改三清”行动，全面提升城乡人居环境。一是提升县城环境质量。建成南沙森林公园，完成滨河路景观改造、面山绿化和通道绿化，城市建成区绿地面积103.83公顷，公园绿地面积60.7公顷，人均拥有公园绿化面积18.45平方米，生态环境质量明显改善，县城（南沙）获“国家卫生县城”“省级园林城市”“州级文明县城”等称号。二是改善农村生态环境。强化城镇生活污水治理、农村环境综合整治、饮用水源地监管，开展哈尼梯田遗产区综合整治、大坪和俄扎矿区重金属污染综合防治、取缔马堵山电站库区网箱养殖，完成60个村庄环境综合整治，建成4个乡镇垃圾热解项目、2个污水处理项目、15个村寨生活污水处理设施，生活垃圾无害化处置率达97.13%，生活污水处理率达90.02%，探索出了“户集、村收、乡处”的农村垃圾处理模式，农村生活垃圾污染、畜禽养殖污染、面源污染等得到有效治理，农村环境脏、乱、差的突出问题得到明显改善，城乡人居环境明显提升。

第七章

美丽云南：全国共建、全球共享

云南在主动服务和融入国家战略上要有更大作为，在牵手周边国家共商共建共享人类命运共同体方面要有新贡献，这是新时代赋予云南的历史使命。云南在绿色“一带一路”建设中，具有无可替代的优势，在国际绿色合作中拥有良好的基础，也已创建了众多“云南范例”，进行了丰富的“云南实践”。

第一节　面向南亚东南亚，服务绿色“一带一路”

云南具有突出的生态优势，是国际区域生态环境保护合作的重要省份，是我国西南与东南亚极为重要的生态廊道，但也面临跨境问题的挑战。面对推进绿色“一带一路”建设，应对可持续发展的挑战，云南要打造成人类命运共同体的样板。

一　云南在“一带一路”建设中的地位

云南是古丝绸之路的重要组成部分，与南亚、东南亚国家有着良好的政府和民间合作关系，合作基础扎实，在“一带一路”倡议推进过程中，有不可替代的地缘区位优势。

（一）区位优势

云南处于“三亚”（东亚、东南亚和南亚）和“两洋”（太平洋、印度洋）的接合部，是我国连接南亚、东南亚的重要陆路桥梁，是孟加拉湾国家进入中国的便捷通道，在“一带一路”倡议下，随着长江经济带和泛珠区域合作的不断深化，云南在国际国内区域合作的地位和作用日益凸显。云南北上连接丝绸之路经济带，南下连接海上丝绸之路，是中国唯一可以同时从陆上沟通东南亚、南亚的省份，并通过中东连接欧洲、非洲，是新时代我国建设与周边国家互通互联互惠，建设人类命运共同体的重要省份。《推动共建丝绸之路经济带和21世纪海上丝绸之路的愿景与行动》提出，在投资贸易中突出生态文明理念，加强生态环境、生物遗传资源合作，共建绿色丝绸之路。云南具有突出的生态优势，是国际区域生态环境保护合作的重要省份，既要维护自身的环境安全，又要起到传播绿色发展理念窗口的作用。

云南陆地边境与越南、老挝、缅甸3个国家接壤，边境线总长4060公里，与泰国和柬埔寨通过澜沧江—湄公河相连，与孟加拉国、印度等南亚国家邻近。沿边8个州、市土地面积合计20.2万平方公里，总人口1882.9万，分别占全省的51.4%和39.9%，为长江、珠江、红河、澜沧江、怒江、伊洛瓦底江六大水系的上游，是我国西南与东南亚极为重要的生态廊道，但也面临跨境问题的挑战。

云南的生物多样性具有重要的国际意义。由于特殊的地理位置和复杂的自然环境，孕育了极为丰富的生物资源，是我国17个生物多样性关键地区和全球34个物种最丰富的热点地区之一。云南是亚洲栽培稻、茶、甘蔗等多种作物的起源地或多样性中心，是蜡质玉米、云南小麦亚种等作物的次生起源中心，是世界荞麦的起源中心之一。我国共有三大植物属的“特有中心”，即“鄂西—渝东”“滇东南—桂西”和“川西—滇西北”，云南地跨其中两大特有中心，在其分布的动植物物种中，约占总种数30%为云南所特有或在中国仅见于云南。另外，云南地形、地貌、土壤、气候等受晚第三纪青藏高原隆起的影响，横断山区成为世界少有的动植物新类群的形成和分化中心，这里是以高山综合体为特色的生态系统类型。

（二）人文优势

云南与南亚、东南亚邻近国家之间在民间交往上有着历史的渊源和地域上的便利，民众间保持着深厚的感情。云南与缅甸、老挝、越南毗邻的

8 个边境州（市）居住着大量的跨境民族（据统计，全省 26 个少数民族中，跨境民族就有 17 个）。这些民族地区与境外的跨境民族地区相连成片，交往密切，具有共同的历史渊源、语言和文化习俗，通婚联姻、边民互市和其他经济交往十分普遍。自古以来，这种同源文化、亲缘民族关系和长期的民族群体接触、文化磨合、友好相处，紧密地维系着云南与南亚、东南亚国家的友好关系。我国改革开发以后，随着政治氛围渐趋宽松和边疆地区经济文化的发展，跨境民族与境外亲戚、朋友的联系更为密切，民众之间特殊的民族情感和相互认同感更加增强，使得云南在与这些地区进行民间交往、交流合作中具有了得天独厚的优势。

云南沿边 8 个州居住着壮、苗、哈尼、彝、傣、景颇、傈僳等 23 个少数民族。改革开放以来，云南沿边地区经济社会发展取得长足进步，人民生活水平显著提高。随着“一带一路”、长江经济带等国家发展战略的深入实施，云南发展空间越来越广阔。沿边地区经济社会发展既面临难得的历史机遇，也面临诸多风险和挑战，迫切需要加快开发开放步伐。

（三）对外开放的基础

改革开放 40 年来，云南各族人民在历届省委、省政府的领导下，深入贯彻落实国家改革开放大政方针，主动服务和融入国家发展战略，走出了一条独具特色的开放发展之路。2015 年 1 月，习近平总书记考察云南时，希望云南努力建设成为我国“面向南亚东南亚辐射中心”，对云南提出的新定位给予了云南崭新的发展空间，把云南推向全国对外开放的前沿。2018 年云南省政府工作报告提出，实现跨越式发展，希望在改革，出路在开放。推动云南开放型经济加快发展，打造对外开放新高地再次成为云南省改革开放的工作重心。云南省全力推进出省、出境重要公路、铁路、航运、水运通道项目的筹备和建设，积极推进与周边国家“通路、通电、通商、通关”进程，积极参与中国—东盟自由贸易区建设、澜沧江—湄公河次区域合作和孟中印缅地区经济合作，积极拓展与南亚、东南亚开放合作领域，云南由改革开放的末端成为中国面向南亚、东南亚开放的重要前沿阵地。改革开放 40 年来云南经历了从“西部落后”到“开放前沿”到

“辐射中心”的转变，与南亚、东南亚国家经贸关系更加多元和紧密，与周边国家交流合作政治基础和民意基础更加稳固务实，服务国家经略周边外交大局的能力和水平显著提升。“七出省、四出境”的高速公路主骨架网络基本形成。“八出省、五出境”的铁路网不断完善和延伸。“三出境”水路通道建设有序推进，长水机场始发航线达284条，覆盖南亚、东南亚和中东、欧洲等14个国家。云南不断加快中缅通道、中缅印通道、中越通道和中老泰通道的建设力度，形成中缅通道以瑞丽口岸为核心、中越通道以河口口岸为核心、中老泰通道以磨憨口岸为核心的跨境物流体系，有力支撑了云南省对外贸易经济稳定发展。目前，云南经国家、省批准开放25个口岸，其中，国家一类口岸19个，二类口岸6个。全省共有国家级边境经济合作区4个，省级边境经济合作区5个。中国—南亚博览会影响力持续提升。云南省主动配合国家落实“孟中印缅经济走廊”建设早期收获计划，积极参与澜沧江—湄公河合作机制建设，推动大湄公河次区域经济合作（Great Mekong Subregion Cooperation，简称GMS）和滇缅、滇泰、滇老、滇越、滇马、滇以等双边合作机制务实发展，推进面向南亚、东南亚辐射中心建设取得显著成效。

二　高标准推动绿色“一带一路”建设

云南周边及合作平台国家均为发展中国家和新兴经济体，普遍面临工业化和城镇化带来的环境污染、生态退化等多重挑战，加快转型、推动绿色发展的呼声不断增强。云南在绿色经济发展上取得了许多成功经验，但也面临很大挑战，在“一带一路”建设中，秉承生态文明和绿色发展理念，为国际社会提供更多更优质的公共产品。

（一）开展生物多样性保护合作

云南是中国生物多样性最为丰富的省份，在生物多样性保护及其科学研究方面具有雄厚的基础，在全国陆续率先发布《云南省生物物种名录》《云南省生物物种红色名录》《云南省生态系统名录》，率先制定《生物多样性保护条例》，在物种编目、植物化学、遗产资源获取与保存、生物多样性民族传统知识研究和保护等方面取得了一批领先成果。在亚行、GMS

等机制下，有生物多样性保护合作的良好基础。省生态环境厅实施了“中国云南省—老挝南塔省环境保护交流合作技术援助项目”，其他相关部门实施了“中泰中草药与水果示范种植”“老挝南塔省那哄地区农业生态系统恢复与社会经济发展规划研究及实施示范项目”等。云南与泰国主导的“大湄公河次区域传统医药交流会”搭建了传统医药交流合作平台，与会方合作开展药用植物资源保护与利用。此外，还开展了“中越老三角地带生物多样性保护规划研究”等项目，研究该地区生态环境与药用遗传资源保护的合作，合作开展生物多样性联合科考，制定保护措施。云南作为“野生食用菌王国”，每年都有松口蘑、块菌、牛肝菌等大量著名野生食用菌出口至东南亚和欧美市场。云南有着与南亚、东南亚国家和地区民族用药习惯相近或相似的历史传统，中医药在这些国家有较好声誉，为拓展中药材市场，融入国家“一带一路”倡议奠定了良好基础。2018 年 7 月在云南召开了“第九届中国民族植物学大会暨第八届亚太民族植物学论坛”，来自中国、英国、美国、泰国、缅甸、韩国、塔吉克斯坦、巴基斯坦和南非等国家的 305 位代表参会。大会发布了《“一带一路”生物多样性与传统知识保护昆明宣言》，提出加强生物多样性保护、遗传资源相关传统知识的研究与保护的合作等。

未来应深入与缅甸、老挝、泰国、柬埔寨、越南等国家在生物遗传资源保护与可持续利用方面的合作，并扩展到南亚、东南亚乃至“一带一路”沿线其他地区。一是开展生物多样性调查与评估，进行物种本底调查、编目，明确资源量、分布和干扰因素等，并进行受威胁与保护现状评估。二是开展外来物种调查，制定防控措施，维护交往中的生态安全。三是加强遗传资源迁地保存保护，以中国西南野生生物种质资源库为依托，加强“一带一路”国家的遗传资源收集与保存，并深入开展资源鉴定与评价，为深入研发利用提供依据。四是建立“一带一路”遗传资源多边惠益分享机制，有效进行遗传资源及其数据信息共享及惠益分享，避免资源流失、损害国家利益。五是加强合理开发与驯化栽培，依据资源量进行合理开发，对遗传资源采挖或开掘的同时，积极开展驯化栽培，合作开展宣传教育，避免群众因经济利益乱采滥挖而导致资源破坏。

（二）在经济贸易和基础设施建设中，坚持绿色先行理念

强化企业行为绿色指引，推动企业自觉遵守当地环保法规和标准规范，履行企业环境责任。鼓励企业加强自身环境管理。引导企业开发使用低碳、节能、环保的材料与技术工艺，推进循环利用，减少在生产、服务和产品使用过程中污染物的产生和排放。在铁路、电力、汽车、通信、新能源、钢铁等行业，树立优质产能绿色品牌。推动企业环保信息公开。鼓励企业借助移动互联网、物联网等技术，定期发布年度环境报告，公布企业执行环境保护法律法规的计划、措施和环境绩效等。倡导企业就环境保护事宜及时与利益相关方沟通，形成和谐的社会氛围。

推动基础设施绿色低碳化建设和运营管理。落实基础设施建设标准规范的生态环保要求，推广绿色交通、绿色建筑、绿色能源等行业的环保标准和实践，提升基础设施运营、管理和维护过程中的绿色化、低碳化水平。以企业集聚化发展、产业生态链接、服务平台建设为重点，共同推进生态产业园区建设。加强环境保护基础设施建设，推进产业园区污水集中处理与循环再利用及示范。发展园区生态环保信息、技术、商贸等公共服务平台。

加强环境保护执法合作，推动联合打击固体废物非法越境转移。推动降低或取消重污染行业产品的出口退税。分享环境产品和服务合作的成功实践，推动提高环境服务市场开放水平，鼓励扩大大气污染治理、水污染防治、危险废物管理及处置等环境产品和服务进出口。探索促进环境产品和服务贸易便利化的方式。推动环境标志产品进入政府采购。开展环境标志交流合作项目，分享建立环境标志认证体系的经验。推动沿线各国政府采购清单纳入更多环境标志产品。探索建立环境标志产品互认机制，鼓励沿线国家环境标志机构签署互认合作协议。开展沿线国家绿色投融资需求研究，研究制定绿色投融资指南。以绿色项目识别与筛选、环境与社会风险管理等为重点，探索制定绿色投融资的管理标准。

（三）开展生态环境合作项目，提高技术援助的公益性

加强大气、水、土壤污染防治、固体废物环境管理、农村环境综合整治等合作，实施一批各方共同参与、共同受益的环境污染治理项目。建立

生物多样性数据库和信息共享平台，积极开展东南亚、南亚、青藏高原等生物多样性保护廊道建设示范项目，推动中国—东盟生态友好城市伙伴关系建设。加强生态环保科技创新合作。积极开展生态环保领域的科技合作与交流，提升科技支撑能力。充分发挥环保组织的作用，推动环保技术研发、科技成果转移转化和推广应用。推进环境公约履约合作，为东南亚国家履行《生物多样性公约》《关于持久性有机污染物的斯德哥尔摩公约》等多边环境协定提供技术支持，推动履约技术交流。以污染防治、生态保护、环保技术与产业以及可持续生产与消费等领域为重点，探索开展绿色对外援助，提高环保领域对外援助的规模和水平。

第二节 推进与周边国家共同实施绿色发展

改革开放之初，我国就把保护环境确立为基本国策。进入21世纪，又把节约资源确立为基本国策。党的十八大以来，以习近平同志为核心的党中央将生态文明建设作为统筹推进“五位一体”总体布局和协调推进“四个全面”战略布局的重要内容，开展一系列根本性、长远性、开创性工作，推动生态环境保护发生历史性、转折性、全局性变化，形成了坚持人与自然和谐共生、绿水青山就是金山银山、良好生态环境是最普惠的民生福祉、山水林田湖草是生命共同体、用最严格制度最严密法治保护生态环境、共谋全球生态文明建设等一系列重要思想。秉持生态文明理念，云南省委、省政府明确提出，切实担负起成为全国生态文明建设排头兵的时代责任和使命，做到生态美、环境美、山水美、城市美、乡村美，把云南建设成为中国最美丽省份，为建设美丽中国作出新的更大贡献，为“一带一路”绿色发展树立云南样板。

一 高位统筹，规划先行

云南是我国较早探索生态建设和环境保护省级顶层政策设计的省份之一，先后确立“生态立省、环境优先”战略，实施“七彩云南保护行动”，并出台《关于加强生态文明建设的决定》《七彩云南生态文明建设规划纲要（2009—2020年）》等文件。2015年云南省委、省政府印发实施《关于努力成为生态文明建设排头兵的实施意见》，结合省情，提出云南努力成为生态文明建设排头兵的总体要求、目标愿景、重点任务和保障机制。成立了由省委书记任组长、省长任常务副组长、相关省领导任副组长的高规格生态文明建设排头兵工作领导小组，建立健全工作协调机制，逐步凝聚起党委、政府有关部门的工作合力，上下联动、横向协作的工作格局。

二 加快形成绿色发展的体制机制

云南省委、省政府将生态文明体制改革单列出来，成立了生态文明体制改革专项小组，制订出台《云南省全面深化生态文明体制改革总体实施方案》，细化改革重点，实施分类指导，分类推动。先后出台《云南省党政领导干部生态环境损害责任追究实施细则（试行）》《云南省领导干部自然资源资产离任审计试点方案》等一批改革方案。开展生态环境损害赔偿制度改革试点、流域横向生态补偿试点等一批先行先试、实践创新的改革事项成效逐步凸显。加快构建和完善产权清晰、多元参与、激励约束并重、系统完整的生态文明制度体系，构建和完善自然资源资产产权制度，建立和实施国土空间开发保护制度、空间规划体系。以空间规划为基础、以用途管制为手段，对自然资源资产产权的行使加以限制，以解决无序开发、过度开发的问题，生产和生活的空间布局能够科学合理，确保社会经济的持续发展。完善资源公平交易、有偿使用和全面节约的制度。建立和完善市场机制，使价格信号能够反映资源稀缺程度、供需格局和对生态环境的影响，引导资源高效配置、降低环境污染、保护生态环境、实现绿色发展。同时通过技术标准、总量控制等非价格手段，激励提高资源利用效率和保护生态环境。按照依法、透明、公正、专业、可问责的原则，采用包括命令与控制手段、激励措施、市场交易等多种政策工具，实施生态环境的有效监管，护航绿色发展。建立和完善能充分反映资源消耗、环境损害和生态效益的生态文明绩效评价考核和责任追究制度。严格执法，依法严厉惩处破坏生态环境的行为，使破坏环境的直接责任人承担法律责任。完善生态文明建设目标评价考核办法，使之成为激励各级政府推进绿色发展和生态文明建设的重要约束和导向。要建立和完善政府内部自上而下的纵向问责制度，通过行政问责，落实绿色发展责任。同时要建立和完善群众、社会组织和媒体积极监督的横向问责制度，落实绿色发展和生态文明建设的责任。

三 集中优势资源，解决突出的环境问题

云南省委、省政府高度重视生态环境保护，始终将生态环境保护工作作为一项重大政治任务、重大民生工程和重大发展问题来抓，深入实施大气、水、土壤污染防治行动计划，着力开展生态系统保护和修复工程，集中优势资源，解决突出的环境问题，坚决打赢蓝天碧水净土三大保卫战，突出重点，打好八个标志性战役：九大高原湖泊保护治理攻坚战、以长江为重点的六大水系保护修复攻坚战、水源地保护攻坚战、城市黑臭水体治理攻坚战、农业农村污染治理攻坚战、生态保护修复攻坚战、固体废物污染治理攻坚战、柴油货车污染治理攻坚战。围绕持续改善生态环境质量，制定完善城市扬尘污染防治相关制度，整治餐饮油烟污染，加强工业企业大气污染综合治理和散煤治理及煤炭消费减量替代，实施大气污染联防联控，开展土壤污染管控和修复，加强涉重金属行业污染防控，推进垃圾分类处理，深入推进生态创建。加快推进省级生态文明建设示范区创建，大力开展绿水青山就是金山银山实践创新基地建设活动，争创一批国家生态文明建设示范区。

四 共抓大保护，不搞大开发

习近平总书记 2015 年视察云南时强调，良好的生态环境是云南的宝贵财富，也是全国的宝贵财富，要像保护眼睛一样保护生态环境，像对待生命一样对待生态环境，一定要算大账、算长远账、算整体账、算综合账，不能因小失大、顾此失彼、寅吃卯粮，保护好我国重要的生物多样性宝库和西南生态安全屏障，为子孙后代留下可持续发展的“绿色银行”，争当生态文明建设的排头兵。2018 年 4 月 26 日，习近平总书记在深入推动长江经济带发展座谈会上提出：“要坚持把修复长江生态环境摆在推动长江经济带发展工作的重要位置，共抓大保护，不搞大开发。不搞大开发不是不要开发，而是不搞破坏性开发，要走生态优先、绿色发展之路。”作为经济欠发达的边疆多民族省份，同时也是我国生态环境最好的省份之一，省委、省政府始终坚

持“生态立省、环境优先”的战略不动摇，把保护好生态环境作为生存之基、发展之本，着力建设中国最美丽省份。

（一）划定生态保护红线，实施生态保护与修复

结合云南省生态功能定位，开展科学评估，识别生物多样性维护、水源涵养、水土保持等生态系统功能重要区域和生态环境敏感脆弱区，划定生态保护红线，实现一条红线管控重要生态空间，并根据生态安全格局、生态保护能力和生态系统完整性的需要，不断优化和完善生态保护红线布局。

确立生态保护红线的优先地位，把生态保护红线纳入相关空间规划。制定实施生态保护红线管控办法，实行严格管控。研究制定生态补偿机制与政策。建立生态保护红线的保护绩效评估制度，将红线的保护纳入地方领导干部的政绩考核。建立健全生态保护红线综合监测网络体系，建设云南省生态保护红线监管平台，开展生态保护红线监测预警与评估考核。建立生态保护红线执法机制，定期开展执法检查，及时发现并依法查处破坏生态保护红线的违法行为。

统筹规划河流湖泊岸线资源，科学划分岸线功能区，合理划定保护区、保留区、控制利用区和开发利用区边界，严格岸线开发管控，强化自然岸线保护。合理安排沿江工业与港口岸线、过江通道岸线、取排水口岸线。严格河道管理范围内建设项目工程方案审查制度，合理优化布局与管控沿江能源、重化工产业，控制工贸和港口企业无序占用岸线。

加强重点生态功能区保护。构筑以青藏高原东南缘生态屏障、哀牢山—无量山生态屏障、南部边境生态屏障、滇东—滇东南喀斯特地带、干热河谷地带、高原湖泊区和其他点块状分布的重要生态区域为核心的生态安全屏障。建立重点生态区域生态环境遥感动态监测与评估机制，完善生态环境监测网络，加大重要生态功能区、脆弱区和敏感区的生态监管力度，完善监管机制。推进重点生态功能区生态保护与建设项目实施，提升生态系统功能。制订实施国家重点生态功能区产业准入负面清单，因地制宜发展特色优势产业，科学实施生态移民。加强矿产资源开发的生态环境保护与修复，强化开发建设活动的生态监管。开展重要生态功能区生态系统服务价值评估，推动生态补偿机制建立。以长江防护林、珠江防护林建

设为重点，开展沿江、沿路、绕湖、绕城、边境防护林体系建设，加强绿色通道和农田林网建设，建设六大水系支流生态廊道。

（二）坚守环境质量底线

制订水环境质量底线管理清单，明确各年度断面水质目标、具体责任人、责任分工。未达到水质目标要求的地区要制定水质达标方案，将治污任务逐一落实到汇水范围内的排污单位，明确防治措施及达标时间，并定期向社会公布。未达到水环境质量底线要求的地区，通过核发排污许可证，合理确定排污单位污染物排放种类、浓度、许可排污量等要求。对汇入滇池等富营养化湖库的河流实施总氮排放总量控制。在排污口下游、干支流入湖地区因地制宜地大力建设人工湿地污水处理工程。针对环境容量较小、生态环境脆弱、环境风险高的南盘江、元江、盘龙河、沘江、南北河等重点流域，适时执行水污染物特别排放限值，加强涉重企业的日常监管。现状达到或优于Ⅲ类的优良水体，要加大生态保护建设和修复力度，严格控制开发建设活动，严格控制主要污染物总量，防止生态环境退化。

（三）确立水资源利用上线

在全省确定的各州（市）用水总量控制目标基础上，健全覆盖州、县级用水总量控制指标体系。做好有关大江大河水量分配工作。率先开展漾弓江、落漏河、达旦河、渔泡江、普渡河、小江、以礼河、牛栏江、曲江、甸溪河、清水江等11条非国际河流水量分配工作，把用水总量控制指标落实到流域和重大水源。完善规划水资源论证、报备等各项政策措施。严格建设项目水资源论证和取水许可管理，对取用水总量已达到或超过控制指标的地区暂停审批新增取水。把万元生产总值、万元工业增加值用水量和农田灌溉水有效利用系数逐级分解到各州（市）、县（市、区），健全覆盖全省的用水强度控制指标体系。全面构建省、州（市）、县（市、区）三级重点监控用水单位名录，加强取用水效率监督管理。严格用水定额和计划管理，强化行业和产品用水强度控制。

加快城镇节水改造，建设节水型城市。加快城镇供水管网节水改造，对运行使用年限超过设计基准期和旧城区老化严重的供水管网，实施更新改造。逐步提高城市污水处理再生利用比例。加强公共用水管理，定期开展单位水量平衡测试或用水效率评价，强化洗浴、游泳、水上娱乐、洗车、宾馆、饭店、机关、学校和餐饮等服务业的用水节水管理。深入推进节水型社会建设示范，推进普洱、玉溪、丽江等水生态文明试点建设。重点开展滇中、滇东北等水资源短缺地区的县域水资源承载能力研究，合理确定城乡经济发展模式和产业布局。在严重缺水的滇中地区，加大非常规水源利用，将再生水、雨水纳入水资源统一配置，加快推进玉溪、丽江、大理、楚雄等海绵城市建设。

优化水资源配置调度。深入开展溪洛渡、向家坝等金沙江流域控制性工程联合调度，优化水库群联合调度，增加枯水期下泄流量。推进金沙江、澜沧江、牛栏江、普渡河、龙川江、龙江流域和昆明市等重点区域水资源统一调度管理工作，建立健全区域计划用水管理制度。统筹兼顾洪水、灌溉、供水发电等功能，将大中型水电站纳入全省水资源统一配置管理，实施一批水电站水资源综合利用工程，因地制宜实施河湖水系连通工程。加强金沙江流域水量综合调度，重点保障枯水期生态基流。开展滇池等高原湖泊水资源调查和论证工作，编制实施生态补水方案。在金沙江、澜沧江等流域试点生态流量核定和配套管理方案。

第三节　打造人类命运共同体

中共十八大报告首次提出，人类只有一个地球，各国共处一个世界，要倡导“人类命运共同体”意识。应对日益严峻的全球性生态环境问题，是其核心内容之一。习近平总书记在联合国日内瓦总部作题为《共同构建人类命运共同体》的演讲中提出：“坚持绿色低碳，建设一个清洁美丽的世界。人与自然共生共存，伤害自然最终将伤及人类。空气、水、土壤、蓝天等自然资源用之不觉、失之难续。工业化创造了前所未有的物质财富，也产生了难以弥补的生态创伤……我们应该遵循天人合一、道法自然的理念，寻求永续发展之路……倡导绿色、低碳、循环、可持续的生产生活方式，平衡推进2030年可持续发展议程，不断开拓生产发展、生活富裕、生态良好的文明发展道路。”① 中国作为致力于构建“人类命运共同体”、推动全球可持续发展的负责任大国，以“生态文明建设”作为“可持续发展”的中国表达，积极有为地因应工业化阶段高速增长累积形成的生态环境问题，通过生态文明建设相关的理念普及和制度构建，确立其在全球可持续发展领域的引领示范作用。云南是“一带一路”倡议的重要节点、边疆民族地区、南亚东南亚辐射中心，生态环境敏感脆弱，生物多样性举世瞩目，在人类命运共同体建设中，能够发挥也必须发挥更大的作用。

一　生态环境问题的全球性

随着世界人口的增长，工业化和城镇化，以及人类利用自然资源的极大盲目性，使得生产和生活排放的污染物以及对生态系统的干扰和破坏超出了自然环境的承载能力。这种变化不仅影响了局部地区的生态环境质量，而且导致了全球性生态环境的破坏，形成了许多不受国家疆域限制的环境问题，威胁着人类生存。由于携带污染物的大气可以漂洋过海，到达世界的每一个角落；水中的污染物可以随着水的流动，通江达海。《第一次全球综合海洋评估》报告指出，海洋塑料垃圾威胁海洋健康，研究表明有 663 个物种受到塑料垃圾的影响，包括自然保护联盟受威胁物种红色清单中半数以上的海洋哺乳动物物种。微塑料可被浮游动物、贝类、鱼类、海鸟和哺乳动物等海洋生物摄食，对其生长、发育和繁殖等产生不利影响。世界经济论坛发布的《2017 年全球风险报告》指出，未来 10 年对全球发展具有深刻影响的三大趋势分别为经济不平等、社会两极分化以及环境风险日益加剧。早在 1987 年，世界环境与发展委员会具体阐述了全球生态环境问题：“温室效应加剧、臭氧层破坏、物种灭绝、土壤流失和土壤退化、沙漠日益扩大、森林锐减、大气污染日益严重以及水污染加剧等。”所有这些问题的产生并不是某个人某个国家某个民族某个地区导致的，而是全球各地区各民族各国家的共同责任，因此，全球生态环境问题的产生，没有任何一个国家一个民族能够置身事外，全球生态环境问题是全人

① 习近平：《共同构建人类命运共同体》，新华社，2017 年 1 月 24 日。

类共同承担和面对的生态问题。20 世纪 90 年代以来，以《21 世纪议程》为标志的全球生态环境治理体系逐渐形成。30 年来，发达国家在里约共识的框架下对本国的资源环境保护做了大量工作，同时利用里约共识对发展中国家的资源环境保护较松的约束，以及冷战后全球经济一体化的机遇，通过国际分工把环境污染较大的产业转移到不发达国家和地区。发达国家从发展中国家的污染性生产中获得公共产品，既保护了发达国家环境，又达到了保持全球经济继续增长的目标。发展中国家在承接全球化生产分工的同时，大量高耗能高污染的基础工业和制造业生产破坏了当地的生态环境，甚至直接造成了污染灾难。现实的情况是，经济一体化使得发达国家通过转移低端产业才根治了污染，发展中国家已无处可转移，全球生态治理体系已面临越来越严峻的挑战。

二　用人类命运共同体理念应对全球生态环境问题

2015 年 9 月 25 ~27 日，193 个联合国会员国在可持续发展峰会上正式通过成果性文件——《改变我们的世界：2030 年可持续发展议程》。这一涵盖 17 项可持续发展目标和 169 项具体目标的纲领性文件旨在推动未来 15 年内实现三项宏伟的全球目标：消除极端贫困、战胜不平等和不公正以及保护环境、遏制气候变化。2030 年可持续发展议程是对千年发展目标的重大改进与提升。它的实施将动员世界各国将可持续发展目标切实贯穿于各自发展的全球与国家战略之中，全球环境治理体系的重要性将显著上升，环境的可持续性前所未有地受到全球关注，相应的全球环境治理的制度、规范及行为体都将得到进一步发展。中国于 2013 年正式提出“一带一路”倡议之后，沿线国家不断掀起合作热潮。伴随经济合作，其他领域合作的重要性也逐渐凸显。支持“一带一路”沿线国家和地区的可持续发展，一定要处理好经济发展与文化融合、社会责任和环境保护的关系。“一带一路”沿线的环境保护是一个容易被忽略、又绝不容忽视的问题。近年来，随着贸易保护主义抬头，部分发达国家出现单边主义，中国环境治理面临更大的国际责任与治理压力的挑战。长期以来，中国在能源效率和环境管理领域主要依赖于行政命令、控制手段，如何在新常态下扭转这种被动局面并最终将其转变为预防、可持续性手段成为巨大的内在治理难题。

在 2015 年联合国大会第 70 届会议上，习近平总书记系统论述了“人类命运共同体”概念，提出建构尊崇自然、绿色发展的全球生态体系，解决工业文明带来的矛盾和问题，实现以人与自然和谐相处为目标的世界的可持续发展和人的全面发展。首先，在应对全球环境问题上同舟共济，共同努力，通过国际合作和全社会参与，形成全球环境治理的合力。这就要求各民族国家采取各尽所能、合作共赢的态度。其次，全球环境治理应当遵循“环境正义”原则，要考虑环境问题产生的历史根源，又要考虑各民族国家发展程度不同的现实因素，“共同但有差别”的责任。全球环境问题的根源开始于资本主义现代化，资本主义现代化不仅造成本国的环境问题，还通过殖民扩张，掠夺落后国家的自然资源，造成了环境问题的全球化。这种由资本所控制的不公平的全球权力关系和国际政治经济秩序不仅与生态文明建设相矛盾，而且，资本还利用其所支配的国际政治经济秩序，通过国际分工对其他民族国家进行生态资源剥削和掠夺，这就意味着当代全球环境治理必须遵循“环境正义”的价值取向，合理协调不同民族国家、不同地区和不同人群之间在环境资源占有、分配和使用上的利益关系。最后，全球环境治理需要展开对话和交流，抓住新一轮科技革命和产业变革的历史机遇，倡导和践行人类与自然和谐共生的包容、共享和可持续发展的绿色发展方式，使全球经济发展模式从工业文明的发展方式转换到以科技创新为主导的生态文明发展模式。打造人类命运共同体，其实质是采取包容和对话的方式，而非对抗的方式来处理全球环境问题，秉承“环境正义”的价值观，厘清不同民族国家承担其相应的责任和义务，反对资本主导下的“赢者通吃”的霸权逻辑。尊重各国特别是发展中国家在国内政策、能力建设、经济结构方面的差异，发达国家经济上较为发达，技术上较为先进，对当代全球环境危机负有历史责任，应当承担全球治理的更多责任，并向发展中国家提供环境治理必要的资金和技术，从而使发展中国家获得解决环境问题的能力。

习近平总书记在 2018 年全国生态环境保护大会上进一步强调，要共谋全球生态文明建设，深度参与全球环境治理，形成世界环境保护和可持续发展方案，引导应对气候变化国际合作。习近平指出，“应对气候变化不应该妨碍发展中国家消除贫困、提高人民生活水平的合理需求。要照顾发展中国家的特殊困难”，并且强调这里所说的发展是各民族国家开放创新和包容互惠的共同发展和可持续发展，而不是建立在资本逐利基础上的不公正发展。因为“放任资本逐利，其结果将是引发新一轮危机。缺乏道德的市场，难以撑起世界繁荣发展的大厦。富者愈富、穷者愈穷的局面不仅难以持续，也有违公平正义……大家一起发展才是真发展，可持续发展才是好发展”。

在新的形势下，云南已处于改革开放的前沿，同时生态环境敏感脆弱，易受全球环境问题的影响，一些环境问题如生物多样性保护受到全球关注，溢出效应明显。努力践行“人类命运共同体”思想，以生态文明排头兵建设为抓手，牢固树立新发展理念，打造最美丽省份，在“一带一路”倡议中，更好地展示云南形象，让绿色成为云南跨越式发展的最浓厚的“底色”，是新时代云南实现跨越式发展的历史必然。一是，深入推进低碳试点省建设，以优化能源结构、提高能源利用效率、降低碳排放强度为核心，以转变生产和生活方式为基础，以技术创新和制度创新为动力，从生产、消费和制度建设三个层面推进低碳发展，努力形成节约资源和保护生态环境的产业结构、增长方式和消费模式，走出一条具有云南特色的低碳发展路子。二是，加快建立以低碳排放为特征的产业体系，用高新技术改造传统产业，提高传统产业的技术和档次，促进传统产业的低碳化发展，大力发展战略型新兴产业，特别是节能环保和节能增效的产业，发展新能源和可再生能源产业。三是，深入推进“森林云南”建设，发展林业碳汇，建立温室气体排放统计核算体系，切实提高控制温室气体排放的能力，开展试点示范，建成一批具有典型示范意义的可再生能源利用示范区、低碳旅游示范区、低碳产业园区、低碳社区、低碳学校等。四是，保护生物多样性，减缓气候变化的影响。根据有关研究，受气候变化的影响，较温暖的生物气候区面积大幅扩张，较冷的生物气候区面积相应减少，相应的生态系统和物种分布面积会缩小，而较温暖区域则会扩大，再加上云南很多物种具有“小种群”的特点，适应气候变化的能力较弱。在生物多样性保护行动中，应更多地考虑气候变化因素，加强生物走廊带建设，扩大自然保护区面积，加强小种群物种的就地保护，在生物物种资源库建设中，更多地关注那些受影响的物种种质资源收集。

参考文献

1. Obando J. C. , Castaneda J. C. , Neira R. N. , et al:《碎石胶结充填在 Iscaycruz 矿的应用》，第八届国际充填采矿会议，2004。
2. 包景岭、张涛、孙贻超:《践行生态文明建设美丽城市》，《环境科学与管理》2013 年第 11 期。
3. 保继刚、楚义芳:《旅游地理学》，高等教育出版社，1993。
4. 保继刚、邓粒子:《气候因素对度假地型第二居所需求的影响——基于云南腾冲与西双版纳的比较研究》，《热带地理》2018 年第 5 期。
5. 白云朴、惠宁:《从城乡分离走向城乡融合发展》，《生产力研究》2013 年第 5 期。
6. 蔡仁平、敖丽英:《矿山生态环境恢复治理现状和应对措施探讨》，《工程技术（全文版)》2016 年第 11 期。
7. 陈彬、沈梅:《云南高原特色农业的发展》，《北京农业》2013 年第 9 期。
8. 陈才、王海利、贾鸿:《对旅游吸引物、旅游资源和旅游产品关系的思考》，《桂林旅游高等专科学校学报》2007 年第 1 期。
9. 陈福江:《关于生态社区建设的思考》，《特区经济》2006 年第 10 期。
10. 陈国兰:《构建生态文明体系作好美丽云南文章》，《社会主义论坛》2018 年第 9 期。
11. 陈国新、罗应光:《西南地区构建具有特色的城镇化道路研究——以云南省为例》，《思想战线》2012 年第 1 期。

12. 陈海玉：《西南少数民族医药古籍文献的发掘利用研究》，民族出版社，2011。
13. 陈建平、兰石、田犀：《浅谈生态矿山建设》，《环境科学与管理》2008年第1期。
14. 陈杰、张秀玲：《体质健康与体育生活方式和健康生活方式的相关分析研究》，《南京体育学院学报》（自然科学版）2011年第1期。
15. 陈丽婵、何艳春、邢孔莺、伞丽红、容伟超：《饮食和运动干预在改善高尿酸血症患者不健康生活方式中的作用》，《现代临床护理》2012年第5期。
16. 陈利君：《云南建设辐射中心的内涵与对策建议》，《云南社会科学》2015年第6期。
17. 陈玉飞：《宜居环境设计与地域生态趋向性研究》，《美苑》2013年第1期。
18. 陈征平：《云南早期工业化研究》，民族出版社，2002。
19. 程先锋、黄茜蕊、徐俊等：《争当生态文明排头兵背景下云南发展绿色矿业、建设绿色矿山的成绩、问题与对策》，《第七届云南省科协学术年会论文集——专题二：绿色经济产业发展》，2017。
20. 丛湖平、郑芳：《我国西部体育产业区域发展的策略选择——以云南体育产业区域发展研究为例》，《中国体育科技》2002年第3期。
21. 崔周全、李小双、谢言宏：《云南磷化集团绿色矿山建设研究》，《现代矿业》2011年第9期。
22. 戴颖：《浅谈城市规划对城市发展的作用》，《建筑工程技术与设计》2014年第23期。
23. 戴翥、周红黎、岳崇俊：《云南少数民族医药口述文献研究探讨》，《云南中医学院学报》2012年第5期。
24. 狄小龙、张根东：《区域经济主导产业选择的理性分析》，《发展》2005年第9期。
25. 杜乐山、李俊生、刘高慧等：《生态系统与生物多样性经济学（TEEB）研究进展》，《生物多样性》2016年第6期。
26. 杜香玉：《传统与现代碰撞之下布朗族的生态文化走向——以云南西双

版纳勐海县章朗村为例》，《昆明学院学报》2017 年第 5 期。
27. 段昌群主编《生态文明排头兵建设》，人民出版社，2018。
28. 段昌群：《抓住云南高原湖泊治理中面源污染的“牛鼻子”精准施策》，《民主与科学》2018 年第 5 期。
29. 段昌群、刘嫦娥、高伟：《打造高端智库，服务生态文明排头兵建设》，云南日报报业集团编著《绿色云南：争当全国生态文明建设排头兵》，云南人民出版社，2018。
30. 段昌群：《治理好高原湖泊是云南生态建设的关键》，《光明日报》2016 年 8 月 17 日，第 10 版。
31. 段昌群：《以生态文明建设排头兵为己任》，《社会主义论坛》2016 年第 2 期。
32. 段昌群：《争当全国生态文明建设排头兵》，《社会主义论坛》2015 年第 4 期。
33. 段昌群：《争取国家生态补偿，推动云南和谐社会建设》，《云南环境保护》，2007。
34. 段昌群、杨雪清、张文逸：《建国以来生态环境问题在中国政治生活中影响作用的演进》，《思想战线》2000 年第 4 期。
35. 段昌群、杨雪梅等：《游客信息分析与旅游区的生态建设》，《思想战线》2000 年第 4 期。
36. 段昌群、王焕校：《云南可持续发展面临的生态问题》。《云南日报》（内部报道）（1999 年 8 月 1 日）
37. 段昌群、甘雪春等：《环境因素在中国古代文明中心迁移中的作用》，《AMBIO－人类环境学报》1998 年第 7 期。
38. 段昌群：《人类活动对生态环境的影响与中国古代文明中心的空间转移》，《思想战线》1996 年第 4 期。
39. 段昌群：《滇池区域生态经济系统的特点及其同昆明城市功能的关系的探讨》，《城市环境与城市生态》1992 年第 5 期。
40. 段昌群：《中国高等学校生态学本科专业规范研究》，《生态科学进展》，高等教育出版社，2006。
41. 段昌群、赵伯乐：《农业第二次创业的本质和两个支撑条件》，《云南日报》1999 年 1 月 23 日。
42. 段昌群:《高等学校学科建设的学术定位——以云南大学重点学科“高原山地生态”建设为例》,《云南高教研究》,1999(增刊)。
43. 樊慧玲:《新型工业化背景下中国传统产业转型升级的路径选择》,《吉林工商学院学报》2016 年第 2 期。
44. 范祥清、刘少文编著《人居环境》,中国轻工业出版社,2003。
45. 方和荣:《关于建设美丽城市的几点思考》,《厦门特区党校学报》2014 年第 5 期。
46. 非茶娟:《抗战时期军事工业内迁云南的社会研究》,昆明理工大学硕士学位论文,2010。
47. 甘雪春、段昌群:《知识经济条件下民族地区的旅游产业定位与条件支撑——以云南丽江为例》,《思想战线》2000 年第 2 期。
48. 高吉喜、田美荣:《城市社区可持续发展模式——“生态社区”探讨》,《中国发展》2007 年第 4 期。
49. 高丽:《云南天然药物资源的保护、利用和可持续发展》,《云南中医中药杂志》2006 年第 3 期。
50. 高发全:《世界自然资源危机比金融危机更严重》,《世界林业动态》2009 年第 10 期。
51. 龚力波、刘佳佳、李学坤等:《高原特色现代农业智库发展研究》,《农村经济与科技》2018 年第 1 期。
52. 龚自如:《法帝国主义利用云南滇越铁路侵略云南三十年》,《云南文史资料选辑》(第十六辑),1982。
53. 管婧婧:《国外美食与旅游研究述评——兼谈美食旅游概念泛化现象》,《旅游学刊》2012 年第 10 期。
54. 郭京福、张楠:《西部民族地区特色农业发展对策研究》,《农业经济》2004 年第 12 期。
55. 郭美荣、李瑾、冯献:《基于“互联网 +”的城乡一体化发展模式探究》,《中国软科学》2017 年第 9 期。
56. 韩丹、杨士宝:《关于“全民健身”纳入“全民健康生活方式”的思考》,《体育与科学》2008 年第 1 期。

57. 洪尚群、陈国谦等：《基于政府—公众—企业协同的生态经营管理是欠发达地区可持续发展的关键》，《内蒙古环境保护》2002 年第 3 期。
58. 洪尚群、段昌群等：《生态补偿的融资——生态融资》，《江苏环境科技》2002 年第 2 期。
59. 洪尚群、吴晓青等：《环境政策法律的经济分析和程序设计》，《安全与环境学报》2002 年第 6 期。
60. 洪尚群、吴晓青等：《生态融资》，《环境科学动态》2002 年第 1 期。
61. 洪尚群、段昌群等：《生态经营管理的兴起》，《环境科学动态》2002 年第 4 期。
62. 洪尚群、吴晓青等：《生态建设模式划分、选择和应用》，《陕西环境》2002 年第 2 期。
63. 洪尚群、吴晓青等：《补偿途径和方式多样化是生态补偿基础和保障》，《环境科学与技术》2001 年第 12 期。
64. 黄惠芳、周鑫、李炜：《关于云南省建设绿色矿山、发展绿色矿山的思考》，《云南地质》2016 年第 2 期。
65. 黄敬军、倪嘉曾、赵永忠等：《绿色矿山创建标准及考评指标研究》，《中国矿业》2008 年第 7 期。
66. 黄龙光、杨晖：《论社会变迁视域下云南少数民族传统水文化的变迁》，《学术探索》2016 年第 1 期。
67. 黄绍文、黄涵琪：《哈尼族传统村落的生态文化研究》，《遗产与保护研究》2017 年第 3 期。
68. 黄兴奇主编《云南作物种质资源》，云南科技出版社，2005，2007，2008。
69. 姜长云：《建立健全城乡融合发展的体制机制和政策体系》，《区域经济评论》2018 年第 3 期。
70. 姜文来：《美丽中国呼唤适度消费》，《中国环境报》2017 年 11 月 10 日。
71. 姜夕奎、孙淑君等：《建设生态园林，创建宜居环境——用生态的理念指导城市绿化》，《科技创新导报》2009 年第 6 期。
72. 姜艳生：《对建立干部绿色政绩考核体系的思考》，《领导科学》2008 年第 3 期。

73. 郎南军、胡涌：《云南天然林保护与可持续经营技术研究》，《北京林业大学学报》2002 年第 1 期。
74. 黎尚豪、俞敏娟等：《云南高原湖泊调查》，《海洋与湖沼》1963 年第 2 期。
75. 李海涛、李浩：《新型城镇化背景下的智慧城市建设思考》，《科技创新与应用》2013 年第 20 期。
76. 李金叶：《新疆农业优势特色产业选择研究》，《农业现代化研究》2007 年第 2 期。
77. 李俊梅、朱福进：《云南典型自然保护区生态系统服务效益计量——以西双版纳勐腊自然保护区为例》，《生态经济》2007 年第 10 期。
78. 李平生：《烽火映方舟——抗战时期大后方经济》，广西师范大学出版社，1995。
79. 李谦、任晓鸽、支玲：《云南省天保工程区二期工程民生影响评价——以重点森工企业职工为例》，《林业经济》2018 年第 7 期。
80. 李庆雷：《边疆民族地区旅游循环经济发展的战略、模式与对策研究——以云南省西双版纳傣族自治州为例》，《旅游研究》2009 年第 3 期。
81. 李秋心、尹记远：《浅析云南少数民族医药文化的特质》，《医学与哲学》2013 年第 4 期。
82. 李群育：《纳西族〈东巴经〉说：人与自然是兄弟》，《民族团结》1998 年第 10 期。
83. 李世明、部义峰等：《健康生活方式评价体系的理论与实证研究》，《上海体育学院学报》2010 年第 2 期。
84. 李文庆、张东祥：《西北民族地区特色农业与生态可持续发展探析》，《宁夏社会科学》2009 年第 6 期。
85. 李宪海、周进生、解采妍：《资源枯竭型城市转型路径与效果评价：以铜陵市为例》，《中国矿业》2014 年第 2 期。
86. 李秀臣：《招金矿业创建绿色矿山的探索与实践》，《中国矿业》2011 年第 5 期。
87. 李一文：《我国城乡一体化发展的实践模式及经验启示》，《甘肃理论学刊》2010 年第 5 期。
88. 李裕瑞、王婧、刘彦随等:《中国“四化”协调发展的区域格局及其影响因素》,《地理学报》2014 年第 2 期。
89. 李媛、陈清华、张超:《基于云南民族医药资源发展健康服务业的对策探析》,《中国民族民间医药》2015 年第 1 期。
90. 林锦屏、陈丽晖、徐旌:《消费需求驱动下的特定区域发展机遇探析——西双版纳的避寒旅游潜力》,《云南地理环境研究》2013 年第 1 期。
91. 林南枝主编《旅游市场学》,南开大学出版社,2000。
92. 刘斌、陈眉、骆始华等:《云南民族医药文献收集整理研究概述》,《云南中医学院学报》2012 年第 1 期。
93. 刘冬梅、李俊生、肖能文:《“一带一路”倡议下云南生物遗传资源保护与可持续利用》,《环境与可持续发展》2018 年第 5 期。
94. 刘惠民:《云南林业生态建设的问题及对策》,《西南林业大学学报》(自然科学版)2005 年第 1 期。
95. 刘景泉:《人为万事之本——广州南华西街思想政治工作的思考》,《广东社会科学》1993 年第 1 期。
96. 刘珂:《城市规划对城市发展作用分析》,《居业》2018 年第 3 期。
97. 刘魁:《自然报复、天人合德与中国特色的生态文明建设》,《中国周刊》2016 年第 2 期。
98. 刘瑞华、曹暄林:《滇池 20 年污染治理实践与探索》,《环境科学导刊》2017 年第 6 期。
99. 刘世荣、马姜明、缪宁:《中国天然林保护、生态恢复与可持续经营的理论与技术》,《生态学报》2015 年第 1 期。
100. 刘思华:《论新型工业化、城镇化道路的生态化转型发展》,《毛泽东邓小平理论研究》2013 年第 7 期。
101. 刘威尔、宇振荣:《山水林田湖生命共同体生态保护和修复》,《国土资源情报》2016 年第 10 期。
102. 刘晓红:《推进生态文明建设与扩大文化消费需求论析》,《武汉理工大学学报》(社会科学版)2018 年第 6 期。

103. 刘彦随、李进涛：《中国县域农村贫困化分异机制的地理探测与优化决策》，《地理学报》2017 年第 1 期。
104. 刘彦随：《中国新时代城乡融合与乡村振兴》，《地理学报》2018 年第 4 期。
105. 刘燕：《基于协同创新的城乡物流运营网络一体化研究》，济南大学硕士学位论文，2014。
106. 龙成鹏：《示范区建设：经济、社会、文化、生态的良性互动——对话云南省社科院杨福泉教授》，《今日民族》2018 年第 7 期。
107. 龙鳞：《医学人类学视野中的云南民族医药》，《云南民族大学学报》（哲学社会科学版）2008 年第 4 期。
108. 卢伟、李大伟：《“一带一路”背景下大国崛起的差异化发展策略》，《中国软科学》2016 年第 10 期。
109. 陆元昌、张守攻、雷相东等：《人工林近自然化改造的理论基础和实施技术》，《世界林业研究》2009 年第 1 期。
110. 罗朝淑：《云南：民族医药迎来发展黄金期》，《科技日报》2015 年 1 月 22 日。
111. 罗健夫、周进生：《我国主要矿业经济区评价及未来发展战略研究》，《中国软科学》2015 年第 6 期。
112. 马亚、申俊龙、王高玲：《慢性病患者健康生活方式评价指标体系的构建》，《医学与社会》2014 年第 10 期。
113. 马勇：《新中国建立60 年来云南经济建设的历程与经验》，《云南民族大学学报》，2011。
114. 孟成才、白银龙：《云南高原特色体育产业开发研究》，《当代体育科技》2017 年第 7 期。
115. 聂选华：《“一带一路”战略视角下云南生态安全屏障建设研究》，《保山学院学报》2017 年第 3 期。
116. 宁德煌：《国内云南高原特色农业研究综述》，《安徽农业科学》2018 年第 8 期。
117. 牛文元：《智慧城市是新型城镇化的动力标志》，《中国科学院院刊》2014 年第 1 期。

118. 欧阳君祥、肖化顺：《天然林保育理论基础研究》，《中南林业调查规划》2014 年第 1 期。
119. 〔美〕帕垂克·米勒：《为了健康生活的设计——美国风景园林规划设计新趋势》，王敏、刘滨谊编译，《中国园林》2005 年第 6 期。
120. 潘长良、彭秀平：《关于生态矿业的思考》，《湘潭大学自科学报》2004 年第 1 期。
121. 潘家华、黄承梁、庄贵阳等：《指导生态文明建设的思想武器和行动指南》，《环境经济》2018 年第 2 期。
122. 裴荣富、丁志忠、傅鸣珂：《试论固体矿产普查、勘探与开发的合理程序》，《地球学报》1983 年第 1 期。
123. 裴盛基：《自然圣境与生物多样性保护》，《中央民族大学学报》（自然科学版）2015 年第 4 期。
124. 彭怀生、王春来：《大型矿山的无废开采设计实践》，国际充填采矿会议论文，2004。
125. 钱鸣高、许家林、缪协兴：《煤矿绿色开采技术的研究与实践》，《能源技术与管理》2004 年第 4 期。
126. 乔繁盛、栗欣：《推进绿色矿山建设工作之浅见》，《中国矿业》2010 年第 10 期。
127. 乔繁盛：《建设绿色矿山发展绿色矿业》，《中国矿业》2009 年第 8 期。
128. 曲春刚：《薄煤层中实现高产高效的技术探讨》，《煤炭技术》2007 年第 3 期。
129. 曲格平：《中国环境保护四十年回顾及思考——在香港中文大学“中国环境保护四十年”学术论坛上的演讲》，《中国环境管理干部学院学报》2013 年第 3 期。
130. 饶远、赵敏敏、杨刚：《云南体育旅游业可持续发展对策研究》，《发展问题研究》2008 年第 1 期。
131. 任洪臣：《论城市规划应遵循的基本原则》，《吉林农业》2013 年第 20 期。
132. 任佳、李丽：《云南面向周边国家开放的路径创新》，《南亚东南亚研究》2018 年第 3 期。

133. 邵鹏、安启念：《中国传统文化中的生态伦理思想及其当代启示》，《理论月刊》2014 年第 4 期。
134. 申斌学、郑忠友、朱磊：《新时代背景下绿色矿山建设体系探索与实践》，《煤炭工程》2019 年第 2 期。
135. 沈阳：《试论云南体育产业的支柱及其发展》，《经济问题探索》1999 年第 7 期。
136. 沈阳：《云南少数民族体育产业发展进程探索》，《云南民族学院学报》（哲学社会科学版）2001 年第 3 期。
137. 盛开：《以城乡融合发展推动乡村振兴战略》，《调研世界》2016 年第 6 期。
138. 石立江：《休闲体育与健康生活方式》，《湖北体育科技》2007 年第 3 期。
139. 寿嘉华：《走绿色矿业之路——西部大开发矿产资源发展战略思考》，《中国地质》2000 年第 12 期。
140. 宋杰鲲、张凯新、宋卿：《青岛市美丽城市评价研究》，《经济与管理评论》2015 年第 6 期。
141. 唐守正、刘世荣：《我国天然林保护与可持续经营》，《中国农业科技导报》2000 年第 1 期。
142. 田敬国：《云南医药卫生简史》，云南科技出版社，1987。
143. 万军、李新、吴舜泽：《美丽城市内涵与美丽杭州建设战略研究》，《环境科学与管理》2013 年第 10 期。
144. 汪万发、于宏源：《环境外交：全球环境治理的中国角色》，《环境与可持续发展》2018 年第 6 期。
145. 王爱忠、牟华清：《城乡旅游一体化发展模式及其实现机制——基于核心—边缘视角》，《技术经济与管理研究》2016 年第 5 期。
146. 王东：《走循环经济之路，发展绿色矿业，建设绿色矿山——访中国矿业联合会会长、全国政协人口资源环境委员会副主任李元》，《再生资源与循环经济》2010 年第 10 期。
147. 王方汉、姚中亮、曹维勤：《全尾砂膏体充填技术及工艺流程的试验研究》，中国有色金属学会国际充填采矿会议论文，2004。

148. 王汉声:《对于云南推行民众教育的管见》,《云南民众教育》(创刊号),1935。
149. 王陇德:《健康生活方式与健康中国之 2020》,《北京大学学报》(医学版) 2010 年第 3 期。
150. 王薇:《基于生态旅游资源优势的云南生态旅游业发展研究》,《旅游研究》2010 年第 2 期。
151. 王文权、宁德煌:《国内云南高原特色农业研究综述》,《安徽农业科学》2018 年第 8 期。
152. 王夏晖、何军、饶胜等:《山水林田湖草生态保护修复思路与实践》,《环境保护》2018 年第 3 ~4 期。
153. 王雪梅、陈清华等:《论云南民族医药与中医学交融发展》,《中国民族民间医药》2017 年第 3 期。
154. 王艳娟、武丽杰、夏薇等:《中学生健康促进生活方式问卷中文版信效度分析》,《中国学校卫生》2007 年第 28 期。
155. 王雨辰:《人类命运共同体与全球环境治理的中国方案》,《中国人民大学学报》2018 年第 4 期。
156. 〔美〕威廉·科克汉姆:《医学社会学》(第 9 版),北京大学出版社,2005。
157. 魏胜林、徐梦萤、张辉:《中国古典园林宜居环境和生态理论与现代生态住区规划设计》,《安徽农业科学》2010 年第 19 期。
158. 温和琼:《云南开展体育旅游的现状及优势分析》,《科技信息》2009 年第 14 期。
159. 翁奕城:《国外生态社区的发展趋势及对我国的启示》,《建筑学报》2006 年第 4 期。
160. 吴迪、段昌群、杨良:《生态安全与国家安全》,《城市生态与城市环境》2003 年第 16 期。
161. 吴浓娣、吴强、刘定湘:《系统治理——坚持山水林田湖草是一个生命共同体》,《水利发展研究》2018 年第 9 期。
162. 吴松:《云南生态文明建设四十年成就、经验与展望》,《社会主义论坛》2019 年第 1 期。

163. 吴韬：《大数据国家战略助推云南民族文化强省建设》，《才智》2018年第8期。
164. 吴晓青、洪尚群等：《区际生态补偿机制是区域间协调发展的关键》，《长江流域资源与环境》2003年第1期。
165. 吴晓青、陀正阳等：《我国保护区生态补偿机制的探讨》，《国土资源科技管理》2002年第19期。
166. 吴宇：《环境噪声污染与健康生活》，《环境教育》2008年第10期。
167. 吴兆录：《西双版纳勐养自然保护区布朗族龙山传统的生态研究》，《生态学杂志》1997年第3期。
168. 席广亮、甄峰：《智慧城市建设推动新型城镇化发展策略思考》，《上海城市规划》2014年第5期。
169. 肖漫：《抗战时期云南工业书写的历史纪录》，《全民族抗战·云南记忆》，《云南日报》2015年连载。
170. 肖迎：《因地制宜生态扶贫，促进贫困农村的全面发展与社会进步》，人民出版社，2018。
171. 肖俞、戴丽等：《滇池流域不同类型农业经济环境效益研究》，《生态经济》2016年第1期。
172. 谢勇军：《滇越铁路与近代云南经济若干问题研究》，昆明理工大学出版社，2008。
173. 辛江：《国内外城乡一体化发展模式研究》，《经济与社会发展研究》2015年第4期。
174. 徐福山：《贯彻绿色发展理念树立绿色政绩观》，《长春日报》2016年6月8日。
175. 熊辉、吴晓：《还自然以宁静、和谐、美丽》，《人民日报》2018年2月9日。
176. 徐慧：《可持续发展生态社区建设研究》，《科技广场》2006年第9期。
177. 徐孟志、陈丽晖：《新形势下傣族文化调适：以西双版纳傣族园庭院为例》，《园林》2014年第12期。
178. 薛达元：《民族地区医药传统知识传承与惠益分享》，中国环境出版社，2009。

179. 阎莉、余林媛：《自然圣境及其生态理念探析》，《自然辩证法研究》2012 年第 6 期。
180. 杨博、郑思俊、李晓策：《城市滨水空间运动景观的系统构建——以美国纽约和上海市黄浦江滨水空间规划建设为例》，《园林》2018 年第 8 期。
181. 杨劼：《云南天然林资源保护工程二期全面启动》，《云南林业》2011 年第 6 期。
182. 杨宇明等：《云南生物多样性及其保护研究》，科学出版社，2008。
183. 杨振之：《旅游资源的系统论分析》，《旅游学刊》1997 年第 3 期。
184. 叶敏弦：《县域绿色经济差异化发展研究》，福建师范大学出版社，2014。
185. 叶文辉、姚永秀：《论云南生态资源保护的机制设计与创新》，《云南民族大学学报》（哲学社会科学版）2010 年第 2 期。
186. 佚名：《基于全球生态治理的“人类命运共同体”的价值意蕴》，《齐齐哈尔大学学报》（哲学社会科学版）2018 年第 11 期。
187. 于文彬、杜融、肖龙等：《老年人宜居环境体系的系统设计与应用》，《河北省科学院学报》2011 年第 3 期。
188. 余庄、李鹍：《城市规划中宜居环境设计策略》，《建设科技》2008 年第 9 期。
189. 云南省红河州社会主义学院课题组：《全面建成小康社会与各民族共享发展成果的云南实践》，《云南社会主义学院学报》2017 年第 2 期。
190. 云朴、惠宁：《从城乡分离走向城乡融合发展》，《生产力研究》2013 年第 5 期。
191. 张朝霞：《以新常态加强领导干部绿色政绩考核》，《法制与社会》2015 年第 20 期。
192. 张帆、石文：《老年人宜居环境研究》，《城市规划》2010 年第 11 期。
193. 张刚、李英华、聂雪琼等：《我国城乡居民健康生活方式现状调查及影响因素分析》，《中国健康教育》2013 年第 6 期。
194. 张强、江南等：《云南民族医药特色诊疗技术保护传承方法研究》，《中国民族民间医药》2015 年第 16 期。
195. 张铁梅、曾平：《成人保健及健康教育指南》，三联书店，2004。

196. 张研：《浅议抗战时期云南社会教育》，《中国地方志》2007 年第 3 期。
197. 张勇：《旅游资源、旅游吸引物、旅游产品、旅游商品的概念及关系辨析》，《重庆文理学院学报》（社会科学版）2010 年第 4 期。
198. 赵东霞、孙俊龄：《我国城市老年人宜居环境评价指标体系研究》，《环境保护与循环经济》2013 年第 7 期。
199. 郑进、张超、马伟光等：《云南民族医药是天然药物发现性研究的摇篮》，《中国民族医药杂志》2007 年第 10 期。
200. 郑进：《试论云南中医药与民族医药之关系》，《云南中医学院学报》2007 年第 5 期。
201. 郑进：《云南民族医药发展概述》，《云南中医学院学报》，2006（增刊）。
202. 郑晓云：《红河流域少数民族的水文化与农业文明》，《云南社会科学》2004 年第 6 期。
203. 钟茂初：《“人类命运共同体”视野下的生态文明》，《河北学刊》2017 年第 3 期。
204. 钟维琼、代涛、高湘昀：《产业发展与资源环境承载力研究综述》，《资源与产业》2016 年第 6 期。
205. 周宏春：《中国生态文明建设发展进程》，《天津日报》2018 年 11 月 12 日。
206. 周琼：《云南省绿色发展新理念确立初探》，《昆明学院学报》2018 年第 2 期。
207. 周娅：《论云南旅游资源的核心优势》，《云南民族大学学报》（哲学社会科学版）2003 年第 3 期。
208. 朱建军、祝艳春：《城市宜居环境对人才聚集影响研究》，《科技资讯》2017 年第 23 期。
209. 朱雄关、姜瑾：《云南在“一带一路”战略中的优势分析与对策思考》，《楚雄师范学院学报》2017 年第 4 期。
210. 朱耀洪：《中国传统生态伦理观及其当代价值》，《人民日报》2014 年 7 月 18 日。
211. Duan Changqun，Yang Xueqing. 2000. *Fifty years of political ecology in main-*

land China: *evolving responses of political affairs to eco – environmental issues*. Sinosphere, 3 (1).

212. Duan Changqun, Xuechun Gan, Jeanny Wang and Paul K. Chien, 1998. *Human factors influencing the environment and the relocation of civilization centers in ancient China*. AMBIO: Journal of Human Environment, 27 (7)。

213. Bruce Gan and DuanChangqun, 1996. *Anthropogenic Environmental Changes and the Translocation of the Civilized Centers in Ancient China*. *96* International Symposium of Cultural Significance in Modernization Societies, Austrilia.

214. Wang Yanfei, Liu Yansui, Li Yuheng, et al. *The spatio – temporal patterns of urban – rural development transformation in China since 1990*. Habitat International, 2016, 53.

图书在版编目（CIP）数据

美丽云南建设 / 段昌群等编著. -- 北京：社会科学文献出版社，2020.8
（新时代云南民族地区发展研究丛书）
ISBN 978-7-5201-7140-3

Ⅰ.①美… Ⅱ.①段… Ⅲ.①生态环境建设-研究-云南 Ⅳ.①X321.274

中国版本图书馆 CIP 数据核字（2020）第 152680 号

·新时代云南民族地区发展研究丛书·
美丽云南建设

编　　著 / 段昌群　吴学灿　李　唯　刘嫦娥 等

出 版 人 / 谢寿光
组稿编辑 / 宋月华
责任编辑 / 周志宽　罗卫平

出　　版 / 社会科学文献出版社·人文分社（010）59367215
地址：北京市北三环中路甲 29 号院华龙大厦　邮编：100029
网址：www.ssap.com.cn
发　　行 / 市场营销中心（010）59367081　59367083
印　　装 / 三河市东方印刷有限公司

规　　格 / 开 本：787mm×1092mm　1/16
印 张：25　字 数：395 千字
版　　次 / 2020 年 8 月第 1 版　2020 年 8 月第 1 次印刷
书　　号 / ISBN 978-7-5201-7140-3
定　　价 / 178.00 元